"十二五"国家重点图书
出版规划项目

中国美学经典

先秦卷

丛书主编 张法

本卷主编 余开亮

北京师范大学出版社

总　序

这套七卷本《中国美学经典》，是为中国美学史这一学科的新提升而进行的基础建设，同时由于中国美学史学科在结构上和思想上的特殊性，在推进这一学科时，将把中国现代学术体系的一些关键问题凸显出来，将把中国现代文化在全球互动中演进的一些重要问题凸显出来，从而使中国美学史学科得到新的提升，其意义又不仅仅在中国美学史学科。

一、《中国美学经典》的学术史背景

美学是一门最能透出中西差异，从而最能彰显中国特色的学科。中国古人对天地间审美现象方方面面的欣赏以及对之进行的理论总结，有完全不低于西方人的思想高度，并有令人赞叹的独具特点，显示了中国思想的特色和深邃，然而，却并没有从美学这一学科的角度呈现出来。因此，中国古代有文论、诗论、书品、画品、小说评点、戏曲评点、山水鉴赏、园林论说等，还有哲人、儒生、道人、释家以及各类人士关于美的言说，却没有一本用"美"命名的论著。

也许正因为这一巨大差异，美学在中国学术体系由传统向现代的转型中，起到了先锋作用。清末民初的学术大家同时也是思想大家的王国维、梁启超、蔡元培、刘师培，都把美学放到了中国现代学术建设的重要位置，四人都在美学原理和中国美学史上做了重要工作。在中国美学史学科的开创性上，王国维的《人间词话》(1908)、《宋元戏曲考》(1913)、《屈子之文学精神》(1906)、《红楼梦评议》(1904)等，刘师培的《论美术援地区而论》(1907)、《原戏》(1904)、《舞法起于祀神考》(1909)、《中国中古文学史讲义》(1919)等，蔡元培的《对于新教育之意见》(1912)、《以美育代宗教》(1932)等，梁启超的《中国之美文及其历史》(1924)和《中国韵文里头表现的情感》(1922)、《屈原研究》(1922)、《陶渊明》(1923)、《情圣杜甫》(1922)等，实绩巨大。继之而来，在20世纪三四十年代，出现了方东美、宗白华、邓以蛰等大家。方东美的《生命情调与美感》(1931)、《生命悲剧的二重奏》(1936)等，宗白华的《世说新语与晋人的美》(1940)、《中国诗画里的空间意识》(1949)、《论文艺的空灵与充实》(1943)、《中国艺术意境之诞生》(1943)等，邓以蛰的《画理探微》(1935—1942)、《六法通诠》(1941—1942)、《书法之欣赏》(1937—1944)等，在把中国美学研究推向深入的同时，极大地突出了中国美学不同于西方美学的特点。20世纪50—70年代，当大陆学人主要在为美学原理寻求美的本质基础之时，台湾学者和海外华人学者沿着方、宗、邓的方向继续前行。在台湾，有唐君毅的《中国艺术精神》、《中国文学精神》(1954)、《中国文学与哲学》、《文学的宇宙与艺术的宇宙》(1975)，徐复观的《中国文学精神》(1965)、《中国艺术精神》(1965)，钱穆的《中国文学讲演集》(1962)以及后来《现代中国学术》(1983)中的文学、艺术、音乐三章……海外华人中，叶维廉有《语法与表现：中国古典诗与英美现代诗美学的汇通》《语言与真实世界：中西美感基础的生成》《中国古典诗和英美诗中山水美感意识的演变》等，高友工于20世纪70年代发表的系列论文《文学研究的美学问题(上)：美感经验的定义与结构》《文学研究的美学问题(下)：经验材料意义与解释》《中国文化史中的抒情传统》《试论中国艺术精神》《律诗的美学》《词体之美典》《中国之戏曲美典》《中国戏曲美典初论》(皆收入《美典：中国文学研究论集》)……这些研究，都是走在彰显中国美学特性的方向上。

虽然中国美学史研究有辉煌的成就，但与美学原理相比，二者的发展却是不平衡的。这明显地体现在：美学原理的著作在20世纪20年代(从1923年吕澂《美学概论》始)就产生了出来，而中国美学史的通史著作到20世纪80年代才出现，相差约60年。考其原因，美学原理可以直接移植域外理论而成，而中国美学史却不能。从20世纪20年代开始直到现在的美学原理著作，基本上都是以这种方式形成的。在中国走进世界现代化的主流而力争上游地追赶世界先进的历程中，这一方式尽管有这样或那样的遗憾，但其巨大功绩，无论怎样估计都不会过低(这一点不是本文的主题，不在这里展开)。中国美学史的研究从20世纪三四十年代始，学者们强烈地意识到，其有着与西方美学史以及西方型的美学原理不同的文化特性，进入这一特性越深，写出具有特性的中国美学史就越难。20世纪80年代中国美学史通史著作终于出现，与改革开放之初的思想解放而产生的美学热，以及美学热后面的巨大历史动向相关。现在回过头去看，中国美学史虽然由此开始而一本本被写出来了，但在突出中国特性上，却并没有达到应有的深度。20世纪60年代，在中苏论争的背景下，中宣部组织编写了全国高校文科教材，其中美学规划了三本：《美学概论》，由王朝闻主持；《西方美学史》，由朱光潜负责；《中国美学史》，由宗白华承担。前两本都较快地写了出来，而宗白华的《中国美学史》却只在课堂上讲过一个设想，后来以《中国美学史中重要问题的初步探索》(1979)长文发表。

为什么没能写出，我想，一个重要的原因，就是宗白华深切地感受到了中国美学史内容的丰富、复杂、深邃。宗白华的这篇长文，对中国美学史做了要点性的呈现。全文分五个部分：一、引言，论述中国美学史的特点和学习方法；二、先秦工艺美术和古代哲学文学中所表现的美学思想；三、中国古代的绘画美学思想；四、中国古代的音乐美学思想；五、中国园林建筑艺术所表现的美学思想。五部分内容中，有对《周易》卦象(贲卦、离卦)中美学思想的分析，有对中国美学基本类型(出水芙蓉和错采镂金)的呈现，有对各门艺术中虚实相生的总结，有对中国美学的作品结构、气韵、骨法、骨相的分析，有对戏曲、绘画、音乐、建筑的特征的中国式把握，抓住了中国美学的时间韵致和空间美感的精髓。该文不但包含了宗白华几十年来对中国美学的研究、体会、洞察，而且也或多或少地容纳了王国维、刘师培、梁启超、方东美、邓以蛰等学人在中国美学史研究上的精华，在一定的意义上，宗白华对20世纪初以来中国美学史写作进行了简要、深邃又有自己特点的总结。然而，饶有深意的是，宗白华的中国美学史的研究理路，与20世纪80年代奠定中国美学史写作基本方向的三本著作,即李泽厚、刘纲纪《中国美学史》(第一、二卷,1984—1987)、叶朗《中国美学史大纲》(1985)、敏泽《中国美学思想史》(三卷,1987),差异甚大。这或许意味着:中国美学史的研究,仍然没有进入应有的成熟阶段。

到目前为止,已经出版的中国美学史通史类著作有20多种,大致分来,有四种类型。一是教材型通史,以新中国成立以来形成的教材模式去呈现中国美学,即将由古到今的各个朝代、每一朝代的主要人物、主要人物的主要著作、主要著作的主要思想,一一梳理列出。前面讲李泽厚、刘纲纪合著已出的两卷和敏泽的三卷本可为代表。二是范畴型通史,也讲朝代、人物、著作、思想,但着重突出命题和范畴在其中的作用。前面已提到过的叶朗著作和陈望衡《中国古典美学史》(1998,2007)可为代表。三是把美学理论放到理论所产生的丰富的文化关联之中,又将之汇成理论,总结出中国美学史的特点,张法《中国美学史》(2000,2006)、王振复《中国美学史新著》(2009)、吴功正《宋代美学史》(2007)等属于这一类型。四是跨越型通史,突破朝代、人物、著作、思想的时空划分,以具有总领性的思想为线,去统率历时演进,并在历时演进中建立中国美学整体结构,李泽厚《华夏美学》(1989)和朱良志《中国美学十五讲》(2006)属于这一类型。四种不同的著作(还有一些难以归入这四类的著作),透出的均是中国美学史的研究目前还处在多方向的探索时期。

一个学科要走向成熟,一定要具有自身相对成熟的资料体,对学科的理性思考,应当建立在相对完备的资料体上。中国美学史的资料选编,一个大致的方向,就是带着在自己时代所理解的美学原理框架,向中国古代的材料提问,在提问中,让古代的材料中与提问者心中的美学原理框架相关的部分呈现出来。到目前为止，中国美学史资料体的出版物，主要有三种：北京大学哲学系美学教研室编《中国美学史资料选编》（上下册，1980—1981），胡经之主编《中国古典美学丛编》（上、中、下三册，1988），叶朗主编《中国历代美学文库》（19卷，2004）。

《中国美学史资料选编》虽在改革开放后出版，但其学术背景是新中国前期为由中宣部组织的全国高校文科教材中美学类三本中的两本（《中国美学史》和《美学概论》）服务，既为《中国美学史》的写作梳理资料，又为《美学概论》的编写梳理中国资源。后一方面的目的和新中国前期的美学原理水平，在相当程度上决定了其内容范围，即依据当时的美学原理框架，从美、美感、艺术这三大方面，对相关材料进行了寻找和梳理，并按当时的观点，对所选文献性质做了总结，提出其中与美学相关的一系列问题。对所选的段落，也从美学的角度赋一标题，点明关键性内容。整个选本所提供的资料体系，对当时美学原理的写作，以及后来中国美学史的写作，提供了较为充分的理论和材料支持。

《中国古典美学丛编》是20世纪80年代初，在美学从新中国前期强调美学的政治内容走向改革开放初强调美学的艺术特性的背景下，从艺术规律的角度，以文艺美学的框架对中国古代材料的提问。该书分上、中、下三册，依次为"作品""创作""鉴赏"，呈现了文艺美学的基本结构。在每一部分里，把材料以类编的方式分为不同的方面或层次，从而使中国美学资源显示出了不同于西方美学原理的方面和层次。其对文艺美学结构的把握，是按范畴方式进行的。从材料中选取一个范畴，作为一类材料的标题（同时也是主题）。这一选本较好地服务于当时文艺美学的转型并呈现了中国美学在艺术各领域方面的丰富资源。

《中国美学史资料选编》《中国古典美学丛编》突出了中国美学

史资料中较为明晰的方面,即美学原理框架(美感、艺术)和文艺美学(各门艺术的创作、作品、欣赏)框架方面,但对中国美学资料中不甚明晰的方面,即哲学总论、政治制度、社会生活方面呈现不够。《中国历代美学文库》力图不但要在本来明晰的方面,更要在本来模糊的方面呈现中国美学原貌,在这两个方面都进行了新的努力。也许是为了让文献呈现原初形态,此书没有突出美学原理的框架,每一文献前面只有作者介绍和选文的文献学介绍,而对于总体内容较为混沌的文献,究竟在什么方面、哪几点上属于美学,该书也没有指明。对于明显关联到艺术领域的文献,究竟体现了怎样的美学特色和中国特点,该书也没有明指,而是让读者自己去体会。它以19卷资料形成了一个巨大的资料体,对于中国美学资料体走向成熟迈进了一大步,尽管还有这样和那样的不足,但其成就,应当得到充分的肯定。以上三种资料体,不仅在资料的多少上有差异,更主要是在选取资料的模式(即选者心中的美学原理模式)上有不同,这再一次透出了中国美学史的研究目前还处在多方向的探索时期。

每一种现代人选编的古代文献的资料集,都是提问者向庞大的古代资料提问而得到的回答,回答并不是资料体之原样,而只是资料体原样按提问者所设定的框架而做的一种呈现。而这一呈现体有多大的价值,在于所得到的这一呈现是否满足了时代的需要,这里内含的是时代的价值观。提问者对时代的价值观有多高的时代自觉,是衡量这一成果所达到的时代性的标准。由时代的需要而产生的提问与提问对象即资料体原样的本质有多大的契合,这里需要超越时代来对提问质量进行思考,其中内含的是学术的真理性。中国美学史学科资料体的一次次出现,都处在这两个维度的巨大张力的复杂合奏之中。这一复杂的合奏具有何种程度的契合性，可成为中国美学史学科达到了怎样的时代价值和拥有多少学术真理的检验标准。

二、《中国美学经典》的缘起和主要亮点

《中国美学经典》的缘起是在2009年，我被任命为教育部组织的"马克思主义理论研究和建设工程"重点教材《中国美学史》的首席专家，由教育部从全国各高校治中国美学史的专业人士中进行选择后推荐了10名教授，组成教材团队。在工作中，大家认为，要做好一本仅30万字的教材，应当有更宽厚的资料基础，在写好"马工程"《中国美学史》教材的同时，既要在中国美学史的写作上有所拓宽，还要在中国美学史的资料体上有所推进。这一想法得到北京师范大学出版社副总编辑饶涛编审的支持，《中国美学经典》由出版社申请于2010年入选国家新闻出版广电总局"'十二五'国家重点图书出版规划项目"。

对本项目，大家讨论和商定的标准是：在充分吸收前三种选本成就的基础上，力图有一些可称得上亮点的新特点，同时以学术史的宏观角度与前三种选本形成一种互补或互动的关系。在选编之初，本想完成内容上、编排上、注释上的三大亮点，但是在编完以后，觉得只有内容上和编排上还可以称得上亮点，在注释上只能讲对于以前三种资料体而言有一些推进，不但谈不上亮点，甚至特点也难以称得上。何以如此，需要详谈，放到下一节中。这里只讲前两点。

第一点，在内容上，本项目既要突出中国美学固有的特点，又要反思梳理古代资料的美学模式。以前出版的资料，其美学模式、资料的梳理模式基本上是西方古典型的，即按照美、美感、艺术以及艺术美、自然美、社会美这些结构去进行的。对于中国

古代的审美话语来讲，这样的视点是必要的，同时又是不够的。如果说，西方古典美学是先区别，后综合，即先从真、善、美的区分界定出美，然后以艺术美为本质性和典型性的美，以自然和社会的审美现象为次要性和混杂性的美，那么，中国文化对于审美现象则是先有整体，再从整体的角度去看区分，即先有真、善、美合一的整体，然后以真、善为背景，以美为前景去看待美，这样美既被呈现出来，同时又处在与真、善的关联之中。这样，美既从各艺术中凸显出来，又流动在天地间的一切事物之中，从而在梳理古代资料之时，在以一种区分型的美学模式进入之后，很快就进入中国古代材料自身的关联之中。同样，西方美学正在转型之中，从康德、黑格尔开始的区分性美学正在走向以生态型美学、身体美学、生活美学、形式美研究、文化研究为特征的关联型美学。而西方当代的新型美学，在理论模式上，与中国古代资料有更多的相似之处，这也启发我们看待古代材料时，应有一种新的眼光。相对于《中国美学史资料选编》《中国古典美学丛编》，本项目凸显了更多的视角：

其一，中国型的哲学和宗教思想是如何关联到美学思想并与之互动的；

其二，中国型的制度文化是如何关联到美学思想并与之互动的；

其三，在中国古代漫长的历史演进中，各个朝代有自身特点的生活形态是如何关联到美学思想并与之互动的；

其四，中国古代的天下观里华夏的主流文化和四夷的边疆文化，以及中华文化与外来文化的互动，是如何关联到美学思想并与之互动的。

这些视点的进入，可以让中国美学的丰富性和独特性得到更好的呈现。《中国历代美学文库》也或多或少地涉及或暗含了这些视点，但本项目以编目结构、标题、导读等多种方式把这些视点凸显出来，使之有了更加鲜明的呈现，以推动中国美学史的讨论和深入发展。

第二点，在编排上，本项目为了突出选文的美学特性，每一卷有全书导读，卷中每编有本编导读。这是鉴于中国古代的理论话语与由西方而来的美学原理的理论话语差距甚大，导读的目的就是把这二者对接起来，使之进入一个共同的平台，既突出了二者的矛盾，使读者对矛盾在何面、何层、何点有一个认识，又让矛盾在这一对比中将读者引向思考的深入。当然，这样做在引导读者较快地进入美学思考这方面是有利的，但同时也会带来导向太强可能会因自己认识的局限而"误导"了读者的可能。比较一下，《中国历代美学文库》只有作者简介和选文版本出处，连一点美学方向的引导也没有。《中国古典美学丛编》不是以整篇选文，而是以美学范畴为纲，选出不同文章中的相关段落，编者的引导只在每一美学主题前有一"提要"，介绍所选各段文字与这一美学主题的关联。《中国美学史资料选编》除了对所选之文进行简介外，对所选段落都有加小标题，文献中有原题就直接用原题（如《礼记·乐记》的"乐本篇"），原无标题的则从文中选一个关键词出来作为标题（如《左传》的"文物昭德"），或对选文内容进行简要概括（如《庄子》的"天乐、人乐、至乐"），总之都简要地点出了选文的美学主旨。三种资料体的编排方式，各有自己的有利处和不利处。本项目在借鉴其编排方式的基础上力求突出自己的特点。比如，在"文艺美学"等编目下设"文学美学""诗歌美学"等结构，每部分对应的选文前面都对所选之文进行简介，文献中有原题的直接用原题，也有一些对选文进行归纳概括（如"孟郊诗论五则"）。另外，本项目主旨为中国美学经典，选文出自历代经典文献,有的篇目是全篇选用,有的篇目是选录部分,其编排原则至于是全篇还是选录部分,就不在正文中一一呈现。本项目如此编排,是想在这三种方式之外增加一种方式。究竟哪种方式对推进中国美学资料体的建设更有好处,还需要由实践来检验。

三、《中国美学经典》注释以及古籍注释的普遍性问题

刘勰《文心雕龙·神思》谈创作的甘苦时说:"方其搦翰,气倍辞前,暨乎篇成,半折心始。"这句话很能反映出《中国美学经典》选注者在进行注释工作之后所体验到的心情。在对这一结果的反思中,选注者深深感到如今学界在古代文献注释方面面临着一系列的困难。在今天,古代文献由于语言上和文化上的古今差异,若不加注释,在文献里遇上差异突出的语言点、思想点、知识点时,理解上就会出现困难。《中国美学史资料选编》和《中国古典美学丛编》两套书是没有注释的。我在20世纪80年代读这两套资料之时,就对没有注释感到遗憾。而当我进入《中国美学经典》选注工作时,才算悟出了以上两套材料何以不作注释的原因(以及深切地想象《中国历代美学文库》在作注时的艰苦和辛酸)。似可说,在古籍注释上,一套完整的现代学术规范尚未建立起来。怎样作注才算达到标准,各人理解不一,因此注释就成了一件极为吃力不讨好的事。但对于学科建设来说,这又是一个必须要经历的磨难。依照我的体会,古籍注释会涉及或关联如下四个方面或曰四个层级。

第一,注释要在古今的沟通上起作用,重在一个互译的"通"字,即在古代汉语中这个词是什么意思,而用现代汉语来理解又是什么意思。对语言性的词汇重在"释词",即这个词对应现代汉语是什么词义。对概念性的词汇重在"释义",即这个词在现代的

观念体系中是什么意思。对知识性的词汇重在"释物",即这个物或事或人是怎样的物或怎样的事或怎样的人。

第二,在互通的基础上,可根据具体的需要,适当地讲出关联性,即这一语言性或概念性或事物性的词汇,为什么应做这样的理解。由此而引回到这一个词的古代关联之中,即进入古代的语言体系、观念体系、事物体系之中。

以上两点讲的是可通性一面,一种完全到位的解释,同时也是对古籍的真正理解,还会涉及古今不相通的一面,主要是在语言和观念两个方面。

第三,由于古代汉语和现代汉语在语言体系上的差异,无论是简单的还是再复杂一点的注释都无法呈现出文本词汇的原貌,只有通过进入古代汉语体系本身才能理解。

第四,由于现代观念体系与古代观念体系的差异,无论是简单的还是再复杂一点的注释也无法呈现出古代观念的原貌,只有通过进入古代观念体系本身才能理解。

且略举几例来讲以上四个层面与注释的关联。

先讲语言性词汇,李嗣真《后书品》中有"扬庭效技"。这里的难点是"扬庭",其词义为"展示于朝廷"。这是在第一个层面即古今词的汇通上注的。但为什么"扬庭"要做这样的解释呢?这就需要进入第二层,即此词的诸关联之中。首先,在古代汉语里,"庭:通廷"。其次,《易·夬》里有"扬于王庭","扬庭"是这句话的省用。但为什么"庭"通"廷",为什么可以这样省用,以及为什么《易》中的话对这一省用有足够的支持力量,这就要关联古代的语言体系和文化体系。在注释中,最后一层可以不提,古今对释后的关联是否列出,列到多详细的程度,可视一词对理解造成阻碍的难易而定。

再讲知识性词汇。且举人物为例,古代人物的谓称,较为复杂,有姓、名、字、号,还有官职,往往并不写全,讲名或字或号,或姓加官职。对其注释,以讲通文中要点而定。比如,"郑司农",就第一层讲,即东汉经学家郑众。就其关联来讲,较为完整的信息是:郑众(?—83),字仲师,河南开封人。东汉经学家,汉明帝时为给事中,汉章帝时为大司农。后世为区别于在其后的大经学家郑玄,而称其为先郑,又因其最高官位而称为郑司农(历史上还有称官位而区别于同姓同名的宦官郑众的原因)。对这些信息,可择要而举。但最简应为:郑众(?—83),字仲师,河南开封人,汉章帝时官至大司农(或可再加上"东汉经学家")。这样是为了让读者理解文中郑众为什么叫郑司农。

注释要达到第一层是容易的,但对第二层即关联方面,讲几点为好,详约怎样得当,各注家有自己的理解,会呈现出不同,但只要就文中而言,点中要点,即算可以。注释中最难是古今在语言体系和观念体系有差异之处。这里承接前面的逻辑,概述如下。

先讲与观念体系差异相关的概念性词汇问题。比如,审美对象的"形神",就第一层而言,可注为:形即形式,神即内容。用现代美学观念中的形式和内容对接古代美学观念中的形神,是没有问题的。但现代美学的形式内容观念,是按照西方美学把审美对象放进实验室般的场地进行解剖分析而来的,其总原则,是把审美对象看成一个物,然后用形式、内容等一系列静的概念去把握这一物,而古代美学把审美对象看成一个活的生命体,这里作为生命的核心的神,其内涵,与现代汉语的"内容"有本质区别,翻译成"内容",在达到理解的同时,神的词义的本质部分已经没有了。形神与形式内容的区别还在于,古代观念把任何事物都看成虚实合一的整体,在这一整体里,形属于"实"的一面,可精确定位和分析，神属于"虚"的一面，难精确定位和分析。而现代观念把任何事物都看成实体，虚的一面不是应排除就是将之转化为实体，任何内容实体都是可以精确定位和分析的。因此，对于形神的解释，应当认识到两种观念体系的差异，注出其同异。这是一个较为复杂和困难的工作。作为主要进行古今的一般沟通的读本，在面对这类概念性词汇时，怎样详略得当地注解清楚，目前仍是一个尚未完全解决的问题。

再讲语言体系差异带来的问题。现代汉语的基本原则依照西方语言而来，要把语言与事物一一对应，而这一对应的条件是让词汇排除时间而空间化，就像把事物放进实验室里一样，事物的每一点都可以看到，而被看清的每一点都可以用一个词予以对应，语言为了对应事物，其每个词都被定义好，有精确的内涵和外延。就算是一词多义，每一义在使用时也有精确的内涵和外延。古代汉语的原则正与中国古代文化看待事物的原则一样，事物自始至终在时空中运动着，是活动的、有生命的。语言同样需要这种灵活性。比如，在中国古代的乐论中，一定关系到三个基本概念：声、音、乐。孔颖达在《毛诗正义》中讲得很清楚，声、音、乐三词如果一道出现，所谓"对文"，"则声、音、乐三字不同矣"，用现代汉语来讲，"声"是自然音响，"音"是把自然音响加以美的组织而形成的音乐，"乐"则不仅是一般的音乐，而一定是达到了本质性的音乐。但如果声、音、乐只个别地出现，所谓"散文"，则三字是可以互换的。比如，"《公羊传》云'十一而税，颂声作'"，这时"声即音也"；《诗大序》中"亡国之音哀以思，其民困"，这时"音即乐也"。这叫"散则可以通"。[①] 其原理在于：声、音、

[①] 参见李学勤主编：《毛诗正义》，8页，北京，北京大学出版社，1999。

乐这三词，都是指天地间具有统一性的音响，但具体到时空上某一点，音响又可进一步细化，细化的目的是为了认识，认识的同时还要知道其在本质上是有统一性的。因此，如果两个词或三个词一道出现（用于"对"），意味着作者要强调分别，如果只出现一个词（用于"散"），意味着首先是以音响的统一性去看，然后才是强调音响中的哪一点，而且这强调是要从整体的统一性和贯通性上去看的。比如，上面引的《公羊传》的话，本来指的音乐性的歌（音），但为了强调这歌是出自内心的自然流露，而用了"声"。这里包含两个方面，首先把音乐性的歌作为音响的整体来看（即声、音、乐的共性），其次从文句上明显可以知道是歌（音）的时候，强调其发自内心的自然性（这就与"声"具有共同性）。上面所引《毛诗序》（引自《礼记·乐记》）的话也是同一思路，哀以思的音乐是反映了亡国的现实，达到了本质，应为"乐"，但为了强调亡国现实只是作为历史循环中的一段，是现象性的，因此用了"音"。这里重要的是，只有理解了古代汉语的本质和使用词汇的方式，在进行古今的互通时，才能做到正确的注释。

古代汉语的另一个特点是"互文见义"，其理论原则是：语言与事物一样，是由虚实合一的两个部分组成的。好的语言是通过实（即出现的词）就可体现出虚（即与之关联的没有出现的词）来。怎样把按现代汉语必须出现而在古代汉语中可以不出现的词注释出来呢？靠的是"互文见义"语言法则。为了更清楚地将之讲清，且举王昌龄《出塞》为例："秦时明月汉时关，万里长征人未还。但使龙城飞将在，不教胡马度阴山。"第一句"秦时明月"和"汉时关"互文，很明显要讲从"秦时明月秦时关"到"汉时明月汉时关"的漫长历史。第一句中两者互文，没有出现的"秦时关"和"汉时明月"很容易补出来，但诗是唐人所写，考虑到第一句与第二句的互文,第一句中除上面补出的两项外,还有一项"唐时明月唐时关"。这三项能否在注释中补上,是理解文中内容的关键。如果从现代汉语的原则去读,要补得完整就比较困难。

仅由以上关于词汇的运用原则和互文见义原则这两项,可以见出古今汉语的语言体系差异给古文注释带来的困难甚大。如何通过注释让人理解古文中本有的原意和味道,而不是把古代汉语强扭为现代汉语,目前仍是一个尚未完全解决的问题。

以上讲的古籍注释会涉及关联的四个层面,最后都要归结为,一个语言性或概念性或知识性词汇,在具体文本的上下文语境和张力中,应当怎样注解。对于一个主要是让读者明晓一个词在文本中的具体用义(即语言本身的词义)和用意(即由上下文张力而生的活意)的选注本来讲,主要的要求是达到第一个层面,即古今之间的"通",在此基础上应当扩展或深入哪一层或几层,就由每卷的注者根据自己的考量而灵活把握,并不做硬性规定。这样虽然全书各卷的注释不甚统一,但具体的每一卷是统一的,而全书各卷有些不统一,又正是一门处在探索过程中的学科应有的事,一旦这一学科达到成熟,有了公认的规范,那时就会自然地走向统一。

之所以花如此大的篇幅来讲注释,是因为从《中国美学经典》的注释中,我深感中国古代文献的注释是一门极大的学问,而中国现代的学术体系,会给古代文献的注释带来极大的问题。在中国现代学术体制里,对中国古代文化进行注释工作的人才培养和学术训练被分成两个部分,用现在的体制行话来讲,一方面是专业性的中国语言文学一级学科下面的中国古典文献学二级学科,另一方面是各个与中国古代相关的学科,如中国美学史、中国文学史、中国法律史、中国经济史、中国地理史,等等。当需要对古代文献做注释时，古文献专业出身的人士在对语言性释词（即此词怎么讲）和知识性释物（这个事物是什么）两个方面，以及在一定的程度上对概念性释义（从思想上这概念是何义）方面，具有语言的专门性和文献的关联性优势，但专业性不足，以及对古今语言的差异认识不足。各个古代学科的人士则是在专业上有优势，由于专业背景而对古今语言差异有所感受，而在语言的专门性和文献的关联性上不足。相对而言，进行注释工作时，各古代专业人士在目前的学科体制下，由于课程设置和具体培养上的种种局限，比起古文献专业人士来，弱点更多。因此，《中国美学经典》的注释，一定存在这样或那样不自知的缺点和不足，欢迎专家学人和广大读者不吝指出，以期日后改正。

总之，中国美学史学科是一个尚不成熟还在演进的学科，希望若干年后回头看时，大家觉得《中国美学经典》的出版，对这一学科的演进，还算有所贡献。

张　法
2016 年 3 月 1 日

目 录

全书导读 / 1

第一编　礼乐制度美学

本编导读 / 11

尚　书 / 14

　　诗言志 / 14

　　十二章纹 / 15

　　遒人以木铎徇于路 / 16

　　三风丧家亡国 / 16

　　洪范九畴 / 16

　　玩物丧志 / 19

左　传 / 20

　　公问羽数于众仲 / 20

　　文、物昭德 / 20

　　歌诗必类 / 21

　　九功之德皆可歌 / 27

　　威仪之则 / 28

1

乐以安德 / 29
百工献艺 / 30
大上有立德，其次有立功，其次有立言 / 31
言以足志，文以足言 / 31
季札观乐 / 32
先王之乐所以节百事 / 33
女叔齐别礼仪 / 34
和与同异 / 35
子大叔论礼 / 36

国　语 / 37
献诗听政 / 37
伯阳父论阴阳 / 38
单穆公、伶州鸠论和乐 / 38
达政专对 / 42
宁赢氏论貌与言 / 43
乐以风德 / 44
声一无听，物一无文 / 44
伍举论美 / 45
王孙圉论国之宝 / 47

周　礼 / 47
地官司徒 / 48
春官宗伯 / 49
夏官司马 / 57

礼　记 / 58
曲礼上 / 59
檀弓下 / 68

月　令 / 69
　　礼　运 / 81
　　礼　器 / 88
　　玉　藻 / 94
　　经　解 / 102
　　仲尼燕居 / 104
　　孔子闲居 / 106
　　昏　义 / 108
　　乡饮酒义 / 110
　　视中、观色 / 113
仪　礼 / 114
　　士昏礼 / 114
　　士相见礼 / 121
　　乡饮酒礼 / 123
　　燕　礼 / 129

第二编　儒家美学

本编导读 / 139
论　语 / 143
　　论　仁 / 143
　　论　礼 / 145
　　论　诗 / 146
　　论　乐 / 147
　　论生命境界 / 149
　　文与质 / 150

　　　　美与大 / 151
　　　　子温而厉 / 152
孔子诗论 / 152
性自命出 / 157
　　　　上　篇 / 157
　　　　下　篇 / 160
中　庸 / 162
　　　　天命之谓性 / 162
　　　　中庸与中和之道 / 163
　　　　鸢飞戾天，鱼跃于渊 / 165
　　　　五达道与三达德 / 165
　　　　自诚明与自明诚 / 166
五　行 / 168
　　　　《五行》经文 / 169
周　易 / 173
　　　　系辞上 / 173
　　　　系辞下 / 179
　　　　说　卦 / 184
　　　　文　言 / 187
　　　　象　传 / 190
孟　子 / 192
　　　　孟子论性善 / 192
　　　　志与气 / 196
　　　　孟子论人格美 / 197
　　　　仁义与乐 / 198
　　　　《诗》亡然后《春秋》作 / 199

以意逆志与知人论世 / 199

　　目之于色有同美 / 201

　　大体与小体 / 201

　　与民同乐 / 202

　　论观水 / 204

荀　子 / 205

　　荀子论人性 / 205

　　天　论 / 215

　　化性起伪 / 218

　　不全不粹之不足以为美 / 219

　　论诗书礼乐 / 220

　　君子比德 / 229

　　虚壹而静 / 230

　　心有征知 / 231

乐　记 / 233

　　乐本篇 / 233

　　乐论篇 / 235

　　乐礼篇 / 236

　　乐施篇 / 237

　　乐言篇 / 238

　　乐象篇 / 239

　　乐情篇 / 241

　　魏文侯篇 / 242

　　宾牟贾篇 / 243

　　乐化篇 / 245

　　师乙篇 / 247

第三编　道家美学

本编导读 / 251

　　老　子 / 255

　　　　道与德 / 255

　　　　美与恶 / 257

　　　　虚实、有无、动静 / 258

　　　　去欲弃智 / 258

　　　　涤除玄鉴 / 260

　　　　论　妙 / 262

　　　　论　淡 / 262

　　庄　子 / 262

　　　　逍遥游 / 263

　　　　天地与我并生，而万物与我为一 / 265

　　　　道无所不在 / 267

　　　　通天下一气耳 / 267

　　　　物　化 / 268

　　　　德有所长而形有所忘 / 269

　　　　有情与无情 / 273

　　　　莫若以明 / 274

　　　　法天贵真 / 275

　　　　心斋、坐忘 / 275

　　　　天地大美 / 278

　　　　人籁、地籁、天籁 / 280

　　　　天乐、至乐 / 281

　　　　人之所美与美之所以美 / 284

礼乐文章有失性命之情 / 286

黄帝答北门成问《咸池》之乐 / 288

言与意 / 289

道与技 / 293

濠濮间 / 295

《达生》寓言六则 / 296

庄周之文 / 298

列 子 / 299

天 瑞 / 299

黄 帝 / 306

仲 尼 / 317

杨 朱 / 323

管 子 / 331

心术上 / 331

经 / 331

解 / 333

心术下 / 335

白 心 / 337

内 业 / 340

第四编 墨家、法家美学

本编导读 / 347

墨 子 / 350

非 乐 / 350

声乐害政 / 354

　　　　行不在服 / 355
　　　　不为观乐，不修文采 / 356
　　　　墨子佚文 / 358
　韩非子 / 361
　　　　韩非子论人性 / 361
　　　　难　言 / 363
　　　　好五音、耽于女乐，则亡国之祸也 / 364
　　　　好质而恶饰 / 366
　　　　宋人以象为楮叶 / 367
　　　　滥竽充数 / 367
　　　　秦伯嫁女、买椟还珠 / 368
　　　　大巧者巧为輗，拙为鸢 / 368
　　　　射稽之讴 / 369
　　　　客有为周君画策者 / 369
　　　　画犬马难，画鬼魅易 / 369
　　　　千金之玉卮，漏不可盛水 / 370
　　　　教　歌 / 370
　　　　儒以文乱法 / 370
　　　　短褐不完者不待文绣 / 371

第五编　其他美学思想

本编导读 / 375
　巫术、神话美学 / 379
　　　　绝地天通 / 379
　　　　铸鼎象物 / 381

　　　　司巫、男巫、女巫 / 381

　　　　巫、帝嫔天 / 382

　　　　四方神 / 383

　　　　女娲补天 / 383

　　　　龙伯钓鳌 / 384

　　　　愚公移山 / 385

　　　　夸父追日 / 386

　　　　玄鸟生商 / 386

舞乐美学 / 386

　　　　简　兮 / 386

　　　　那 / 387

　　　　有　瞽 / 387

　　　　桑林之舞 / 387

　　　　声色养性 / 388

　　　　大　乐 / 390

　　　　侈　乐 / 392

　　　　适　音 / 393

　　　　古　乐 / 394

　　　　音　律 / 396

　　　　音　初 / 397

　　　　锺子期夜闻击磬者而悲 / 398

　　　　伯牙摔琴谢知音 / 399

　　　　舆谚之歌 / 399

　　　　师文鼓琴 / 399

　　　　薛谭学讴 / 400

　　　　伯牙善鼓琴，锺子期善听 / 401

　　　　偃师献技 / 401

　　　　荆轲和歌 / 402

　　　　景公夜听新乐而不朝晏子谏 / 402

　　　　招　魂 / 403

　　　　宋玉《对楚王问》 / 404

建筑美学 / 405

　　　　周营洛邑 / 405

　　　　斯　干 / 407

　　　　绵 / 408

　　　　灵　台 / 410

　　　　赵文子为室 / 410

　　　　智襄子为室美 / 411

　　　　美轮美奂 / 411

　　　　明　堂 / 412

　　　　匠人营国 / 413

　　　　景公筑长庲台晏子舞而谏 / 414

工艺美学 / 415

　　　　审曲面势，以饬五材，以辨民器，谓之百工 / 415

　　　　车之象物 / 416

　　　　画缋之事 / 416

　　　　梓人为笋虡 / 417

姿容美 / 418

　　　　淇奥 / 418

　　　　硕　人 / 419

　　　　邹忌修八尺有余 / 420

　　　　登徒子好色赋（并序） / 420

　　　　神女赋(并序) / 423
　文学审美意识 / 426
　　　　情景关系 / 426
　　　　虚实相生 / 427
　　　　戏谑语言的运用 / 429
　　　　戏剧化对白与联句 / 430
　　　　想象与抒情 / 431

第六编　天下观念

本编导读 / 447
　尚　书 / 450
　　　　禹　贡 / 450
　周　礼 / 453
　　　　夏官司马·职方氏 / 453
　礼　记 / 456
　　　　王　制 / 456
　吕氏春秋 / 466
　　　　有始览 / 466
　战国策 / 468
　　　　武灵王平昼闲居 / 468

后　记 / 473

全书导读

先秦即秦代(公元前 221 年)之前的历史时期。从历史发展看,先秦美学包含了远古、夏、商、西周、春秋战国几个阶段。对于先秦美学的研究主要应从两个方面来展开。一方面是出土或现存器物层面体现出的审美意识。这种审美意识需要后人根据器物本身和当时的历史文献、文化背景等来予以概括和推演。先秦美学研究的另一方面为文字记述层面。这种文字记述层面既有对器物本身、器物运用等方面的记载,又有抽象的理论概括。对器物方面文字记载的研究有助于概括出先秦时期的审美意识,而对抽象的理论概括的研究则有助于总结出先秦的美学理论。就美学资料所涉及的内容而言,主要针对的是文字记述层面。而在文字记述层面中,特别要注重的又是具有抽象概括性的美学理论。下面对本书选编先秦美学资料的几个理论参照维度做一简要介绍。

第一，先秦美学资料范围的厘定。整理先秦的美学资料，面临的一个最大障碍就是有些文献资料的成书年代、作者归属、真伪等问题还不是很清晰。基于此，本书对先秦美学资料的选择主要以学界大致认可的文献为主（一些有争议但有重要美学观念的文献也列出，作为研究辅助资料），对于一些争议比较大的文献则将之作为扩展阅读书目。同时，对先秦文献的选择还要看是否存在美学性内容，对于一些没有美学性内容或者极少美学性内容的文献也不予收录，仅作为扩展阅读书目。当然要指出的一点是，由于不同的人对何为美学性内容存在不同理解，笔者也只能在遵从学界基本认同的基础上并按照个人的学术理解来选取较为重要的美学资料。

就编者个人的理解而言，美学作为哲学的分支，其关注点并不局限于具体的器物、艺术、自然等层面，而是要通过这些具体层面来反思其之所以存在的意义。《易传·系辞上》云："形而上者谓之道，形而下者谓之器。"具体的器物、艺术、自然、身体等层面为"器"，属于艺术学关注的内容；而反思这些器物之所以存在的思想为"道"，属于美学关注的内容。美学恰恰是通过对"象"的反思、体悟从而"超以象外，得其环中"。对远古和夏、商时代的美学而言，美学研究就是要通过对出土陶器、玉器、青铜器等器物的解读，理解这些器物与当时思维观念的关联，从而理解古人是如何借助于这些器物来理解巫术与审美、政权与神权等人神合一的文化主题的。对春秋战国时代的美学而言，美学研究则是通过对诗、书、礼、乐，自然，身体等层面的考察，去理解这些"象"是如何通达于"道"的，从而理解先秦诸子如何去开启一种与道合一的生命安顿方式。正因如此，本书在选编先秦美学资料时，并不局限于一些器物、文艺、自然等"象"的层次，还把一些与审美紧密关联的哲学思想也选录其中。在编者看来，先秦美学集中体现在哲学美学而非艺术美学，如果不借助于对重要哲学思想的理解就无法真正理解先秦的美学。

基于这种美学理解维度，本书涉及的美学资料范围包括：《尚书》，《左传》，《国语》，《仪礼》，《周礼》(其中《考工记》单列)，《礼记》(其中《中庸》《乐记》单列)，《大戴礼记》，《逸周书》，《越绝书》，《论语》，《孔子诗论》，《中庸》，《五行》，《性自命出》，《孟子》，《荀子》，《周易》，《乐记》，《道德经》，《庄子》，《管子》，《列子》，《吕氏春秋》，《战国策》，《诗经》，《楚辞》，《晏子春秋》，《墨子》，《韩非子》，《山海经》，《考工记》等。在选编过程中，对于完整的有"题名"的章节，依然沿用原来章节的"题名"，而对于选录的没有"题名"的言论则按照其中心思想冠以"题名"。

第二，先秦美学的类型划分。由于先秦一些文献存在成书年代的不明确，无法完整地对其按照时间顺序来进行排列，故本书采取了类型划分的形式来组织资料。类型划分的一个优势就是能比较系统地呈现出同一类型或流派的核心美学思想并呈现不同类型或流派之间美学的差异。类型划分的一个问题就是可能导致各类型间一些重叠或交叉性的美学内容被人为地分置开来，如本书先秦礼乐制度美学的一些内容和儒家美学的内容是一致的。所以，对这些内容的阅读和处理，尚需要读者自己去注意。一般而言，先秦美学主要以不同的学术流派来划分其美学类型，如儒家、道家、墨家、法家等在美学看法上也有着不同观念。同时，在儒家之前或同时以及"三礼"中，还存在大量的不宜直接归入某一流派的关于礼乐制度的记述，故除了流派划分外，在划分先秦美学时，本书还专门设置了一编用以收录礼乐制度美学的资料。其他美学思想编则收录一些不宜归入流派、侧重于文艺美学方面的资料。天下观念编主要选录了几篇先秦关于地理版图和民族交往方面的资料。"天下观念"主要是给进一步理解先秦美学提供一种新认知视角，以改变过去仅从华夏文化视角去理解先秦美学的偏颇。应该说，这些类型划分大致呈现了朝廷制度中包含的美学思想、士人群体中的美学思想、民间生活中的美学思想等。

　　第三，先秦美学的逻辑演进与主要内容。先秦美学是与宗教信仰、哲学观念等紧密相关的。根据先秦历史的演进和不同阶段的文化观念，先秦美学有着主要理论层面的逻辑发展：远古时期的原始巫术美学──夏、商二代的原始宗教和政治合一的美学──西周的礼乐文化美学──春秋战国的诸子人格美学、国家政治美学、日常生活世俗化美学。这种逻辑演进是与整个中国历史发展联系在一起的，其中昭示了古人精神世界的发展过程，也显现了各时代的审美文化内容。

　　远古时代，人对外在自然的理解是通过原始巫术、原始宗教的文化方式进行的。由此，其审美活动也与巫术活动紧密连为一体。这一时期的人们在劳作和巫术审美活动中，引入了大量的原始艺术以达成一种人神之间的沟通。

　　巫术文化作为远古时期的文化核心，它深远地渗透到了远古人类生活的方方面面。巫术活动在某种意义上成为远古时期文化活动的全部。因此，各种器物的创制和原始艺术都打上了神秘的烙印。原始审美体验的获得就在于与神交流的艺术形式中。

　　随着国家的诞生，神权与政权开始结合。《山海经》记载，夏代的第一个帝王夏启就是帝巫。夏、商二代建立了把巫术、祭祀文化与王权神授观念结合起来的政教合一文化。由此，中国审美文化不仅继承了原始时期的神学功能，而且也具备了王权功能。以青铜器为代表的艺术不但是神权的表征也是王权的体现。特别是青铜器上的动物形象与动物纹饰，其狞厉之美的背后既隐含了神帝的威慑与恐怖，也体现了王权的强势与恐吓。夏、商二代正是通过青铜礼器的神秘纹饰向上通神以显示君权神授的神圣性，向下昭告天下以显示王权的不可侵犯性。

西周时期，中国文化迎来了人文精神的觉醒。在商代，统治者通过对神帝，特别是具有亲属关系的祖先神的祭祀来获得统治的神圣性。商人认为，只要虔诚地谄媚于神帝，自己的统治就能得到庇佑。这表明，在商人看来，神帝至少具有任人唯亲和天命不移两方面的特点。出于论证自身取代商纣合法性的需要，周人对商人神帝观的这两个特点都进行了批驳。"皇天无亲，惟德是辅"（《尚书·蔡仲之命》）是对神帝亲属性的否定，而"惟命不于常"（《尚书·康诰》）则是对天命永恒不移观的否定。这表明，在周人看来，皇天上帝公正无私，并不因为谁对他谄媚有加就把天命降临于谁头上，其不是以亲属性而是以道德性来考察天命的接受者。同时，天命禀授也不是永恒不变的，如果统治者无法做到敬德保民，天命就必将实现更替。商、周这种神帝观、天命观的转换，意味着中国文化的重大转变。它昭示了历史的转变不再仅是天帝所为，人也是主动参与其中的。在周人看来，统治合法性的关键在于施政者要能做到德治。于是，周人开始了中国文化的转向：由神及人。在这种神性渐渐隐退的理性化过程中，原先对神进行祭祀的礼仪规范开始成为人间秩序——礼乐。因此，西周用天的观念置换了神的观念，把夏、商二代的巫术、祭祀文化转化为礼乐文化。在神的隐退过程中，现实性的礼乐仪式开始成为人的行为方式的规范制度。从国家行为到个人生活领域，礼乐制度构筑了一种等级之美与和谐之美，彰显了一种诗性的政治和个人行为方式。

春秋战国时期，随着礼崩乐坏，一方面是诸子百家各自的生存方式和政治理想、策略的提出，另一方面是诸侯对感性享受的追求。至此，中国美学思想出现了第一次高峰。诸子百家根据各自的文化理想，提出各自不同的人格美学、艺术观念和理想美政，哲学美学观念以一种深刻的哲思方式得到了表达；同时，礼乐所蕴含的等级性则被僭越成为享受娱乐性。诗、礼、乐因此分离，诗乐自身的抒情性、艺术性也得以被正视。随着大一统趋势的出现，荀子从实用政治角度把礼乐感性形式与政治重新组合，为新的大一统帝王设计了新的制度美学。可以说，作为中国美学思想的第一个高峰阶段，整个春秋战国的美学呈现了多元并存的灿烂景观。其中以儒、道为主的诸子士人美学在美学理论中占有崇高地位，其提出的很多审美与艺术观念一直影响着中国古典美学，对中国人的审美与艺术观念起到了塑形之效。在此之外，伴随礼乐文化的衰落，各诸侯国统治者和民间注重感官享受、形式美感的文艺审美现象也流行开来，形成了一种民间与世俗的审美景观。

第四，春秋战国美学的基本特征。春秋战国美学作为中国美学思想的第一个高峰，为先秦美学的重中之重，其关注的重点是如何让人的心性主体处于一种自由的审美精神状态。虽然，春秋战国美学思想在审美实践活动方面的论述有所欠缺，但其对审美精神活动领域的领悟却是极为深刻的。与生命的审美精神相联系，春秋战国美学主要体现为如下几个基本特征。

其一，强调情和性的统一。春秋战国美学作为关注生命精神的哲学美学，立足于生命的情感根基之上。不管是儒家的血缘亲情、道家的率性真情，还是艺术上的"诗言志"理论都把情感问题作为基本的存在问题进行了反思。在中国哲学中，对情的反思是与性联系在一起的。"情生于性"的观念说明了"情"与作为人之本质的"性"的关系。一方面，"情"出自人的生命本质；另一方面，"情"又与外物相互连接。这样,"情"处于"性"与物的中间状态,构成了人生在世的存在方式。在这种人生存在方式之中,"情"潜在的危险就是被外物所役而偏离"性"从而丧失生命的本质。所以,如何处理"情"与"性"的关系,构建一种性情中和的和谐生命状态,成为春秋战国美学重要的关注点。儒家美学非常注重情感抒发在生命中的意义,但主张情感的激发应受到"性"的节制,以达成一种性情统一的和谐主体;道家美学则把情性合一,主张以性命之情应物而无累于物,以维持住率性真情的自由生命精神。

其二,强调美与生命境界的统一。在春秋战国美学思想中,美不是仅表现为一种外在的感性,而是一种关涉生命精神状态的自由与和谐。在春秋战国哲学中,最理想的生存方式或生命境界就是达成个体或群体生命的自由与和谐。因此,在春秋战国美学那里,人生的最高境界同时也是一种审美境界。不管是儒家"尽善尽美""游于艺"的生命境界,还是道家自由自在、"逍遥游"的生命境界,都体现了一种审美精神。美与生命境界的统一,既表现了中国文化对美与人生关系的深刻理解,又表明了中国文化所追求的最高生存方式,不是抽象而纯然理性的,而是有着诗意的美学品格。

其三,强调美与天道的统一。美与生命境界的统一,把美与人生存在方式联系起来。而在中国"天人合一"的主流文化中,人生存在方式又是与天道观念连贯一体的。天道作为中国哲学的核心概念之一,它体现了天地宇宙的创造精神,为万物存在的根据。先秦儒、道哲学虽然对天道观念的理解不同,但其主流都认为人源出于天并秉承天道精神而存在。人通过自身的精神修养的最终目的是实现内在超越、复归天道,实现人与天即人与自身根源的合一。由于这种天人合一的生命境界同时也是一种审美境界,这就把美与艺术带入到了一种超越性的天道观念中。春秋战国时期美与天道的统一,基本奠定了中国文化注重审美与艺术的虚灵性、精神超越性的特色。

  本书文献资料多采用当前学界较为经典的注本，个别有争议的文字在参照其他注本基础上择善而从。同时，有个别引文的断句也有所调整。我的研究生郑乾、贾娟、周宇薇、李采月帮忙核校了部分文献，在此表示感谢。由于本人学力有限，译注中难免还存在一些错误或不当之处，敬请各位学者同人批评指正。

第一编 礼乐制度美学

本编导读

中国素有"礼仪之邦"之称，中国文化中关于礼的记载最为翔实的当属先秦典制。本编所选的内容侧重于先秦礼乐典章制度，文本上以"三礼"为主，同时包含了《尚书》《左传》《国语》中论及礼乐方面的内容。这些内容一方面体现了先秦时期礼乐文化的历史面貌，另一方面也体现了儒家对礼乐治国的理想化国家制度的描述。

《说文解字》云："礼，履也，所以事神致福也，从示从豊。"《礼记·明堂位》载："周公摄政六年，制礼作乐。"周代礼乐文化虽然是在继承商代祭祀之礼基础上发展的，但其一个很重要的转变在于把鬼神之礼转为了人文之礼，使得礼乐制度在成为国家运行制度的同时也成为指导人生行为的规范之道。

先秦礼乐制度是指导国家和社会运行的根本制度，它规范着社会各方面的活动方式。礼辨异，乐统同，礼乐须臾不离。礼保证了等级秩序的区别，乐则使得这种等级秩序趋近和谐而不至于离散。所以，礼乐活动不仅仅是社会制度的运行，同时也是一种审美活动的展开。《礼记·少仪》载："言语之美，穆穆皇皇；朝廷之美，济济翔翔；祭祀之美，齐齐皇皇；车马之美，匪匪翼翼；鸾和之美，肃肃雍雍。"言语之美，在于语气诚敬，得体优雅；朝廷之美，在于举止端庄，行为安舒；祭祀之美，在于诚恳谨慎，心系鬼神；车马之美，在于行进有序，阵容整齐；车铃之美，在于雍容和谐。这段话很好地点明了礼乐典制与美学的关联。

从美学体系而言，先秦礼乐典制内容包含了三大美学关联体系：以西周为范本的礼乐物质体系、礼乐行为体系、思想家对礼乐物质和礼乐行为的理论评价体系。在礼乐物质体系和行为体系中，蕴含的是礼乐文化的审美意识，而理论评价体系中蕴含的则是礼乐文化的审美理论。礼乐物质体系囊括了从国家制度到日常生活礼仪的诸多方面，构建了先秦礼乐制度的艺术品层面，其中包含了建筑、冕服、玉器、车骑、乐器、诗歌、舞蹈、工艺等。在国家制度层面，这些物质体系不但有着不同的专业管理和实施人员，而且因君、公、侯、伯、子、男、大夫、士等不同的身份有着不同的形制规范，具有严格的等级审美特性，侧重体现了先秦典制的等级之美。从国家层面而言，吉、凶、宾、军、嘉五礼构成了国家礼仪，体现了一种国家政治美学的威仪之美。礼乐行为体系囊括了各个阶层的祭祀行为，对内、对外政治行为和日常生活行为，构建了先秦礼乐制度的实际运用层面，其中包含了言语之美、行为动作之美、仪态之美等。从个人生活层面而言，冠、昏、丧、祭、乡、相见六礼构成了从生到死的日常礼仪规范，体现了一种生活美学，侧重体现了先秦典制的和谐之美。特别是在春秋前期，国家之间的外交辞令依然保存着赋诗言志的礼仪，在《左传》和《国语》中充斥着用诗的礼乐场景，使得严肃的外交行为充满着审美的气息。在礼乐制度中，对这些艺术的拥有和使用体现了在礼乐文化的森严等级中寻求和谐的审美意识。理论评价体系往往出自当时的一些智者和重臣。这些智者和重臣对以礼乐为主的各种事件进行了评析和论述，构建了先秦礼乐美学抽象的理论层面，其中的美学理论问题包含了礼乐与道德、礼乐与政治、礼乐与人格教育、礼乐与天道、礼乐与身心和谐、读诗和用诗等主题。可以说，等级之美与和谐之美相辅相成，最终达至一种等级中的和谐。礼乐文化使得生命的感性活动得以规范，审美和艺术都呈现为一种节制、得体的规范形式。"是故宫室得其度，量、鼎得其象，味得其时，乐得其节，车得其式，鬼神得其飨，丧纪得其哀，辨说得其党，官得其体，政事得其施，加于身而错于前，凡众之动得其宜。"（《礼记·仲尼燕居》）

  本部分的选文主要出自《尚书》《左传》《国语》《仪礼》《周礼》《礼记》。对《尚书》《左传》《国语》，主要选择了一些礼乐制度性资料以及一些理论评价性美学内容。《公羊传》《穀梁传》由于涉及的美学性内容很少，故可作为扩展阅读。在"三礼"中，由于有些内容是和儒家美学相重叠的，所以有一部分放置到了儒家美学编，本编的选择主要侧重于礼乐制度方面的资料。《仪礼》虽然重要，但由于其涉及面广，故主要选择了日常生活礼仪方面具有美学性的内容，其他篇目可以作为扩展阅读。另外，《逸周书》《大戴礼记》中的一些内容也可以作为扩展阅读。由于先秦美学资料往往分散在各种哲学、历史、文学著作中，在选择的过程中，如果是篇目全文一般保留原有篇名，如果选择的是某个段落，则新起主题作为其篇目之名。

尚　书

　　《尚书》，有上古之书、儒家崇尚之书、帝王君上之书等意义，为上古流传的主要记载贤帝明君言论的记言体史书，历来被儒家推崇并纳入六经和十三经。《尚书》的一些篇目的时代存有争议，一般认为《今文尚书》所存的二十八篇文献为较可靠的先秦文献。不管如何，《尚书》是目前研究上古文化观念最主要的史料文献，即使是一些存在争议的篇目也可以作为研究上古文化的辅佐材料。《尚书》按时代分为《虞书》《夏书》《商书》《周书》，在文体上有诰、训、谟、誓、命、典。《尚书》中一些有关制度、观念方面的记载对了解中国上古美学具有一定价值，特别是其中的"诗言志"成为影响中国诗歌理论最大的命题之一。选文摘自李民、王健编撰《尚书译注》，上海古籍出版社2004年版，断句有个别调整。

诗言志

　　帝曰："夔！命汝典乐①，教胄子②，直而温，宽而栗，刚而无虐，简而无傲③。诗言志④，歌永言⑤，声依永⑥，律和声⑦。八音⑧

---

① 典乐：主管音乐。
② 胄（zhòu）子：郑玄注为国子，即王卿贵族子弟。
③ 栗：恭谨、严肃。虐：暴戾。
④ 志：情感、意志。诗言志：诗用以来言说情志。学界一般把"诗言志"理解为诗歌是表达作者情志的，但据文意，此处的"诗言志"更倾向于要求胄子通过阅读诗歌来言说自己的情志。
⑤ 永：拉长。歌永言：吟唱诗歌时拉长字音。
⑥ 声：五声，宫、商、角、徵、羽。声依永：声音的高低与字音的拉长相配合。
⑦ 律：泛指六律六吕十二律。六律指黄钟、太簇、姑洗、蕤宾、夷则、无射。六吕指大吕、应钟、南吕、林钟、仲吕、夹钟。律和声：音乐的节奏与声音的高低相和谐。
⑧ 八音：即金、石、土、革、丝、木、匏、竹八类乐器。

克谐，无相夺伦，神人以和。"夔曰："於！予击石拊①石，百兽率舞②。"（虞书·舜典）

十二章纹

帝曰："臣作朕股肱耳目。予欲左右有民③，汝翼④。予欲宣力四方，汝为。予欲观古人之象，日、月、星辰、山、龙、华虫⑤，作会⑥；宗彝⑦、藻、火、粉米⑧、黼⑨、黻⑩，絺绣⑪，以五采彰施于五色，作服⑫，汝明。"（虞书·益稷）

---

① 於(wū)：语助词。拊(fǔ)：敲击。

② 百兽率舞：装扮成百兽的人跳舞。在古代巫术、祭祀、礼乐文化中，人装扮成神灵之兽更有助于"神人以和"。

③ 左右：帮助引导，郑玄注："助也。"有：保护，扶持。

④ 翼：辅佐。

⑤ 华虫：按孔颖达的解释，即雉。

⑥ 会：通"绘"，在上身衣服上绘制图案。

⑦ 宗彝：本指宗庙彝器。由于这些礼器上常饰有虎和长尾猴两种动物，故这里的宗彝代指虎和长尾猴形象。

⑧ 粉米：白米，为米粒聚合之状。

⑨ 黼(fǔ)：黑白相次的斧头状。

⑩ 黻(fú)：黑青相次的"亚"形，两弓相背状。

⑪ 絺(chī)绣：与"作会"对应，指在下身衣裳上绘绣图案。

⑫ 作服：制成服装。古时把日、月、星辰、群山、龙、雉、长尾猴、水藻、火焰、米状物、斧形、亚形十二种形象绣制在衣裳上制成五种不同颜色的礼服，后演变为古代服饰的十二章纹制度。不同的等级对应不同数目的服饰形象。

遒人以木铎徇于路

每岁孟春，遒人①以木铎徇②于路，官师相规③，工执艺事以谏④。（夏书·胤征）

三风丧家亡国

敢有恒舞于宫，酣歌于室，时⑤谓巫风。敢有殉于货色，恒于游畋，时谓淫风。敢有侮圣言，逆忠直，远耆德，比⑥顽童，时谓乱风。惟兹三风十愆，卿士有一于身，家必丧；邦君有一于身，国必亡。（商书·伊训）

洪范九畴⑦

初一曰五行，次二曰敬用五事，次三曰农⑧用八政，次四曰协

---

① 遒（qiú）人：古代的宣令之官。
② 徇：通巡，巡行。
③ 相规：相互教诲。
④ 工执艺事以谏：手工工匠们以工艺技术之事来呈献与规劝。此说往往被用以作为证明古时存在献诗、采诗之风的一个证据。
⑤ 时：代词，是。
⑥ 比：亲昵。
⑦ 洪范九畴：九种治国的根本大法。
⑧ 农：勉力。

用五纪①，次五曰建用皇极②，次六曰乂③用三德，次七曰明用稽疑④，次八曰念用庶征⑤，次九曰向⑥用五福，威用六极。

一、五行：一曰水，二曰火，三曰木，四曰金，五曰土。水曰润下，火曰炎上，木曰曲直，金曰从革⑦，土爰稼穑。润下作咸，炎上作苦，曲直作酸，从革作辛，稼穑作甘。

二、五事：一曰貌，二曰言，三曰视，四曰听，五曰思。貌曰恭，言曰从，视曰明，听曰聪，思曰睿。恭作肃，从作乂，明作哲，聪作谋，睿作圣。

三、八政：一曰食，二曰货，三曰祀，四曰司空，五曰司徒，六曰司寇，七曰宾，八曰师⑧。

四、五纪：一曰岁，二曰月，三曰日，四曰星辰，五曰历数。

五、皇极：皇建其有极。敛时五福，用敷锡厥⑨庶民。惟时厥庶民于汝极，锡汝保⑩极。凡厥庶民，无有淫朋，人无有比德⑪，惟皇作极。凡厥庶民，有猷有为有守，汝则念之。不协于极，不罹于咎，皇则受之。而康而色，曰：予攸好德。汝则锡之福，时人斯其

---

① 协用五纪：协，合天时。五纪：五种计时方法。
② 皇极：皇，大。极，法则，中道。帝王统治天下的大法则。孔颖达疏："皇，大也；极，中也。施政教，治下民，当使大得其中，无有邪僻。"
③ 乂(yì)：治理。
④ 明用稽疑：卜筮考察疑难用以决策。
⑤ 念用庶征：念，考虑。庶，多，众。考虑多种征兆。
⑥ 向：通"飨"，受用。
⑦ 从革：顺从改革。金可顺人的要求改变形状。
⑧ 司空：掌居民之官。司徒：掌教民之官。司寇：掌诘盗贼之官。宾：掌诸侯朝觐之官。师：掌军旅之官。
⑨ 用：用以。敷：普遍。锡：赐予。厥：其，代指君王的。
⑩ 保：遵循。
⑪ 淫朋、比德皆指相互勾结之朋党。

惟皇之极，无虐茕独，而畏高明。人之有能有为，使羞①其行，而邦其昌。凡厥正人，既富方谷。汝弗能使有好于而家，时人斯其辜。于其无好德，汝虽锡之福，其作汝用咎。无偏无陂，遵王之义；无有作好，遵王之道；无有作恶，尊王之路。无偏无党，王道荡荡；无党无偏，王道平平；无反无侧，王道正直。会其有极，归其有极。曰皇极之敷言，是彝是训，于帝其训。凡厥庶民，极之敷言，是训是行，以近天子之光。曰：天子作民父母，以为天下王。

六、三德：一曰正直，二曰刚克，三曰柔克。平康，正直；强弗友，刚克；燮②友，柔克。沈潜，刚克；高明，柔克。惟辟作福，惟辟作威，惟辟玉食。臣无有作福、作威、玉食。臣之有作福、作威、玉食，其害于而家，凶于而国。人用侧颇僻，民用僭忒③。

七、稽疑：择建立卜筮人，乃命卜筮。曰雨，曰霁，曰蒙，曰驿，曰克，曰贞，曰悔，凡七④。卜五，占用二，衍忒。立时人作卜筮，三人占，则从二人之言。汝则有大疑，谋及乃心，谋及卿士，谋及庶人，谋及卜筮。汝则从，龟从，筮从，卿士从，庶民从，是之谓大同。身其康强，子孙其逢吉。汝则从，龟从，筮从，卿士逆，庶民逆，吉。卿士从，龟从，筮从，汝则逆，庶民逆，吉。庶民从，龟从，筮从，汝则逆，卿士逆，吉。汝则从，龟从，筮逆，卿士逆，庶民逆，作内吉，作外凶。龟筮共违于人，用静吉，用作凶。

八、庶征：曰雨，曰旸，曰燠⑤，曰寒，曰风。曰时五者来备，

---

① 羞：《尔雅·释诂》："进也。"
② 燮：调和，如燮理阴阳。
③ 僭忒：忒，通"慝"，恶。僭越作恶之事。
④ 雨、霁、蒙、驿、克皆为龟兆之纹，贞、悔为用筮蓍草的卦象，贞为内卦，悔为外卦。
⑤ 旸：晴。燠：热。

各以其叙，庶草蕃庑。一极备，凶；一极无，凶。曰休征①：曰肃，时寒若；曰乂，时旸若；曰晢，时燠若；曰谋，时寒若；曰圣，时风若。曰咎征：曰狂，恒雨若；曰僭，恒旸若；曰豫，恒燠若；曰急，恒寒若；曰蒙，恒风若。曰王省惟岁，卿士惟月，师尹惟日。岁月日时无易，百谷用成，乂用明，俊民用章，家用平康。日月岁时既易，百谷用不成，乂用昏不明，俊民用微，家用不宁。庶民惟星，星有好风，星有好雨。日月之行，则有冬有夏。月之从星，则以风雨。

九、五福：一曰寿，二曰富，三曰康宁，四曰攸好德②，五曰考终命③。六极：一曰凶、短、折，二曰疾，三曰忧，四曰贫，五曰恶，六曰弱。（周书·洪范）

玩物丧志

呜呼！明王慎德，西夷咸宾。无有远迩，毕献方物，惟服食器用。王乃昭德之致于异姓之邦，无替厥服；分宝玉于伯叔之国，时庸展亲。人不易物，惟德其物！德盛不狎侮。狎侮君子，罔以尽人心；狎侮小人，罔以尽其力。不役耳目，百度惟贞。玩人丧德，玩物丧志。志以道宁，言以道接。不作无益害有益，功乃成；不贵异物贱用物，民乃足。犬马非其土性不畜，珍禽奇兽不育于国。不宝远物，则远人格④；所宝惟贤，则迩人安。呜呼！夙夜罔或不勤，不矜细行，终累大德。为山九仞，功亏一篑。允迪兹⑤，生民保厥居，惟乃世王。（周书·旅獒）

---

① 休征：好的征兆。
② 攸好德：攸，助词。喜好美德。
③ 考终命：考，同"老"。老来善终。
④ 格：来、至。
⑤ 允迪兹：允，信、真。迪，行。真的能做到这点。

左 传

《春秋》是我国最早的编年体史书，为"十三经"之一。"春秋"一词，本是史官撰写编年史的通称，取春夏秋冬四时之义。《左传》相传为春秋末年的左丘明为解释《春秋》而作的阐述，其与《公羊传》《穀梁传》，合称"春秋三传"。《左传》不但保存了起自鲁隐公元年迄于鲁哀公二十七年春秋时期重要的史料，其精练的语言，优美的文辞，扣人心弦的叙事手法也对后世影响深远，堪为我国古代文学与史学完美结合的典范。《左传》中也不乏一些重要的美学史资料与美学命题。选文摘自杨伯峻编撰《春秋左传注》（修订本），中华书局2009年版。

公问羽数于众仲

九月，考仲子之宫，将万①焉。公问羽数②于众仲。对曰："天子用八，诸侯用六，大夫四，士二。夫舞，所以节八音而行八风，故自八以下。"公从之。于是初献六羽，始用六佾也。（隐公五年）

文、物昭德

臧哀伯谏曰："君人者，将昭德塞违，以临照百官，犹惧或失之，故昭令德以示子孙：是以清庙茅屋，大路越席③，大羹不致，

---

① 万：万舞。《诗经·邶风·简兮》云："公庭万舞，左手执籥，右手秉翟。"
② 羽数：执羽之人数。古之舞以八人为一列，称为佾。后文的八、六、四、二皆为佾数。
③ 大路越席：路即"辂"，车之一种。越席：用蒲草结成的席子。用蒲席铺大路，以示节俭。

粢食不凿，昭其俭也。衮、冕、黻、珽、带、裳、幅、舄，衡、紞、纮、綖①，昭其度也。藻、率、鞞、鞛、鞶、厉、游、缨②，昭其数也。火、龙、黼、黻，昭其文也。五色比象，昭其物也。钖、鸾、和、铃③，昭其声也。三辰旂旗④，昭其明也。夫德，俭而有度，登降有数。文、物以纪之，声、明以发之，以临照百官。百官于是乎戒惧，而不敢易纪律……"（桓公二年）

歌诗必类

卫宁武子来聘，公与之宴，为赋⑤《湛露》及《彤弓》⑥。不辞，又不答赋。使行人私焉⑦。对曰："臣以为肄业⑧及之也。昔诸侯朝正于王，王宴乐之，于是乎赋《湛露》，则天子当阳，诸侯用命也。诸侯敌王所忾，而献其功，王于是乎赐之彤弓一、彤矢百，玈弓矢千，以觉报宴。今陪臣⑨来继旧好，君辱贶之，其敢干大礼以自取戾。"（文公四年）

---

① 黻：遮蔽腹膝之间的皮革。珽：即天子所用的笏。带：束腰的大带。幅：束胫的绑腿。舄（xì）：鞋之一种。衡：冕上用以固定冠的玉笄。紞（dǎn）：冠冕上用来系瑱的带子，即充耳之属。纮：缋边丝带，亦可固冕弁。綖：即"延"，冕最上端的板子。

② 藻：系玉的五彩丝绳。率：佩巾。鞞（bǐng）：刀鞘。鞛（běng）：佩刀刀把处的装饰。鞶（pán）：佩物的革带。厉：革带饰物。游：旌旗上的飘带。缨：马鞅。

③ 钖、鸾、和、铃：四者分别为马眼、车驾、车轼、旌旗上能响动的饰物。

④ 三辰旂旗：绘有日月星的旌旗。

⑤ 赋：不歌而诵。

⑥ 《湛露》及《彤弓》为天子宴诸侯之乐，公以此宴卫宁武子，乃僭越，故卫宁武子不言辞也不答赋。

⑦ 行人私焉：公派使者私自探询。

⑧ 肄业：师授生曰授业，生受之于师曰受业，习之曰肄业。

⑨ 陪臣：大夫的家臣。外交使臣出使也谦称陪臣，此处为卫宁武子的谦称。

冬，公如晋朝，且寻盟。卫侯会公于沓，请平①于晋。公还，郑伯会公于棐，亦请平于晋。公皆成之。郑伯与公宴于棐，子家赋《鸿雁》。季文子曰："寡君未免于此。"文子赋《四月》。子家赋《载驰》之四章。文子赋《采薇》之四章。郑伯拜。公答拜。②（文公十三年）

穆叔如晋，报知武子之聘也。晋侯享之，金奏《肆夏》之三，不拜。工歌③《文王》之三，又不拜。歌《鹿鸣》之三，三拜。韩献子使行人子员问之，曰："子以君命辱于敝邑，先君之礼，藉之以乐，以辱吾子。吾子舍其大，而重拜其细，敢问何礼也？"对曰："《三夏》，天子所以享元侯也，使臣弗敢与闻。《文王》，两君相见之乐也，使臣不敢及。《鹿鸣》，君所以嘉寡君也，敢不拜嘉？《四牡》，君所以劳使臣也，敢不重拜？《皇皇者华》，君教使臣曰：'必咨于周。'臣闻之：'访问于善为咨，咨亲为询，咨礼为度，咨事为诹，咨难为谋。'臣获五善，敢不重拜？"（襄公四年）

晋范宣子来聘，且拜公之辱，告将用师于郑。公享之。宣子赋《摽有梅》。季武子曰："谁敢哉？今譬于草木，寡君在君，君之臭味也。

---

① 请平：求和。
② 这是春秋时期通过赋诗活动达成外交目的的典型事例。郑有求于鲁帮忙谋和于晋。子家赋《鸿雁》首章："鸿雁于飞，肃肃其羽。之子于征，劬劳于野。爰及矜人，哀此鳏寡。"郑以此诗表明希望鲁怜惜郑国，为之再度去晋帮忙求和。文子赋《四月》首章："四月维夏，六月徂暑。先祖匪人，胡宁忍予。"鲁以此表明自己需要回国祭祀，推托不欲再次去晋。子家再赋《载驰》，取义"我行其野，芃芃其麦。控于大邦，谁因谁极"，再次希望鲁帮忙。文子赋《采薇》，取义"戎车既驾，四牡业业。岂敢定居？一月三捷"，表明答应再次折返去晋。春秋赋诗，虽断章取义，但取所求，但专对双方心知肚明。
③ 歌：歌非徒歌，亦配音乐。可见，赋（诵）、歌、奏皆为当时以诗专对的形式。

欢以承命，何时之有？"武子赋《角弓》。宾将出，武子赋《彤弓》①。宣子曰："城濮之役，我先君文公献功于衡雍，受彤弓于襄王，以为子孙藏。匄也，先君守官之嗣也，敢不承命？"君子以为知礼。（襄公八年）

晋侯与诸侯宴于温，使诸大夫舞，曰："歌诗必类②。"齐高厚之诗不类。荀偃怒，且曰："诸侯有异志矣。"使诸大夫盟高厚，高厚逃归。于是，叔孙豹、晋荀偃、宋向戌、卫宁殖、郑公孙虿、小邾之大夫盟，曰："同讨不庭③。"

……

冬，穆叔如晋聘，且言齐故。晋人曰："以寡君之未禘祀，与民之未息。不然，不敢忘。"穆叔曰："以齐人之朝夕释憾于敝邑之地，是以大请。敝邑之急，朝不及夕，引领西望曰：'庶几乎！'比执事之间，恐无及也。"见中行献子，赋《圻父》。献子曰："偃知罪矣，敢不从执事以同恤社稷，而使鲁及此！"见范宣子，赋《鸿雁》之卒章④。宣子曰："匄在此，敢使鲁无鸠乎？"（襄公十六年）

晋栾黡帅师从卫孙文子伐齐。季武子如晋拜师，晋侯享之。范宣子为政，赋《黍苗》⑤。季武子兴，再拜稽首，曰："小国之仰大国也，如百谷之仰膏雨焉。若常膏之，其天下辑睦，岂唯敝邑？"赋《六

---

① 《摽有梅》意在要鲁国及时出兵，《角弓》意在表明晋鲁的亲密关系，《彤弓》意在表明晋国霸业有望。
② 歌诗必类：歌诗必须符合一定的场合、身份以及与自己意图表达的思想相一致。
③ 不庭：不忠于盟主晋国。
④ 穆叔对中行献子赋《圻父》，责备晋国卿大夫没有尽臣子的职责，使悼公忘记了鲁国与晋国之间兄弟般的情谊。对范宣子赋《鸿雁》，表明鲁国举国哀如鸿雁，急需晋的救援。
⑤ 《黍苗》首二句："芃芃黍苗，阴雨膏之。"

月》①。(襄公十九年)

冬，季武子如宋，报向戌之聘也。褚师段逆之以受享，赋《常棣》之七章以卒。宋人重贿之。归，复命，公享之，赋《鱼丽》之卒章。公赋《南山有台》②。武子去所③，曰："臣不堪也。"(襄公二十年)

秋七月，齐侯、郑伯为卫侯故如晋，晋侯兼享之。晋侯赋《嘉乐》。国景子相齐侯，赋《蓼萧》。子展相郑伯，赋《缁衣》。叔向命晋侯拜二君，曰："寡君敢拜齐君之安我先君之宗祧也，敢拜郑君之不贰也。"国子使晏平仲私于叔向，曰："晋君宣其明德于诸侯，恤其患而补其阙，正其违而治其烦，所以为盟主也。今为臣执君，若之何？"叔向告赵文子，文子以告晋侯。晋侯言卫侯之罪，使叔向告二君。国子赋《辔之柔矣》，子展赋《将仲子兮》，晋侯乃许归卫侯④。叔向曰："郑七穆，罕氏其后亡者也，子展俭而壹。"(襄公二十六年)

齐庆封来聘，其车美。孟孙谓叔孙曰："庆季之车，不亦美乎！"

---

① 《六月》为尹吉甫辅佐周宣王征伐之诗，以此比晋侯为尹吉甫。
② 武子赋《常棣》的七章与卒章，其意表明鲁、宋宜如兄弟一样和睦相处。鲁襄公设宴款待归国的武子，武子赋《鱼丽》"物其有矣，维其时矣"，意在赞颂鲁襄公命臣访问宋国决策正确及时。公赋《南山有台》，意在赞扬武子为国争光。
③ 去所：避席。
④ 晋侯所赋之《嘉乐》，又名《假乐》，取其"假乐君子，显显令德。宜民宜人，受禄于天"之句，寓赞美齐侯、郑伯之意。国景子所赋之《蓼萧》，取其"既见君子，孔燕岂弟。宜其兄弟，令德寿岂"诸句之意，谓晋郑二国为兄弟之国也。子产所赋《缁衣》，取其"适子之馆兮，还，予授子之粲兮"之意，望晋能见齐侯、郑伯亲来，准其所求之事。国景子赋《辔之柔矣》(逸诗)，劝晋侯以宽政安诸侯。子展赋《将仲子兮》，取"人之多言，亦可畏也"诸句之义。

24

叔孙曰："豹闻之：'服美不称，必以恶终①。'美车何为？"叔孙与庆封食，不敬。为赋《相鼠》②，亦不知也。

……

郑伯享赵孟于垂陇，子展、伯有、子西、子产、子大叔、二子石从。赵孟曰："七子从君，以宠武也。请皆赋，以卒君贶，武亦以观七子之志。"子展赋《草虫》。赵孟曰："善哉！民之主也。抑武也，不足以当之。"伯有赋《鹑之贲贲》。赵孟曰："床笫之言不逾阈，况在野乎？非使人之所得闻也。"子西赋《黍苗》之四章。赵孟曰："寡君在，武何能焉？"子产赋《隰桑》。赵孟曰："武请受其卒章。"子大叔赋《野有蔓草》。赵孟曰："吾子之惠也。"印段赋《蟋蟀》。赵孟曰："善哉！保家之主也，吾有望矣！"公孙段赋《桑扈》。赵孟曰："'匪交匪敖'，福将焉往？若保是言也，欲辞福禄，得乎？"③

卒享。文子告叔向曰："伯有将为戮矣。诗以言志，志诬其上而公怨之，以为宾荣，其能久乎？幸而后亡。"叔向曰："然，已侈④，所谓不及五稔⑤者，夫子之谓矣。"文子曰："其余皆数世之主也。子展其后亡者也，在上不忘降。印氏其次也，乐而不荒。乐以安民，

---

① 服美不称，必以恶终：服装、车骑、装饰等与人身份和内在德性不相称，必得恶果。

② 以《相鼠》"人而无仪，不死何为"等句讽庆封。

③ 子展赋《草虫》，取"未见君子，忧心忡忡。亦既见止，亦既觏止，我心则降"之意，乃以赵孟为君子，表达深切思慕之意。伯有赋《鹑之奔奔》，此诗本是卫人讽刺其君淫乱的诗篇，伯有用来表示对郑伯的不满，赵孟觉赋此诗不类。子西赋《黍苗》之四章称颂赵孟。子产赋《隰桑》，而赵武只是说要接受诗的最后一章"心乎爱矣，遐不谓矣。中心藏之，何日忘之"。子大叔赋《野有蔓草》，以"邂逅相遇，适我愿兮"表达对赵孟的欢迎。印段赋《蟋蟀》，提醒人们欢乐而不可过度，故赵孟称赞印段是"保家之主也"。公孙段赋《桑扈》，义取君子有礼文之意，所谓"匪交匪敖，万福来求"。

④ 已侈：过于奢泰。

⑤ 五稔：即五年。

不淫以使之,后亡,不亦可乎!"(襄公二十七年)

齐庆封好田而耆酒,与庆舍政①,则以其内实迁于卢蒲嫳氏,易内而饮酒。数日,国迁朝焉②。使诸亡人得贼者,以告而反之,故反卢蒲癸。癸臣子之,有宠,妻之。庆舍之士谓卢蒲癸曰:"男女辨姓,子不辟宗,何也?"曰:"宗不余辟,余独焉辟之?③赋诗断章,余取所求焉④,恶识宗?"

……

庆封归,遇告乱者。丁亥,伐西门,弗克。还伐北门,克之。入,伐内宫,弗克。反,陈于岳,请战,弗许,遂来奔。献车于季武子,美泽可以鉴。展庄叔见之,曰:"车甚泽,人必瘁,宜其亡也。"叔孙穆子食庆封,庆封泛祭。穆子不说,使工为之诵《茅鸱》,亦不知。既而齐人来让⑤,奔吴。(襄公二十八年)

夏四月,赵孟、叔孙豹、曹大夫入于郑,郑伯兼享之。子皮戒赵孟,礼终,赵孟赋《瓠叶》。子皮遂戒穆叔,且告之。穆叔曰:"赵孟欲一献,子其从之。"子皮曰:"敢乎?"穆叔曰:"夫人之所欲也,又何不敢?"及享,具五献之笾豆于幕下。赵孟辞,私于子产曰:"武请于冢宰矣。"乃用一献。赵孟为客。礼终乃宴。穆叔赋《鹊巢》,赵孟曰:"武不堪也。"又赋《采蘩》,曰:"小国为蘩,大国省穑而用之,其何实非命?"子皮赋《野有死麕》之卒章,赵孟赋《常棣》,且曰:"吾

---

① 与庆舍政:把朝政交与其子庆舍。
② 意谓诸大夫前往卢蒲嫳家而朝。
③ 庆封与卢蒲癸都姓姜,为同宗,按礼制,同宗之间本不应嫁娶。
④ 赋诗断章,余取所求焉:这句话是对春秋外交赋诗活动用诗情况的描述。当时通过赋诗来表达各自的意思,赋者与听者都各取所求,不顾诗之本义,被称为断章取义。
⑤ 齐人来让:齐人责备鲁国给庆封提供避难。

兄弟比以安，龙也可使无吠。"穆叔、子皮及曹大夫兴，拜，举兕爵，曰："小国赖子，知免于戾矣。"饮酒乐。赵孟出，曰："吾不复此矣①。"（昭公元年）

夏四月，郑六卿饯宣子于郊。宣子曰："二三君子请皆赋，起亦以知郑志。"子齹赋《野有蔓草》。宣子曰："孺子善哉！吾有望矣。"子产赋郑之《羔裘》。宣子曰："起不堪也。"子大叔赋《褰裳》。宣子曰："起在此，敢勤子至于他人乎？"子大叔拜。宣子曰："善哉，子之言是！不有是事，其能终乎？"子游赋《风雨》。子旗赋《有女同车》。子柳赋《萚兮》。宣子喜，曰："郑其庶乎！二三君子以君命贶起，赋不出郑志，皆昵燕好也。二三君子，数世之主也，可以无惧矣。"宣子皆献马焉，而赋《我将》。子产拜，使五卿皆拜，曰："吾子靖乱，敢不拜德！"②（昭公十六年）

九功之德皆可歌

晋郤缺言于赵宣子曰："日卫不睦，故取其地。今已睦矣，可以归之。叛而不讨，何以示威？服而不柔，何以示怀？非威非怀，何以示德？无德，何以主盟？子为正卿，以主诸侯，而不务德，将若

---

① 吾不复此矣：今后不复见此乐之叹。
② 此则材料亦为春秋外交赋诗活动典型。子齹赋《野有蔓草》，取义"邂逅相遇，适我愿兮"，以表敬仰；子产赋郑之《羔裘》，取义"彼其之子，舍命不渝""彼其之子，邦之司直""彼其之子，邦之彦兮"，以表赞美；子大叔赋《褰裳》，取义"子惠思我，褰裳涉溱。子不我思，岂无他人"，以表希冀；子游赋《风雨》，取义"既见君子，云胡不夷"等意，以表客套；子旗赋《有女同车》，取义"洵美且都"等意，以表爱乐；子柳赋《萚兮》，取义"倡予和女"，以表和从；宣子赋《我将》，取义"日靖四方，我其夙夜，畏天之威"，言志在靖乱畏惧天威。

之何？《夏书》①曰：'戒之用休，董之用威②，劝之以《九歌》，勿使坏。'九功之德皆可歌也，谓之《九歌》。③ 六府、三事，谓之九功。水、火、金、木、土、谷，谓之六府。正德、利用、厚生，谓之三事。义而行之，谓之德、礼。无礼不乐，所由叛也。若吾子之德，莫可歌也，其谁来之？盍使睦者歌吾子乎？"（文公七年）

威仪之则

公及诸侯朝王，遂从刘康公、成肃公会晋侯伐秦。成子受脤于社④，不敬。刘子曰："吾闻之，民受天地之中以生，所谓命也⑤。是以有动作礼义威仪之则，以定命也⑥。能者养以之福，不能者败以取祸。是故君子勤礼，小人尽力。勤礼莫如致敬，尽力莫如敦笃。敬在养神，笃在守业。国之大事，在祀与戎。祀有执膰，戎有受脤，神之大节也。今成子惰，弃其命矣，其不反乎！"（成公十三年）

卫侯在楚，北宫文子见令尹围之威仪，言于卫侯曰："令尹似君矣，将有他志。虽获其志，不能终也。《诗》云：'靡不有初，鲜克有

---

① 语见《尚书·大禹谟》。
② 戒之用休，董之用威：文治武功并用，用美好的东西来劝诫，用威罚来督察。
③ 九歌：一般释为九段歌曲。中国音乐研究所的黄翔鹏先生则认为九歌与八风、七音、六律、五音皆指不同音列，可备一说。参看黄翔鹏：《唯九歌、八风、七音、六律，以奉五声》，《中央音乐学院学报》1992年第2期。
④ 受脤于社：杜预注："脤，宜社之肉，盛以脤器也。"古代出兵祭社，祭毕，以社肉颁赐众人，谓之受脤。祭祀宗庙时亦如是，分其祭肉，谓之执膰。合为脤膰之礼。
⑤ 民受天地之中以生，所谓命也：命乃天生。此句话已初显儒家天命观的形而上学意义。
⑥ 意谓动作礼义威仪秉承于天命。

终.'①终之实难，令尹其将不免。"公曰："子何以知之？"对曰："《诗》云：'敬慎威仪，惟民之则。'令尹无威仪，民无则焉。民所不则，以在民上，不可以终。"公曰："善哉！何谓威仪？"对曰："有威而可畏谓之威，有仪而可象谓之仪。君有君之威仪，其臣畏而爱之，则而象之，故能有其国家，令闻长世。臣有臣之威仪，其下畏而爱之，故能守其官职，保族宜家。顺是以下皆如是，是以上下能相固也。《卫诗》曰'威仪棣棣，不可选也'，言君臣、上下、父子、兄弟、内外、大小皆有威仪也。《周诗》曰'朋友攸摄，摄以威仪'，言朋友之道必相教训以威仪也。《周书》数文王之德，曰'大国畏其力，小国怀其德'，言畏而爱之也。《诗》云'不识不知，顺帝之则'，言则而象之也。纣囚文王七年，诸侯皆从之囚，纣于是乎惧而归之，可谓爱之。文王伐崇，再驾而降为臣，蛮夷帅服，可谓畏之。文王之功，天下诵而歌舞之，可谓则之。文王之行，至今为法，可谓象之。有威仪也。故君子在位可畏，施舍可爱，进退可度，周旋可则，容止可观，作事可法，德行可象，声气可乐，动作有文，言语有章，以临其下，谓之有威仪也。"（襄公三十一年）

乐以安德

晋侯以乐之半赐魏绛②，曰："子教寡人和诸戎狄以正诸华③，八年之中，九合诸侯，如乐之和，无所不谐，请与子乐之。"辞曰："夫和戎狄，国之福也；八年之中，九合诸侯，诸侯无慝，君之灵

---

① 靡不有初，鲜克有终：语出《诗经·大雅·荡》。克，能也。意谓做人做事都有善始，罕有善终。
② 据《国语·晋语七》载："公锡魏绛女乐一八，歌钟一肆。"
③ 正诸华：整顿中原诸国。

也①，二三子之劳也，臣何力之有焉？抑臣愿君安其乐而思其终也。《诗》曰：'乐只君子，殿②天子之邦。乐只君子，福禄攸同。便蕃左右，亦是帅从。'夫乐以安德，义以处之，礼以行之，信以守之，仁以厉之，而后可以殿邦国、同福禄、来远人，所谓乐也。《书》曰：'居安思危。'思则有备，有备无患，敢以此规。"公曰："子之教，敢不承命！抑微子，寡人无以待戎，不能济河。夫赏，国之典也，藏在盟府③，不可废也，子其受之！"魏绛于是乎始有金石之乐，礼也。（襄公十一年）

百工献艺

师旷侍于晋侯。晋侯曰："卫人出其君，不亦甚乎？"对曰："或者其君实甚。良君将赏善而刑淫，养民如子，盖之如天，容之如地；民奉其君，爱之如父母，仰之如日月，敬之如神明，畏之如雷霆，其可出乎？夫君，神之主而民之望也。若困民之主，匮神乏祀，百姓绝望，社稷无主，将安用之？弗去何为？天生民而立之君，使司牧之，勿使失性。有君而为之贰④，使师保之，勿使过度。是故天子有公，诸侯有卿，卿置侧室，大夫有贰宗⑤，士有朋友，庶人、工、商、皂、隶、牧、圉⑥皆有亲昵，以相辅佐也。善则赏之，过则匡之，患则救之，失则革之。自王以下各有父兄子弟以补察其政。

---

① 无餍：顺从。灵：威。
② 殿：镇抚。
③ 盟府：掌管保存盟约文书的官府。
④ 贰：杜预注："贰，卿佐。"
⑤ 诸侯置卿大夫，称家臣。卿又置侧室一官，管宗族事，选旁支者充任。贰宗亦官名，选大夫宗室子弟充任。
⑥ 皂、隶、牧、圉：皆为供人差遣、地位低下之人。

史为书，瞽为诗，工诵箴谏，大夫规诲，士传言，庶人谤，商旅于市，百工献艺。故《夏书》①曰：'遒人以木铎徇于路。官师相规，工执艺事以谏。'正月孟春，于是乎有之，谏失常也。天之爱民甚矣，岂其使一人肆于民上，以从其淫，而弃天地之性？必不然矣。"（襄公十四年）

大上有立德，其次有立功，其次有立言

二十四年春，穆叔如晋，范宣子逆之，问焉，曰："古人有言曰，'死而不朽'，何谓也？"穆叔未对。宣子曰："昔匄之祖，自虞以上为陶唐氏，在夏为御龙氏，在商为豕韦氏，在周为唐杜氏，晋主夏盟②为范氏，其是之谓乎？"穆叔曰："以豹所闻，此之谓世禄，非不朽也。鲁有先大夫曰臧文仲，既没，其言立，其是之谓乎！豹闻之：'大上③有立德，其次有立功，其次有立言。'虽久不废，此之谓不朽。若夫保姓受氏，以守宗祊，世不绝祀，无国无之。禄之大者，不可谓不朽。"（襄公二十四年）

言以足志，文以足言

冬十月，子展相郑伯如晋，拜陈之功。子西复伐陈，陈及郑平。仲尼曰："《志》④有之：'言以足志，文以足言⑤。'不言，谁知其志？

---

① 语出《夏书·胤征》，见前注。
② 晋主夏盟：晋为华夏之盟主。
③ 大上：即太上，最高之意。
④ 《志》：古书。
⑤ 言以足志，文以足言：语言是用来表达思想的，文采、文辞是用来修饰语言的。足，足成，完成。

言之无文,行而不远。晋为伯,郑入陈,非文辞不为功。慎辞也。"(襄公二十五年)

季札观乐

吴公子札来聘,见叔孙穆子,说之。谓穆子曰:"子其不得死乎!好善而不能择人。吾闻君子务在择人。吾子为鲁宗卿,而任其大政,不慎举,何以堪之?祸必及子!"

请观于周乐。使工为之歌《周南》、《召南》,曰:"美哉!始基之矣,犹未也①,然勤而不怨矣。"为之歌《邶》、《鄘》、《卫》,曰:"美哉,渊乎!忧而不困者也。吾闻卫康叔、武公之德如是,是其《卫风》乎!"为之歌《王》,曰:"美哉!思而不惧,其周之东乎!"为之歌《郑》,曰:"美哉!其细已甚②,民弗堪也,是其先亡乎!"为之歌《齐》,曰:"美哉,泱泱乎!大风也哉!表东海者,其大公乎!国未可量也。"为之歌《豳》,曰:"美哉,荡乎!乐而不淫,其周公之东乎!"为之歌《秦》,曰:"此之谓夏声③。夫能夏则大,大之至也,其周之旧乎!"为之歌《魏》,曰:"美哉,沨沨乎!大而婉,险而易行,以德辅此,则明主也。"为之歌《唐》,曰:"思深哉!其有陶唐氏之遗民乎!不然,何其忧之远也?非令德之后,谁能若是?"为之歌《陈》,曰:"国无主,其能久乎!"自《郐》以下无讥焉。为之歌《小雅》,曰:"美哉!思而不贰,怨而不言,其周德之衰乎?犹有先王之遗民焉。"为之歌《大雅》,曰:"广哉,熙熙④乎!曲而有直体,其文王之德

---

① 始基之矣,犹未也:奠定王业基础,但还尚未成功。
② 其细已甚:意谓所言多男女之间细碎之事。
③ 夏声:西方之声。
④ 熙熙:和乐貌。

乎！"为之歌《颂》，曰："至矣哉！直而不倨，曲而不屈，迩而不偪，远而不携，迁而不淫，复而不厌①，哀而不愁，乐而不荒，用而不匮，广而不宣，施而不费，取而不贪，处而不底，行而不流。五声和，八风平。节有度，守有序，盛德之所同也。"

见舞《象箾》《南籥》②者，曰："美哉！犹有憾。"见舞《大武》者，曰："美哉！周之盛也，其若此乎！"见舞《韶濩》③者，曰："圣人之弘也，而犹有惭德，圣人之难也。"见舞《大夏》者，曰："美哉！勤而不德，非禹，其谁能修之？"见舞《韶箾》者，曰："德至矣哉，大矣！如天之无不帱④也，如地之无不载也。虽甚盛德，其蔑以加于此矣，观止矣。若有他乐，吾不敢请已。"（襄公二十九年）

先王之乐所以节百事

晋侯求医于秦。秦伯使医和视之，曰："疾不可为也，是谓近女，室疾⑤如蛊。非鬼非食，惑以丧志。良臣将死，天命不佑。"公曰："女不可近乎？"对曰："节之。先王之乐，所以节百事也，故有五节；迟速本末以相及，中声以降⑥。五降之后，不容弹矣。于是有烦手淫声，慆堙⑦心耳，乃忘平和，君子弗听也。物亦如之。至于烦，乃舍也已，无以生疾。君子之近琴瑟，以仪节也，非以慆心

---

① 偪：同"逼"，侵迫。携：离。迁而不淫：虽经迁徙而不邪乱。复而不厌：虽反复往来，但不厌倦。
② 箾与籥皆为乐器，箾即箫，籥形如笛。
③ 韶濩：商汤乐《大濩》。
④ 帱（dào）：覆盖。
⑤ 室疾：房事。
⑥ 中声以降：五声调和而为中和之声，然后降为无声。
⑦ 慆堙心耳：使心耳过于愉悦，从而闭塞心耳使之不畅。

也。天有六气，降生五味，发为五色，征为五声。淫生六疾。六气曰阴、阳、风、雨、晦、明也，分为四时，序为五节，过则为菑：阴淫寒疾，阳淫热疾，风淫末疾①，雨淫腹疾，晦淫惑疾，明淫心疾。女，阳物而晦时，淫则生内热惑蛊之疾。今君不节、不时，能无及此乎？"出，告赵孟。赵孟曰："谁当良臣？"对曰："主是谓矣。主相晋国，于今八年，晋国无乱，诸侯无阙，可谓良矣。和闻之，国之大臣，荣其宠禄，任其大节。有菑祸兴，而无改焉，必受其咎。今君至于淫以生疾，将不能图恤社稷，祸孰大焉？主不能御，吾是以云也。"赵孟曰："何谓蛊？"对曰："淫溺惑乱之所生也。于文，皿虫为蛊。谷之飞亦为蛊。在《周易》，女惑男、风落山谓之《蛊》䷑。皆同物也。"赵孟曰："良医也。"厚其礼归之。（昭公元年）

女叔齐别礼仪

公如晋，自郊劳至于赠贿，无失礼。晋侯谓女叔齐曰："鲁侯不亦善于礼乎？"对曰："鲁侯焉知礼！"公曰："何为？自郊劳至于赠贿，礼无违者，何故不知？"对曰："是仪也，不可谓礼。礼，所以守其国，行其政令，无失其民者也。今政令在家，不能取也；有子家羁②，弗能用也；奸大国之盟，陵虐小国；利人之难，不知其私。公室四分，民食于他。思莫在公，不图其终。为国君，难将及身，不恤其所。礼之本末将于此乎在，而屑屑焉习仪以亟③。言善于礼，不亦远乎？"君子谓叔侯于是乎知礼。（昭公五年）

---

① 末疾：四肢之疾。
② 家羁：指庄公玄孙懿伯。
③ 习仪以亟：亟，急。仪为礼之末，鲁侯舍本逐末，搞浮华形式，受到了女叔齐的批评。

和与同异

齐侯至自田，晏子侍于遄台，子犹①驰而造焉。公曰："唯据与我和夫!"晏子对曰："据亦同也，焉得为和?"公曰："和与同异乎?"对曰："异。和如羹焉，水、火、醯、醢、盐、梅，以烹鱼肉，燀②之以薪，宰夫和之，齐之以味，济其不及，以泄其过。君子食之，以平其心。君臣亦然。君所谓可而有否焉，臣献其否以成其可，君所谓否而有可焉，臣献其可以去其否，是以政平而不干③，民无争心。故《诗》④曰：'亦有和羹，既戒既平。鬷嘏无言，时靡有争。'先王之济五味、和五声也，以平其心，成其政。声亦如味，一气，二体，三类，四物，五声，六律，七音，八风，九歌⑤，以相成也；清浊、小大、短长、疾徐、哀乐、刚柔、迟速、高下、出入、周疏，以相济也。君子听之，以平其心。心平，德和。故《诗》曰'德音不瑕⑥'。今据不然。君所谓可，据亦曰可；君所谓否，据亦曰否。若以水济水，谁能食之？若琴瑟之专一，谁能听之？同之不可也如是。"（昭公二十年）

---

① 子犹：即后文谈及的梁丘据。
② 燀(chǎn)：烧。
③ 干：犯也。
④ 语见《诗经·商颂·烈祖》。
⑤ 一气：杜预注："须气以动。"二体：杜注："舞者有文、武。"三类：杜注："风、雅、颂。"四物：杜注："杂用四方之物以成器。"七音：宫、商、角、徵、羽、变宫、变徵。
⑥ 语出《诗经·豳风·狼跋》。

子大叔论礼[1]

子大叔见赵简子，简子问揖让、周旋之礼焉。对曰："是仪也，非礼也。"简子曰："敢问，何谓礼？"对曰："吉也闻诸先大夫子产曰：'夫礼，天之经也，地之义也，民之行也。'天地之经，而民实则之。则天之明，因地之性，生其六气，用其五行。气为五味，发为五色，章为五声。淫则昏乱，民失其性。是故为礼以奉之：为六畜、五牲、三牺[2]，以奉五味；为九文、六采、五章[3]，以奉五色；为九歌、八风、七音、六律，以奉五声。为君臣上下，以则地义；为夫妇外内，以经二物[4]；为父子、兄弟、姑姊、甥舅、昏媾、姻亚[5]，以象天明，为政事、庸力、行务，以从四时；为刑罚威狱，使民畏忌，以类其震曜[6]杀戮；为温慈惠和，以效天之生殖长育。民有好、恶、喜、怒、哀、乐，生于六气，是故审则宜类，以制六志[7]。哀有哭泣，乐有歌舞，喜有施舍，怒有战斗；喜生于好，怒生于恶。是故审行信令，祸福赏罚，以制死生。生，好物也；死，恶物也。好物，乐也；恶物，哀也。哀乐不失，乃能协于天地之性，是以长久。"

---

[1] 如果把此则材料"吉也闻诸先大夫子产曰"后面的话都看作子产说的，此则材料亦可目为"子产论礼"。此处从杨伯峻断句，只把"夫礼，天之经也，地之义也，民之行也"视为子产言论，而后面则是子大叔的观点。

[2] 六畜：马、牛、羊、鸡、犬、豕。五牲：牛、羊、豕、犬、鸡。三牺：牛、羊、豕。

[3] 九文：十二章纹去掉日月辰三文，余下为九文。六采：天地玄黄加四方色青、赤、白、黑为六采。五章：《考工记》载："青与赤谓之文，赤与白谓之章，白与黑谓之黼，黑与青谓之黻，五采备谓之绣。"

[4] 经二物：法阴阳。

[5] 亚：按现在的说法，即连襟。

[6] 震曜：雷震电曜。

[7] 此句表明了阴、阳、风、雨、晦、明六气与好、恶、喜、怒、哀、乐六志的关系。此处六志即六情，为先秦"情志合一"之一例证。

简子曰："甚哉，礼之大也！"对曰："礼，上下之纪、天地之经纬也，民之所以生也，是以先王尚之。故人之能自曲直以赴礼者，谓之成人。大，不亦宜乎！"简子曰："鞅也，请终身守此言也。"（昭公二十五年）

国　语

《国语》，春秋时期国别体史书，相传作者为左丘明。《国语》以国别为分类，分别记载了周王室以及鲁、齐、晋、郑、楚、吴、越诸侯国史料。各国史料详略不一，文风有异，当为各国史料的汇编。《国语》侧重记言，以说理方式崇德重礼，反映了当时一些主要社会问题。《国语》中关于诗乐美学特别是对"和"的理论阐发在中国美学史上具有重要意义。选文摘自韦昭注《国语》，上海古籍出版社2008年版。

献诗听政

故天子听政，使公卿至于列士献诗，瞽献曲，史献书，师箴，瞍赋，矇诵①，百工谏，庶人传语，近臣尽规，亲戚补察，瞽、史教诲，耆、艾②修之，而后王斟酌焉，是以事行而不悖。（周语上）

见范文子，文子曰："而今可以戒矣，夫贤者宠至而益戒，不足者为宠骄。故兴王赏谏臣，逸王罚之。吾闻古之言王者，政德既成，

---

① 师：少师。瞍：没有眼珠之人。矇：有眼但看不见之人。
② 耆、艾：五十为艾，六十为耆，泛指德高望重之人。

又听于民，于是乎使工诵谏于朝，在列者献诗使勿兜①，风听胪言于市②，辨祅祥于谣，考百事于朝，问谤誉于路，有邪而正之，尽戒之术也。先王疾是骄也。"（晋语六）

伯阳父论阴阳

幽王二年，西周三川皆震。伯阳父曰："周将亡矣！夫天地之气，不失其序，若过其序，民乱之也。阳伏而不能出，阴迫而不能烝③，于是有地震。今三川实震，是阳失其所而镇阴也。阳失而在阴，川源必塞，源塞国必亡。夫水土演④而民用也，水土无所演，民乏财用，不亡何待？昔伊、洛竭而夏亡，河竭而商亡。今周德若二代之季矣，其川源又塞，塞必竭。夫国必依山川，山崩川竭，亡之征也。川竭，山必崩。若国亡不过十年，数之纪⑤也。夫天之所弃，不过其纪。"

是岁也，三川竭，岐山崩。十一年，幽王乃灭，周乃东迁。（周语上）

单穆公、伶州鸠论和乐

二十三年，王将铸无射，而为之大林⑥。单穆公曰："不可。作

---

① 兜：惑也。
② 风听胪言于市：采听商旅所传之言。风，采风；胪言，传言。
③ 烝：上升。
④ 水土演：水土气通为演，演化则物得以生。
⑤ 纪：韦昭注："数起于一，终于十，十则更，故曰纪也。"
⑥ 韦昭引贾逵注云："无射，钟名，律中无射也。大林，无射之覆也。作无射，为大林以覆之，其律中林钟也。"

重币以绝民资，又铸大钟以鲜其继①。若积聚既丧，又鲜其继，生何以殖？且夫钟不过以动声，若无射有林，耳弗及也。夫钟声以为耳也，耳所不及，非钟声也。犹目所不见，不可以为目也。夫目之察度也，不过步武②尺寸之间；其察色也，不过墨丈寻常③之间。耳之察和也，在清浊之间；其察清浊也，不过一人之所胜。是故先王之制钟也，大不出钧，重不过石④。律、度、量、衡于是乎生，小大器用于是乎出，故圣人慎之。今王作钟也，听之弗及，比之不度，钟声不可以知和，制度不可以出节，无益于乐，而鲜民财，将焉用之！

"夫乐不过以听耳，而美不过以观目。若听乐而震，观美而眩，患莫甚焉。夫耳目，心之枢机也，故必听和而视正。听和则聪，视正则明。聪则言听，明则德昭。听言昭德，则能思虑纯固。以言德于民，民歆而德之，则归心焉。上得民心，以殖义方⑤，是以作无不济，求无不获，然则能乐。夫耳内⑥和声，而口出美言，以为宪令，而布诸民，正之以度量，民以心力，从之不倦。成事不贰，乐之至也。口内味而耳内声，声味生气。气在口为言，在目为明。言以信名，明以时动。名以成政，动以殖生。政成生殖，乐之至也。若视听不和，而有震眩，则味入不精，不精则气佚，气佚则不和。于是乎有狂悖之言，有眩惑之明，有转易⑦之名，有过慝之度。出令不信，刑政放纷，动不顺时，民无据依，不知所力，各有离心。上失其民，作则不济，求则不获，其何以能乐？三年之中，而有离

---

① 鲜其继：鲜，寡也。意谓周景王在铸大钱后，又铸大钟，使民难以积财。
② 武：半步为武。
③ 墨丈寻常：五尺为墨，十尺为丈，八尺为寻，两寻为常。
④ 韦昭注："钧，所以钧音之法也。以木长七尺者弦系之以为钧法。百二十斤为石。"
⑤ 殖：立。方：道。
⑥ 内：纳。
⑦ 转易：反复无常。

民之器二焉，国其危哉！"

王弗听，问之伶州鸠，对曰："臣之守官弗及也。臣闻之，琴瑟尚宫，钟尚羽，石尚角，匏竹利制①，大不逾宫，细不过羽。夫宫，音之主也，第以及羽②，圣人保乐而爱财，财以备器，乐以殖财。故乐器重者从细，轻者从大。是以金尚羽，石尚角，瓦丝尚宫，匏竹尚议，革木一声③。

"夫政象乐，乐从和，和从平。声以和乐，律以平声。金石以动之，丝竹以行之，诗以道之，歌以咏之，匏以宣之，瓦以赞之，革木以节之。物得其常曰乐极④，极之所集曰声⑤，声应相保曰和，细大不逾曰平。如是而铸之金，磨之石，系之丝木，越⑥之匏竹，节之鼓而行之，以遂八风。于是乎气无滞阴，亦无散阳，阴阳序次，风雨时至，嘉生繁祉，人民和利，物备而乐成，上下不罢，故曰乐正。今细过其主妨于正，用物过度妨于财，正害财匮妨于乐。细抑大陵⑦，不容于耳，非和也。听声越远，非平也。妨正匮财，声不和平，非宗官之所司也。夫有和平之声，则有蕃殖之财。于是乎道之以中德，咏之以中音，德音不愆，以合神人，神是以宁，民是以听。若夫匮财用，罢民力，以逞淫心，听之不和，比之不度，无益于教而离民怒神，非臣之所闻也。"

王不听，卒铸大钟。二十四年，钟成，伶人告和。王谓伶州鸠曰："钟果和矣。"对曰："未可知也。"王曰："何故？"对曰："上作器，民备

---

① 利制：韦昭注："以声音调利为制，无所尚也。"后文的"尚议"也是此意。
② 以宫为主音，羽为其次。
③ 一声：无清浊音的变化。
④ 极：中也。
⑤ 声：正声。
⑥ 越：穿孔。《乐记》云："朱弦而疏越。"
⑦ 细抑大陵：细，无射；大，大林。大声覆盖细声，细声抑而不闻。

乐之，则为和。今财亡民罢，莫不怨恨，臣不知其和也。且民所曹①好，鲜其不济也。其所曹恶，鲜其不废也。故谚曰：'众心成城，众口铄金。'三年之中，而害金再兴焉，惧一之废也②。"王曰："尔老耄矣！何知！"二十五年，王崩，钟不和。

王将铸无射，问律于伶州鸠。对曰："律所以立均出度也。古之神瞽考中声而量之以制，度律均钟，百官轨仪，纪之以三，平之以六，成于十二③，天之道也。夫六，中之色也，故名之曰黄钟，所以宣养六气、九德也。由是第之，二曰太蔟，所以金奏赞阳出滞也。三曰姑洗，所以修洁百物，考神纳宾也。四曰蕤宾，所以安靖神人，献酬交酢也。五曰夷则，所以咏歌九则，平民无贰也。六曰无射，所以宣布哲人之令德，示民轨仪也。为之六间，以扬沈伏，而黜散越也。元间大吕，助宣物也；二间夹钟，出四隙之细也；三间仲吕，宣中气也；四间林钟，和展百事，俾莫不任肃纯恪也；五间南吕，赞阳秀也；六间应钟，均利器用，俾应复也。④ 律吕不易，无奸物也。细钧有钟无镈，昭其大也。大钧有镈无钟，甚大无镈，鸣其细也。大昭小鸣，和之道也。和平则久，久固则纯，纯明则终，终复则乐，所以成政也，故先王贵之。"

王曰："七律者何？"对曰："昔武王伐殷，岁在鹑火，月在天驷，日在析木之津，辰在斗柄，星在天鼋。星与日辰之位，皆在北维。颛顼之所建也，帝喾受之。我姬氏出自天鼋，及析木者，有建星及牵牛焉，则我皇妣大姜之侄伯陵之后，逢公之所凭神也。岁之所在，则我有周之分野也。月之所在，辰马农祥也。我太祖后稷之所经纬

---

① 曹：群也。
② 惧一之废也：韦昭注："二金之中，其一必废也。"
③ 三为天、地、人三才，六为六律，十二为十二律吕。
④ 六吕以间六律，以顺天应事，调和阴阳。

也，王欲合是五位三所①而用之。自鹑及驷七列也，南北之揆七同也，凡人神以数合之，以声昭之。数合声和，然后可同也。故以七同其数，而以律和其声，于是乎有七律。王以二月癸亥夜陈，未毕而雨。以夷则之上宫毕，当辰。辰在戌上，故长夷则之上宫，名之曰羽，所以藩屏民则也。王以黄钟之下宫，布戎于牧之野，故谓之厉，所以厉六师也。以太蔟之下宫，布令于商，昭显文德，底②纣之多罪，故谓之宣，所以宣三王之德也。反及嬴内，以无射之上宫，布宪施舍于百姓，故谓之嬴乱，所以优柔容民也。"（周语下）

达政专对

叔孙穆子聘于晋，晋悼公飨之，乐及《鹿鸣》之三，而后拜乐三。晋侯使行人问焉，曰："子以君命镇抚弊邑，不腆③先君之礼，以辱从者，不腆之乐以节之。吾子舍其大而加礼于其细，敢问何礼也？"

对曰："寡君使豹来继先君之好，君以诸侯之故，贶使臣以大礼。夫先乐金奏《肆夏》、《樊》、《遏》、《渠》，天子所以飨元侯也；夫歌《文王》、《大明》、《绵》，则两君相见之乐也。皆昭令德以合好也，皆非使臣之所敢闻也。臣以为肄业及之，故不敢拜。今伶箫咏歌及《鹿鸣》之三，君之所以贶使臣，臣敢不拜贶。夫《鹿鸣》，君之所以嘉先君之好也，敢不拜嘉。《四牡》，君之所以章使臣之勤也，敢不拜章。《皇皇者华》，君教使臣曰'每怀靡及'，诹、谋、度、询，必咨于周。敢不拜教。臣闻之曰：'怀和为每怀，咨才为诹，咨事为

---

① 五位三所：韦昭注："五位，岁、月、日、星、辰也。三所，逢公所凭神，周分野所在，后稷所经纬也。"
② 底：致也。
③ 腆：丰厚。

谋，咨义为度，咨亲为询，忠信为周。'君贶使臣以大礼，重之以六德，敢不重拜？"（鲁语下①）

明日宴，秦伯赋《采菽》②，子余使公子降拜。秦伯降辞。子余曰："君以天子之命服命重耳，重耳敢有安志，敢不降拜？"成拜卒登，子余使公子赋《黍苗》。子余曰："重耳之仰君也，若黍苗之仰阴雨也。若君实庇荫膏泽之，使能成嘉谷，荐在宗庙，君之力也。君若昭先君之荣，东行济河，整师以复强周室，重耳之望也。重耳若获集德而归载，使主晋民，成封国，其何实不从。君若恣志以用重耳，四方诸侯，其谁不惕惕以从命！"秦伯叹曰："是子将有焉，岂专在寡人乎！"秦伯赋《鸠飞》，公子赋《河水》。秦伯赋《六月》③，子余使公子降拜。秦伯降辞。子余曰："君称所以佐天子匡王国者以命重耳，重耳敢有惰心，敢不从德？"（晋语四）

宁嬴氏论貌与言

阳处父如卫，反，过宁，舍于逆旅宁嬴氏。嬴谓其妻曰："吾求君子久矣，今乃得之。"举而从之，阳子道与之语，及山而还。其妻曰："子得所求而不从之，何其怀也！"曰："吾见其貌而欲之，闻其

---

① 此则材料亦见于《左传·襄公四年》，参见前注。
② 《采菽》：《小雅》篇名，取义"君子来朝，何赐予之，虽无予之，路车乘马"，以表慰询。
③ 秦伯赋《鸠飞》，取义"我心忧伤，念昔先人"，秦穆公女穆姬是晋怀公妻，秦伯赋此诗示念先人之情，会帮助重耳。重耳赋《河水》（沔水），用"沔彼流水，朝宗于海"表示如能返国，必朝事于秦。秦伯又赋《六月》，取义"以佐天子"，表示他相信重耳必霸诸侯，以匡佐天子。

言而恶之。夫貌，情之华也；言，貌之机也①。身为情，成于中。言，身之文也②。言文而发之，合而后行，离则有衅③。今阳子之貌济，其言匮，非其实也。若中不济，而外强之，其卒将复，中以外易④矣。若内外类⑤，而言反之，渎其信也。夫言以昭信，奉之如机，历时而发之，胡可渎也！今阳子之情譓⑥矣，以济盖也，且刚而主能，不本而犯⑦，怨之所聚也。吾惧未获其利而及其难，是故去之。"期年，乃有贾季之难，阳子死之。（晋语五）

乐以风德

平公说新声，师旷曰："公室其将卑乎！君之明兆于衰矣。夫乐以开山川之风也，以耀德于广远也。风德以广之，风山川以远之，风物以听之，修诗以咏之，修礼以节之。夫德广远而有时节，是以远服而迩不迁。"（晋语八）

声一无听，物一无文

公曰："周其弊乎？"（史伯）对曰："殆于必弊者也。《泰誓》曰：'民之所欲，天必从之。'今王弃高明昭显，而好谗慝暗昧；恶角犀丰

---

① 夫貌，情之华也；言，貌之机也：容貌者，情之华采；言语者，容貌之枢机。
② 情、言、貌皆生于身，但情为身之内在质实，言貌为身之外在之文。
③ 衅：韦昭注："衅，瑕也。"
④ 中以外易：情与貌异。
⑤ 类：相同，一致。
⑥ 譓(huì)：辩察。
⑦ 不本而犯：韦昭注："不本，行不本仁义也。犯，犯人也。"

盈①，而近顽童穷固。去和而取同。夫和实生物，同则不继。以他平他谓之和，故能丰长而物归之；若以同裨②同，尽乃弃矣。故先王以土与金木水火杂，以成百物。是以和五味以调口，刚四支以卫体，和六律以聪耳，正七体以役心，平八索以成人，建九纪以立纯德，合十数以训百体③。出千品，具万方，计亿事，材兆物，收经入，行姟④极。故王者居九畡之田，收经入以食兆民，周训而能用之，和乐如一。夫如是，和之至也。于是乎先王聘后于异姓，求财于有方，择臣取谏工而讲以多物，务和同也。声一无听，物一无文⑤，味一无果，物一不讲⑥。王将弃是类也，而与剸同⑦。天夺之明，欲无弊，得乎？……"（郑语）

伍举论美

灵王为章华之台，与伍举升焉，曰："台美夫！"对曰："臣闻国君服宠以为美，安民以为乐，听德以为聪，致远以为明。不闻其以土木之崇高、彤镂为美，而以金石匏竹之昌大、嚣庶⑧为乐；不闻其以观大、视侈、淫色以为明，而以察清浊为聪。

"先君庄王为匏居之台，高不过望国氛，大不过容宴豆，木不妨守备，用不烦官府，民不废时务，官不易朝常。问谁宴焉，则宋公、

---

① 角犀丰盈：韦昭注："角犀谓颜角有伏犀。丰盈谓颊辅丰满：皆贤明之相。"
② 裨：增添。
③ 七体：七窍。八索：首、腹、足、股、目、口、耳、手八体。九纪：九藏，肺、心、肝、脾、肾、胃、膀胱、肠、胆。十数：十个等级。百体：百官体属。
④ 姟：备也。
⑤ 物一无文：据文意亦可改作"色一无文"。
⑥ 果：美。讲：议论比较。
⑦ 剸（zhuān）同：一种毫无差别的、单质性的"同"。
⑧ 嚣庶：哗众。

郑伯；问谁相礼，则华元、驷骓；问谁赞事，则陈侯、蔡侯、许男、顿子，其大夫侍之。先君以是除乱克敌，而无恶于诸侯。今君为此台也，国民罢焉，财用尽焉，年谷败焉，百官烦焉，举国留之，数年乃成。愿得诸侯与始升焉，诸侯皆距无有至者。而后使太宰启疆请于鲁侯，惧之以蜀之役，而仅得以来。使富都那竖赞焉①，而使长鬣之士相焉，臣不知其美也。

"夫美也者，上下、内外、小大、远近皆无害焉，故曰美②。若于目观则美，缩于财用则匮，是聚民利以自封而瘠民也，胡美之为？夫君国者，将民之与处；民实瘠矣，君安得肥？且夫私欲弘侈，则德义鲜少；德义不行，则迩者骚离③而远者距违。天子之贵也，唯其以公侯为官正，而以伯子男为师旅。其有美名也，唯其施令德于远近，而小大安之也。若敛民利以成其私欲，使民蒿④焉忘其安乐，而有远心，其为恶也甚矣，安用目观？

"故先王之为台榭也，榭不过讲军实，台不过望氛祥。故榭度于大卒之居，台度于临观之高。其所不夺穑地，其为不匮财用，其事不烦官业，其日不废时务。瘠硗之地，于是乎为之；城守之木，于是乎用之；官僚之暇，于是乎临之；四时之隙，于是乎成之。故《周诗》曰：'经始灵台，经之营之。庶民攻之，不日成之。经始勿亟，庶民子来。王在灵囿，麀鹿攸伏。'夫为台榭，将以教民利也，不知其以匮之也。若君谓此台美而为之正，楚其殆矣！"（楚语上）

---

① 韦昭注："富，富于容貌。都，闲也。那，美也。竖，末冠者也。言取美好不尚德。"
② 此说为中国古代较早的对美的定义，美与善是相互结合一体的，美善和谐乃中国文化对美看法的要义。
③ 骚：愁也。离：离叛。
④ 蒿：耗。

王孙圉论国之宝

王孙圉聘于晋，定公飨之，赵简子鸣玉以相，问于王孙圉曰："楚之白珩①犹在乎？"对曰："然。"简子曰："其为宝也，几何矣。"

曰："未尝为宝。楚之所宝者，曰观射父，能作训辞，以行事于诸侯，使无以寡君为口实。又有左史倚相，能道训典，以叙百物，以朝夕献善败于寡君，使寡君无忘先王之业；又能上下说于鬼神，顺道其欲恶，使神无有怨痛于楚国。又有薮曰云连徒洲，金木竹箭之所生也。龟、珠、角、齿、皮、革、羽、毛，所以备赋，以戒不虞者也。所以共币帛，以宾享于诸侯者也。若诸侯之好币具，而导之以训辞，有不虞之备，而皇神相之，寡君其可以免罪于诸侯，而国民保焉。此楚国之宝也。若夫白珩，先王之玩也，何宝之焉？

"圉闻国之宝六而已：明王圣人能制议百物，以辅相国家，则宝之；玉足以庇荫嘉谷，使无水旱之灾，则宝之；龟足以宪臧否，则宝之；珠足以御火灾，则宝之；金足以御兵乱，则宝之；山林薮泽足以备财用，则宝之。若夫哗嚣之美，楚虽蛮夷，不能宝也。"（楚语下）

周　礼

《周礼》，又称为《周官》，为儒家"三礼"之一，成书于战国时代的可能性最大。《周礼》为记载西周政治制度之书，但也加入了春秋战国时儒士对理想政治的想象内容。《周礼》分六官来划分周代政治制度，采用天地四时之数，分别为《天官冢宰》《地官司徒》《春官宗

---

① 珩（héng）：佩玉上面的横玉。

伯》《夏官司马》《秋官司寇》《冬官司空》六大职官系统，涵盖了治官、教官、礼官、政官、刑官、事官等官职部门。《冬官》亡佚后，汉时补以战国所作《考工记》。在中国美学史上，《周礼》是了解周代和春秋战国礼乐制度美学极为重要的资料。选文摘自杨天宇撰《周礼译注》，上海古籍出版社2004年版。

地官①司徒

鼓人掌教六鼓、四金之音声，以节声乐，以和军旅，以正田役。教为鼓而辨其声用。以雷鼓鼓神祀，以灵鼓鼓社祭，以路鼓鼓鬼享，以鼖②鼓鼓军事，以鼛③鼓鼓役事，以晋鼓鼓金奏。以金镦和鼓，以金镯节鼓，以金铙止鼓，以金铎通鼓。凡祭祀百物之神，鼓兵舞、帗舞④者。凡军旅，夜鼓鼜⑤，军动则鼓其众。田役亦如之。救日月，则诏王鼓。大丧，则诏大仆鼓。（鼓人）

舞师掌教兵舞，帅而舞山川之祭祀。教帗舞，帅而舞社稷之祭祀。教羽舞，帅而舞四方之祭祀。教皇舞⑥，帅而舞旱暵⑦之事。凡野舞⑧，则皆教之。凡小祭祀，则不兴舞。（舞师）

---

① 地官：掌土地和人民之官。
② 鼖：fén。
③ 鼛：gāo。
④ 兵舞、帗(fú)舞：兵舞，即持干戚而舞。帗，剪裂五彩帛做成的舞具。
⑤ 鼜(qì)：用以巡夜的鼓。
⑥ 皇舞：皇，用五彩羽毛做成的舞具。
⑦ 旱暵(hàn)：干旱。
⑧ 野舞：郑玄注："谓庶人欲学舞者。"

保氏掌谏王恶，而养国子以道。乃教之六艺：一曰五礼，二曰六乐，三曰五射，四曰五驭，五曰六书，六曰九数①。乃教之六仪：一曰祭祀之容，二曰宾客之容，三曰朝廷之容，四曰丧纪之容，五曰军旅之容，六曰车马之容。凡祭祀、宾客、会同、丧纪、军旅，王举则从。听治亦如之。使其属守王闱。（保氏）

中春②之月，令会男女。于是时也，奔者不禁③。若无故而不用令者，罚之。司男女之无夫家者而会之。（媒氏）

春官④宗伯

大宗伯之职，掌建邦之天神、人鬼、地示之礼，以佐王建保邦国。

以吉礼事邦国之鬼神示。以禋祀⑤祀昊天上帝，以实柴祀日、

---

① 五礼：吉、凶、宾、军、嘉五类礼。六乐：《云门》《大咸》《大韶》《大夏》《大濩》《大武》六种舞乐。五射：白矢、参连、剡注、襄尺、井仪。白矢，箭之白镞贯穿射侯；参连，前放一矢，后三矢连续而去，矢矢相属，若连珠之相衔；剡（yǎn）注，矢向下而射；襄尺，臣与君射，臣与君并立，让君一尺而退；井仪，四矢连贯，皆正中目标，如井字。五驭：驾车的五种技术，鸣和鸾、逐水曲、过君表、舞交衢、逐禽左，分别为行车时使和鸾之声发出有节奏之声，车随曲岸疾驰而不坠水，经过天子所在之位时有礼仪，过交叉通道时驱驰自如，行猎时追逐禽兽从左面射获。六书：郑司农曰："象形、会意、转注、处事（即指事）、假借、谐声（即形声）。"九数：九种数学计算方法，《周礼》并没有列出。郑司农曰："九数：方田、粟米、差分、少广、商功、均输、方程、赢不足、旁要。"

② 中春：即仲春，为二月。

③ 于是时也，奔者不禁：这个时节，私奔者不加禁止。此说明西周时尚余原始大胆奔放的风气，《诗经·国风》中的很多诗句的产生当与这一制度相关。

④ 春官：掌礼乐之事之官。

⑤ 禋（yīn）祀：烟祭，即在木材上加牺牲、玉帛等物，然后燔烧，用烟享天神。下文的实柴祀、槱（yǒu）燎祀皆如此。

月、星、辰，以槱燎祀司中、司命、风师、雨师。以血祭祭社稷、五祀、五岳，以狸沈祭山林川泽，以疈辜祭四方、百物①。以肆、献、裸享先王，以馈食享先王②，以祠春享先王，以禴夏享先王，以尝秋享先王，以烝冬享先王。

以凶礼哀邦国之忧。以丧礼哀死亡，以荒礼哀凶札，以吊礼哀祸灾，以禬礼哀围败，以恤礼哀寇乱③。

以宾礼亲邦国。春见曰朝，夏见曰宗，秋见曰觐，冬见曰遇，时见曰会，殷见曰同，时聘曰问，殷覜曰视④。

以军礼同邦国。大师之礼，用众也；大均之礼，恤众也；大田之礼，简众也；大役之礼，任众也；大封之礼，合众也。

以嘉礼亲万民。以饮食之礼，亲宗族兄弟；以昏冠之礼，亲成男女；以宾射之礼，亲故旧朋友；以飨燕之礼，亲四方之宾客；以脤膰之礼⑤，亲兄弟之国；以贺庆之礼，亲异姓之国。

以九仪之命⑥正邦国之位。壹命受职，再命受服，三命受位，四命受器，五命赐则，六命赐官，七命赐国，八命作牧，九命作伯。

以玉作六瑞，以等邦国。王执镇圭，公执桓圭，侯执信圭，伯

---

① 血祭、狸沈、疈(pì)辜：祭祀地神之法。血祭，用牲血灌地祭祀。狸沈即埋沉，把牺牲、玉帛等埋于山或沉于河祭祀。疈辜，毁折牺牲祭祀。

② 以肆、献、裸享先王，以馈食享先王：宗庙四时祭。肆为以熟肉进献，献为以血和生肉进献，裸为以酒浇地进献，馈食为以饭进献。后文的祠、禴(yuè)、尝、烝为春夏秋冬宗庙四时祭的祭名。

③ 荒礼为遭遇五谷歉收(凶)，疾疫流行(札)时进行的祷神、减缮、彻乐等礼节，吊礼为遭遇灾祸时的慰问礼节，禬(guì)礼为对战败国所进行的筹资、救助等礼节，恤礼为对遭遇寇乱国所进行的遣使慰问礼节。

④ 朝、宗、觐、遇：为诸侯四时见天子礼节名。时见曰会：天子会诸侯，无常期，因事而会。殷见曰同：各方诸侯同来朝见天子。时聘曰问：诸侯无定期地派人聘问天子。殷覜(tiào)曰视：侯服诸侯来朝天子时，其他诸侯遣卿看望。

⑤ 脤膰(shèn fán)之礼：赏赐祭祀社稷和宗庙祭肉的礼节。

⑥ 九仪之命：九等仪命。周时把贵族分为九等，等级不同仪礼制度也不同。

执躬圭,子执谷璧,男执蒲璧①。

以禽作六挚②,以等诸臣。孤执皮帛,卿执羔,大夫执雁,士执雉,庶人执鹜,工商执鸡。

以玉作六器,以礼天地四方。以苍璧礼天,以黄琮礼地,以青圭礼东方,以赤璋礼南方,以白琥礼西方,以玄璜礼北方③。皆有牲币,各放其器之色。

以天产作阴德,以中礼防之。以地产作阳德,以和乐防之④。以礼乐合天地之化、百物之产,以事鬼神,以谐万民,以致百物。

凡祀大神、享大鬼、祭大示,帅执事而卜日,宿⑤,视涤濯,莅玉鬯,省牲镬,奉玉粢⑥,诏大号,治其大礼,诏相王之大礼。若王不与祭祀,则摄位。凡大祭祀,王后不与,则摄而荐豆、笾彻。

大宾客,则摄而载果⑦。朝觐、会同,则为上相。大丧亦如之。王哭诸侯亦如之。王命诸侯,则傧⑧。国有大故,则旅上帝及四望。王大封,则先告后土。乃颁祀于邦国、都家、乡邑。(大宗伯)

---

① 圭:宽三寸,厚半寸,顶端一寸半部分成三角形,长度依爵位不同而不同。镇圭一尺二寸,王执;桓圭九寸,公执;信圭七寸,纹饰为形直之人,侯执;躬圭七寸,纹饰为微曲之人,伯执;谷璧为纹饰为粟的中孔圆形玉,子爵执;蒲璧为纹饰为蒲的中孔圆形玉,男爵执。

② 挚:见面礼。

③ 琮:内圆外方的玉。璋:将圭从中剖开,其一半为璋。琥:虎形白玉。璜:将璧从中剖开,其一半为璜。

④ 天产:动物性食物。地产:植物性食物。天产以动人之阴气,而地产以静人之阳气,同时配以礼乐防止其动静过盛,以调和阴阳之气。

⑤ 宿:申诫。

⑥ 玉粢(zī):盛粟米的玉敦。

⑦ 果:同"祼",即祼礼,见前注。

⑧ 傧:导引前进。

典瑞掌玉瑞、玉器之藏，辨其名物与其用事，设其服饰①。王晋大圭，执镇圭，缫借五采五就②，以朝日。公执桓圭，侯执信圭，伯执躬圭，缫皆三采三就；子执谷璧，男执蒲璧，缫皆二采再就。以朝、觐、宗、遇、会同于王。诸侯相见，亦如之。瑑③圭、璋、璧、琮，缫皆二采一就，以覜聘。

四圭有邸④，以祀天、旅上帝。两圭有邸，以祀地、旅四望。祼圭有瓒⑤，以肆先王，以祼宾客。圭璧，以祀日月星辰。璋邸射⑥，以祀山川，以造赠宾客。土圭以致四时日月，封国则以土地。珍圭以征守，以恤凶荒。牙璋以起军旅，以治兵守。璧羡以起度。驵圭、璋、璧、琮、琥、璜之渠眉，疏璧、琮以敛尸。谷圭以和难，以聘女。琬圭以治德，以结好。琰圭以易行，以除慝。大祭祀、大旅，凡宾客之事，共其玉器而奉之。大丧，共饭玉、含玉、赠玉。凡玉器出，则共奉之。（典瑞）

典命掌诸侯之五仪，诸臣之五等之命⑦。上公九命为伯，其国家、宫室、车旗、衣服、礼仪，皆以九为节。侯伯七命，其国家、宫室、车旗、衣服、礼仪，皆以七为节。子男五命，其国家、宫室、车旗、衣服、礼仪，皆以五为节。王之三公八命，其卿六命，其大夫四命，及其出封，皆加一等，其国家、宫室、车旗、衣服、礼仪，

---

① 设其服饰：为玉瑞、玉器设置装饰物。
② 五采五就：五采即青、朱、白、玄、黄五色，五就即五匝，每一种颜色绘制一匝。
③ 瑑(zhuàn)：玉上隆起的纹饰。
④ 四圭有邸：一种特殊形制的圭，为一圆璧上下左右各伸出一圭。下文的两圭有邸则为一琮两边各伸出一圭。
⑤ 祼圭有瓒：带有勺状瓒的用以舀郁鬯的玉柄。
⑥ 璋邸射：琮上伸出一似箭射状的璋。
⑦ 五仪：公、侯、伯、子、男五等级之仪。五等之命：即后文的四命、三命、再命、一命、不命。

亦如之。

凡诸侯之适子誓于天子，摄其君，则下其君之礼一等。未誓，则以皮帛继子男。

公之孤四命，以皮帛视小国之君；其卿三命，其大夫再命，其士一命。其宫室、车旗、衣服、礼仪各视其命之数。侯伯之卿、大夫、士亦如之。子男之卿再命，其大夫一命，其士不命，其宫室、车旗、衣服、礼仪，各视其命之数。（典命）

司服掌王之吉、凶衣服，辨其名物与其用事。

王之吉服，祀昊天上帝，则服大裘而冕，祀五帝亦如之。享先王则衮冕；享先公、飨、射则鷩冕；祀四望、山川则毳冕；祭社稷、五祀则希冕；祭群小祀则玄冕。凡兵事韦弁服；视朝则皮弁服。凡甸冠弁服。①

凡凶事服弁、服。凡吊事，弁绖、服。凡丧，为天王斩衰，为王后齐衰。王为三公六卿锡衰，为诸侯缌衰，为大夫、士疑衰，其首服皆弁绖②。大札、大荒、大灾素服。

公之服，自衮冕而下如王之服。侯伯之服，自鷩冕而下如公之服。子男之服，自毳冕而下如侯伯之服。孤之服，自希冕而下如子男之服。卿大夫之服，自玄冕而下如孤之服。其凶服加以大功、小功。士之服，自皮弁而下如大夫之服。其凶服亦如之。其齐服有玄

---

① 大裘、衮、鷩(bì)、毳(cuì)、希、玄：分别为羔羊裘，外罩十二章之衮服或九章衮服，七章服，五章服，三章服，一章服。韦弁服为熟牛皮服帽。

② 弁绖(dié)：吊丧时所戴加麻的素冠。斩衰、齐衰、大功、小功、缌衰为古代丧服制度之五服制度。斩衰用最粗的生麻布制作，断处外露不缉边。齐衰为次于"斩衰"的丧服，用粗麻布制作，断处缉边。缌衰用较细熟麻布制成，做功也较细。锡衰，郑玄注："君为臣服吊服也。"郑司农云："锡，麻之滑易者。"疑衰，郑玄注："疑之言拟也，拟于吉。"吉服用布十五升，"拟于吉"说的是用布比吉服少一升。

端、素端。

凡大祭祀、大宾客，共其衣服而奉之。大丧，共其复衣服、敛衣服、奠衣服、廞衣服①，皆掌其陈序。（司服）

大司乐掌成均之法②，以治建国之学政，而合国之子弟焉。凡有道者，有德者，使教焉。死则以为乐祖，祭于瞽宗③。

以乐德教国子，中、和、祗、庸、孝、友，以乐语教国子，兴、道、讽、诵、言、语④，以乐舞教国子，舞《云门》、《大卷》、《大咸》、《大韶》、《大夏》、《大濩》、《大武》⑤。

以六律、六同、五声、八音、六舞大合乐，以致鬼、神、示，以和邦国，以谐万民，以安宾客，以说远人，以作动物。

乃分乐而序之，以祭、以享、以祀。乃奏黄钟，歌大吕，舞《云门》，以祀天神；乃奏大蔟，歌应钟，舞《咸池》，以祭地示；乃奏姑洗，歌南吕，舞《大韶》，以祀四望；乃奏蕤宾，歌函钟，舞《大夏》，以祭山川；乃奏夷则，歌小吕，舞《大濩》，以享先妣；乃奏无射，歌夹钟，舞《大武》，以享先祖。凡六乐者，文之以五声，播之以八音。

凡六乐者，一变而致羽物，及川泽之示；再变而致臝物，及山林之示；三变而致鳞物，及丘陵之示；四变而致毛物，及坟衍之示；

---

① 复衣服、敛衣服、奠衣服、廞（xīn）衣服：分别为招魂所用的衣服、大敛小敛所用衣服、奠基所用衣服、陈列所用的衣服。

② 成均之法：大学的教学法。

③ 瞽宗：泛指学校。

④ 兴、道、讽、诵、言、语：郑玄注："兴者，以善物喻善事。道读曰'导'，导者，言古以剀今也。倍文曰讽，以声节之曰诵。发端曰言，答述曰语。"

⑤《云门》、《大卷》、《大咸》、《大韶》、《大夏》、《大濩》、《大武》：为六代之舞，《云门》《大卷》为黄帝之舞，《大咸》为唐尧之舞，《大韶》为虞舜之舞，《大夏》为夏禹之舞，《大濩》为商汤之舞，《大武》为周武王之舞。

五变而致介物，及土示；六变而致象物，及天神①。

凡乐，圜钟为宫，黄钟为角，大蔟为徵，姑洗为羽，雷鼓、雷鼗，孤竹之管，云和之琴瑟，《云门》之舞，冬日至，于地上之圜丘奏之，若乐六变，则天神皆降，可得而礼矣。凡乐，函钟为宫，大蔟为角，姑洗为徵，南吕为羽，灵鼓、灵鼗，孙竹之管，空桑之琴瑟，《咸池》之舞，夏日至，于泽中之方丘奏之，若乐八变，则地示皆出，可得而礼矣。凡乐，黄钟为宫，大吕为角，大蔟为徵，应钟为羽，路鼓、路鼗，阴竹之管，龙门之琴瑟，《九德》之歌，《九韶》之舞，于宗庙之中奏之，若乐九变，则人鬼可得而礼矣。

凡乐事大祭祀宿县②，遂以声展之。王出入则令奏《王夏》；尸出入则令奏《肆夏》；牲出入则令奏《昭夏》。帅国子而舞。大飨不入牲，其他皆如祭祀。大射，王出入令奏《王夏》；及射，令奏《驺虞》；诏诸侯以弓矢舞。王大食，三宥③，皆令奏钟鼓。王师大献，则令奏恺乐。

凡日月食，四镇、五岳崩，大傀异灾，诸侯薨，令去乐。

大札、大凶、大灾、大臣死，凡国之大忧，令弛县④。

凡建国，禁其淫声、过声、凶声、慢声⑤。

大丧，莅廞乐器。及葬，藏乐器，亦如之。（大司乐）

乐师掌国学之政，以教国子小舞。凡舞，有帗舞，有羽舞，有

---

① 变：通"遍"。羽物、赢物、鳞物、毛物、介物、象物为各类动物。
② 县：同"悬"。
③ 三宥：宥，劝告，奏乐三次以劝王进食。
④ 弛县：解除悬挂的乐器。
⑤ 淫声、过声、凶声、慢声：郑注曰："淫声，若郑卫也。过声，失哀乐之节。凶声，亡国之声，若桑间、濮上。慢声，惰慢不恭。"

皇舞，有旄舞，有干舞，有人舞①。

教乐仪，行以《肆夏》，趋以《采荠》，车亦如之。环拜以钟鼓为节。

凡射，王以《驺虞》为节，诸侯以《狸首》为节，大夫以《采蘋》为节，士以《采蘩》为节。

凡乐掌其序事，治其乐政。凡国之小事用乐者，令奏钟鼓。凡乐成则告备。诏来瞽，皋舞②。诏及彻③，帅学士而歌彻，令相。

飨、食诸侯，序其乐事，令奏钟鼓，令相，如祭之仪。燕射，帅射夫以弓矢舞。乐出入，令奏钟鼓。凡军大献，教恺歌，遂倡之④。凡丧，陈乐器，则帅乐官。及序哭，亦如之。

凡乐官掌其政令，听其治讼。（乐师）

小胥掌学士之征令而比之，觵其不敬者；巡舞列，而挞其怠慢者。

正乐县之位。王宫县，诸侯轩县，卿大夫判县，士特县。辨其声，凡县钟磬，半为堵，全为肆。⑤（小胥）

大师掌六律、六同，以合阴阳之声。阳声：黄钟、大簇、姑洗、蕤宾、夷则、无射；阴声：大吕、应钟、南吕、函钟、小吕、夹钟。

---

① 人舞：即人以袖为舞。
② 皋舞：皋，通"告"，告诉舞者表演舞蹈。
③ 彻：撤除祭器。
④ 大献：贾公彦疏："谓师克胜献捷于祖庙也。"教恺歌，遂倡之：贾疏："师还未至之时，预教瞽蒙，入祖庙，遂使乐师倡导为之。"
⑤ 郑司农注："宫县四面县，轩县去其一面，判县又去其一面，特县又去其一面。"轩县为去其南面，判县去南北面，特县县于东面。郑玄注："钟磬者，编悬之，二八十六枚而在一虡谓之堵。钟一堵，磬一堵，谓之肆。"其意即十六枚钟或磬为一堵，堵钟堵磬合为一肆。

皆文之以五声：宫、商、角、徵、羽；皆播之以八音：金、石、土、革、丝、木、匏、竹。

教六诗：曰风、曰赋、曰比、曰兴、曰雅、曰颂①。以六德②为之本，以六律为之音。

大祭祀，帅瞽登歌，令奏击拊；下管播乐器，令奏鼓朄③。大飨亦如之。大射，帅瞽而歌射节。大师，执同律以听军声，而诏吉凶。大丧，帅瞽而廞；作柩，谥。

凡国之瞽蒙正焉④。（大师）

夏官⑤司马

弁师掌王之五冕，皆玄冕、朱里、延、纽⑥，五采缫十有二就，皆五采玉十有二⑦，玉笄，朱纮⑧。

---

① 诗之六义历来解说纷纭。郑玄注："风，言贤圣治道之遗化也。赋之言铺，直铺陈今之政教善恶。比，见今之失，不敢斥言，取比类以言之。兴，见今之美，嫌于媚谀，取善事以喻劝之。雅，正也，言今之正者，以为后世法。颂之言诵也、容也，诵今之德，广以美之。"孔颖达《毛诗正义》："风、雅、颂者，《诗》篇之异体；赋、比、兴者，《诗》文之异辞耳。大小不同，而得并为六义者。赋、比、兴是《诗》之所用，风、雅、颂是《诗》之成形，用彼三事，成此三事，是故同称为'义'。"
② 六德：郑玄注："知仁圣义忠和。"
③ 鼓朄（yǐn）：用以引乐的小鼓。
④ 正焉：听从大师的政教。
⑤ 夏官：掌管军政的官员。
⑥ 玄冕、朱里、延、纽：五冕皆为黑表，红里，在冕上方有一长方形木板为延，在延下方武的两侧各有一个插玉笄的纽孔。
⑦ 五采缫十有二就，皆五采玉十有二：十二根五彩丝绳，各贯以十二颗玉珠，即垂于延之前后的旒。十二颗玉珠之间各相隔一寸，十二就长一尺二，垂而齐肩。就，在此指旒。
⑧ 朱纮：用以缋边的朱色丝带。

诸侯之缫斿九就，瑉玉三采，其余如王之事。缫斿皆就，玉瑱①，玉笄。

王之皮弁，会五采玉琪，象邸②，玉笄。王之弁绖，弁而加环绖。

诸侯及孤、卿、大夫之冕、韦弁、皮弁、弁绖，各以其等为之，而掌其禁令。（弁师）

礼 记

目前通行的《礼记》，也称《小戴礼记》，传为西汉时礼学博士戴圣所辑。《小戴礼记》共四十九篇，多为孔子弟子及其再传、三传弟子所记，内容庞杂，包括社会、政治、伦理、哲学、宗教等各个方面，其核心内容则包含了先秦的礼制、礼仪、修身准则以及先秦儒家对仪礼的阐释等，是研究先秦社会的重要资料。除了《小戴礼记》，还有传为戴德所辑的《大戴礼记》留存。《大戴礼记》原有八十五篇，今仅存三十九篇。

《礼记》中保存了先秦儒家重要的乐教美学著作《乐记》和哲学著作《中庸》，本书将单独放在儒家美学编中介绍。除此以外，《礼记》中关于朝廷典制、日常礼仪、诗教、礼教等方面的资料都包含有一定的美学思想。选文摘自孙希旦撰《礼记集解》，中华书局1989年版；王聘珍撰《大戴礼记解诂》，中华书局1983年版。

---

① 玉瑱(tiàn)：诸侯冕两侧用以塞耳的玉。
② 琪为皮弁缝中十二颗五彩玉做成的饰物，象邸为以象骨作的周缘。

曲礼①上

《曲礼》曰：毋不敬，俨若思，安定辞，安民哉！

敖不可长，欲不可从，志不可满，乐不可极。

贤者狎而敬之，畏而爱之。爱而知其恶，憎而知其善。积而能散，安安而能迁②。临财毋苟得，临难毋苟免。很③毋求胜，分毋求多。疑事毋质，直而勿有④。

若夫坐如尸，立如齐⑤。礼从宜，使从俗。

夫礼者，所以定亲疏，决嫌疑，别同异，明是非也。礼不妄说人，不辞费⑥。礼不逾节，不侵侮，不好狎。修身践言，谓之善行。行修言道，礼之质也。礼闻取于人，不闻取人⑦。礼闻来学，不闻往教。

道德仁义，非礼不成；教训正俗，非礼不备；分争辨讼，非礼不决；君臣上下，父子兄弟，非礼不定；宦、学事师，非礼不亲；班朝、治军，莅官、行法，非礼威严不行；祷祠、祭祀，供给鬼神，非礼不诚不庄。是以君子恭敬、撙节、退让以明礼。

---

① "曲"字的含义，历代学者说法不一。郑玄、孔颖达认为本篇所记非止一礼，乃吉、凶、宾、军、嘉五礼都有，须要"曲屈行事"，故名《曲礼》。朱熹则认为古经有《曲礼》之篇，此篇乃《曲礼》篇之记。孙希旦认为"此篇所记，多礼文之细微曲折，而上篇尤致详于言语、饮食、洒扫、应对、进退之法"。

② 积而能散，安安而能迁：集财而能散，安于所安而能迁善。

③ 很：血气之争。

④ 质：成也，此处为"肯定的答复"之意。直而勿有：有了正确答案也不要直说为己见，而应有所谦逊。

⑤ 坐如尸，立如齐(zhāi)：尸为古代祭祀时替死者接受祭祀的人。尸居神位，坐必矜庄，所以用尸来比喻坐姿。斋戒时的立姿是"磬折屈身"，站立如此，以示恭敬。

⑥ 说：通"悦"。辞费：言而不行。

⑦ 取于人，言取于师之道；取人，言取于己。

鹦鹉能言，不离飞鸟；猩猩能言，不离禽兽。今人而无礼，虽能言，不亦禽兽之心乎！夫唯禽兽无礼，故父子聚麀①。是故圣人作为礼以教人，使人以有礼，知自别于禽兽。

太上贵德，其次务施报。礼尚往来，往而不来，非礼也；来而不往，亦非礼也。人有礼则安，无礼则危，故曰：礼者不可不学也。夫礼者，自卑而尊人。虽负贩者，必有尊也，而况富贵乎！富贵而知好礼，则不骄不淫；贫贱而知好礼，则志不慑。

人生十年曰幼，学；二十曰弱，冠；三十曰壮，有室；四十曰强，而仕；五十曰艾，服官政；六十曰耆，指使；七十曰老，而传；八十九十曰耄，七年曰悼，悼②与耄，虽有罪，不加刑焉；百年曰期，颐③。

大夫七十而致事④。若不得谢，则必赐之几杖，行役以妇人，适四方，乘安车。自称曰"老夫"，于其国则称名。越国而问焉，必告之以其制。谋于长者，必操几杖以从之。长者问，不辞让而对，非礼也。

凡为人子之礼，冬温而夏凊，昏定而晨省，在丑夷⑤不争。

夫为人子者，三赐不及车马⑥。故州闾乡党称其孝也，兄弟亲戚称其慈也，僚友称其弟也，执友称其仁也，交游称其信也。

见父之执，不谓之进不敢进，不谓之退不敢退，不问不敢对。此孝子之行也。

夫为人子者，出必告，反必面，所游必有常，所习必有业。恒

---

① 聚麀：聚，共也，麀，母鹿。意为共妻。
② 悼：怜爱。
③ 期：百年为期。颐：颐养。
④ 致事：把所掌之事交还国君以告老。
⑤ 丑夷：同辈之人。
⑥ 按周礼，三命受位，虽得赐车马，但心依然有愧受之意。

言不称老。年长以倍则父事之,十年以长则兄事之,五年以长则肩随之。群居五人,则长者必异席。

为人子者,居不主奥,坐不中席,行不中道,立不中门。食飨不为概①,祭祀不为尸,听于无声,视于无形,不登高,不临深,不苟訾,不苟笑。

孝子不服闇,不登危,惧辱亲也。父母存,不许友以死,不有私财。

为人子者,父母存,冠衣不纯素。孤子当室,冠衣不纯采。

幼子常视毋诳,童子不衣裘、裳,立必正方,不倾听。长者与之提携,则两手奉长者之手。负、剑,辟咡诏之,则掩口而对②。

从于先生,不越路而与人言。遭先生于道,趋而进,正立拱手。先生与之言则对,不与之言则趋而退。

从长者而上丘陵,则必乡长者所视。登城不指,城上不呼。

将适舍,求毋固。将上堂,声必扬。户外有二屦,言闻则入,言不闻则不入。将入户,视必下。入户奉扃③,视瞻毋回。户开亦开,户阖亦阖。有后入者,阖而勿遂。毋践屦,毋踖席,抠衣趋隅,必慎唯诺。

大夫士出入君门,由闑右,不践阈④。

凡与客人者,每门让于客。客至于寝门,则主人请入为席,然后出迎客,客固辞,主人肃客而入。主人入门而右,客入门而左。主人就东阶,客就西阶。客若降等,则就主人之阶。主人固辞,然后客复就西阶。主人与客让登,主人先登,客从之,拾级聚足,连

---

① 概:限量。

② 负、剑,辟咡诏之,则掩口而对:郑玄注:"负,谓置之于背。剑,谓挟之于旁。辟咡诏之,谓倾头与语。口旁曰咡。掩口而对,习其乡尊者屏气也。"

③ 扃:关门的木闩。奉扃谓表恭敬。

④ 闑:门橛;阈:门限。

步以上。上于东阶,则先右足;上于西阶,则先左足。

帷薄之外不趋,堂上不趋,执玉不趋,堂上接武,堂下布武,室中不翔①。并坐不横肱,授立不跪,授坐不立。

凡为长者粪之礼,必加帚于箕上,以袂拘而退,其尘不及长者。以箕自乡而扱之。

奉席如桥衡②。请席何乡?请衽何趾?席南乡北乡,以西方为上;东乡西乡,以南方为上。若非饮食之客,则布席,席间函丈。主人跪正席,客跪抚席而辞。客彻重席,主人固辞,客践席,乃坐。主人不问,客不先举。

将即席,容毋怍,两手抠③衣,去齐尺,衣毋拨,足毋蹶。先生书策琴瑟在前,坐而迁之,戒勿越。

虚坐尽后,食坐尽前。坐必安,执尔颜。长者不及,毋儳言。正尔容,听必恭,毋剿说,毋雷同,必则古昔,称先王。

侍坐于先生,先生问焉,终则对。请业则起,请益则起④。父召无诺,先生召无诺,唯而起。

侍坐于所尊敬,毋余席,见同等不起。烛至起,食至起,上客起。

烛不见跋⑤。尊客之前不叱狗。让食不唾。

侍坐于君子,君子欠伸,撰杖屦,视日蚤莫⑥,侍坐者请出矣。侍坐于君子,君子问更端,则起而对。侍坐于君子,若有告者曰:

---

① 接武:足迹前后相接,形容细步徐趋。布武:足迹分散不重叠,形容快步疾行。翔:上体稍前倾,张臂细步趋行。
② 桥衡:左高右低。
③ 抠:提。
④ 业,郑玄注:"业,谓篇首也。益,谓受说不了,欲师更明说之。"
⑤ 跋:火炬燃烧后的尾部。
⑥ 欠伸,撰杖屦,视日蚤莫:此皆君子厌倦疲惫之表现。

"少间，愿有复也。"则左右屏而待。

毋侧听，毋噭应，毋淫视，毋怠荒。游毋倨，立毋跛，坐毋箕，寝毋伏。敛发毋髢，冠毋免，劳毋袒，暑毋褰裳。

侍坐于长者，屦不上于堂，解屦不敢当阶。就屦，跪而举之，屏于侧。乡长者而屦，跪而迁屦，俯而纳屦。

离坐离立，毋往参焉。离立者不出中间。男女不杂坐，不同椸枷，不同巾栉，不亲授。嫂叔不通问，诸母不漱裳。

外言不入于梱，内言不出于梱①。女子许嫁，缨，非有大故，不入其门。姑、姊、妹、女子子，已嫁而反，兄弟弗与同席而坐，弗与同器而食。父子不同席。

男女非有行媒，不相知名；非受币，不交不亲。故日月以告君，齐戒以告鬼神，为酒食以召乡党僚友，以厚其别也。

取妻不取同姓，故买妾不知其姓则卜之。寡妇之子，非有见②焉，弗与为友。

贺取妻者曰："某子使某，闻子有客，使某羞。"贫者不以货财为礼，老者不以筋力为礼。

名子者不以国，不以日月，不以隐疾，不以山川。男女异长。男子二十，冠而字。父前子名，君前臣名。女子许嫁，笄而字。

凡进食之礼，左殽右胾③。食居人之左，羹居人之右；脍炙处外，醯酱处内，葱渫处末，酒浆处右。以脯修置者，左朐④右末。

客若降等，执食兴辞，主人兴，辞于客，然后客坐。主人延客祭，祭食，祭所先进，殽之序，遍祭之。三饭，主人延客食胾，然

---

① 梱：门限。内外有别，男主外女主内之意。
② 有见：有见地，有奇才。
③ 殽：肉带骨。胾（zì）：切成大块的肉。
④ 朐：曲屈的干肉。

后辩殽。主人未辩，客不虚口。卒食，客自前跪，彻饭齐以授相者。主人兴辞于客，然后客坐。

侍食于长者，主人亲馈，则拜而食；主人不亲馈，则不拜而食。共食不饱，共饭不泽手。

毋抟饭，毋放饭，毋流歠①，毋咤食，毋啮骨，毋反鱼肉，毋投与狗骨，毋固获，毋扬饭。饭黍毋以箸，毋嚺羹，毋絮羹，毋刺齿，毋歠醢。客絮羹，主人辞不能亨；客歠醢；主人辞以窭。濡肉齿决，干肉不齿决，毋嘬炙。

侍饮于长者，酒进则起，拜受于尊所。长者辞，少者反席而饮；长者举未釂，少者不敢饮。

长者赐，少者贱者不敢辞。赐果于君前，其有核者怀其核。

御食于君，君赐余，器之溉者不写，其余皆写。馂余不祭。父不祭子，夫不祭妻。

御同于长者，虽贰不辞，偶坐不辞。羹之有菜者用梜，其无菜者不用梜。为天子削瓜者副之，巾以𫄨；为国君者华②之，巾以绤。为大夫累之，士疐之，庶人龁③之。

父母有疾，冠者不栉，行不翔，言不惰，琴瑟不御，食肉不至变味，饮酒不至变貌，笑不至矧，怒不至詈。疾止复故。

有忧者侧席而坐，有丧者专席而坐。

水潦降，不献鱼鳖。献鸟者佛④其首，畜鸟者则弗佛也。献车马者执策绥，献甲者执胄，献杖者执末，献民虏者操右袂，献粟者执右契，献米者操量鼓，献孰食者操酱齐，献田宅者操书致。

---

① 歠(chuò)：喝。
② 华：当中剖开。
③ 疐：同"蒂"。龁：咬。
④ 佛：把鸟头转放于翼下。

凡遗人弓者，张弓尚筋，弛弓尚角，右手执箫，左手承弣①，尊卑垂帨。若主人拜，则客还辟辟拜。主人自受，由客之左，接下承弣，乡与客并，然后受。

进剑者左首，进戈者前其镈，后其刃，进矛戟者前其镦。

进几杖者拂之。效马效羊者右牵之，效犬者左牵之。执禽者左首，饰羔雁者以缋。受珠玉者以掬，受弓剑者以袂。饮玉爵者弗挥。凡以弓剑、苞苴、箪笥②问人者，操以受命，如使之容。

凡为君使者，已受命，君言不宿于家。君言至，则主人出拜君言之辱。使者归，则必拜送于门外。若使人于君所，则必朝服而命之。使者反，则必下堂而受命。

博闻强识而让，敦善行而不怠，谓之君子。君子不尽人之欢，不竭人之忠，以全交也。

礼曰："君子抱孙不抱子。"此言孙可以为王父尸，子不可以为父尸。为君尸者，大夫士见之则下之，君知所以为尸者则自下之。尸必式，乘必以几。

齐者不乐不吊。居丧之礼，毁瘠不形，视听不衰，升降不由阼阶，出入不当门隧。

居丧之礼，头有创则沐，身有疡则浴，有疾则饮酒食肉，疾止复初。不胜丧，乃比于不慈不孝。五十不致毁，六十不毁，七十唯衰麻在身，饮酒食肉，处于内。

生与来日，死与往日。知生者吊，知死者伤。知生而不知死，吊而不伤；知死而不知生，伤而不吊。

吊丧弗能赙，不问其所费；问疾弗能遗，不问其所欲；见人弗

---

① 弣：弓把中部。
② 苞苴：包装鱼肉等用的草袋。箪笥（dān sì）：郑玄注："箪笥，盛饭食者，圜曰箪，方曰笥。"孔颖达疏："箪圆笥方，俱是竹器，亦以苇为之。"此处皆指馈赠的礼物。

65

能馆，不问其所舍。赐人者不曰"来取"，与人者不问其所欲。

适墓不登垄，助葬必执绋①。临丧不笑，揖人必违其位。望柩不歌，入临不翔。当食不叹。邻有丧，舂不相；里有殡，不巷歌。适墓不歌，哭日不歌。送丧不由径，送葬不避涂潦。临丧则必有哀色，执绋不笑，临乐不叹，介胄则有不可犯之色。故君子戒慎，不失色于人。

国君抚式，大夫下之；大夫抚式，士下之。礼不下庶人，刑不上大夫。刑人不在君侧。兵车不式，武车绥旌，德车结旌。

史载笔，士载言。前有水则载青旌，前有尘埃则载鸣鸢，前有车骑则载飞鸿，前有士师则载虎皮，前有挚兽则载貔貅。行，前朱雀而后玄武，左青龙而右白虎，招摇在上，急缮其怒。进退有度，左右有局，各司其局。

父之仇弗与共戴天，兄弟之仇不反兵，交游之仇不同国。四郊多垒，此卿大夫之辱也。地广大，荒而不治，此亦士之辱也。

临祭不惰。祭服敝则焚之，祭器敝则埋之，龟筴敝则埋之，牲死则埋之。凡祭于公者，必自彻其俎。

卒哭乃讳。礼不讳嫌名，二名不偏讳②。逮事父母则讳王父母，不逮事父母则不讳王父母。君所无私讳，大夫之所有公讳。诗书不讳，临文不讳。庙中不讳。夫人之讳，虽质君之前，臣不讳也。妇讳不出门。大功、小功不讳。入竟而问禁，入国而问俗，入门而问讳。

外事以刚日，内事以柔日③。凡卜筮日，旬之外曰远某日，旬之内曰近某日。丧事先远日，吉事先近日。曰："为日，假尔泰龟有

---

① 绋：柩车上的绳。
② 嫌名：同音词。二名不偏讳：孔颖达疏："谓两字作名，不一一讳也。"
③ 十天干计日，奇数为刚，偶数为柔。

常，假尔泰筮有常。"卜筮不过三，卜筮不相袭①。龟为卜，筴为筮。卜筮者，先圣王之所以使民信时日，敬鬼神，畏法令也；所以使民决嫌疑，定犹与也。故曰：疑而筮之，则弗非也；日而行事，则必践之。

君车将驾，则仆执策立于马前；已驾，仆展軨效②驾。奋衣由右上，取贰绥跪乘，执策分辔驱之，五步而立。君出就车，则仆并辔授绥，左右攘辟，车驱而驺，至于大门，君抚仆之手，而顾命车右就车。门闾、沟渠必步。

凡仆人之礼，必授人绥。若仆者降等，则受，不然则否。若仆者降等，则抚仆之手，不然则自下拘之。客车不入大门，妇人不立乘，犬马不上于堂。故君子式黄发，下卿位，入国不驰，入里必式。君命召，虽贱人，大夫士必自御之。

介者不拜，为其拜而蓌拜。祥车旷左，乘君之乘车，不敢旷左，左必式。仆御妇人，则进左手，后右手。御国君，则进右手，后左手而俯。国君不乘奇车。

车上不广欬，不妄指。立视五巂，式视马尾，顾不过毂。国中以策彗恤勿驱，尘不出轨。

国君下齐牛，式宗庙；大夫士下公门，式路马。乘路马，必朝服，载鞭策，不敢授绥，左必式。步路马，必中道。以足蹙路马刍有诛，齿③路马有诛。

---

① 袭：重。
② 效：告诉。
③ 齿：以齿论马的岁数。

檀弓下

辟踊①,哀之至也,有算,为之节文也。袒、括发,变也。愠,哀之变也。去饰,去美也,袒、括发,去饰之甚也。有所袒,有所袭,哀之节也②。弁绖葛而葬,与神交之道也,有敬心焉。

……

有子与子游立,见孺子慕者。有子谓子游曰:"予壹不知夫丧之踊也,予欲去之久矣。情在于斯,其是也夫?"子游曰:"礼有微情者,有以故兴物者③。有直情而径行者④,戎狄之道也。礼道则不然,人喜则斯陶,陶斯咏,咏斯犹⑤,犹斯舞,舞斯愠,愠斯戚,戚斯叹,叹斯辟,辟斯踊矣,品节斯,斯之谓礼。人死,斯恶之矣;无能也,斯倍之矣。是故制绞、衾,设蒌、翣⑥,为使人勿恶也。始死,脯醢之奠,将行,遣而行之,既葬而食之,未有见其飨之者也。自上世以来,未之有舍也,为使人勿倍也。故子之所刺于礼者,亦非礼之訾也。"

---

① 辟踊(yǒng):捶胸顿足,哀痛至极。孔颖达疏:"抚心为辟,跳跃为踊。孝子丧亲,哀慕至懑,男踊女辟,是哀痛之至极。"
② 袒:脱去上衣的左袖。袭:左衽袍,衣襟左开。
③ 礼有"微情者"和"以故兴物者"两种情况。"微情者",指哭踊之节;"以故兴物者",指衰绖之制。丧礼之用一方面是要节制过度悲伤,以免以死伤生;另一方面要提升不肖者的哀伤之情,使其通过衰绖之制时意识到正在丧期之中,唤起其思亲的哀痛。
④ 有直情而径行者:一味任情,不知节制。
⑤ 犹:通"摇"。
⑥ 绞、衾:尸之饰也。蒌、翣(shà):棺之饰也。

月　令

孟春之月，日在营室，昏参中，旦尾中①。其日甲乙②，其帝大皞，其神句芒，其虫鳞，其音角，律中大簇。其数八③，其味酸，其臭膻，其祀户，祭先脾。

东风解冻，蛰虫始振，鱼上冰，獭祭鱼，鸿雁来。

天子居青阳左个④，乘鸾路，驾苍龙，载青旂，衣青衣，服仓玉，食麦与羊，其器疏以达。

是月也，以立春。先立春三日，大史谒之天子曰："某日立春，盛德在木。"天子乃齐。立春之日，天子亲帅三公、九卿、诸侯、大夫以迎春于东郊，还反，赏公、卿、诸侯、大夫于朝。命相布德和令，行庆施惠，下及兆民。庆赐遂行，毋有不当。

乃命大史守典奉法，司天日月星辰之行，宿离不贷⑤，毋失经纪，以初为常。

是月也，天子乃以元日祈谷于上帝。乃择元辰，天子亲载耒耜，措之于参保介⑥之御间，帅三公、九卿、诸侯、大夫躬耕帝藉。天子三推⑦，三公五推，卿、诸侯九推。反，执爵于大寝，三公、九卿、诸侯、大夫皆御，命曰劳酒。

是月也，天气下降，地气上腾，天地和同，草木萌动。王命布

---

① 营室、参、尾：皆为星宿名。
② 甲乙：十天干分属五行，甲乙属木行，甲乙即木日也。
③ 八：木之成数，所谓"天三生木，地八成之"。
④ 青阳：明堂东方之堂名。明堂分东青阳，南明堂，西总章，北玄堂，中大室。青阳左个：青阳之北室。青阳分太庙及左右（北南）两室。
⑤ 宿离不贷：二十八星宿与月之运行没有差错。不贷即不忒。
⑥ 保介：郑玄注："车右也。"帝把耒耜置于车右与御者之间，以示劝农。
⑦ 推：推土。

农事，命田舍东郊，皆修封疆，审端径、术①。善相丘陵、阪险、原隰土地所宜，五谷所殖，以教道民，必躬亲之。田事既饬，先定准直，农乃不惑。

是月也，命乐正入学习舞。乃修祭典，命祀山林川泽，牺牲毋用牝。禁止伐木。毋覆巢，毋杀孩虫、胎、夭、飞鸟，毋麛，毋卵。毋聚大众，毋置城郭。掩骼埋胔②。

是月也，不可以称兵，称兵必天殃。兵戎不起，不可从我始。毋变天之道，毋绝地之理，毋乱人之纪。

孟春行夏令，则雨水不时，草木蚤落，国时有恐。行秋令，则民其大疫，猋风暴雨总至，藜、莠、蓬、蒿并兴。行冬令，则水潦为败，雪霜大挚，首种不入。

仲春之月，日在奎，昏弧中，旦建星中。其日甲乙，其帝大皞，其神句芒，其虫鳞，其音角，律中夹钟。其数八，其味酸，其臭膻。其祀户，祭先脾。始雨水，桃始华，仓庚鸣，鹰化为鸠。

天子居青阳大庙，乘鸾路，驾仓龙，载青旂，衣青衣，服仓玉，食麦与羊，其器疏以达。

是月也，安萌芽，养幼少，存诸孤。择元日，命民社。命有司省囹圄，去桎梏，毋肆掠，止狱讼。

是月也，玄鸟至。至之日，以大牢祠于高禖。天子亲往，后妃帅九嫔御。乃礼天子所御③，带以弓韣，授以弓矢，于高禖之前。

是月也，日夜分。雷乃发声，始电，蛰虫咸动，启户始出。先雷三日，奋木铎以令兆民曰："雷将发声，有不戒其容止者，生子不

---

① 审端径、术：术，《周礼》作"遂"，小沟。审察小沟及小径，修理端正。
② 骨枯为骼，肉腐为胔。
③ 天子所御：有孕嫔妃。

备,必有凶灾。"日夜分,则同度、量,钧衡、石,角斗、甬,正权、概①。

是月也,耕者少舍②,乃修阖、扇,寝、庙毕备。毋作大事,以妨农之事。

是月也,毋竭川泽,毋漉陂池,毋焚山林。天子乃鲜羔开冰,先荐寝、庙。

上丁,命乐正习舞,释菜③。天子乃帅三公、九卿、诸侯、大夫亲往视之。仲丁,又命乐正入学,习乐。是月也,祀不用牺牲,用圭璧,更皮币。

仲春行秋令,则其国大水,寒气总至,寇戎来征。行冬令,则阳气不胜,麦乃不熟,民多相掠。行夏令,则国乃大旱,煖气早来,虫螟为害。

季春之月,日在胃,昏七星中,旦牵牛中。其日甲乙,其帝大皞,其神句芒,其虫鳞。其音角,律中姑洗。其数八,其味酸,其臭膻,其祀户,祭先脾。桐始华,田鼠化为鴽,虹始见,萍始生。

天子居青阳右个,乘鸾路,驾仓龙,载青旂,衣青衣,服仓玉,食麦与羊,其器疏以达。

是月也,天子乃荐鞠衣于先帝。命舟牧覆舟,五覆五反,乃告"舟备具"于天子焉。天子始乘舟,荐鲔于寝庙,乃为麦祈实。

是月也,生气方盛,阳气发泄,句者毕出,萌者尽达,不可以内④。天子布德行惠,命有司发仓廪,赐贫穷,振乏绝,开府库,出币帛,周天下。勉诸侯,聘名士,礼贤者。

---

① 权:秤砣。概:刮平斗、斛用的小木板。
② 少舍:暂得休息。
③ 释菜:入学时祭祀先圣先师的一种典礼。
④ 句者:屈生者。内:同"纳",纳徵。

是月也，命司空曰："时雨将降，下水上腾，循行国邑，周视原野，修利堤防，道达沟渎，开通道路，毋有障塞。田猎，罝罘、罗罔、毕翳、喂兽之药毋出九门。"

是月也，命野虞①毋伐桑柘。鸣鸠拂其羽，戴胜降于桑。具曲、植、籧、筐，后妃齐戒，亲东乡躬桑。禁妇女毋观②，省妇使，以劝蚕事。蚕事既登，分茧称丝效功，以共郊庙之服，毋有敢惰。

是月也，命工师令百工审五库之量，金、铁、皮、革、筋、角、齿、羽、箭、干、脂、胶、丹、漆，毋或不良。百工咸理，监工日号，毋悖于时，毋或作为淫巧，以荡上心。

是月之末，择吉日，大合乐，天子乃率三公、九卿、诸侯、大夫亲往视之。

是月也，乃合累牛、腾马，游牝于牧。牺牲、驹、犊，举书其数。命国难，九门磔攘，以毕春气③。

季春行冬令，则寒气时发，草木皆肃，国有大恐。行夏令，则民多疾疫，时雨不降，山陵不收。行秋令，则天多沉阴，淫雨蚤降，兵革并起。

孟夏之月，日在毕，昏翼中，旦婺女中。其日丙丁④，其帝炎帝，其神祝融，其虫羽，其音徵，律中中吕。其数七⑤，其味苦，其臭焦，其祀灶，祭先肺。蝼蝈鸣，蚯蚓出，王瓜生，苦莱秀。

天子居明堂左个⑥，乘朱路，驾赤骝，载赤旂，衣朱衣，服赤

---

① 野虞：郑玄注："野虞，谓主田及山林之官。"
② 禁妇女毋观：即禁容观，禁止妇女过分打扮。
③ 命国难，九门磔攘，以毕春气：举行驱疫仪式，在各个城门砍碎牲体以驱除邪恶之气，以止春之不正之气。
④ 丙丁：火日。
⑤ 七：火之成数，所谓"地二生火，天七成之"。
⑥ 明堂左个：明堂南方之堂为正，故不另行命名，依然叫明堂。明堂左个为东室。

玉，食菽与鸡，其器高以粗。

是月也，以立夏。先立夏三日，大史谒之天子曰："某日立夏，盛德在火。"天子乃齐。立夏之日，天子亲帅三公、九卿、大夫以迎夏于南郊，还反，行赏，封诸侯。庆赐遂行，无不欣说。

乃命乐师习合礼乐。命太尉赞桀俊，遂贤良，举长大。行爵出禄，必当其位。

是月也，继长增高，毋有坏堕，毋起土功，毋发大众，毋伐大树。

是月也，天子始絺①。命野虞出行田原，为天子劳农劝民，毋或失时。命司徒巡行县、鄙，命农勉作，毋休于都。

是月也，驱兽毋害五谷，毋大田猎。农乃登麦，天子乃以彘尝麦，先荐寝、庙。

是月也，聚畜百药。靡草死，麦秋至。断薄刑，决小罪，出轻系。蚕事毕，后妃献茧。乃收茧税，以桑为均，贵贱长幼如一，以给郊庙之服。是月也，天子饮酎②，用礼乐。

孟夏行秋令，则苦雨数来，五谷不滋，四鄙入保。行冬令，则草木蚤枯，后乃大水，败其城郭。行春令，则蝗虫为灾，暴风来格，秀草不实。

仲夏之月，日在东井，昏亢中，旦危中。其日丙丁，其帝炎帝，其神祝融，其虫羽，其音徵，律中蕤宾。其数七，其味苦，其臭焦。其祀灶，祭先肺。小暑至，螳螂生，鵙始鸣，反舌无声。

天子居明堂大庙，乘朱路，驾赤骝，载赤旂，衣朱衣，服赤玉，食菽与鸡，其器高以粗。养壮狡。

是月也，命乐师修鞀、鞞、鼓，均琴、瑟、管、箫，执干、戚、

---

① 絺：细葛布衣服，即暑服。
② 酎：醇酒。

戈、羽，调竽、笙、竾、簧，饬钟、磬、柷、敔。命有司为民祈祀山川百源，大雩帝，用盛乐。乃命百县雩祀百辟卿士有益于民者，以祈谷实。农乃登黍。是月也，天子乃以雏尝黍，羞以含桃，先荐寝庙。

令民毋艾蓝以染，毋烧灰，毋暴布。门闾毋闭，关市毋索。挺①重囚，益其食。游牝别群，则絷腾驹②，班马政。

是月也，日长至，阴阳争，死生分。君子齐戒，处必掩身，毋躁，止声色，毋或进，薄滋味，毋致和，节耆欲，定心气。百官静事毋刑，以定晏阴③之所成。

鹿角解，蝉始鸣，半夏④生，木堇荣。是月也，毋用火南方。可以居高明，可以远眺望，可以升山陵，可以处台榭。

仲夏行冬令，则雹冻伤谷，道路不通，暴兵来至。行春令，则五谷晚熟，百螣时起，其国乃饥。行秋令，则草木零落，果实早成，民殃于疫。

季夏之月，日在柳，昏火中，旦奎中。其日丙丁，其帝炎帝，其神祝融，其虫羽，其音徵，律中林钟。其数七，其味苦，其臭焦，其祀灶，祭先肺。温风始至，蟋蟀居壁，鹰乃学习，腐草为萤。

天子居明堂右个，乘朱路，驾赤骝，载赤旂，衣朱衣，服赤玉，食菽与鸡，其器高以粗。

命渔师伐蛟、取鼍、登龟、取鼋。命泽人纳材苇。是月也，命四监大合百县之秩刍⑤，以养牺牲，令民无不咸出其力，以共皇天

---

① 挺：缓。
② 游牝别群，则絷腾驹：散在外面的母马已怀孕，故应分开，得把公马系在另外的地方。
③ 晏：安也。阴为静，故曰晏阴。
④ 半夏：药草。
⑤ 秩刍：经常应缴的刍秣。

上帝，名山大川，四方之神，以祠宗庙社稷之灵，以为民祈福。

是月也，命妇官染采，黼、黻、文、章，必以法故，无或差贷。黑、黄、仓、赤，莫不质良，无敢诈伪，以给郊庙祭祀之服，以为旗章，以别贵贱等给之度。

是月也，树木方盛，乃命虞人入山行木，毋有斩伐。不可以兴土功，不可以合诸侯，不可以起兵动众，毋举大事以摇养气，毋发令而待，以妨神农之事也。水潦盛昌，神农将持功，举大事则有天殃。是月也，土润溽暑，大雨时行，烧薙①行水，利以杀草，如以热汤，可以粪田畴，可以美土疆。

季夏行春令，则谷实鲜落，国多风欬，民乃迁徙。行秋令，则丘隰水潦，禾稼不熟，乃多女灾②。行冬令，则风寒不时，鹰隼蚤鸷，四鄙入保。

中央土③，其日戊己，其帝黄帝，其神后土，其虫倮，其音宫，律中黄钟之宫。其数五④，其味甘，其臭香，其祀中霤⑤，祭先心。天子居大庙大室⑥，乘大路，驾黄骝，载黄旂，衣黄衣，服黄玉，食稷与牛，其器圜以闳。

孟秋之月，日在翼，昏建星中，旦毕中。其日庚辛，其帝少皞，其神蓐收，其虫毛，其音商，律中夷则。其数九⑦，其味辛，其臭腥，其祀门，祭先肝。凉风至，白露降，寒蝉鸣，鹰乃祭鸟，用始

---

① 薙（tì）：除草。

② 女灾：女子流产或不育。

③ 孔颖达疏曰："四时，木配春，火配夏，金配秋，水配冬，土则每时分寄一十八日。虽每分寄，而位本末，宜处于季夏之末，故在此陈之。"

④ 五：土之成数，所谓"天五生土，地十成之"。

⑤ 中霤：中室。

⑥ 大庙大室：明堂五室之中者。

⑦ 九：金之成数，所谓"地四生金，天九成之"。

行戮。

天子居总章左个，乘戎路，驾白骆，载白旂，衣白衣，服白玉，食麻与犬，其器廉以深。

是月也，以立秋。先立秋三日，大史谒之天子曰："某日立秋，盛德在金。"天子乃齐。立秋之日，天子亲帅三公、九卿、诸侯、大夫以迎秋于西郊，还反，赏军帅、武人于朝。天子乃命将帅选士厉兵，简练桀俊，专任有功，以征不义，诘诛暴慢，以明好恶，顺彼远方。

是月也，命有司修法制，缮囹圄，具桎梏，禁止奸，慎罪邪，务搏执。命理瞻伤、察创、视折、审断①，决狱讼必端平，戮有罪，严断刑。天地始肃，不可以赢。

是月也，农乃登谷。天子尝新，先荐寝庙。命百官始收敛，完堤防，谨壅塞，以备水潦。修宫室，坏墙垣，补城郭。是月也，毋以封诸侯，立大官，毋以割地，行大使，出大币。

孟秋行冬令，则阴气大胜，介虫败谷，戎兵乃来。行春令，则其国乃旱，阳气复还，五谷无实。行夏令，则国多火灾，寒热不节，民多疟疾。

仲秋之月，日在角，昏牵牛中，旦觜觿中。其日庚辛，其帝少皞，其神蓐收，其虫毛，其音商，律中南吕。其数九，其味辛，其臭腥，其祀门，祭先肝。盲风至，鸿雁来，玄鸟归，群鸟养羞②。

天子居总章大庙，乘戎路，驾白骆，载白旂，衣白衣，服白玉，食麻与犬，其器廉以深。

是月也，养衰老，授几杖，行糜粥饮食。乃命司服具饬衣裳，文绣有恒，制有小大，度有长短，衣服有量，必循其故，冠带有常。

---

① 视折、审断：折和断皆为身伤，视折、审断以表矜恤之意。
② 养羞：其义不详，或曰为群鸟储食物，以备冬藏。

乃命有司申严百刑，斩杀必当，毋或枉桡①；枉桡不当，反受其殃。

是月也，乃命宰、祝循行：牺牲，视全具；案刍豢，瞻肥瘠；察物色，必比类②；量小大，视长短，皆中度。五者备当，上帝其飨。天子乃难，以达秋气。以犬尝麻，先荐寝庙。

是月也，可以筑城郭，建都邑，穿窦窖，修囷仓。乃命有司趣民收敛，务畜菜，多积聚。乃劝种麦，毋或失时。其有失时，行罪无疑。

是月也，日夜分，雷始收声。蛰虫坏户，杀气浸盛，阳气日衰，水始涸。日夜分，则同度、量，平权、衡，正钧、石，角斗、甬。

是月也，易关市，来商旅，纳货贿，以便民事。四方来集，远乡皆至，则财不匮，上无乏用，百事乃遂。凡举大事，毋逆大数，必顺其时，慎因其类。

仲秋行春令，则秋雨不降，草木生荣，国乃有恐。行夏令，则其国乃旱，蛰虫不藏，五谷复生。行冬令，则风灾数起，收雷先行，草木蚤死。

季秋之月，日在房，昏虚中，旦柳中。其日庚辛，其帝少皞，其神蓐收，其虫毛，其音商，律中无射。其数九，其味辛，其臭腥，其祀门，祭先肝。鸿雁来宾，爵入大水为蛤，鞠有黄华，豺乃祭兽戮禽。

天子居总章右个，乘戎路，驾白骆，载白旂，衣白衣，服白玉，食麻与犬，其器廉以深。

是月也，申严号令，命百官贵贱无不务内，以会天地之藏，无有宣出。乃命冢宰农事备收，举五谷之要，藏帝藉之收于神仓，祗敬必饬。

---

① 枉桡(ráo)：违法曲断，有理不申。
② 比类：指牺牲与祭祀应相互适合。

是月也，霜始降，则百工休。乃命有司曰："寒气总至，民力不堪，其皆入室。"上丁，命乐正入学习吹。

是月也，大飨帝，尝，牺牲告备于天子。合诸侯，制百县，为来岁受朔日，与诸侯所税于民轻重之法、贡职之数，以远近土地所宜为度，以给郊庙之事，无有所私。

是月也，天子乃教于田猎，以习五戎，班马政。命仆及七驺咸驾，载旌、旐，授车以级，整设于屏外，司徒搢扑，北面誓之。天子乃厉饰，执弓挟矢以猎，命主祠祭禽于四方。

是月也，草木黄落，乃伐薪为炭。蛰虫咸俯在内，皆墐其户。乃趣狱刑，毋留有罪。收禄秩之不当、供养之不宜者。是月也，天子乃以犬尝稻，先荐寝庙。

季秋行夏令，则其国大水，冬藏殃败，民多鼽嚏。行冬令，则国多盗贼，边竟不宁，土地分裂。行春令，则煖风来至，民气解惰，师兴不居。

孟冬之月，日在尾，昏危中，旦七星中。其日壬癸，其帝颛顼，其神玄冥，其虫介，其音羽，律中应钟。其数六①，其味咸，其臭朽②，其祀行③，祭先肾。水始冰，地始冻，雉入大水为蜃，虹藏不见。

天子居玄堂左个，乘玄路，驾铁骊，载玄旐，衣黑衣，服玄玉，食黍与彘，其器闳以奄④。是月也，以立冬。先立冬三日，大史谒之天子曰："某日立冬，盛德在水。"天子乃齐。立冬之日，天子亲帅三公、九卿、大夫以迎冬于北郊。还反，赏死事，恤孤寡。

---

① 六：水之成数，所谓"天一生水，地六成之"。
② 朽：郑玄注："气若有若无为朽。"
③ 行：孙希旦注："谓宫内道路之神也。"
④ 闳以奄：其器中大口小。

是月也，命大史衅龟、筴，占兆，审卦，吉凶是察，阿党则罪，无有掩蔽。是月也，天子始裘。命有司曰："天气上腾，地气下降，天地不通，闭塞而成冬。"命百官谨盖藏。命司徒循行积聚，无有不敛。坏城郭，戒门闾，修键闭①，慎管籥，固封疆，备边竟，完要塞，谨关梁，塞溪径。饬丧纪，辨衣裳，审棺椁之厚薄，茔、丘垄之大小、高卑、厚薄之度，贵贱之等级。

是月也，命工师效功，陈祭器，案度程，毋或作为淫巧，以荡上心，必功致为上。物勒工名②，以考其诚，功有不当，必行其罪，以穷其情。

是月也，大饮烝。天子乃祈来年于天宗，大割③祠于公社及门闾，腊先祖五祀，劳农以休息之。

天子乃命将帅讲武，习射御，角力。是月也，乃命水虞、渔师，收水泉池泽之赋，毋或敢侵削众庶兆民，以为天子取怨于下。其有若此者，行罪无赦。

孟冬行春令，则冻闭不密，地气上泄，民多流亡。行夏令，则国多暴风，方冬不寒，蛰虫复出。行秋令，则雪霜不时，小兵时起，土地侵削。

仲冬之月，日在斗，昏东辟中，旦轸中。其日壬癸，其帝颛顼，其神玄冥，其虫介，其音羽，律中黄钟。其数六，其味咸，其臭朽，其祀行，祭先肾。冰益壮，地始坼④，鹖旦不鸣，虎始交。

天子居玄堂大庙，乘玄路，驾铁骊，载玄旂，衣黑衣，服玄玉，食黍与彘，其器闳以奄。

---

① 键闭：锁钥。
② 物勒工名：勒，刻也。刻工之名字于物上。
③ 大割：郑玄注："大割，大杀群牲割之也。"
④ 坼：冻裂。

饬死事。命有司曰："土事毋作，慎毋发盖，毋发室屋及起大众，以固而闭。地气沮泄，是谓发天地之房，诸蛰则死，民必疾疫，又随以丧，命之曰畅月。"

是月也，命奄尹申宫令，审门闾，谨房室，必重闭，省妇事，毋得淫。虽有贵戚近习，毋有不禁。乃命大酋秫稻必齐，曲蘗必时，湛炽必洁，水泉必香，陶器必良，火齐必得。兼用六物，大酋监之，毋有差贷。天子命有司祈祀四海、大川、名源、渊泽、井泉。

是月也，农有不收藏积聚者，马牛畜兽有放佚者，取之不诘。山林薮泽，有能取蔬食，田猎禽兽者，野虞教道之。其有相侵夺者，罪之不赦。

是月也，日短至。阴阳争，诸生荡。君子齐戒，居必掩身，身欲宁，去声色，禁耆欲，安形性，事欲静，以待阴阳之所定。芸始生，荔挺出①，蚯蚓结，麋角解，水泉动。日短至，则伐木，取竹箭。是月也，可以罢官之无事，去器之无用者。涂阙廷、门闾，筑囹圄，此以助天地之闭藏也。

仲冬行夏令，则其国乃旱，氛雾冥冥，雷乃发声。行秋令，则天时雨汁，瓜瓠不成，国有大兵。行春令，则蝗虫为败，水泉咸竭，民多疥疠。

季冬之月，日在婺女，昏娄中，旦氐中。其日壬癸，其帝颛顼，其神玄冥，其虫介，其音羽，律中大吕。其数六，其味咸，其臭朽，其祀行，祭先肾。雁北乡，鹊始巢，雉雊，鸡乳②。

天子居玄堂右个，乘玄路，驾铁骊，载玄旂，衣黑衣，服玄玉，食黍与彘，其器闳以奄。

命有司大难，旁磔，出土牛，以送寒气。征鸟厉疾。乃毕山川

---

① 芸：香草。荔：马蔺草。
② 雉雊，鸡乳：雉鸣，鸡卵。

之祀，及帝之大臣，天之神祇。是月也，命渔师始渔。天子亲往，乃尝鱼，先荐寝庙。冰方盛，水泽腹坚，命取冰，冰以入。令告民出五种，命农计耦耕事，修耒耜，具田器。命乐师大合吹而罢。乃命四监收秩薪柴，以共郊庙及百祀之薪燎。

是月也，日穷于次，月穷于纪，星回于天①，数将几终，岁且更始，专而农民，毋有所使。

天子乃与公、卿、大夫共饬国典，论时令，以待来岁之宜。乃命大史次诸侯之列，赋之牺牲，以共皇天、上帝、社稷之飨。乃命同姓之邦共寝庙之刍豢。命宰历卿大夫至于庶民，土田之数，而赋牺牲，以共山林名川之祀。凡在天下九州之民者，无不咸献其力，以共皇天、上帝、社稷、寝庙、山林、名川之祀。

季冬行秋令，则白露早降，介虫为妖，四鄙入保。行春令，则胎夭多伤，国多固疾，命之曰逆。行夏令，则水潦败国，时雪不降，冰冻消释。

礼　运

昔者仲尼与于蜡宾②，事毕，出游于观之上，喟然而叹。仲尼之叹，盖叹鲁也。言偃在侧，曰："君子何叹？"孔子曰："大道之行也，与三代之英，丘未之逮也，而有志焉。大道之行也，天下为公，选贤与能，讲信修睦。故人不独亲其亲，不独子其子，使老有所终，壮有所用，幼有所长，矜、寡、孤、独、废、疾者皆有所养，男有分，女有归。货恶其弃于地也，不必藏于己；力恶其不出于身也，不必为己。

---

① 日穷于次，月穷于纪，星回于天：郑玄注："言日月星辰运行，于此月皆周匝于故处也。"

② 蜡宾：蜡祭饮酒之宾。

是故谋闭而不兴，盗窃乱贼而不作，故外户而不闭。是谓大同。

"今大道既隐，天下为家，各亲其亲，各子其子，货力为己，大人世及以为礼，城郭沟池以为固，礼义以为纪。以正君臣，以笃父子，以睦兄弟，以和夫妇，以设制度，以立田里，以贤勇知，以功为己。故谋用是作，而兵由此起。禹、汤、文、武、成王、周公，由此其选也。此六君子者，未有不谨于礼者也。以著其义，以考其信，著有过，刑仁讲让，示民有常。如有不由此者，在埶①者去，众以为殃。是谓小康。"

言偃复问曰："如此乎礼之急也？"孔子曰："夫礼，先王以承天之道，以治人之情，故失之者死，得之者生。《诗》曰：'相鼠有体，人而无礼。人而无礼，胡不遄死？'是故夫礼必本于天，殽②于地，列于鬼神，达于丧、祭、射、御、冠、昏、朝、聘。故圣人以礼示之，故天下国家可得而正也。"

言偃复问曰："夫子之极言礼也，可得而闻与？"孔子曰："我欲观夏道，是故之杞，而不足征也，吾得《夏时》焉。我欲观殷道，是故之宋，而不足征也，吾得《坤乾》焉。《坤乾》之义，《夏时》之等，吾以是观之。夫礼之初，始诸饮食，其燔黍捭豚，污尊而抔饮，蒉桴而土鼓③，犹若可以致其敬于鬼神。及其死也，升屋而号，告曰：'皋某复④！'然后饭腥而苴孰，故天望而地藏也⑤。体魄则降，知气

---

① 埶：同"势"。
② 殽：效也。
③ 燔黍捭豚：把黍米与豚肉放在烧石上烧熟。污尊：凿地为尊。抔饮：手掬而饮。蒉桴而土鼓：抟土为鼓槌，筑土为鼓。
④ 皋某复：招魂用语，"皋"为引声之辞，其声长而缓，"某"为死者名，召唤灵魂回来之意。
⑤ 饭腥：招魂后，用生米行礼。苴孰：包裹熟肉以送尸。天望：望天而招魂。地藏：葬地以藏尸。

在上，故死者北首，生者南乡，皆从其初。昔者先王未有宫室，冬则居营窟，夏则居橧巢。未有火化，食草木之实，鸟兽之肉，饮其血，茹其毛；未有麻丝，衣其羽皮。后圣有作，然后修火之利，范金，合土，以为台榭、宫室、牖户。以炮以燔，以亨以炙，以为醴酪；治其麻丝，以为布帛。以养生送死，以事鬼神上帝，皆从其朔①。故玄酒在室，醴醆在户，粢醍在堂，澄酒在下。陈其牺牲，备其鼎、俎，列其琴、瑟、管、磬、钟、鼓，修其祝、嘏，以降上神与其先祖，以正君臣，以笃父子，以睦兄弟，以齐上下，夫妇有所。是谓承天之祜。

"作其祝号，玄酒以祭，荐其血、毛，腥其俎；孰其殽，与其越席，疏布以幂，衣其浣帛；醴、醆以献，荐其燔、炙。君与夫人交献，以嘉魂魄。是谓合莫。然后退而合亨，体其犬豕牛羊，实其簠、簋、笾、豆、铏羹②。祝以孝告，嘏以慈告。是谓大祥。此礼之大成也。"

孔子曰："於呼哀哉！我观周道，幽、厉伤之，吾舍鲁何适矣！鲁之郊、禘③，非礼也，周公其衰矣！杞之郊也，禹也；宋之郊也，契也。是天子之事守也。故天子祭天地，诸侯祭社稷。祝、嘏莫敢易其常古，是谓大假。祝、嘏辞说，藏于宗、祝、巫、史，非礼也，是谓幽国。醆、斝及尸君，非礼也，是谓僭君。冕、弁、兵、革藏于私家，非礼也，是谓胁君。大夫具官，祭器不假，声乐皆具，非礼也，是谓乱国。故仕于公曰臣，仕于家曰仆。三年之丧，与新有昏者，期不使。以衰裳入朝，与家仆杂居齐齿，非礼也，是谓君与臣同国。故天子有田以处其子孙，诸侯有国以处其子孙，大夫有采

---

① 朔：初。
② 铏羹：羹加五味，盛以铏器，故曰铏羹。
③ 郊、禘：郊祭和禘祭。郊祭是祭天于南郊。禘祭是祭祖先以配上帝。

以处其子孙，是谓制度。故天子适诸侯，必舍其祖庙，而不以礼籍入，是谓天子坏法乱纪。诸侯非问疾吊丧，而入诸臣之家，是谓君臣为谑。

"是故礼者，君之大柄也。所以别嫌明微，傧鬼神，考制度，别仁义，所以治政安君也。故政不正则君位危，君位危则大臣倍，小臣窃。刑肃而俗敝，则法无常，法无常而礼无列。礼无列，则士不事也。刑肃而俗敝，则民弗归也，是谓疵国。

"故政者，君之所以藏身也。是故夫政必本于天，殽以降命。命降于社之谓殽地，降于祖庙之谓仁义，降于山川之谓兴作，降于五祀之谓制度。此圣人所以藏身之固也。故圣人参于天地，并于鬼神，以治政也。处其所存，礼之序也；玩其所乐，民之治也。故天生时而地生财，人，其父生而师教之，四者君以正用之，故君者立于无过之地也。

"故君者所明①也，非明人者也；君者所养也，非养人者也；君者所事也，非事人者也。故君明人则有过，养人则不足，事人则失位。故百姓则君以自治也，养君以自安也，事君以自显也。故礼达而分定，故人皆爱其死而患其生。故用人之知，去其诈；用人之勇，去其怒；用人之仁，去其贪。故国有患，君死社稷谓之义，大夫死宗庙谓之变②。故圣人耐以天下为一家，以中国为一人者，非意之也③，必知其情，辟于其义，明于其利，达于其患，然后能为之。

"何谓人情？喜、怒、哀、惧、爱、恶、欲，七者弗学而能。何谓人义？父慈、子孝、兄良、弟弟、夫义、妇听、长惠、幼顺、君

---

① 明：陈澔认为当作"则"，"所则"，为人所取法，"则人"，取法于人。为君者当为楷模，为人所取法而非取法别人。

② 国君与社稷共存亡，为义；大夫得罪于君，当出亡而非死守宗庙，故为变。

③ 非意之也：非臆想也。

仁、臣忠，十者谓之人义。讲信修睦，谓之人利；争夺相杀，谓之人患。故圣人所以治人七情，修十义，讲信修睦，尚辞让，去争夺，舍礼何以治之？饮食男女，人之大欲存焉。死亡贫苦，人之大恶存焉。故欲恶者，心之大端也①。人藏其心，不可测度也。美恶皆在其心，不见其色也。欲一以穷之，舍礼何以哉！

"故人者，其天地之德，阴阳之交，鬼神之会，五行之秀气也。故天秉阳，垂日星；地秉阴，窍于山川。播五行于四时，和而后月生也。是以三五而盈，三五而阙②。五行之动，迭相竭也。五行、四时、十二月，还相为本也。五声、六律、十二管，还相为宫也。五味、六和、十二食③，还相为质也。五色、六章、十二衣④，还相为质也。故人者，天地之心也，五行之端也，食味、别声、被色⑤而生者也。

"故圣人作则，必以天地为本，以阴阳为端，以四时为柄，以日星为纪，月以为量，鬼神以为徒，五行以为质，礼义以为器，人情以为田，四灵以为畜。以天地为本，故物可举也。以阴阳为端，故情可睹也。以四时为柄，故事可劝也。以日星为纪，故事可列⑥也。月以为量，故功有艺⑦也。鬼神以为徒，故事有守也。五行以为质，

---

① 人之大欲、大恶与心密切相关，为心之大端。
② 五行配四季，木春、火夏、金秋、水冬，土分四季。四时分为十二月，每月又分朔（初一）、望（十五）、晦（月末）。由朔到望十五天为盈，由望到晦十五天为阙。
③ 六和：郑玄注："和之者，春多酸，夏多苦，秋多辛，冬多咸，调以滑甘，是为六和。"十二食：十二月所食。
④ 六章：青、赤、白、黑、黄五色加天之玄色。十二衣：十二月所穿。
⑤ 被（pī）色：孔颖达疏："被色者，五行各有色，人则被之以生也。被色，谓人含带五色而生者也。"
⑥ 列：次序。
⑦ 艺：准则、法度、限度。《国语·晋语》云："骄泰奢侈，贪欲无艺。"

故事可复也。礼义以为器，故事行有考也。人情以为田，故人以为奥①也。四灵以为畜，故饮食有由也。

"何谓四灵？麟、凤、龟、龙谓之四灵。故龙以为畜，故鱼鲔不淰；凤以为畜，故鸟不獝；麟以为畜，故兽不狘；龟以为畜，故人情不失②。

"故先王秉蓍龟，列祭祀，瘗缯③，宣祝嘏辞说，设制度。故国有礼，官有御，事有职，礼有序。

"故先王患礼之不达于下也，故祭帝于郊，所以定天位也；祀社于国，所以列地利也；祖庙，所以本仁也；山川，所以傧鬼神也；五祀，所以本事也。故宗祝在庙，三公在朝，三老④在学，王前巫而后史，卜筮瞽侑⑤皆在左右。王中心无为也，以守至正。故礼行于郊而百神受职焉，礼行于社而百货可极焉，礼行于祖庙而孝慈服焉，礼行于五祀而正法则焉。故自郊、社、祖庙、山川、五祀，义之修而礼之藏也。

"是故夫礼，必本于大一⑥，分而为天地，转而为阴阳，变而为四时，列而为鬼神。其降曰命，其官于天也。夫礼必本于天，动而之地，列而之事，变而从时，协于分艺。其居人也曰养，其行之以货力、辞让、饮食、冠昏、丧祭、射御、朝聘。

"故礼义也者，人之大端也。所以讲信修睦，而固人之肌肤之

---

① 奥：孙希旦："奥，主也。田无主则荒废，故用人为主，圣人以人情为田，而其情不至于荒废，故人以为奥。"

② 孔颖达疏："淰，水中惊走也。獝，惊飞也。狘，惊走也。鱼鲔从龙，鸟从凤，兽从麟，其长既来，故其属见人不惊走也。龟知人情，既来应人，知人情善恶，故人各守其行，其情不失也。"

③ 瘗缯(yì zēng)：埋缯帛以祭地。

④ 三老：掌教化之官。

⑤ 瞽侑：侑，劝也。天子食则乐官以乐侑也。

⑥ 大一：即太一，天地至极之道。

会，筋骸之束也；所以养生送死，事鬼神之大端也；所以达天道，顺人情之大窦①也。故唯圣人为知礼之不可以已也。故坏国、丧家、亡人，必先去其礼。故礼之于人也，犹酒之有蘖②也：君子以厚，小人以薄。故圣王修义之柄，礼之序，以治人情。故人情者，圣王之田也，修礼以耕之，陈义以种之，讲学以耨之，本仁以聚之，播乐以安之。

"故礼也者，义之实也。协诸义而协，则礼虽先王未之有，可以义起也③。义者，艺之分，仁之节也。协于艺，讲于仁，得之者强。仁者，义之本也，顺之体也，得之者尊。故治国不以礼，犹无耜而耕也；为礼不本于义，犹耕而弗种也；为义而不讲之以学，犹种而弗耨也；讲之以学而不合之以仁，犹耨而弗获也；合之以仁而不安之以乐，犹获而弗食也；安之以乐而不达于顺，犹食而弗肥也。

"四体既正，肤革充盈，人之肥也。父子笃，兄弟睦，夫妇和，家之肥也。大臣法，小臣廉，官职相序，君臣相正，国之肥也。天子以德为车，以乐为御，诸侯以礼相与，大夫以法相序，士以信相考，百姓以睦相守，天下之肥也。是谓大顺。大顺者，所以养生、送死、事鬼神之常也。故事大积焉而不苑④，并行而不缪，细行而不失，深而通，茂而有间，连而不相及也，动而不相害也。此顺之至也。故明于顺，然后能守危也。

"故礼之不同也，不丰也，不杀也，所以持情而合危也。故圣王所以顺，山者不使居川，不使渚者居中原，而弗敝也。用水、火、金、木、饮食必时，合男女，颁爵位必当年、德，用民必顺。故无

---

① 窦：空穴。
② 蘖：酒曲。
③ 礼为不易，义随时制宜。
④ 苑：积也。

水旱昆虫之灾，民无凶饥妖孽之疾。故天不爱其道，地不爱其宝，人不爱其情。故天降膏露，地出醴泉，山出器车，河出马图，凤凰、麒麟皆在郊棷①，龟龙在宫沼，其余鸟兽之卵胎，皆可俯而窥也。则是无故，先王能修礼以达义，体信以达顺故，此顺之实也。"

礼　器

礼器，是故大备。大备，盛德也。礼释回②，增美质，措则正，施则行。其在人也，如竹箭之有筠③也，如松柏之有心也。二者居天下之大端矣，故贯四时而不改柯易叶。故君子有礼，则外谐而内无怨。故物无不怀仁，鬼神飨德。

先王之立礼也，有本有文。忠信，礼之本也；义理，礼之文也。无本不立，无文不行。礼也者，合于天时，设于地财，顺于鬼神，合于人心，理万物者也。是故天时有生也，地理有宜也，人官有能也，物曲有利也。故天不生，地不养，君子不以为礼，鬼神弗飨也。居山以鱼鳖为礼，居泽以鹿豕为礼，君子谓之不知礼。故必举其定国之数，以为礼之大经。礼之大伦，以地广狭；礼之薄厚，与年之上下。是故年虽大杀④，众不匡惧，则上之制礼也节矣。

礼，时为大，顺次之，体次之，宜次之，称次之⑤。尧授舜，舜授禹，汤放桀，武王伐纣，时也。《诗》云："匪革其犹，聿追来孝。"天地之祭，宗庙之事，父子之道，君臣之义，伦也。社稷山川之事，鬼神之祭，体也。丧祭之用，宾客之交，义也。羔豚而祭，

---

① 棷（sǒu）：同"薮"，沼泽。
② 释回：消释回邪之心，使人入正，回邪入正是也。
③ 筠：竹子的青皮。
④ 杀：谷物不丰，年成不好。
⑤ 时、顺、体、宜、称：礼尊时、重伦、合体、有义、得宜。

百官皆足，大牢而祭，不必有余，此之谓称也。诸侯以龟为宝，以圭为瑞。家不宝龟，不藏圭，不台门，言有称也。

礼有以多为贵者：天子七庙，诸侯五，大夫三，士一。天子之豆二十有六，诸公十有六，诸侯十有二，上大夫八，下大夫六。诸侯七介、七牢，大夫五介、五牢①。天子之席五重，诸侯之席三重，大夫再重。天子崩，七月而葬，五重八翣；诸侯五月而葬，三重六翣；大夫三月而葬，再重四翣。此以多为贵也。

有以少为贵者：天子无介，祭天特牲。天子适诸侯，诸侯膳以犊。诸侯相朝，灌用郁鬯，无笾豆之荐。大夫聘礼以脯醢。天子一食，诸侯再，大夫士三，食力②无数。大路繁缨一就③，次路繁缨七就。圭璋特，琥璜爵。鬼神之祭单席。诸侯视朝，大夫特，士旅④之。此以少为贵也。

有以大为贵者：宫室之量，器皿之度，棺椁之厚，丘封之大。此以大为贵也。

有以小为贵者：宗庙之祭，贵者献以爵，贱者献以散；尊者举觯，卑者举角⑤。五献之尊，门外缶，门内壶。君尊瓦甒⑥。此以小为贵也。

有以高为贵者：天子之堂九尺，诸侯七尺，大夫五尺，士三尺。天子诸侯台门。此以高为贵也。

有以下为贵者：至敬不坛，埽地而祭。天子诸侯之尊废禁，大

---

① 介：礼仪人员。牢：祭祀牺牲。
② 食力：工、商、农、庶人等。
③ 路：辂车。繁：马腹带。缨：马鞅。
④ 旅：众多。君视臣，于大夫则人人揖之，于士则不问多少一次揖之。
⑤ 郑玄云："凡觞，一升曰爵，二升曰觚，三升曰觯，四升曰角，五升曰散。"
⑥ 甒（wǔ）：古代盛酒的有盖的瓦器，口小，腹大，底小，较深。

夫士梜①、禁。此以下为贵也。

礼有以文为贵者：天子龙衮，诸侯黼，大夫黻，士玄衣纁裳。天子之冕，朱绿藻，十有二旒，诸侯九，上大夫七，下大夫五，士三。此以文为贵也。

有以素为贵者：至敬无文，父党无容。大圭不琢，大羹不和，大路素而越席，牺尊疏布鼏，樿杓②。此以素为贵也。

孔子曰："礼不可不省也。礼不同、不丰、不杀。"此之谓也。盖言称也。

礼之以多为贵者，以其外心者也。德发扬，诩万物，大理物博③，如此，则得不以多为贵乎？故君子乐其发也。礼之以少为贵者，以其内心者也。德产之致也精微，观天下之物无可以称其德者，如此，则得不以少为贵乎？是故君子慎其独也。古之圣人，内之为尊，外之为乐，少之为贵，多之为美。是故先生之制礼也，不可多也，不可寡也，唯其称也。

是故君子大牢而祭谓之礼，匹士大牢而祭谓之攘④。管仲镂簋、朱纮，山节、藻棁⑤，君子以为滥矣。晏平仲祀其先人，豚肩不揜⑥豆，浣衣濯冠以朝，君子以为隘矣。是故君子之行礼也，不可不慎也，众之纪也。纪散而众乱。孔子曰："我战则克，祭则受福。盖得其道矣。"

---

① 梜（yù）：古代祭祀时放兽、馔或酒樽的长方形木盘，无足。郑玄注："梜，斯禁也。谓之梜者，无足，有似于梜，或因名云耳。大夫用斯禁，士用梜禁，如今方案：隋长局足，高三寸。"

② 樿杓：白色纹理的一种木勺。

③ 德发扬，诩万物，大理物博：德发扬昭著，遍及万物，其理至大，其事广博。

④ 匹士：即士。攘：盗。

⑤ 镂簋、朱纮，山节、藻棁（zhuō）：镂玉以饰簋，朱色的丝绳，画有山岳的斗拱，画有水藻的梁上短柱。此皆天子之制。《论语·公冶长》载子曰："臧文仲居蔡，山节藻棁，何如其知也。"

⑥ 揜（yǎn）：掩藏。

君子曰："祭祀不祈，不麾蚤，不乐葆大，不善嘉事①，牲不及肥大，荐不美多品。"孔子曰："臧文仲安知礼？夏父弗綦逆祀而弗止也，燔柴于奥。夫奥者，老妇之祭也。盛于盆，尊于瓶。"礼也者，犹体也。体不备，君子谓之不成人。设之不当，犹不备也。

礼有大有小，有显有微。大者不可损，小者不可益，显者不可掩，微者不可大也。故《经礼》三百，《曲礼》三千，其致一也。未有入室而不由户者。君子之于礼也，有所竭情尽慎，致其敬而诚若，有美而文而诚若。君子之于礼也，有直而行也，有曲而杀也，有经而等也，有顺而讨也，有撕而播也，有推而进也，有放而文也，有放而不致也，有顺而摭也②。

三代之礼一也，民共由之，或素或青，夏造殷因。夏立尸而卒祭，殷坐尸③，周坐尸，诏侑武方④，其礼亦然。其道一也。周旅酬六尸。曾子曰："周礼其犹醵⑤与！"

君子曰："礼之近人情者，非其至者也。郊血，大飨腥，三献爓，一献孰⑥。"

是故君子之于礼也，非作而致其情也，此有由始也。是故七介以相见也，不然则已悫；三辞三让而至，不然则已蹙。故鲁人将有

---

① 意谓祭祀不为求福，因时而设不求先之为快，祭祀器币不以高大为贵，冠昏之祭因事而设。
② 经而等：贵贱皆平等，如三年之丧期。顺而讨：按等级顺序而有所去饰。撕(shàn)而播：取上而播下。推而进：取下而进上。放而文：效法古礼而增益。放而不致：效法古礼而损减。顺而摭：按等级顺序而有所增饰。
③ 此句本在"其道一也"之下，今据孙希旦《礼记集解》调整。
④ 诏侑：告劝。武方：无常，"武"通"无"。
⑤ 醵(jù)：凑钱喝酒。
⑥ 郊祭(祭天)以血，大飨(祭先祖)以腥，三献(山林川泽)以爓(汤肉)，一献小祀以熟肉。

事于上帝，必先有事于頖宫①；晋人将有事于河，必先有事于恶池；齐人将有事于泰山，必先有事于配林。三月系，七日戒，三日宿，慎之至也。故礼有摈诏，乐有相步②，温之至也。

礼也者，反本修古，不忘其初者也。故凶事不诏，朝事以乐；醴酒之用，玄酒之尚；割刀之用，鸾刀之贵；莞簟之安，而稿鞂之设③。是故先王之制礼也，必有主也，故可述而多学也。

君子曰："无节于内者，观物弗之察矣。欲察物而不由礼，彼之得矣。故作事不以礼，弗之敬矣；出言不以礼，弗之信矣。故曰：礼也者，物之致也。"

是故昔先王之制礼也，因其财物而致其义焉尔。故作大事必顺天时，为朝夕必放于日月，为高必因丘陵，为下必因川泽。是故天时雨泽，君子达亹亹④焉。是故昔先王尚有德，尊有道，任有能，举贤而置之，聚众而誓之。是故因天事天，因地事地，因名山升中于天，因吉土以飨帝于郊。升中于天，而凤皇降，龟龙假；飨帝于郊，而风雨节，寒暑时。是故圣人南面而立而天下大治。

天道至教，圣人至德。庙堂之上，罍尊在阼⑤，牺尊在西；庙堂之下，县鼓在西，应鼓在东。君在阼，夫人在房，大明生于东，月生于西，此阴阳之分，夫妇之位也。君西酌牺象，夫人东酌罍尊，礼交动乎上，乐交应乎下，和之至也。

礼也者，反其所自生；乐也者，乐其所自成。是故先王之制礼也以节事，修乐以道志。故观其礼乐，而治乱可知也。蘧伯玉曰："君子之人达。"故观其器而知其工之巧，观其发而知其人之知。故

---

① 頖宫：学宫。《礼记·王制》："大学在郊，天子曰辟廱，诸侯曰頖宫。"
② 相步：搀扶盲乐工的人。
③ 稿鞂（gǎo jiá）：用禾秆编织成的草席。古祭天所用物。
④ 亹（wěi）亹：勤勉不倦。
⑤ 阼：庙堂前东面台阶。

曰：君子慎其所以与人者。

大庙之内敬矣：君亲牵牲，大夫赞币而从；君亲制祭，夫人荐盎；君亲割牲，夫人荐酒。卿大夫从君，命妇从夫人。洞洞乎其敬也，属属乎其忠也，勿勿乎其欲其飨之也！纳牲诏于庭，血毛诏于室，羹定诏于堂。三诏皆不同位，盖道求而未得也。设祭于堂，为祊乎外，故曰：于彼乎，于此乎？一献质，三献文，五献察，七献神。

大飨，其王事与？三牲、鱼、腊，四海九州之美味也。笾豆之荐，四时之和气也。内金，示和也①。束帛加璧，尊德也。龟为前列，先知也。金次之，见情也。丹、漆、丝、纩、竹、箭，与众共财也。其余无常货，各以其国之所有，则致远物也。其出也，《肆夏》而送之，盖重礼也。祀帝于郊，敬之至也。宗庙之祭，仁之至也。丧礼，忠之至也。备服器，仁之至也。宾客之用币，义之至也。故君子欲观仁义之道，礼其本也。

君子曰："甘受和，白受采②。忠信之人，可以学礼，苟无忠信之人，则礼不虚道。是以得其人之为贵也。"孔子曰："诵《诗》三百，不足以一献；一献之礼，不足以大飨；大飨之礼，不足以大旅；大旅具矣，不足以飨帝。毋轻议礼！"

子路为季氏宰。季氏祭，逮暗而祭，日不足，继之以烛。虽有强力之容，肃敬之心，皆倦怠矣。有司跛倚以临祭，其为不敬大矣。他日祭，子路与，室事交乎户，堂事交乎阶，质明而始行事，晏朝而退。孔子闻之曰："谁谓由也而不知礼乎！"

---

① 内：同"纳"。内金，以钟示和。
② 甘受和，白受采：甘为众味之本，故可受无味之和；白为五色之本，故可受五色之采。

玉 藻

天子玉藻①，十有二旒，前后邃延，龙卷②以祭。玄端而朝日于东门之外，听朔于南门之外③，闰月则阖门左扉，立于其中。皮弁以日视朝，遂以食，日中而馂④，奏而食。日少牢，朔月大牢。五饮，上水、浆、酒、醴、酏。卒食，玄端而居。

动则左史书之，言则右史书之，御瞽几声之上下⑤。年不顺成，则天子素服，乘素车，食无乐。

诸侯玄端以祭，裨冕以朝，皮弁以听朔于大庙，朝服以日视朝于内朝⑥。朝，辨色始入。君日出而视之，退适路寝听政，使人视大夫，大夫退，然后适小寝释服⑦。

又朝服以食，特牲，三俎，祭肺，夕深衣，祭牢肉。朔月少牢，五俎四簋。子卯稷食菜羹。夫人与君同庖。君无故不杀牛，大夫无故不杀羊，士无故不杀犬豕。君子远庖厨，凡有血气之类，弗身践也。至于八月不雨，君不举⑧。年不顺成，君衣布搢本⑨，关梁不租，山泽列而不赋，土功不兴，大夫不得造车马。

---

① 藻：杂采曰藻，杂采丝绳用于贯玉。
② 龙卷：画龙卷曲于衣。
③ 玄端：即玄冕。朝日：春分拜日于东门之外。听朔：每月初一听朝治事前所行之礼。
④ 馂(jùn)：吃剩的食物。
⑤ 几：审察。乐师通过审察音乐之上下哀乐以考政之得失。
⑥ 内朝：指路门外的治朝。天子、诸侯皆有三朝。由内向外，一为燕朝，在路门之内；二为治朝，在路门之外；三为外朝，在大门之外。此处是以治朝为内朝，因为治朝在大门之内。
⑦ 路寝：正殿、正厅。小寝：居息宫室。路寝用以治事，在前，小寝用以燕息，在后。
⑧ 不举：不杀牲。
⑨ 搢本：孔颖达疏："搢本者，本谓士笏，以竹为之，以象饰本。君遭凶年，搢插士笏，故云搢本。"

卜人定龟，史定墨，君定体①。

君羔幦虎犆；大夫齐车鹿幦豹犆，朝车；士齐车鹿幦豹犆②。

君子之居恒当户，寝恒东首。若有疾风、迅雷、甚雨，则必变③，虽夜必兴，衣服冠而坐。

日五盥，沐稷而靧粱④，栉用樿栉，发晞用象栉，进禨⑤进羞，工乃升歌。

浴用二巾，上绨下绤。出杅⑥，履蒯席，连用汤，履蒲席，衣布晞身，乃屦，进饮。

将适公所，宿齐戒，居外寝，沐浴。史进象笏，书思对命⑦。既服，习容观、玉声，乃出，揖私朝⑧，辉如也，登车则有光矣。

天子搢珽，方正于天下也。诸侯荼，前诎后直，让于天子也。大夫前诎后诎，无所不让也⑨。

侍坐则必退席，不退则必引而去君之党⑩。登席不由前，为躐席⑪。徒坐不尽席尺。读书，食，则齐。豆去席尺。若赐之食而君客之，则命之祭然后祭，先饭，辩尝羞，饮而俟。若有尝羞者，是

————————

① 卜人定龟，史定墨，君定体：占卜时，以火灼龟，出现裂纹，卜人审察旁出之细纹，太史审察大的裂纹，君审察兆象，定卦之吉凶。
② 幦(mì)：车轼上的覆盖物。犆：镶边。君的斋车饰以羔皮用虎皮镶边，大夫斋车和朝车饰以鹿皮用豹皮镶边，士的斋车饰以鹿皮用豹皮镶边。
③ 变：改变常态，心怀恐惧以应天之怒。
④ 靧(huì)粱：用粱米汤汁洗脸。
⑤ 禨(jì)：洗头后所饮之酒。
⑥ 杅：浴器。
⑦ 书思对命：把要对君所奏之事以及如何回答君的对问等书之于笏。
⑧ 私朝：大夫自家治事之朝。
⑨ 珽：即笏，或谓之大圭。天子之笏上如椎头，四角皆方。诸侯为荼(shū)，上为圆。大夫上下皆圆。
⑩ 党：所也。
⑪ 躐席：跟席，失礼节也。

俟君之食，然后食，饭，饮而俟。君命之羞，羞近者；命之品尝之，然后唯所欲。凡尝远食，必顺近食。君未覆手①，不敢飧；君既食，又饭飧。饭飧者，三饭也。君既彻，执饭与酱，乃出授从者。

凡侑食，不尽食。食于人不饱。唯水浆不祭，若祭，为已僭卑。君若赐之爵，则越席再拜稽首受，登席祭之。饮，卒爵而俟，君卒爵，然后授虚爵。君子之饮酒也，受一爵而色洒如也，二爵而言言斯，礼已三爵，而油油②以退。退则坐取屦，隐辟而后屦，坐左纳右，坐右纳左。

凡尊必上玄酒。唯君面尊。唯飨野人皆酒。大夫侧尊用棜，士侧尊用禁。

始冠缁布冠，自诸侯下达。冠而敝之可也。玄冠朱组缨，天子之冠也。缁布冠缋緌③，诸侯之冠也。玄冠丹组缨，诸侯之齐冠也。玄冠綦组缨，士之齐冠也。缟冠玄武，子姓之冠也。缟冠素纰，即祥之冠也④。垂緌五寸，惰游之士也。玄冠缟武，不齿之服也⑤。居冠属武，自天子下达，有事然后緌。五十不散送，亲没不髦，大帛不緌。玄冠紫緌，自鲁桓公始也。

朝玄端，夕深衣。深衣三袪，缝齐倍要⑥，袵当旁，袂可以回

---

① 覆手：吃饱以后用手擦拭嘴边，以示吃饱。
② 洒如：肃静之貌。言言：和敬之貌。油油：自得之貌。
③ 缋緌（huì ruí）：有画纹的缨。
④ 用白色生绢制冠而冠卷染作玄色，这种以白表凶、以玄表吉的凶吉参半之冠，是孙子在祖父去世后，父亲丧服未除而自己丧服已除时所戴之冠。用白色的生绢制冠，又用白绩为冠缘镶边，这是孝子在大祥以后戴的冠。
⑤ 不齿：不能以年龄大小与乡人排长幼顺序。对于不服教化之人要进行强制性劳教，解除劳教之后可以回到本乡本土，但三年之内不能以年龄大小与乡人排长幼顺序。
⑥ 缝齐倍要：衣之下摆是腰围的加倍。

肘。长、中，继掩尺，袷二寸，袪尺二寸，缘广寸半①。以帛裹布，非礼也。

士不衣织，无君者不贰采。衣正色，裳间色。非列采不入公门，振绤、绤不入公门，表裘不入公门，袭裘不入公门②。纩为茧，缊为袍，禅为䌹，帛为褶③。

朝服之以缟也，自季康子始也。孔子曰："朝服而朝，卒朔然后服之。"曰："国家未道，则不充其服焉。"

唯君有黼裘以誓省④，大裘非古也。君衣狐白裘，锦衣以裼之。君之右虎裘，厥左狼裘。士不衣狐白。君子狐青裘豹褎，玄绡衣以裼之；麛裘青豻褎，绞衣以裼之；羔裘豹饰，缁衣以裼之；狐裘，黄衣以裼之。

锦衣狐裘，诸侯之服也。犬羊之裘不裼，不文饰也不裼。裘之裼也，见美也。吊则袭，不尽饰也，君在则裼，尽饰也。

服之袭也，充美也⑤。是故尸袭，执玉、龟袭。无事则裼，弗敢充也。

笏，天子以球玉，诸侯以象，大夫以鱼须文竹，士竹。本，象可也⑥。

---

① 长衣、中衣的袖子要比深衣长出一尺，曲领宽二寸，袖口宽一尺二寸，衣裳的镶边宽一寸半。

② 夏天单穿葛衣，冬天单穿裘服，掩住礼服上襟，不使裼衣的领缘露出，这些都不合礼制，都不可入公门。

③ 纩、缊、䌹、褶：孙希旦："此四者，春秋之亵衣也。四者之外，则有中衣，中衣之外，则有上服。"

④ 黼裘：以羔与狐白杂为黼纹之裘。誓省：孙希旦认为当作"誓社"，为田猎祭社之前教习战阵之法。

⑤ 充美：覆美也。袭服是为了掩盖内服之美。

⑥ 本，象可也：大夫、士之竹笏其下端皆可用象牙。

见于天子与射，无说笏①。入大庙说笏，非古也。小功不说笏，当事免②则说之。既搢必盥，虽有执于朝，弗有盥矣。凡有指画于君前，用笏；造受命于君前，则书于笏。笏，毕③用也，因饰焉。笏度二尺有六寸，其中博三寸，其杀六分而去一④。

韠⑤，君朱，大夫素，士爵韦。圜、杀、直：天子直，公侯前后方，大夫前方后挫角，士前后正。

韠下广二尺，上广一尺，长三尺，其颈五寸，肩，革带，博二寸。

一命缊韍幽衡，再命赤韍幽衡，三命赤韍葱衡⑥。

天子素带，朱里，终辟⑦。而素带，终辟，大夫素带，辟垂，士练带，率，下辟，居士锦带，弟子缟带。

并纽约⑧用组，三寸，长齐于带。绅长制：士三尺，有司二尺有五寸。子游曰："参分带下，绅居二焉。"绅、韠、结三齐。大夫大带四寸。杂带，君朱绿，大夫玄华，士缁辟二寸，再缭四寸。凡带有率，无箴功。

肆束及带，勤者有事则收之，走则拥之。

王后袆衣，夫人揄狄，君命屈狄。再命袆衣，一命襢衣，士褖

---

① 说笏："说"通"脱"，笏或执或搢，不执不搢就是说笏。
② 免：郑玄注："免，悲哀哭踊之时，不在于记事也。"办丧事是要脱笏的，否则就不便于捶胸顿足地号哭。
③ 毕：竹简。
④ 博：宽。杀：按等级递减。
⑤ 韠(bì)：蔽膝，古代一种遮蔽在身前的皮制服饰，亦称韍。
⑥ 缊：赤黄相间色。幽：黑色。衡：玉珩。葱：青色。
⑦ 辟：镶边。后文的"率"为缉边。
⑧ 纽约：把大带两端的纽结到一起。

衣①。唯世妇命于奠茧,其他则皆从男子。

凡侍于君,绅垂,足如履齐,颐霤,垂拱②,视下而听上,视带以及袷,听乡任左。

凡君召以三节,二节以走,一节以趋③,在官不俟屦,在外不俟车。

士于大夫,不敢拜迎而拜送。士于尊者,先拜,进面,答之拜则走。

士于君所言,大夫没矣则称谥若字,名士。与大夫言,名士,字大夫。于大夫所,有公讳,无私讳。凡祭不讳,庙中不讳,教学临文不讳。

古之君子必佩玉,右徵、角,左宫、羽,趋以《采齐》,行以《肆夏》,周还中规,折还中矩④,进则揖之,退则扬之,然后玉锵鸣也。故君子在车,则闻鸾和之声,行则鸣佩玉,是以非辟之心无自入也。君在不佩玉,左结佩,右设佩⑤;居则设佩,朝则结佩。齐则綪结佩⑥而爵韠。凡带必有佩玉,唯丧否。佩玉有冲牙,君子无故玉不去身,君子于玉比德焉。

天子佩白玉而玄组绶,公侯佩山玄玉而朱组绶,大夫佩水苍玉而纯组绶,世子佩瑜玉而綦组绶,士佩瓀玟而缊组绶。孔子佩象环五寸而綦组授。

童子之节也,缁布衣,锦缘,锦绅并纽,锦束发,皆朱锦也。

---

① 《周礼·天官·内司服》:"掌王后之六服:袆衣、揄狄、阙狄、鞠衣、展(襢)衣、缘(褖)衣、素沙。辨外、内命妇之服,鞠衣、展衣、缘衣、素沙。"
② 颐霤,垂拱:颊如屋檐般斜垂,两手重合而下垂。
③ 节:君召臣的符节,用两符节表明事急,用一符节则事缓。
④ 周还中规,折还中矩:后转身宜圆,右转身宜方。
⑤ 结佩:用丝带结佩之两横,使其不能相击发声。
⑥ 綪(zhēng)结佩:綪,屈也。把左右佩都屈折向上掖到革带上。

童子不裘不帛，不屦絇①，无缌服，听事不麻。无事则立主人之北，南面。见先生，从人而入。

侍食于先生，异爵者后祭先饭。客祭，主人辞曰："不足祭也。"客飧，主人辞以疏②。主人自致其酱，则客自彻之。一室之人，非宾客，一人彻。壹食之人，一人彻③。凡燕食，妇人不彻。

食枣、桃、李，弗致于核。瓜祭上环，食中，弃所操。凡食果实者后君子，火孰者先君子。

有庆，非君赐不贺。……

孔子食于季氏，不辞，不食肉而飧。

君赐车马，乘以拜赐；衣服，服以拜赐。君未有命，弗敢即乘、服也。君赐，稽首，据掌，致诸地。酒肉之赐弗再拜。凡赐，君子与小人不同日。

凡献于君，大夫使宰，士亲，皆再拜稽首送之。膳于君，有荤、桃、茢④，于大夫去茢，于士去荤，皆造于膳宰。

大夫不亲拜，为君之答己也。大夫拜赐而退。士待诺而退，又拜。弗答拜。

大夫亲赐士，士拜受，又拜于其室。衣服弗服以拜。敌者不在，拜于其室。凡于尊者有献，而弗敢以闻⑤。士于大夫不承贺，下大夫于上大夫承贺。亲在，行礼于人称父。人或赐之，则称父拜之。

礼不盛，服不充，故大裘不裼，乘路车不式。

父命呼，唯而不诺，手执业则投之，食在口则吐之，走而不趋。

---

① 絇：鞋头的装饰物。
② 疏：主人客套之意。客人吃饱后要赞美主人饭菜可口，主人表示谦逊。
③ 一室之人：同事合食，各设餐具。壹食之人：办事聚餐，共餐具而食。这两种情况皆由一人撤除餐具。
④ 茢：扫帚，以扫不祥。
⑤ 意味给尊者献东西，不能明说，而只能说是送给尊者的从者之类的话。

亲老，出不易方，复不过时。亲癠，色容不盛，此孝子之疏节也。父没而不能读父之书，手泽存焉尔。母没而杯、圈不能饮焉，口泽之气存焉尔。

君入门，介拂闑，大夫中枨与闑之间，士介拂枨。宾入不中门，不履阈，公事自闑西，私事自闑东①。

君与尸行接武，大夫继武，士中武②。徐趋皆用是，疾趋则欲发，而手足毋移。圈豚行③，不举足，齐如流。席上亦然。端行，颐霤如矢。弁行，剡剡起屦④。执龟、玉，举前曳踵，蹜蹜如也。

凡行，容惕惕，庙中齐齐，朝廷济济翔翔。君子之容舒迟，见所尊者齐遫⑤。足容重，手容恭，目容端，口容止，声容静，头容直，气容肃，立容德，色容庄，坐如尸，燕居告温温。

凡祭，容貌颜色如见所祭者。丧容累累，色容颠颠，视容瞿瞿梅梅，言容茧茧⑥。戎容暨暨，言容詻詻，色容厉肃，视容清明⑦。立容辨，卑毋谄，头颈必中。山立，时行，盛气颠实扬休⑧，玉色。

凡自称，天子曰"予一人"，伯曰"天子之力臣"。诸侯之于天子，曰"某土之守臣某"；其在边邑，曰"某屏之臣某"；其于敌以下，曰"寡人"。小国之君曰"孤"，摈者亦曰"孤"。

---

① 介：国君出访要带随从，古人称之为介。由卿担任的介是上介，由大夫担任的介是次介，由士担任的介是末介。闑(niè)：竖在大门中央的短木。枨：门两边的长木。阈：门槛。
② 郑玄注："接武，蹈半迹。继武，迹相及。中武，迹间容迹。"
③ 圈豚行：圈，转也。豚，循也。谓双足循地而行，俗称小碎步。
④ 弁行：急行。剡剡：起屦貌。
⑤ 遫(sù)：窘迫不安的样子。
⑥ 郑玄注："累累，羸惫貌。颠颠，忧思貌。瞿瞿梅梅，不审貌。茧茧，声气微也。"
⑦ 郑玄注："暨暨，果毅貌。詻詻，教令严也。厉肃，义形貌。清明，察于事也。"
⑧ 盛气颠实扬休：充盛其气以填实于内，并发扬其休美于外。

上大夫曰"下臣"，摈者①曰"寡君之老"。下大夫自名，摈者曰"寡大夫"。世子自名，摈者曰"寡君之适"，公子曰"臣孽"。

士曰"传遽之臣"，于大夫曰"外私"。大夫私事使，私人摈则称名，公士摈则曰"寡大夫"、"寡君之老"。大夫有所往，必与公士为宾也。

经　解

孔子曰："入其国，其教可知也：其为人也，温柔敦厚，《诗》教也；疏通知远，《书》教也；广博易良，《乐》教也；洁静精微，《易》教也；恭俭庄敬，《礼》教也；属辞比事，《春秋》教也②。故《诗》之失愚，《书》之失诬，《乐》之失奢，《易》之失贼，《礼》之失烦，《春秋》之失乱。

"其为人也，温柔敦厚而不愚，则深于《诗》者也。疏通知远而不诬，则深于《书》者也。广博易良而不奢，则深于《乐》者也。洁静精微而不贼，则深于《易》者也。恭俭庄敬而不烦，则深于《礼》者也。属辞比事而不乱，则深于《春秋》者也。"

天子者，与天地参，故德配天地，兼利万物；与日月并明，明照四海，而不遗微小。其在朝廷则道仁圣、礼义之序，燕处则听雅颂之音，行步则有环佩之声，升车则有鸾和之音。居处有礼，进退有度，百官得其宜，万事得其序。《诗》云："淑人君子，其仪不忒。其仪不忒，正是四国。"此之谓也。发号出令而民说谓之和，上下相

---

① 摈者：接待之人或传话之人。
② 孙希旦注："温柔，以辞气言；敦厚，以性情言。疏通，谓通达于政事；知远，言能远知帝王之事也。广博，言其理之无不包；易良，言其情之无不顺。洗心藏密，故洁静；探赜索隐，故精微。属辞者，连属其辞，以月系年，以日系月，以事系日也；比事者，比次列国之事而书之也。"

亲谓之仁，民不求其所欲而得之谓之信，除去天地之害谓之义。义与信，和与仁。霸王之器也。有治民之意而无其器，则不成。

礼之于正国也，犹衡之于轻重也，绳墨之于曲直也，规矩之于方圆也。故衡诚县，不可欺以轻重；绳墨诚陈，不可欺以曲直；规矩诚设，不可欺以方圆①；君子审礼，不可诬以奸诈。是故隆礼、由礼谓之有方之士，不隆礼、不由礼谓之无方之民，敬让之道也。故以奉宗庙则敬，以入朝廷则贵贱有位，以处室家则父子亲，兄弟和，以处乡里则长幼有序。孔子曰："安上治民，莫善于礼。"此之谓也。

故朝觐之礼，所以明君臣之义也。聘问之礼，所以使诸侯相尊敬也。丧祭之礼，所以明臣子之恩也。乡饮酒之礼，所以明长幼之序也。昏姻之礼，所以明男女之别也。夫礼禁乱之所由生，犹坊②止水之所自来也。故以旧坊为无所用而坏之者，必有水败；以旧礼为无所用而去之者，必有乱患。故昏姻之礼废，则夫妇之道苦，而淫辟之罪多矣。乡饮酒之礼废，则长幼之序失，而争斗之狱繁矣。丧祭之礼废，则臣子之恩薄，而倍死、忘生者众矣。聘觐之礼废，则君臣之位失，诸侯之行恶，而倍畔、侵陵之败起矣。

故礼之教化也微，其止邪也于未形，使人日徙善远罪而不自知也，是以先王隆之也。《易》曰："君子慎始。差若豪厘，缪以千里。"③此之谓也。

---

① 郑玄注："县，谓锤也。陈、设，谓弹、画也。"
② 坊：通"防"。
③ 本句不见于今本《周易》，《史记集解》与《汉书》颜师古注为《易纬》之辞。

仲尼燕居

仲尼燕居，子张、子贡、言游侍，纵言①至于礼。子曰："居！女三人者。吾语女礼，使女以礼周流，无不遍也。"子贡越席而对曰："敢问何如？"子曰："敬而不中礼谓之野，恭而不中礼谓之给②，勇而不中礼谓之逆。"子曰："给夺慈仁。"

子曰："师！尔过，而商也不及。子产犹众人之母也，能食之不能教也。"子贡越席而对曰："敢问将何以为此中者也？"子曰："礼乎礼。夫礼，所以制中也。"

子贡退，言游进曰："敢问礼也者，领恶而全好③者与？"子曰："然。""然则何如？"子曰："郊社之义，所以仁鬼神也；尝禘之礼，所以仁昭穆也；馈奠之礼，所以仁死丧也；射乡之礼，所以仁乡党也；食飨之礼，所以仁宾客也。"子曰："明乎郊社之义，尝禘之礼，治国其如指诸掌而已乎！是故以之居处有礼，故长幼辨也；以之闺门之内有礼，故三族和也；以之朝廷有礼，故官爵序也；以之田猎有礼，故戎事闲也；以之军旅有礼，故武功成也。是故宫室得其度，量、鼎得其象，味得其时，乐得其节，车得其式，鬼神得其飨，丧纪得其哀，辨说得其党，官得其体，政事得其施，加于身而错于前，凡众之动得其宜。"

子曰："礼者何也？即事之治也。君子有其事必有其治。治国而无礼，譬犹瞽之无相与，伥伥乎其何之？譬如终夜有求于幽室之中，非烛何见？若无礼，则手足无所错，耳目无所加，进退揖让无所制。是故以之居处，长幼失其别，闺门三族失其和，朝廷官爵失其序，

---

① 纵言：泛言。
② 给：文过其质。
③ 领恶而全好：去恶从善。

田猎戎事失其策,军旅武功失其制,宫室失其度,量、鼎失其象,味失其时,乐失其节,车失其式,鬼神失其飨,丧纪失其哀,辨说失其党,官失其体,政事失其施,加于身而错于前,凡众之动失其宜。如此,则无以祖洽①于众也。"

子曰:"慎听之!女三人者。吾语女:礼犹有九焉,大飨有四焉。苟知此矣,虽在畎亩之中,事之,圣人已。两君相见,揖让而入门,入门而县兴②,揖让而升堂,升堂而乐阕③。下管《象》、《武》、《夏》籥序兴,陈其荐、俎,序其礼乐,备其百官。如此而后,君子知仁焉。行中规,还中矩,和鸾中《采齐》,客出以《雍》,彻以《振羽》,是故君子无物而不在礼矣。入门而金作,示情也;升歌《清庙》,示德也;下而管《象》,示事也。是故古之君子,不必亲相与言也,以礼乐相示而已。"

子曰:"礼也者,理也。乐也者,节也。君子无理不动,无节不作。不能诗,于礼缪。不能乐,于礼素。薄于德,于礼虚。"子曰:"制度在礼,文为在礼,行之其在人乎!"

子贡越席而对曰:"敢问夔其穷与?"子曰:"古之人与!古之人也。达于礼而不达于乐,谓之素;达于乐而不达于礼,谓之偏。夫夔达于乐而不达于礼,是以传于此名也,古之人也。"

子张问政。子曰:"师乎,前!吾语女乎!君子明于礼乐,举而错之而已。"子张复问。子曰:"师!尔以为必铺几、筵,升降、酌、献、酬、酢,然后谓之礼乎?尔以为必行缀兆,兴羽籥,作钟鼓,然后谓之乐乎?言而履之,礼也。行而乐之,乐也。君子力此二者,以南面而立。夫是以天下太平也,诸侯朝,万物服体,而百官莫敢不承事矣。

---

① 祖洽:郑玄注:"祖,始也。洽,合也。言失礼无以为众倡始而合和之。"
② 县兴:县,钟鼓之县。兴,作也。
③ 阕:止也。

"礼之所兴，众之所治也。礼之所废，众之所乱也。目巧之室，则有奥、阼①，席则有上下，车则有左右，行则有随，立则有序，古之义也。室而无奥、阼，则乱于堂室也。席而无上下，则乱于席上也。车而无左右，则乱于车也。行而无随，则乱于涂也。立而无序，则乱于位也。昔圣帝、明王、诸侯，辨贵贱、长幼、远近、男女、外内，莫敢相逾越，皆由此涂出也。"

三子者既得闻此言也于夫子，昭然若发蒙②矣。

孔子闲居

孔子闲居，子夏侍。子夏曰："敢问《诗》云'凯弟君子，民之父母'，何如斯可谓民之父母矣？"孔子曰："夫民之父母乎！必达于礼乐之原，以致五至，而行三无，以横于天下，四方有败，必先知之③。此之谓民之父母矣。"

子夏曰："民之父母，既得而闻之矣，敢问何谓五至？"孔子曰："志之所至，诗亦至焉；诗之所至，礼亦至焉。礼所至，乐亦至焉；乐之所至，哀亦至焉。哀乐相生。是故正明目而视之，不可得而见也。倾耳而听之，不可得而闻也。志气塞乎天地。此之谓五至。"④

子夏曰："五至既得而闻之矣，敢问何谓三无？"孔子曰："无声

---

① 目巧之室，则有奥、阼：陈澔《礼记集说》注："目巧，谓不用规矩准绳，但据目力相视之巧也。言虽苟简为之，亦必有奥、阼之处。室之有奥，以为尊者所处；堂之有阼，以为主人之位也。"

② 发蒙：受启发而有所洞见。

③ 四方有败，必先知之：郑玄注："四方有败，必先知之者，惟其有忧民之实心，而其识又足以察乎几微也。"

④ 有忧民之志，发言为诗，践行为礼，乐则和之。乐者乐也，既与民同乐，则与民同哀。志、诗、礼、乐、哀五者本乎心，则非闻见所能及。其本都在于志气所发，然后充塞天地无所不至矣。

之乐，无体之礼，无服之丧①，此之谓三无。"子夏曰："三无既得略而闻之矣，敢问何诗近之？"孔子曰："'夙夜其命宥密'，无声之乐也。'威仪逮逮，不可选也'，无体之礼也。'凡民有丧，匍匐救之'，无服之丧也。"②

子夏曰："言则大矣、美矣、盛矣，言尽于此而已乎？"孔子曰："何为其然也？君子之服之也，犹有五起焉。"子夏曰："何如？"孔子曰："无声之乐，气志不违；无体之礼，威仪迟迟；无服之丧，内恕孔③悲。无声之乐，气志既得；无体之礼，威仪翼翼；无服之丧，施及四国。无声之乐，气志既从④；无体之礼，上下和同；无服之丧，以畜万邦。无声之乐，日闻四方；无体之礼，日就月将；无服之丧，纯德孔明。无声之乐，气志既起；无体之礼，施及四海；无服之丧，施于孙子。"

子夏曰："三王之德，参于天地，敢问何如斯可谓参于天地矣？"孔子曰："奉三无私以劳天下。"子夏曰："敢问何谓三无私？"孔子曰："天无私覆，地无私载，日月无私照。奉斯三者以劳天下，此之谓三无私。其在《诗》曰：'帝命不违，至于汤齐。汤降不迟，圣敬日齐。昭假迟迟，上帝是祗。帝命式于九围。'⑤是汤之德也。天有四时，春秋冬夏，风雨霜露，无非教也。地载神气，神气风霆，风霆流形，

---

① 孙希旦云："无声之乐，谓心之和而无待于声也。无体之礼，谓心之敬而无待于事也。无服之丧，谓心之至诚恻怛而无待于服也。"

② "夙夜其命宥密"，出自《诗经·周颂·昊天有成命》，原诗为"夙夜基命宥密"，言成王夙夜积德以承天命之宏深静谧；"威仪逮逮，不可选也"，出自《诗经·邶风·柏舟》，原诗为"威仪棣棣"，言仁人之威仪无不闲习而不可选择；"凡民有丧，匍匐救之"，出自《诗经·邶风·谷风》，言于非亲者，闻其有丧亦匍匐而往救。

③ 孔：甚也。

④ 从：顺也。

⑤ 见《诗经·商颂·长发》。

庶物露生，无非教也。清明在躬，气志如神。耆欲将至①，有开必先。天降时雨，山川出云。其在诗曰：'嵩高唯岳，峻极于天。维岳降神，生甫及申。维申及甫，维周之翰。四国于蕃，四方于宣。'②此文武之德也。三代之王也，必先其令闻。《诗》云'明明天子，令闻不已'，三代之德也。'弛其文德，协此四国'，大王之德也。"子夏蹶然而起，负墙而立，曰："弟子敢不承乎！"

昏　义

昏礼者，将合二姓之好，上以事宗庙，而下以继后世也。故君子重之。是以昏礼纳采、问名、纳吉、纳徵、请期③，皆主人筵几于庙，而拜迎于门外，入揖让而升，听命于庙，所以敬慎、重正昏礼也。

父亲醮④子而命之迎，男先于女也。子承命以迎，主人筵几于庙，而拜迎于门外。婿执雁入，揖让升堂，再拜奠雁，盖亲受之于父母也。降出，御妇车，而婿授绥，御轮三周，先俟于门外。妇至，婿揖妇以入，共牢而食，合卺而酳⑤，所以合体、同尊卑，以亲之也。

敬慎重正，而后亲之，礼之大体，而所以成男女之别，而立夫

---

① 耆欲：意欲想做之事。圣人之嗜欲在于德泽于民。
② 见《诗经·大雅·嵩高》。
③ 纳采，提亲见面礼，周时一般为雁。问名，问女方姓名、生辰八字。纳吉，男女双方八字相合，将卜婚的吉兆通知女方。纳徵，男方向女方送聘礼。请期，男家派人到女家去通知成亲迎娶的日期。
④ 酌而无酬酢曰醮。
⑤ 合卺(jǐn)而酳(yìn)：孔颖达注疏云："以一瓠分为二瓢，谓之卺，婿之与妇各执一片以酳，故曰'合卺而酳'。"

妇之义也。男女有别，而后夫妇有义；夫妇有义，而后父子有亲；父子有亲，而后君臣有正。故曰："昏礼者，礼之本也。"

夫礼始于冠，本于昏，重于丧祭，尊于朝聘，和于射乡。此礼之大体也。

夙兴，妇沐浴以俟见。质明，赞见妇于舅姑，妇执笲、枣、栗、段修以见。赞醴妇，妇祭脯醢，祭醴，成妇礼也。

舅姑入室，妇以特豚馈，明妇顺也。厥明，舅姑共飨妇以一献之礼，奠酬，舅姑先降自西阶，妇降自阼阶，以著代也。

成妇礼，明妇顺，又申之以著代，所以重责妇顺焉也。妇顺者，顺于舅姑，和于室人，而后当于夫，以成丝麻、布帛之事，以审守委积、盖藏。是故妇顺备而后内和理，内和理而后家可长久也。故圣王重之。

是以古者妇人先嫁三月，祖庙未毁，教于公宫，祖庙既毁，教于宗室，教以妇德、妇言、妇容、妇功。教成，祭之，牲用鱼，苾之以蘋藻，所以成妇顺也。

古者天子后立六宫、三夫人、九嫔、二十七世妇、八十一御妻①，以听天下之内治，以明章妇顺，故天下内和而家理。天子立六官、三公、九卿、二十七大夫、八十一元士，以听天下之外治，以明章天下之男教，故外和而国治。故曰："天子听男教，后听女顺；天子理阳道，后治阴德；天子听外治，后听内治。教顺成俗，外内和顺，国家理治，此之谓盛德。"

是故男教不修，阳事不得，适见于天，日为之食；妇顺不修，阴事不得，适见于天，月为之食。是故日食则天子素服而修六官之职，荡天下之阳事；月食则后素服而修六宫之职，荡天下之阴事。

---

① 世妇、御妻皆嫔妃称号。

故天子之与后,犹日之与月,阴之与阳,相须而后成者也。

天子修男教,父道也。后修女顺,母道也。故曰:"天子之与后,犹父之与母也。"故为天王服斩衰,服父之义也。为后服资衰,服母之义也。

乡饮酒义

乡饮酒①之义:主人拜迎宾于庠②门之外,入三揖而后至阶,三让而后升,所以致尊让也。盥、洗、扬觯,所以致洁也。拜至、拜洗、拜受、拜送、拜既③,所以致敬也。尊让、洁、敬也者,君子之所以相接也。君子尊让则不争,洁、敬则不慢。不慢不争,则远于斗、辨矣,不斗、辨,则无暴乱之祸矣,斯君子所以免于人祸也。故圣人制之以道。

乡人、士、君子,尊于房户之间,宾主共之也。尊有玄酒,贵其质也。羞出自东房,主人共之也。洗当东荣④,主人之所以自洁而以事宾也。

宾主,象天地也。介、僎⑤,象阴阳也。三宾,象三光也。让之三也,象月之三日而成魄也⑥。四面之坐,象四时也。

天地严凝之气,始于西南而盛于西北,此天地之尊严气也,此

---

① 乡饮酒:周代时,以致仕之卿大夫为乡饮酒礼的主持人,贤者为宾,其次为介,又其次为众人。仪式严格区分尊卑长幼,升降拜答,一般于正月吉日举行。
② 庠:乡学。
③ 既:尽也。宾饮酒毕而主人拜谢干杯。
④ 荣:屋翼,飞檐,泛指屋。
⑤ 介、僎:介为陪客,僎为主人请来观礼的乡绅,辅助主人行礼。
⑥ 成魄:生魄。魄是月亮圆而始缺时的不明亮处,月望三日魄生,月朔后三日,魄乃重新受明发光。

天地之义气也。天地温厚之气，始于东北而盛于东南，此天地之盛德气也，此天地之仁气也。主人者尊宾，故坐宾于西北，而坐介于西南以辅宾。宾者，接人以义者也，故坐于西北；主人者，接人以仁、以德厚者也，故坐于东南。而坐僎于东北，以辅主人也。仁义接，宾主有事，俎、豆有数，曰圣。圣立而将之以敬曰礼，礼以体长幼曰德。德也者，得于身也。故曰："古之学术道者，将以得身也。是故圣人务焉。"

祭荐、祭酒，敬礼也。哜肺，尝礼也。啐酒，成礼也。于席末，言是席之正，非专为饮食也，为行礼也，此所以贵礼而贱财也。卒觯，致实于西阶上，言是席之上，非专为饮食也，此先礼而后财之义也。先礼而后财，则民作敬让而不争矣。

乡饮酒之礼，六十者坐，五十者立侍以听政役，所以明尊长也。六十者三豆，七十者四豆，八十者五豆，九十者六豆，所以明养老也。民知尊长养老，而后乃能入孝弟；民入孝弟，出尊长养老，而后成教；成教而后国可安也。君子之所谓孝者，非家至而日见之也，合诸乡射，教之乡饮酒之礼，而孝弟之行立矣。

孔子曰："吾观于乡而知王道之易易①也。"

主人亲速②宾及介，而众宾自从之，至于门外，主人拜宾及介，而众宾自入，贵贱之义别矣。

三揖至于阶，三让，以宾升，拜至，献、酬、辞让之节繁；及介，省矣。至于众宾，升受、坐祭、立饮，不酢而降，隆杀之义辨矣。

工入，升歌三终，主人献之。笙入三终，主人献之。间歌三终，

---

① 易易：容易实行。
② 速：邀请，如"不速之客"。

合乐三终，工告"乐备"①，遂出。一人扬觯，乃立司正②焉，知其能和乐而不流也。

宾酬主人，主人酬介，介酬众宾，少长以齿，终于沃、洗者③焉，知其能弟长而无遗矣。

降，说屦升坐，修爵无数。饮酒之节，朝不废朝，莫不废夕④。宾出，主人拜送，节文终遂焉。知其能安燕而不乱也。

贵贱明，隆杀辨，和乐而不流，弟长而无遗，安燕而不乱，此五行者，足以正身安国矣。彼国安而天下安。故曰："吾观于乡，而知王道之易易也。"

乡饮酒之义，立宾以象天，立主以象地，设介、僎以象日月，立三宾以象三光。古之制礼也，经之以天地，纪之以日月，参之以三光，政教之本也。

亨狗于东方，祖阳气之发于东方也。洗之在阼，其水在洗东，祖天地之左⑤海也。尊有玄酒，教民不忘本也。

宾必南乡。东方者春，春之为言蠢⑥也，产万物者圣也。南方者夏，夏之为言假⑦也，养之，长之，假之，仁也。西方者秋，秋之为言愁⑧也，愁之以时，察守义者也。北方者冬，冬之为言中也，中者藏也。是以天子之立也，左圣乡仁，右义偕藏⑨也。

---

① 乐备：音乐演奏完毕。
② 司正：监察饮酒仪态者。
③ 沃、洗者：皆为侍候宾主盥洗之人。
④ 朝不废朝，莫不废夕：不耽搁早朝，不耽搁晚上要办之事。
⑤ 左：东。
⑥ 蠢：蠢蠢欲动，意谓萌芽发生。
⑦ 假：大也。
⑧ 愁：收敛。
⑨ 左圣乡仁，右义偕藏：左边傍着圣，面朝南而向着仁；右边傍着义，背朝北而依着藏。

介必东乡，介宾主也。主人必居东方。东方者春，春之为言蠢也，产万物者也。主人者造之，产万物者也。月者三日则成魄，三月则成时。是以礼有三让，建国必立三卿。三宾者，政教之本，礼之大参也。

视中、观色

三曰：诚在其中，此见于外，以其见，占其隐，以其细，占其大，以其声，处其气①。初气②主物，物生有声，声有刚有柔，有浊有清，有好有恶，咸发于声也。心气华诞者，其声流散；心气顺信者，其声顺节；心气鄙戾者，其声斯③丑；心气宽柔者，其声温好。信气中易，义气时舒，智气简备，勇气壮直。听其声，处其气，考其所为，观其所由，察其所安，以其前，占其后，以其见，占其隐，以其小，占其大。此之谓视中也。

四曰：民有五性，喜怒欲惧忧也。喜气内畜，虽欲隐之，阳喜必见；怒气内畜，虽欲隐之，阳怒必见；欲气内畜，虽欲隐之，阳欲必见；惧气内畜，虽欲隐之，阳惧必见；忧悲之气内畜，虽欲隐之，阳忧必见。五气诚于中，发形于外，民情不隐也。

喜色由然以生，怒色拂然以侮，欲色呕然以偷，惧色薄然以下，忧悲之色累然而静。诚智必有难尽之色，诚仁必有可尊之色，诚勇必有难慑之色，诚忠必有可亲之色，诚洁必有难污之色，诚静必有可信之色。质色皓④然固以安，伪色缦然乱以烦，虽欲故之，中色不听也⑤。虽变可知，此之谓观色也。（大戴礼记·文王官人）

---

① 占：度也。处：定也。
② 初气：太初之气。
③ 斯：裂也。
④ 皓(hào)：明亮。
⑤ 虽欲故之，中色不听也：意谓虽欲隐之，然无奈色见于外。

仪 礼

《仪礼》，为"三礼"中最古者，又称为《礼》《士礼》《礼经》，今本通行十七篇。《仪礼》主要记载古代贵族（包括国君、诸侯、卿、大夫、士）从成人、结婚到丧葬的各种礼节，以及其交往、宴飨、朝聘、乡射、大射等各种政治和社会活动中的礼仪规范，其中很多内容在《礼记》中得到了更具体的阐释。《仪礼》对后世社会影响深远，历朝历代的礼仪典制多以《仪礼》为重要依据。《仪礼》对理解上古社会的日常生活的礼乐美学也有较大意义。选文摘自杨天宇撰《仪礼译注》，上海古籍出版社2004年版。

士昏礼

昏礼。下达①。纳采用雁。主人筵于户西，西上，右几②。使者玄端至。摈者出请事，入告。主人如宾服迎于门外，再拜。宾不答拜。揖入。至于庙门，揖入。三揖至于阶，三让。主人以宾升，西面。宾升西阶，当阿，东面致命。主人阼阶上北面再拜。授于楹间，南面。宾降，出。主人降，授老③雁。

摈者出请。宾执雁，请问名，主人许。宾入，授，如初礼。

摈者出请，宾告事毕。入告，出请醴宾。宾礼辞许。主人彻几，改筵，东上。侧尊甒醴于房中。主人迎宾于庙门外，揖、让如初，

---

① 下达：男家派媒人到女家提亲。
② 女方主人在祢庙门西边布神几，使男方使者使席首端朝西，神几布于使席西。
③ 老：女方主人家的家臣之长。

升。主人北面再拜。宾西阶上北面答拜。主人拂几，授校①，拜送。宾以几辟，北面设于坐左，之西阶上答拜。赞者酌醴，加角柶面叶②，出于房。主人受醴，面枋，筵前西北面。宾拜受醴，复位。主人阼阶上拜送。赞者荐脯醢。宾即筵坐，左执觯，祭脯醢，以柶祭醴三，西阶上北面坐，啐醴，建柶③，兴；坐，奠觯，遂拜。主人答拜。宾即筵，奠于荐左，降筵，北面坐，取脯。主人辞。宾降，授人脯，出。主人送于门外，再拜。

纳吉，用雁，如纳采礼。

纳徵，玄纁束帛，俪皮，如纳吉礼。

请期，用雁。主人辞，宾许告期，如纳徵礼。

期初昏，陈三鼎于寝门外东方，北面，北上。其实：特豚，合升，去蹄，举肺、脊二，祭肺二；鱼十有四；腊一肫，髀不升。皆饪。设扃鼏。设洗于阼阶东南。馔于房中：醯酱二豆，菹、醢四豆，兼巾之；黍、稷四敦，皆盖。大羹湆在爨④，尊于室中北墉下，有禁，玄酒在西，绤幂⑤，加勺，皆南枋。尊于房户之东，无玄酒。篚在南，实四爵，合卺。

主人爵弁，纁裳缁䘆⑥。从者毕玄端。乘墨车。从车二乘。执烛前马。妇车亦如之，有裧。至于门外。主人筵于户西，西上，右几。女次；纯衣纁袡，立于房中南面。姆纚、笄、宵衣⑦，在其右。女从

---

① 校：几足。
② 加角柶面叶：在觯上加一角柶，使柶大头朝前。角柶：一种状如勺的角器。
③ 建柶：把柶插入觯中。
④ 大羹湆（qì）在爨（cuàn）：大肉羹在灶上。
⑤ 绤幂：绤，粗葛布。幂，覆盖。
⑥ 缁䘆（yì）：黑色的下摆边缘。
⑦ 纚：束发的布帛。宵衣：黑色生丝缯制的衣服。

115

者毕袗玄，纚、笄，被纚黼①，在其后。主人玄端迎于门外，西面再拜。宾东面答拜。主人揖入，宾执雁从。至于庙门，揖入。三揖，至于阶。三让，主人升，西面。宾升，北面奠雁，再拜稽首，降，出。妇从降自西阶。主人不降送。婿御妇车，授绥，姆辞不受。妇乘以几，姆加景。乃驱，御者代。乘其车，先，俟于门外。

妇至，主人揖妇以入。及寝门，揖入，升自西阶。媵布席于奥。夫入于室即席，妇尊西，南面。媵、御沃盥交。赞者彻尊幂。举者盥出，除幂，举鼎入，陈于阼阶南，西面，北上。匕②俎从设。北面载，执而俟。匕者逆退，复位于门东，北面，西上。赞者设酱于席前，菹、醢在其北。俎入设于豆东，鱼次，腊特于俎北。赞设黍于酱东，稷在其东，设湆于酱南。设对酱于东，菹、醢在其南，北上。设黍于腊北，其西稷，设湆于酱北。御布对席，赞启会却③于敦南，对敦于北。赞告具。揖妇即对筵。皆坐。皆祭，祭荐、黍、稷、肺。赞尔黍，授肺脊，皆食以湆酱，皆祭举、食举也。三饭卒食。赞洗爵，酌，酳主人，主人拜受。赞户内北面答拜。酳妇亦如之。皆祭。赞以肝从。皆振祭，哜肝，皆实于菹豆。卒爵皆拜。赞答拜，受爵。再酳如初，无从。三酳用卺，亦如之。赞洗爵酌于户外尊，入户，西，北面奠爵拜。皆答拜。坐祭，卒爵，拜。皆答拜。兴。主人出，妇复位。乃彻于房中，如设于室。尊否。主人说服于房，媵受。妇说服于室，御受。姆授巾。御衽于奥，媵衽良席在东，皆有枕，北止④。主人入，亲说妇之缨。烛出。媵馂主人之余，御馂妇余。赞酌外尊酳之。媵侍于户外，呼则闻。

---

① 被纚黼：披着刺有黼纹的单披肩。
② 匕：一种曲柄浅斗的取食器。
③ 会：敦盖。却：仰放。
④ 止：同"趾"，睡觉时头朝南脚朝北。

夙兴，妇沐浴，纚、笄、宵衣以俟见。质明，赞见妇于舅姑。席于阼，舅即席。席于房外，南面，姑即席。妇执笲①枣、栗，自门入，升自西阶，进拜，奠于席。舅坐抚之，兴，答拜。妇还，又拜，降阶，受笲腶脩②，升，进，北面拜，奠于席。姑坐，举以兴，拜，授人。

赞醴妇，席于户牖间，侧尊甒醴于房中。妇疑立③于席西。赞者酌醴，加柶面枋，出房，席前北面。妇东面拜，受。赞西阶上北面拜送。妇又拜。荐脯醢。妇升席，左执觯，右祭脯醢，以柶祭醴三，降席，东面坐，啐醴，建柶，兴，拜。赞答拜。妇又拜，奠于荐东，北面坐，取脯，降，出，授人于门外。

舅姑入于室。妇盥，馈。特豚合升，侧载④。无鱼、腊，无稷，并南上。其他如取女礼。妇赞成祭。卒食一酳，无从。席于北墉下，妇彻，设席前，如初，西上。妇馂，舅辞易酱。妇馂姑之馔。御赞祭豆、黍、肺、举肺、脊。乃食，卒，姑酳之。妇拜受。姑拜送。坐祭，卒爵。姑受奠之。妇彻于房中，媵、御馂，姑酳之，虽无娣，媵先。于是与始饭之错⑤。

舅姑共飨妇以一献之礼。舅洗于南洗，姑洗于北洗，奠酬。舅姑先降自西阶，妇降自阼阶。归妇俎于妇氏人。

舅飨送者以一献之礼，酬以束锦。姑飨妇人送者，酬以束锦。若异邦，则赠丈夫送者以束锦。

若舅姑既没，则妇入三月，乃奠菜。席于庙奥，东面，右几。席于北方，南面。祝盥，妇盥于门外。妇执笲菜。祝帅妇以入。祝

---

① 笲（fán）：一种圆形竹器。
② 腶（duàn）脩：捣碎加以姜桂的干肉。
③ 疑立：正身而立。
④ 侧载：把豚牲体之一半各载于姑舅之俎。
⑤ 与始饭之错：媵与御交错而食姑舅剩下的食物。

告，称妇之姓曰："某氏来妇，敢奠嘉菜于皇舅某子。"妇拜扱地①，坐，奠菜于几东席上，还，又拜如初。妇降堂，取笲菜入，祝曰："某氏来妇，敢告于皇姑某氏。"奠菜于席，如初礼。妇出。祝阖牖户。老醴妇于房中，南面，如舅姑醴妇之礼。婿飨妇送者丈夫、妇人，如舅姑飨礼。

《记》。士昏礼。凡行事必用昏昕②，受诸祢庙。辞无"不腆"、无"辱"。挚不用死，皮帛必可制。腊必用鲜，鱼用鲋，必殽全③。

女子许嫁，笲而醴之称字。祖庙未毁，教于公宫三月。若祖庙已毁，则教于宗室。

问名，主人受雁，还，西面对。宾受命乃降。

祭醴，始扱一祭，又扱再祭。宾右取脯，左奉之，乃归，执以反命。

纳徵，执皮，摄之内文④，兼执足，左首。随入，西上，参分庭一在南。宾致命，释外足见文。主人受币。士受皮者自东出于后，自左受，遂坐，摄皮，逆退，适东壁。

父醴女而俟迎者。母南面于房外，女出于母左。父西面戒之，必有正焉，若衣若笲⑤。母戒诸西阶上，不降。

妇乘以几，从者二人，坐持几相对。

妇入寝门，赞者彻尊幂，酌玄酒三属于尊，弃余水于堂下阶间，加勺。

---

① 扱(qì)地：拜手及地。
② 昏昕：媒人黎明时去提亲，婿迎娶妇则用昏时。
③ 殽全：豚俎的骨架要完整。
④ 摄之内文：摄，折叠。将鹿皮毛纹折叠在里面。
⑤ 必有正焉，若衣若笲：父亲告诫女儿时，必须要托物而告诫，如用衣服或笲等来比喻。

笲，缁被纁里加于桥①。舅答拜，宰彻笲。妇席、荐馔于房。飨妇，姑荐焉。妇洗在北堂，直室东隅。篚在东。北面盥。妇酢舅，更爵自荐。不敢辞洗；舅降，则辟于房；不敢拜洗。凡妇人相飨无降。

妇入三月，然后祭行②。

庶妇则使人醮之。妇不馈。

昏辞曰："吾子有惠贶室某也，某有先人之礼，使某也，请纳采。"对曰："某之子蠢愚，又弗能教。吾子命之，某不敢辞。"致命曰："敢纳采。"

问名曰："某既受命，将加诸卜，敢请女为谁氏？"对曰："吾子有命，且以备数而择之。某不敢辞。"

醴曰："子为事故，至于某之室。某有先人之礼，请醴从者。"对曰："某既得将事矣，敢辞。""先人之礼，敢固以请。""某辞不得命，敢不从也！"

纳吉曰："吾子有贶命，某加诸卜，占曰'吉'。使某也敢告。"对曰："某之子不教，唯恐弗堪。子有吉，我与在，某不敢辞。"

纳徵曰："吾子有嘉命，贶室某也。某有先人之礼，俪皮束帛，使某也，请纳徵。"致命曰："某敢纳徵。"对曰："吾子顺先典，贶某重礼，某不敢辞，敢不承命！"

请期曰："吾子有赐命，某既申受命矣。惟是三族之不虞，使某也，请吉日。"对曰："某既前受命矣，唯命是听。"曰："某命某听命于吾子。"对曰："某固唯命是听。"使者曰："某使某受命吾子，不许，某敢不告！期曰某日。"对曰："某敢不敬须③！"

---

① 桥：即笲盖。
② 祭行：帮助夫君行宗庙祭祀之礼。
③ 须：等待。

凡使者归，反命曰："某既得将事矣，敢以礼告。"主人曰："闻命矣。"

父醮子，命之曰："往迎尔相，承我宗事。勖帅以敬，先妣之嗣。若则有常。"子曰："诺。唯恐弗堪，不敢忘命。"

宾至，摈者请，对曰："吾子命某以兹初昏，使某将请承命。"对曰："某固敬具以须。"

父送女命之曰："戒之敬之，夙夜毋违命！"母施衿结帨曰："勉之敬之，夙夜无违宫事！"庶母及门内施鞶，申之以父母之命，命之曰："敬恭听宗尔父母之言。夙夜无愆，视诸衿鞶。"

婿授绥，姆辞曰："未教，不足与为礼也。"

宗子无父，母命之。亲皆没，己躬命之。支子则称其宗。弟称其兄。

若不亲迎，则妇入三月，然后婿见，曰："某以得为外昏姻，请觌①。"主人对曰："某以得为外昏姻之数，某之子未得濯溉于祭祀，是以未敢见。今吾子辱，请吾子之就宫，某将走见。"对曰："某以非他故，不足以辱命，请终赐见。"对曰："某得以为昏姻之故，不敢固辞。敢不从！"主人出门左，西面。婿入门，东面奠挚，再拜，出。摈者以挚出，请受。婿礼辞许，受挚，入。主人再拜受。婿再拜送，出。见主妇。主妇阖扉立于其内。婿立于门外，东面。主妇一拜。婿答再拜。主妇又拜，婿出，主人请醴。及揖让入。醴以一献之礼。主妇荐。奠酬。无币。婿出，主人送，再拜。

---

① 觌(dí)：相见。

士相见礼

士相见之礼。挚，冬用雉，夏用腒①，左头奉之。曰："某也愿见，无由达。某子以命命某见。"②主人对曰："某子命某见，吾子有辱。请吾子之就家也，某将走见。"宾对曰："某不足以辱命，请终赐见。"主人曰："某不敢为仪③，固请吾子之就家也，某将走见。"宾对曰："某不敢为仪，固以请。"主人对曰："某也固辞，不得命，将走见。闻吾子称④挚，敢辞挚。"宾对曰："某不以挚不敢见。"主人对曰："某不足以习礼，敢固辞。"宾对曰："某也不依于挚不敢见，固以请。"主人对曰："某也固辞不得命，敢不敬从！"出迎于门外，再拜。客答再拜。主人揖，入门右。宾奉挚入门左。主人再拜，受。宾再拜送挚，出。主人请见。宾反见，退。主人送于门外，再拜。

主人复见之以其挚，曰："向者吾子辱，使某见。请还挚于将命者⑤。"主人对曰："某也既得见矣，敢辞。"宾对曰："某也非敢求见，请还挚于将命者。"主人对曰："某也既得见矣，敢固辞。"宾对曰："某不敢以闻，固以请于将命者。"主人对曰："某也固辞，不得命，敢不从！"宾奉挚入。主人再拜，受。宾再拜送挚，出。主人送于门外，再拜。

士见于大夫，终辞其挚。于其入也，一拜其辱也。宾退，送再拜。

若尝为臣者，则礼辞其挚，曰："某也辞不得命，不敢固辞。"宾入奠挚，再拜。主人答壹拜。宾出，使摈者还其挚于门外，曰："某

---

① 腒（jū）：鸟类的干脯，此处指干雉。
② 此为见人之客套话。第一个和第三个某即来宾，第二个某为介绍人。
③ 不敢为仪：不是表面说说。
④ 称：拿。
⑤ 将命者：摈者。古礼送东西时，不好直接给主人，往往借用从者、传话者等人名义。

也使其还挚。"宾对曰："某也既得见矣，敢辞。"摈者对曰："某也命某：'某非敢为仪也。'敢以请。"宾对曰："某也夫子之贱私①，不足以践礼，敢固辞。"摈者对曰："某也使某：'不敢为仪也。'固以请。"宾对曰："某固辞不得命，敢不从！"再拜受。

下大夫相见以雁，饰之以布，维之以索②，如执雉。上大夫相见以羔，饰之以布，四维之结于面，左头，如麛执之。如士相见之礼。

始见于君，执挚至下，容弥蹙。庶人见于君，不为容，进退走。士、大夫则奠挚，再拜稽首。君答壹拜。

若他邦之人，则使摈者还其挚，曰："寡君使某还挚。"宾对曰："君不有其外臣，臣不敢辞。"再拜稽首，受。

凡燕见于君，必辩君之南面。若不得则正方。不疑君。君在堂，升见无方阶，辩君所在。

凡言非对也，妥而后传言。与君言，言使臣；与大人言，言事君；与老者言，言使弟子；与幼者言，言孝弟于父兄；与众言，言忠信慈祥；与居官者言，言忠信。凡与大人言，始视面，中视抱，卒视面。毋改，众皆若是。若父则游目③，毋上于面，毋下于带。若不言，立则视足，坐则视膝。

凡侍坐于君子，君子欠伸，问日之早晏，以食具告。改居，则请退可也。夜侍坐，问夜、膳荤，请退可也。

若君赐之食，则君祭先饭，遍尝膳，饮而俟。君命之食，然后食。若有将食者，则俟君之食，然后食。若君赐之爵，则下席再拜稽首，受爵升席，祭，卒爵，而俟君卒爵，然后授虚爵。退，坐取

---

① 贱私：家臣谦称。
② 维之以索：用绳子把雁足缚住。
③ 游目：目光不专注一处，而是观察四周，以判断父亲是否安康。

屦，隐辟而后屦。君为之兴，则曰："君无为兴，臣不敢辞。"君若降送之，则不敢顾辞，遂出。大夫则辞，退，下，比及门，三辞。

若先生异爵者①请见之则辞。辞不得命，则曰："某无以见，辞不得命，将走见，先见之。"

非以君命使，则不称寡大夫。士则曰寡君之老。凡执币者不趋，容弥蹙以为仪。执玉者则唯舒武②，举前曳踵。凡自称于君，士、大夫则曰下臣，宅者在邦③则曰市井之臣，在野则曰草茅之臣，庶人则曰刺草之臣。他国之人则曰外臣。

乡饮酒礼

乡饮酒之礼。主人就先生而谋宾、介。主人戒宾，宾拜辱。主人答拜，乃请宾。宾礼辞许。主人再拜，宾答拜。主人退，宾拜辱。介亦如之。

乃席宾、主人、介。众宾之席皆不属焉。尊两壶于房户间，斯禁，有玄酒在西。设篚于禁南，东肆④。加二勺于两壶。设洗于阼阶东南，南北以堂深，东西当东荣。水在洗东。篚在洗西，南肆。

羹定⑤，主人速宾。宾拜辱。主人答拜。还。宾拜辱。介亦如之。宾及众宾皆从之。主人一相⑥，迎于门外。再拜宾，宾答拜；拜介，介答拜。揖众宾。主人揖，先入。宾厌⑦介，入门左。介厌

---

① 先生异爵者：退休的卿大夫。
② 舒武：缓步前行。
③ 宅者在邦：退休官吏宅居于国都之中。
④ 东肆：肆，陈也。即篚首朝东。
⑤ 羹定：牲肉煮熟之时。
⑥ 相：帮助主人相礼之人，即摈者。
⑦ 厌：厌礼。先拱手，然后两臂向胸前收。

众宾，入。众宾皆入门左，北上。主人与宾三揖，至于阶。三让，主人升，宾升。主人阼阶上当楣，北面再拜。宾西阶上当楣，北面答拜。

　　主人坐，取爵于篚，降，洗。宾降。主人坐，奠爵于阶前，辞。宾对。主人坐取爵，兴，适洗，南面坐，奠爵于篚下，盥洗。宾进，东北面辞洗。主人坐，奠爵于篚，兴对。宾复位，当西序东面。主人坐取爵。沃洗者西北面。卒洗，主人壹揖、壹让，升。宾拜洗。主人坐，奠爵，遂拜，降盥。宾降，主人辞，宾对，复位，当西序。卒盥，揖，让，升。宾西阶上疑立。主人坐取爵，实之，宾之席前西北面献宾。宾西阶上拜，主人少退。宾进受爵以复位。主人阼阶上拜送爵，宾少退。荐脯醢。宾升席自西方。乃设折俎。主人阼阶东疑立。宾坐，左执爵，祭脯醢，奠爵于荐西，兴右手取肺，却左手执本①，坐，弗缭，右绝末以祭②，尚左手嚌之，兴加于俎，坐，挩手，遂祭酒，兴席末坐，啐酒，降席坐，奠爵，拜告旨③，执爵兴。主人阼阶上答拜。宾西阶上北面坐，卒爵，兴，坐奠爵，遂拜，执爵兴。主人阼阶上答拜。

　　宾降，洗。主人降。宾坐奠爵，兴辞。主人对。宾坐取爵，适洗南，北面。主人阼阶东，南面辞洗。宾坐奠爵于篚，兴对。主人复阼阶东，西面。宾东北面盥，坐取爵，卒洗，揖让如初，升。主人拜洗。宾答拜，兴降盥，如主人礼。宾实爵，主人之席前东南面酢主人。主人阼阶上拜，宾少退。主人进受爵，复位。宾西阶上拜送爵。荐脯醢。主人升席自北方。设折俎。祭如宾礼，不告旨。自

---

① 却：仰。本：肺的大端。
② 弗缭，右绝末以祭：缭祭，左手纵持肺根，右手取肺尖，揩取之以祭。绝祭，直接揩取以祭。
③ 告旨：宾向主人行拜礼。

席前适阼阶上北面坐，卒爵，兴，坐，奠爵，遂拜，执爵兴。宾西阶上答拜。主人坐，奠爵于序端，阼阶上北面再拜崇酒①。宾西阶上答拜。

主人坐，取觯于篚，降，洗。宾降。主人辞降。宾不辞洗，立当西序，东面。卒洗，揖、让升。宾西阶上疑立。主人实觯，酬宾，阼阶上北面坐，奠觯，遂拜，执觯兴。宾西阶上答拜。坐，祭，遂饮卒觯，兴，坐奠觯，遂拜，执觯兴。宾西阶上答拜。主人降洗。宾降辞，如献礼。升，不拜洗。宾西阶上立。主人实觯，宾之席前北面。宾西阶上拜，主人少退。卒拜，进坐，奠觯于荐西。宾辞，坐取觯，复位。主人阼阶上拜送。宾北面坐，奠觯于荐东，复位。

主人揖，降。宾降，立于阶西，当序，东面。主人以介揖、让升，拜，如宾礼。主人坐取爵于东序端，降洗。介降，主人辞降，介辞洗，如宾礼。升不拜洗。介西阶上立。主人实爵，介之席前西南面献介。介西阶上北面拜，主人少退。介进北面受爵，复位。主人介右北面拜送爵，介少退。主人立于西阶东。荐脯醢。介升席自北方。设折俎。祭如宾礼，不哜肺，不啐酒，不告旨。自南方降席，北面坐，卒爵，兴，坐，奠爵，遂拜，执爵兴。主人介右答拜。

介降洗，主人复阼阶，降辞如初。卒洗，主人盥。介揖让升，授主人爵于两楹之间。介西阶上立。主人实爵，酢于西阶上介右。坐，奠爵，遂拜，执爵兴。介答拜。主人坐，祭，遂饮卒爵，兴，坐，奠爵，遂拜，执爵兴。介答拜。主人坐，奠爵于西楹南、介右，再拜崇酒。介答拜。

主人复阼阶，揖，降。介降，立于宾南。主人西南面三拜众宾。众宾皆答壹拜。主人揖，升，坐取爵于西楹下，降洗，升，实爵，

---

① 再拜崇酒：主人拜宾以感谢其珍重自己的酒。

于西阶上献众宾。众宾之长升，拜受者三人①。主人拜送。坐祭，立饮，不拜既②爵，授主人爵，降复位。众宾献，则不拜受爵，坐祭，立饮。每一人献，则荐诸其席③。众宾辩④有脯醢。主人以爵降，奠于篚。

揖、让升，宾厌介，升。介厌众宾，升。众宾序升即席。一人洗，升，举觯于宾。实觯，西阶上坐，奠觯，遂拜，执觯兴。宾席末答拜。坐，祭，遂饮卒觯，兴。坐，奠觯，遂拜，执觯兴。宾答拜。降洗，升，实觯，立于西阶上。宾拜。进坐，奠觯于荐西。宾辞，坐受以兴。举觯者西阶上拜送。宾坐，奠觯于其所。举觯者降。

设席于堂廉⑤，东上。工四人，二瑟，瑟先。相者二人，皆左何瑟，后首，挎越，内弦，右手相⑥。乐正先升，立于西阶东。工入，升自西阶。北面坐。相者东面坐，遂授瑟，乃降。工歌《鹿鸣》、《四牡》、《皇皇者华》。卒歌，主人献工。工左瑟。一人⑦拜，不兴受爵。主人阼阶上拜送爵。荐脯醢。使人相祭。工饮，不拜既爵，授主人爵。众工则不拜受爵，祭，饮。辩有脯醢，不祭。大师则为之洗。宾、介降，主人辞降。工不辞洗。

笙入堂下，磬南北面立⑧。乐《南陔》、《白华》、《华黍》。主人献之于西阶上。一人拜，尽阶⑨，不升堂受爵。主人拜送爵。阶前

---

① 三人为众宾之长。
② 既：饮完。
③ 主人向三位众宾之长一一献酒，并有脯醢送到其席上。
④ 辩：通"遍"。
⑤ 堂廉：堂的外侧边，为乐工之席所在。
⑥ 左何瑟，后首，挎越，内弦，右手相：何，通"荷"；挎，持；越，瑟孔。搀扶乐工之相左肩荷瑟，瑟首朝后，左手抠瑟孔，瑟弦朝内，右手扶乐工。
⑦ 此人为工长。
⑧ 在堂下两阶之间设有磬，磬面朝南。
⑨ 尽阶：即阶的最后一级。

坐祭，立饮，不拜既爵，升授主人爵。众笙则不拜受爵，坐祭，立饮。辩有脯醢，不祭。

乃间歌①《鱼丽》，笙《由庚》；歌《南有嘉鱼》，笙《崇丘》；歌《南山有台》，笙《由仪》。

乃合乐：《周南》，《关雎》、《葛覃》、《卷耳》；《召南》，《鹊巢》、《采蘩》、《采蘋》。工告于乐正曰："正歌备。"乐正告于宾，乃降。

主人降席自南方，侧降②，作相为司正。司正礼辞许诺。主人拜，司正答拜。主人升，复席。司正洗觯，升自西阶，阼阶上北面受命于主人。主人曰："请安于宾。"司正告于宾，宾礼辞许。司正告于主人。主人阼阶上再拜，宾西阶上答拜。司正立于楹间以相拜。皆揖复席。

司正实觯，降自西阶，阶间北面坐奠觯，退，共少立，坐取觯，不祭，遂饮卒觯，兴，坐，奠觯，遂拜，执觯兴，盥洗，北面坐，奠觯于其所，退立于觯南。

宾北面坐，取俎西之觯，阼阶上北面酬主人。主人降席，立于宾东。宾坐奠觯，遂拜，执觯兴。主人答拜。不祭，立饮，不拜卒觯，不洗，实觯，东南面授主人。主人阼阶上拜，宾少退。主人受觯，宾拜送于主人之西。宾揖，复席。

主人西阶上酬介。介降席自南方，立于主人之西，如宾酬主人之礼。主人揖，复席。

司正升相旅③，曰："某子受酬。"受酬者降席。司正退立于序端，东面。受酬者自介右。众受酬者受自左，拜，兴，饮，皆如宾酬主人之礼。辩，卒受者以觯降，坐奠于篚。司正降复位。

---

① 间歌：堂上瑟歌与堂下笙乐交替演奏。
② 侧降：独自下堂，宾与介不随行。
③ 相旅：相，监察。旅，旅酬之礼。

使二人举觯于宾、介。洗，升，实觯，于西阶上皆坐，奠觯，遂拜，执觯兴。宾、介席末答拜。皆坐祭，遂饮卒觯，兴，坐，奠觯，遂拜，执觯兴，宾、介席末答拜。逆降，洗，升，实觯，皆立于西阶上。宾、介皆拜。皆进。荐西奠之，宾辞，坐取觯以兴。介则荐南奠之。介坐受以兴。退，皆拜送，降。宾、介奠于其所。

司正升自西阶，受命于主人。主人曰："请坐于宾。"宾辞以俎。主人请彻俎，宾许。司正降阶前，命弟子俟彻俎。司正升，立于序端。宾降席，北面。主人降席，阼阶上北面。介降席，西阶上北面。遵者降席，席东、南面。宾取俎还授司正，司正以降，宾从之。主人取俎还授弟子，弟子以降自西阶，主人降自阼阶。介取俎还授弟子，弟子以降，介从之。若有诸公、大夫，则使人受俎如宾礼。众宾皆降。

说屦，揖、让如初，升，坐。乃羞①。无筭爵，无筭乐②。

宾出，奏《陔》。主人送于门外，再拜。

宾若有遵者，诸公、大夫，则既一人举觯乃入。席于宾东，公三重，大夫再重。公如大夫入，主人降，宾、介降，众宾皆降，复初位。主人迎，揖、让升。公升如宾礼，辞一席，使一人去之。大夫则如介礼，有诸公则辞加席，委于席端，主人不彻。无诸公，则大夫辞加席，主人对，不去加席。

明日宾服乡③服以拜赐。主人如宾服以拜辱。主人释服。乃息④司正。无介，不杀，荐脯醢，羞唯所有。征唯所欲⑤，以告于先生、

---

① 羞：进肉和醢。
② 筭：通"算"。无筭爵，无筭乐，指相互酬酒，不计杯数，音乐也不一遍一遍演奏，不计数目，尽欢而已。
③ 乡：通"向"。乡服，昨日之服。
④ 息：慰劳。
⑤ 征唯所欲：想请谁就请谁。后文的"乡乐唯欲"也指想奏什么音乐就奏什么音乐。

君子可也。宾、介不与。乡乐唯欲。

《记》。乡朝服而谋宾、介。皆使能，不宿戒①。

蒲筵，缁布纯。尊绤幂，宾至彻之。其牲，狗也。亨于堂东北。献用爵，其他用觯。荐脯五挺，横祭于其上②，出自左房。俎由东壁，自西阶升。宾俎脊、胁、肩、肺。主人俎脊、胁、臂、肺，介俎脊、胁、胉、胳、肺。肺皆离。皆右体，进腠。

以爵拜者不徒作。坐卒爵者拜既爵，立卒爵者不拜既爵。凡奠者于左，将举于右。众宾之长一人辞洗如宾礼。立者东面，北上。若有北面者，则东上。乐正与立者皆荐，以齿。凡举爵，三作而不徒爵。乐作，大夫不入。献工与笙，取爵于上篚；既献，奠于下篚。其笙则献诸西阶上。磬阶间缩溜③，北面鼓之。主人、介凡升席自北方，降自南方。司正既举觯而荐诸其位。凡旅不洗。不洗者不祭。既旅，士不入。彻俎，宾、介、遵者之俎，受者以降，遂出授从者。主人之俎以东。乐正命奏《陔》，宾出至于阶，《陔》作。若有诸公，则大夫于主人之北，西面。主人之赞者西面，北上，不与，无算爵然后与。

燕 礼

燕礼。小臣戒④与者。膳宰具官馔于寝东。乐人县。设洗、篚于阼阶东南，当东溜⑤。罍水在东。篚在洗西，南肆。设膳篚在其

---

① 宿戒：再戒，再请。
② 荐脯五挺，横祭于其上：荐脯五条干肉，另有一条用以祭祀的干肉横在上面。
③ 磬阶间缩溜：缩，纵；溜，屋檐。磬顺着屋檐东西纵向排列。
④ 戒：告诉、告请。
⑤ 溜：屋檐滴水处。天子殿四阿，东南西北各有溜。

北,西面。司宫尊于东楹之西,两方壶,左玄酒,南上;公尊瓦大①两,有丰,幂用绤若锡②,在尊南,南上。尊士旅食③于门西,两圜壶。司宫筵宾于户西,东上,无加席也。射人告具。

小臣设公席于阼阶上,西乡,设加席。公升即位于席,西乡。小臣纳卿大夫。卿大夫皆入门右,北面,东上。士立于西方,东面,北上。祝史立于门东,北面,东上。小臣师一人,在东堂下,南面。士旅食者立于门西,东上。公降立于阼阶之东南,南向尔卿④。卿西面,北上。尔大夫,大夫皆少进。

射人请宾。公曰:"命某为宾。"射人命宾,宾少进,礼辞。反命,又命之。宾再拜稽首,许诺。射人反命。宾出,立于门外,东面。公揖卿大夫,乃升就席。

小臣自阼阶下北面请执幂者与羞膳者。乃命执幂者。执幂者升自西阶,立于尊南,北面,东上。膳宰请羞于诸公卿者。

射人纳宾。宾入及庭,公降一等揖之,公升就席。

宾升自西阶。主人亦升自西阶。宾右北面至再拜。宾答再拜。主人降洗,洗南西北面。宾降阶西,东面。主人辞降,宾对。主人北面盥,坐取觚洗。宾少进辞洗。主人坐,奠觚于篚,兴对。宾反位。主人卒洗,宾揖乃升。主人升。宾拜洗。主人宾右奠觚答拜,降盥。宾降,主人辞,宾对。卒盥,宾揖升。主人升,坐取觚。执幂者举幂。主人酌膳。执幂者反幂。主人筵前献宾。宾西阶上拜,筵前受爵反位。主人宾右拜送爵。膳宰荐脯醢。宾升筵。膳宰设折俎。宾坐,左执爵,右祭脯醢,奠爵于荐右,兴取肺,坐绝祭⑤,

---

① 瓦大:陶制的盛酒器。
② 幂用绤若锡:幂,覆盖。绤,粗布。锡,细布。
③ 士旅食:郑玄注:"旅,众也。士众食,谓未得正禄,所谓庶人在官者也。"
④ 南向尔卿:尔,使之靠近。君南揖请卿靠近自己。
⑤ 绝祭:一种祭礼,取肺的末端以祭。

哜之，兴加于俎，坐挽手，执爵，遂祭酒，兴席末坐，啐酒，降席坐，奠爵，拜告旨，执爵兴。主人答拜。宾西阶上北面坐，卒爵，兴，坐，奠爵，遂拜。主人答拜。

宾以虚爵降。主人降。宾洗南坐，奠觚，少进，辞降。主人东面对。宾坐取觚，奠于筐下，盥洗。主人辞洗。宾坐，奠觚于筐，兴对。卒洗，及阶揖升。主人升，拜洗如宾礼。宾降盥，主人降。宾辞降。卒盥，揖升，酌膳。执幂如初。以酢主人于西阶上。主人北面拜受爵。宾主人之左拜送爵。主人坐祭，不啐酒，不告旨。遂卒爵，兴，坐，奠爵拜，执爵兴。宾答拜。主人不崇①酒，以虚爵降，奠于筐。

宾降，立于西阶西。射人升宾。宾升，立于序内，东面。主人盥，洗象觚，升实之，东北面献于君。君拜受爵。主人降自西阶，阼阶下北面拜送爵。士荐脯醢，膳宰设折俎，升自西阶。公祭如宾礼，膳宰赞授肺。不拜酒，立卒爵，坐，奠爵拜，执爵兴。主人答拜，升，受爵以降，奠于膳筐。

更爵洗，升，酌膳酒以降，酢于阼阶下。北面坐，奠爵，再拜稽首。公答再拜。主人坐祭，遂卒爵，再拜稽首。公答再拜。主人奠爵于筐。

主人盥洗升，媵觚于宾②。酌散，西阶上坐，奠爵拜宾。宾降筵，北面答拜。主人坐，祭，遂饮。宾辞。卒爵拜。宾答拜。主人降洗。宾降。主人辞降。宾辞洗。卒洗，揖升，不拜洗。主人酌膳。宾西阶上拜，受爵于筵前，反位。主人拜送爵。宾升席坐，祭酒，遂奠于荐东。主人降，复位。宾降筵西，东南面立。

小臣自阼阶下请媵爵者。公命长。小臣作下大夫二人媵爵。媵

---

① 崇酒：充酒。
② 媵觚于宾：媵，送。向宾进送酬酒。

爵者阼阶下皆北面再拜稽首。公答再拜。媵爵者立于洗南，西面，北上，序进，盥，洗角觯，升自西阶，序进酌散，交于楹北。降，阼阶下，皆奠觯，再拜稽首，执觯兴。公答再拜。媵爵者皆坐，祭，遂卒觯，兴，坐，奠觯，再拜稽首，执觯兴。公答再拜。媵爵者执觯待于洗南。小臣请致者①。若君命皆致，则序进，奠觯于篚，阼阶下皆再拜稽首。公答再拜。媵爵者洗象觯，升实之，序进，坐，奠于荐南，北上，降，阼阶下皆再拜稽首送觯。公答再拜。

公坐，取大夫所媵觯，兴以酬宾。宾降西阶下再拜稽首，公命小臣辞。宾升成拜。公坐奠觯，答再拜，执觯兴，立卒觯。宾下拜。小臣辞。宾升，再拜稽首。公坐奠觯，答再拜，执觯兴。宾进，受虚爵，降奠于篚，易觯洗。公有命，则不易，不洗，反升酌膳觯，下拜。小臣辞。宾升，再拜稽首。公答再拜。宾以旅酬于西阶上。射人作大夫长升受旅。宾大夫之右坐，奠觯拜，执觯兴。大夫答拜。宾坐祭，立饮卒觯，不拜。若膳觯也，则降更觯洗，升，实散。大夫拜受，宾拜送。大夫辩受酬，如受宾酬之礼，不祭。卒受者以虚觯降，奠于篚。

主人洗，升，实散，献卿于西阶上。司宫兼卷重席，设于宾左，东上。卿升拜受觚。主人拜送觚。卿辞重席。司宫彻之。乃荐脯醢。卿升席坐，左执爵，右祭脯醢，遂祭酒，不啐酒。降席，西阶上北面坐，卒爵，兴，坐，奠爵拜，执爵兴。主人答拜，受爵。卿降，复位。辩献卿，主人以虚爵降，奠于篚。射人乃升卿，卿皆升就席。若有诸公，则先卿献之，如献卿之礼。席于阼阶西，北面，东上，无加席。

小臣又请媵爵者，二大夫媵爵如初。请致者。若命长致，则媵

---

① 致者：向君送酒之人。

爵者奠觯于篚，一人待于洗南。长致，致者阼阶下再拜稽首，公答再拜。洗象觯，升实之，坐，奠于荐南，降。与立于洗南者二人皆再拜稽首送觯。公答再拜。

公又行一爵，若宾若长，唯公所酬。以旅于西阶上如初。大夫卒受者，以虚觯降，奠于篚。

主人洗，升，献大夫于西阶上。大夫升，拜受觚。主人拜送觚。大夫坐，祭，立卒爵，不拜既爵。主人受爵。大夫降，复位。胥荐主人于洗北，西面，脯醢，无脀①。辩献大夫，遂荐之，继宾以西，东上。卒，射人乃升大夫。大夫皆升，就席。

席工于西阶上少东。乐正先升，北面立于其西。小臣纳工，工四人，二瑟。小臣左何瑟，面鼓，执越，内弦，右手相，入。升自西阶，北面，东上，坐。小臣坐，授瑟乃降。工歌《鹿鸣》、《四牡》、《皇皇者华》。

卒歌，主人洗，升，献工。工不兴，左瑟，一人拜受爵。主人西阶上拜送爵。荐脯醢。使人相祭。卒爵不拜。主人受爵。众工不拜受爵，坐祭，遂卒爵。遍有脯醢，不祭。主人受爵，降奠于篚。

公又举奠觯，唯公所赐②，以旅于西阶上如初。卒。

笙入，立于县中。奏《南陔》、《白华》、《华黍》。

主人洗，升，献笙于西阶上。一人拜，尽阶不升堂受爵，降。主人拜送爵。阶前坐，祭，立卒爵，不拜既爵，升授主人。众笙不拜受爵，降，坐祭，立卒爵。辩有脯醢，不祭。

乃间歌《鱼丽》，笙《由庚》；歌《南有嘉鱼》，笙《崇丘》；歌《南山有台》，笙《由仪》。遂歌乡乐。《周南》：《关雎》、《葛覃》、《卷耳》；

---

① 脀（zhēng）：俎中牲肉，即折俎。
② 唯公所赐：君为大夫授酬酒，随君之意愿决定先授予宾或卿之长者。

《召南》:《鹊巢》、《采蘩》、《采𬞟》。大师告于乐正曰:"正歌备①。"乐正由楹内东楹之东告于公,乃降复位。

射人自阼阶下请立司正。公许。射人遂为司正。司正洗角觯,南面坐,奠于中庭,升,东楹之东受命,西阶上北面命卿大夫曰:"君曰:'以我安卿大夫!'"皆对曰:"诺!敢不安!"司正降自西阶,南面坐,取觯,升,酌散,降,南面坐奠觯,右还,北面少立,坐,取觯,兴,坐,不祭,卒觯奠之,兴,再拜稽首,左还,南面坐,取觯洗,南面反奠于其所,升自西阶,东楹之东请彻俎。降,公许。告于宾。宾北面取俎以出。膳宰彻公俎,降自阼阶以东。卿大夫皆降,东面,北上。宾反入,及卿大夫皆脱屦,升就席。公以宾及卿大夫皆坐乃安。羞庶羞②。大夫祭荐。司正升受命,皆命:"君曰:'无不醉!'"宾及卿大夫皆兴,对曰:"诺!敢不醉!"皆反坐。

主人洗,升,献士于西阶上。士长升,拜受觯。主人拜送觯。士坐祭,立饮,不拜既爵。其他不拜,坐祭,立饮。乃荐司正与射人一人,司士一人,执幂二人,立于觯南,东上。辩献士。士既献者立于东方,西面,北上。乃荐士。祝史、小臣师亦就其位而荐之。主人就旅食之尊而献之。旅食不拜受爵,坐祭,立饮。

若射,则大射正为司射,如乡射之礼。

宾降洗,升,媵觚于公。酌散,下拜。公降一等。小臣辞。宾升,再拜稽首。公答再拜。宾坐祭,卒爵,再拜稽首。公答再拜。宾降,洗象觯,升,酌膳,坐,奠于荐南,降拜。小臣辞。宾升成拜。公答再拜。宾反位。公坐取宾所媵觯,兴,唯公所赐。受者如初受酬之礼。降,更爵洗,升,酌膳,下拜。小臣辞。升成拜。公

---

① 正歌备:所有规定的乐歌都已演奏完毕。堂上弹瑟而歌与堂下吹笙相互交织,形成隆重热烈的礼乐气氛。

② 羞庶羞:第一个羞为动词,进羞;第二个羞为名词,食物。进上各种美味食物。

答拜。乃就席，坐行之。有执爵者①。唯受于公者拜。司正命执爵者："爵辩，卒受者兴，以酬士。"大夫卒受者以爵兴，西阶上酬士。士升，大夫奠爵拜。士答拜。大夫立卒爵，不拜，实之。士拜受。大夫拜送。士旅于西阶上辩。士旅酬，卒。

主人洗，升自西阶，献庶子②于阼阶上，如献士之礼。辩，降洗，遂献左右正与内小臣③，皆于阼阶上，如献庶子之礼。

无算爵。士也，有执膳爵者，有执散爵者④。执膳爵者，酌以进公，公不拜受。执散爵者，酌以之公命所赐。所赐者兴受爵，降席下奠爵，再拜稽首。公答拜。受赐爵者以爵就席坐，公卒爵然后饮。执膳爵者受公爵，酌，反奠之。受赐爵者兴，授执散爵。执散爵者乃酌行之。唯受爵于公者拜。卒受爵者兴，以酬士于西阶上。士升。大夫不拜，乃饮，实爵。士不拜受爵。大夫就席。士旅酬亦如之。公有命彻幂，则卿大夫皆降西阶下，北面，东上，再拜稽首。公命小臣辞。公答再拜。大夫皆辟。遂升，反坐。士终旅于上如初。无算乐。

宵则庶子执烛于阼阶上，司宫执烛于西阶上，甸人执大烛于庭，阍人为大烛于门外⑤。宾醉，北面坐，取其荐脯以降。奏《陔》。宾所执脯以赐钟人于门内溜，遂出。卿大夫皆出。公不送。

公与客燕，曰："寡君有不腆之酒⑥，以请吾子之与寡君须臾焉。使某也以请。"对曰："寡君，君之私也，君无所辱赐于使臣，臣敢辞。""寡君固曰不腆，使某固以请！""寡君，君之私也。君无所辱

---

① 有执爵者：执爵负责酌酒之人。
② 庶子：掌教公卿大夫士之嫡子的属官。
③ 左右正与内小臣：皆为侍从于君或嫔妃的小官。
④ 膳爵：君爵。散爵：卿大夫之爵。
⑤ 甸人：掌管木材之人。阍人：掌握早晚开关门之人。
⑥ 不腆之酒：谦辞，薄酒。

赐于使臣，臣敢固辞！""寡君固曰不腆，使某固以请！""某固辞不得命，敢不从！"致命曰："寡君使某，有不腆之酒，以请吾子之与寡君须臾焉。""君贶寡君多矣，又辱赐于使臣，臣敢拜赐命！"

《记》。燕，朝服于寝。其牲狗也，亨于门外东方。若与四方之宾燕，则公迎之于大门内，揖、让升。宾为苟敬，席于阼阶之西，北面。有脀。不啐肺，不啐酒。其介为宾。无膳尊，无膳爵。与卿燕，则大夫为宾。与大夫燕，亦大夫为宾。羞膳者与执幂者皆士也。羞卿者，小膳宰也。若以乐纳宾，则宾及庭，奏《肆夏》。宾拜酒，主人答拜而乐阕①。公拜受爵而奏《肆夏》。公卒爵，主人升受爵以下而乐阕。升歌《鹿鸣》，下管《新宫》，笙入三成②，遂合乡乐。若舞则《勺》。唯公与宾有俎。献公曰："臣敢奏爵以听命。"凡公所辞皆栗阶③。凡栗阶不过二等。凡公所酬，既拜，请旅侍臣。凡荐与羞者，小膳宰也，有内羞。君与射，则为下射，袒朱襦，乐作而后就物。小臣以巾授矢，稍属。不以乐志④。既发，则小臣受弓以授弓人。上射退于物一笴，既发则答君而俟。若饮君，燕则夹爵。君在，大夫射则肉袒。若与四方之宾燕，媵爵曰："臣受赐矣，臣请赞执爵者。"相者对曰："吾子无自辱焉。"有房中之乐⑤。

---

① 阕：停止。
② 笙入三成：下管《新宫》时，笙加入合奏，共奏三遍。
③ 栗阶：栗，通"历"。历阶为一步一阶。拾阶则不同，为每上一阶后另一脚要并之然后再上。
④ 不以乐志：射箭本应与音乐合拍，但对君而言，其射箭可以不与音乐合拍。
⑤ 房中之乐：指以管弦演奏的《诗经》中《周南》《召南》的作品。其本为后妃在房中为君弹奏之曲，故称房中之乐。

第二编 儒家美学

本编导读

儒家美学是中国美学精神之一，它注重美善统一，注重人格修养和生命境界的达成。孔子作为儒家美学思想的开创人，依据时代精神对礼乐文化进行了新的解释，对美善关系、文质关系、诗乐艺术的情感特征与道德人格的关系以及生命审美境界等美学问题进行了理论化阐述。

孔子之后，孔子弟子和再传弟子对诗乐艺术中的情感因素进行了理论宏扬。在上海博物馆藏战国楚竹书（下文简称上博简）《孔子诗论》中，孔子及其弟子对《诗》的评论，充分注意到了《诗》中作品本身所蕴含的情感性特征。"诗无隐志，乐无隐情"观念的提出是对《尚书·舜典》"诗言志"美学理论的推进；在郭店出土的《性自命出》等楚简（下文简称郭店楚简）中，孔门弟子开始立足人性论，较为深入地思考了礼乐制度和人之性情的内在关联。《性自命出》从自身的人性论出发，高度肯定了情在生命中的重要性。在把礼乐也看作始于情的基础上，《性自命出》主张在顺应生命情性之动的同时，又提出要让生命在感知礼乐时产生心志塑造之效果。《性自命出》认为生命虽无定志之心，但经由礼乐的熏染，又是可以使人心定志的。这样，礼乐所承载的道德内容经由生命情志的体悟而内化为一种主体道德，从而使得君子人格得以建立。

《性自命出》的美学思想在《荀子·乐论》《乐记》中得到了更为全面和系统的发展。虽然《荀子·乐论》和《乐记》在诸多文字上相同，在成人思路上相通，但由于各自有着不同的心性论，其间依然有着很多细微的差别。正由于《乐记》具有性善论色彩，故其具有荀子所没有的音乐形而上学方面的论述。同样，在《乐记》中，通过音乐的熏染，人能够反情复始、反善复性是自然而然的。但在荀子乐教中，这种过程的出现只能是在后天逐步建构起来的，或者说只能在心志有了一定的基础之后才可能出现的。因为在荀子哲学中，并不存在这个本性意义上的始与善。相比而言，是《乐记》而非《乐论》才代表了儒家音乐美学的最高理论成就。

《中庸》则把天道、天命的形而上根据明确地落实在人性身上而体现为一种真实无妄、天理本然之"诚"。与孔子仁智兼修一致，《中庸》对性之自我涵容和修持的主体内在性情之美予以了哲学思辨，提出了内在"诚明"与外在"明诚"的相互配合以成就生命自身。与《中庸》关注天人关系一致，《五行》在引入气论的基础上明确提出以"仁义礼智圣"五行之内在德行和"仁义礼智"四行之外在规范相互配合来成就生命的"金声玉振"，实现人道与天道的合一。

儒家美学思想发展到孟子那里，开始偏向于发掘人性结构中性、情、气关系并在性善论的基础上展开了对个体人格美的系统探讨。

孟子提出了著名的"四端说",把孔子仁的基点由孝悌亲情转换为具有更加普遍性的"恻隐""羞恶""辞让""是非"之情,并系统思考了"仁义礼智"和性的关系。同时,孟子还对主体人格之美的内在心、性、情、志、气的细致关系进行了全面的理论揭橥。

战国后期,随着个体感性欲望的发展,如何既肯定人的合理的情欲要求又将其纳入整个统治秩序之中成为荀子美学思想关注的要点。处于战国末期的荀子,一改儒家思想的理想化色彩,更多着力于一种具有政治实效性的理论建构。荀子"隆礼义而杀《诗》《书》",认为诗书"故而不切",不足以化解人性之恶,只有厚重庄严、刚强有序的礼义之统才能承担此份重任。他标榜礼法,宣扬圣人之道,以圣人为名制定一套礼法制度来为统治者服务。荀子立足于人性恶的经验层面,主张通过礼乐制度来化性起伪,从而把人的情感满足纳入政治制度的规范之中。

《易传》美学吸纳了道家宇宙论观念,对儒家思想的天道观进行了论述,从而为儒家思想确立了一种宇宙论根据。从美学上来说,《易传》首先确立了一种天地生生之美的天道观,为刚健、笃实、辉光、日新的君子人格之美(人道)奠定了形而上的合理性来源。同时,为了体悟天道,成就人道,《易传》对《易》之符号系统提出了"立象以尽意"的独特性开显方式。这种对道的开显方式和艺术的开显方式有着异曲同工之妙,直接成为后世艺术意象论的理论来源。

总体而言,先秦儒家美学与儒家的道德伦理学有着千丝万缕的关系,具有美善统一的基本特色。先秦儒家思想极为重视伦理道德,以成就君子人格和仁政社会为其文化目标。因此,先秦儒家美学思想立足于其哲学基础,主要围绕着审美、艺术与人生理想和政治理想的关系展开。

本编的选文以孔子、孔子弟子与再传弟子、思孟学派、荀子的著作为主，其中很多著作的成书年代和作者归属还无法确定。由于先秦儒家美学思想是和其哲学思想紧密关联的，故在选文过程中，除了选择文献中的美学性内容，还选取了作为儒家美学基础的最重要的哲学性内容。另外，在汉代还有一些后人撰写的著作也是了解先秦儒家美学的重要资料。出土简帛儒家文献以及《史记·孔子世家》《史记·仲尼弟子列传》《史记·孟子荀卿列传》《孔子家语》《孔丛子》等都是本部分的扩展阅读书目。

论 语

《论语》为孔子弟子及再传弟子记叙孔子言行思想的著作。孔子(约前551—前479),名丘,字仲尼,鲁国陬邑(今山东曲阜)人,儒家学派创始人。《论语》凡二十篇,篇名取自每篇首章中的前几个字。《论语》作为孔子思想的集中记载,涵盖了哲学、伦理、教育、文艺等多方面内容。孔子作为儒家美学思想的开创人,依据时代精神对礼乐文化进行了新的解释,对美善关系、文质关系、诗乐艺术的情感特征与道德人格的关系以及生命审美境界等美学问题进行了理论化阐述。选文摘自杨伯峻编撰《论语译注》,中华书局2006年版。

论 仁

有子①曰:"其为人也孝弟②,而好犯上者,鲜矣!不好犯上,而好作乱者,未之有也。君子务本,本立而道生。孝弟也者,其为仁之本与!"

子曰:"弟子入则孝,出则悌,谨而信,泛爱众,而亲仁③,行有余力,则以学文。"(学而)

子曰:"人而不仁,如礼何?人而不仁,如乐何?"(八佾)

---

① 有子:孔子学生,姓有名若。
② 孝:子女对父母的正确态度。弟:读 tì,意思同于悌,指弟弟对兄长的正确态度。按杨伯峻的解释,封建时代也把"孝弟"作为维持它那时候的社会制度、社会秩序的一种基本道德力量。
③ 仁:指仁人。古代词汇中常以事物的性质、特征来指代该物。

子曰:"里①仁为美,择不处②仁,焉得知③?"

子曰:"富与贵是人之所欲也;不以其道得之,不处也。贫与贱是人之所恶也;不以其道得之,不去也。君子去仁,恶乎④成名?君子无终食之间违⑤仁,造次必于是,颠沛必于是。"

子曰:"参乎!吾道一以贯之。"曾子曰:"唯。"子出。门人问曰:"何谓也?"曾子曰:"夫子之道,忠恕而已矣!"(里仁)

子贡曰:"夫子之文章,可得而闻也;夫子之言性与天道,不可得而闻也。"(公冶长)

子曰:"天生德于予,桓魋⑥其如予何?"

子曰:"仁远乎哉?我欲仁,斯仁至矣!"(述而)

子罕⑦言利,与⑧命与仁。(子罕)

颜渊问仁。子曰:"克己复礼为仁。一日克己复礼,天下归仁焉。为仁由己,而由人乎哉?"颜渊曰:"请问其目⑨。"子曰:"非礼

---

① 里:这里可以看成动词,居住。
② 处:居住。
③ 知:通"智"。
④ 恶(wū)乎:恶乎即"于何处",译为从哪里、怎样。
⑤ 违:离开。
⑥ 桓魋其如予何:桓魋又能拿我怎么办呢?《史记·孔子世家》有一段这样的记载:"孔子去曹,适宋,与弟子习礼大树下。宋司马桓魋欲杀孔子,拔其树。孔子去,弟子曰:'可以速矣!'孔子曰:'天生德于予,桓魋其如予何?'"
⑦ 罕:很少,为副词。本句有另外一种断法:"子罕言利与命与仁。"今不从。
⑧ 与:赞与,赞同。孔子很少谈利益,但赞与天命与仁。
⑨ 目:纲领,纲要。

勿视，非礼勿听，非礼勿言，非礼勿动。"

樊迟问仁。子曰："爱人。"（颜渊）

子夏曰："博学而笃志①，切问而近思，仁在其中矣。"（子张）

论 礼

有子曰："礼之用，和为贵。先王之道斯为美，小大由之。有所不行，知和而和，不以礼节之，亦不可行也。"（学而）

林放问礼之本。子曰："大哉问！礼，与其奢也，宁俭；丧，与其易也，宁戚。"

祭如在，祭神如神在。子曰："吾不与②祭，如不祭。"（八佾）

子曰："先进于礼乐，野人也；后进于礼乐，君子也。如用之，则吾从先进。"（先进）

子曰："礼云礼云！玉帛云乎哉？乐云乐云！钟鼓云乎哉？"（阳货）

孔子曰："不知命，无以为君子也。不知礼，无以立也。不知言③，无以知人也。"（尧曰）

---

① 笃：杨伯峻认为其为坚守，笃志即坚守自己志趣。
② 与：按杨伯峻的解释，即参与，音 yù。
③ 知言：指善于分析言语，明辨是非善恶。

论　诗

子贡曰："贫而无谄，富而无骄，何如？"子曰："可也。未若①贫而乐道、富而好礼者也。"

子贡曰："《诗》云：'如切如磋，如琢如磨'②，其斯之谓与？"子曰："赐③也，始可与言《诗》已矣！告诸往而知来者④。"（学而）

子曰："《诗》三百，一言以蔽之，曰：'思无邪。'"⑤（为政）

子夏问曰："'巧笑倩兮，美目盼兮⑥，素以为绚兮⑦。'何谓也？"子曰："绘事后素。"曰："礼后乎？"子曰："起予者商也，始可与言《诗》已矣！"（八佾）

"唐棣之华，偏其反而。岂不尔思？室是远而⑧。"子曰："未之思也，夫何远之有？"（子罕）

---

① 未若：比不上，不及。
② 如切如磋，如琢如磨：该处引用《诗经·卫风·淇奥》，指对骨、象牙、玉器等反复抛光打磨。
③ 赐：子贡名。
④ 告诸往而知来者：往，指过去发生的事；来者，指将要发生的事。该句意思为告知过去的事，能预知未来的事，举一反三。
⑤ 关于"思无邪"的理解，历来聚讼纷纭。"思无邪"本出自《诗经·鲁颂·駉》："思无邪，思马斯徂。""思"在此篇本是毫无意义的语助词，孔子在此借用为"思想情感"解。朱熹以"使读诗人思无邪"将孔子对《诗》的作品评价转化为思想评价，明显违背孔子原意。这里注释为"整个《诗》的思想情感是天真而没有邪念的"。
⑥ 巧笑倩兮，美目盼兮：该处引用《诗经·卫风·硕人》，形容女子美貌姣好。
⑦ 素以为绚兮：指洁白底子上绣着花。该句今《诗经·卫风·硕人》无。
⑧ 室是远而：指家住得遥远。

南容三复白圭①，孔子以其兄之子妻之。（先进）

子曰："诵《诗》三百，授之以政，不达；使于四方，不能专对；虽多，亦奚以为②？"（子路）

陈亢问于伯鱼曰："子亦有异闻乎？"对曰："未也。尝独立，鲤趋而过庭。曰：'学《诗》乎？'对曰：'未也。''不学《诗》，无以言。'鲤退而学《诗》。他日，又独立，鲤趋而过庭。曰：'学礼乎？'对曰：'未也。''不学礼，无以立！'鲤退而学礼。闻斯二者。"陈亢退而喜曰："问一得三：闻《诗》，闻礼，又闻君子之远其子也。"（季氏）

子曰："小子！何莫学夫《诗》？《诗》可以兴，可以观，可以群，可以怨。迩之事父，远之事君。多识于鸟兽草木之名。"

子谓伯鱼曰："女为《周南》、《召南》矣乎？人而不为《周南》、《召南》，其犹正墙面而立也③与！"（阳货）

论　乐

孔子谓季氏："八佾舞于庭④，是可忍也，孰不可忍⑤也？"

三家者以《雍》彻。子曰："'相⑥维辟公，天子穆穆'，奚取于三

---

① 《诗经·大雅·抑》："白圭之玷，尚可磨也；斯言之玷，不可为也。"
② 亦奚以为：又有什么作用呢？
③ 正墙面而立也：垂直于墙面站立，指寸步难行。
④ 八佾舞于庭：佾，古代八人为一行，一行又叫一佾，八佾即六十四人；八佾舞于庭为天子的特权。
⑤ 忍：杨伯峻解释为"狠心"。释为"忍受"亦通。
⑥ 相（xiàng）：助祭者。

家之堂?"

子曰:"《关雎》乐而不淫①,哀而不伤。"

子语鲁大师乐。曰:"乐其可知也:始作,翕如也;从之,纯如也,皦如也,绎如也,以成②。"

子谓《韶》:"尽美矣,又尽善也。"谓《武》:"尽美矣,未尽善也。"(八佾)

子在齐闻《韶》,三月不知肉味。曰:"不图为乐之至于斯也!"
子与人歌而善,必使反之,而后和之。(述而)

子曰:"师挚之始,《关雎》之乱③,洋洋乎盈耳哉!"(泰伯)

子曰:"吾自卫反鲁,然后乐正,《雅》、《颂》各得其所。"(子罕)

颜渊问为邦④。子曰:"行夏之时,乘殷之辂,服周之冕,乐则《韶》、《舞》。放郑声,远佞人。郑声淫,佞人殆。"(卫灵公)

子之武城,闻弦歌之声。夫子莞尔而笑曰:"割鸡焉用牛刀?"子游对曰:"昔者偃也闻诸夫子曰:'君子学道则爱人;小人学道则易使也。'"子曰:"二三子!偃之言是也。前言戏之耳!"(阳货)

---

① 淫:过度而失当曰淫,如淫雨。
② 翕如:热烈状。纯如:和谐状。皦如:清晰状。绎如:不绝状。
③ 乱:乐曲最后一章。
④ 为邦:指治理国家。

论生命境界

子曰:"吾十有五而志于学,三十而立,四十而不惑,五十而知天命,六十而耳顺,七十而从心所欲不逾矩。"(为政)

子曰:"朝闻道,夕死可矣。"①(里仁)

子曰:"贤哉!回也。一箪食,一瓢饮,在陋巷。人不堪其忧,回也不改其乐。贤哉!回也。"
子曰:"知之者不如好之者,好之者不如乐之者。"(雍也)

子之燕居,申申如也,夭夭如也②。
子曰:"志于道,据于德,依于仁,游于艺。"
子曰:"饭疏食、饮水,曲肱而枕之,乐亦在其中矣!不义而富且贵,于我如浮云。"(述而)

子曰:"兴于《诗》,立于礼,成于乐③。"(泰伯)

子路、曾皙、冉有、公西华侍坐。子曰:"以吾一日长乎尔,毋吾以也!居④则曰:'不吾知也!'如或知尔,则何以哉?"子路率尔而对曰:"千乘之国,摄乎大国之间,加之以师旅,因之以饥馑,由也为之,比及三年,可使有勇,且知方也。"夫子哂之。"求,尔何如?"

---

① 闻道乃为己之学,寻求的是对生死等困境的超越与精神的安顿。
② 申申如也,夭夭如也:伸展舒适,悠闲自在的样子。
③ 兴于《诗》,立于礼,成于乐:《诗》以起情,礼以立身,乐以成性。
④ 居:平日里,平常。

对曰："方六七十，如五六十，求也为之，比及三年，可使足民；如其礼乐，以俟君子。""赤，尔何如？"对曰："非曰能之，愿学焉！宗庙之事，如会同，端章甫，愿为小相焉。""点，尔何如？"鼓瑟希，铿尔，舍瑟而作①。对曰："异乎三子者之撰！"子曰："何伤乎？亦各言其志也。"曰："莫春者，春服既成；冠者五六人，童子六七人，浴乎沂，风乎舞雩②，咏而归。"夫子喟然叹曰："吾与点也。"（先进）

文与质

子曰："周监于二代③，郁郁乎文哉！吾从周。"（八佾）

子曰："质胜文则野，文胜质则史，文质彬彬，然后君子。"（雍也）

棘子成曰："君子质而已矣，何以文为？"子贡曰："惜乎，夫子之说君子也！驷不及舌④。文犹质也，质犹文也。虎豹之鞟⑤犹犬羊之鞟。"（颜渊）

子路问成人。子曰："若臧武仲之知，公绰之不欲，卞庄子之勇，冉求之艺，文之以礼乐，亦可以为成人矣。"曰："今之成人者何必然？见利思义，见危授命，久要不忘平生之言，亦可以为成人矣。"（宪问）

---

① 作：站起来。
② 浴：洗澡、游泳。风：乘凉。舞雩：祭台。孔子的理想人生为一幅游春图景，审美趣味十足。
③ 二代：指夏、商两代。
④ 驷不及舌：一言既出，驷马难追。
⑤ 鞟(kuò)：皮革。

美①与大

子曰:"不有祝鮀②之佞,而有宋朝③之美。难乎免于今之世也。"(雍也)

子曰:"大哉尧之为君也!巍巍乎!唯天为大,唯尧则④之。荡荡乎!民无能名焉。巍巍乎其有成功也!焕乎其有文章!"

子曰:"禹,吾无间然矣!菲饮食而致孝乎鬼神;恶衣服而致美乎黻冕⑤……"(泰伯)

子贡曰:"有美玉于斯。韫椟而藏诸?求善贾⑥而沽诸?"(子罕)

子谓卫公子荆,"善居室,始有,曰:'苟合⑦矣。'少有,曰:'苟完⑧矣。'富有,曰:'苟美矣。'"(子路)

子贡曰:"……夫子之墙数仞,不得其门而入,不见宗庙之美,百官之富。得其门者或寡矣。夫子之云,不亦宜乎?"(子张)

---

① 《论语》"美"字凡14见,但有些无美学之义。
② 祝鮀:人名,卫国的大夫,口才极佳。
③ 宋朝:人名,宋国的公子朝,相貌姣好。
④ 则:指学习,效仿。
⑤ 黻冕(fú miǎn):指祭祀时穿着的礼服礼帽。
⑥ 贾(gǔ):商人;善贾:好价钱。
⑦ 合:足够。
⑧ 完:完备。

子温而厉

孔子于乡党，恂恂如也①，似不能言者。

其在宗庙朝庭，便便②言，唯谨尔。

朝，与下大夫言，侃侃如也；与上大夫言，訚訚③如也。君在，踧踖如也，与与④如也。

君召使摈，色勃如也，足躩⑤如也。揖所与立，左右手，衣前后，襜⑥如也。趋进，翼如也。宾退，必复命曰："宾不顾矣。"

入公门，鞠躬如也，如不容。立不中门，行不履阈。过位，色勃如也，足躩如也，其言似不足者。摄齐⑦升堂，鞠躬如也，屏气似不息者。出，降一等，逞颜色，怡怡如也。没阶，趋进，翼如也。复其位，踧踖如也。

执圭，鞠躬如也，如不胜。上如揖，下如授。勃如战色，足蹜蹜如有循。享礼，有容色。私觌⑧，愉愉如也。（乡党）

孔子诗论

《孔子诗论》是马承源主编《上海博物馆藏战国楚竹书》（一）（上海

---

① 恂（xún）恂如也：意为恭顺的样子。
② 便（pián）便：流畅，流利。
③ 訚（yín）訚：正直恭顺。
④ 与与：行步安详稳重。
⑤ 躩（jué）：快速的样子。
⑥ 襜（chān）：整齐。
⑦ 摄齐：齐音 zī，指衣服的下摆；摄齐，指提起衣裳下摆。
⑧ 私觌：觌音 dí，相见，见面；私觌，指用私人身份与外国君臣会见。

古籍出版社 2001 年版)中的一篇,共有 29 支竹简。《孔子诗论》的作者不详,可能是孔子弟子或再传弟子对孔子诗教思想的记录①。《孔子诗论》的出土为今天理解孔子诗学思想提供了新材料,让人看到了孔子诗教中重"情"、重诗歌原意的方面。本书引文据马承源对《孔子诗论》所作释文考释,并综合了李学勤、廖名春、李零、陈桐生、刘信芳等人的释本,整理文本按简文顺序排列。其中的"……"代表简文残缺处,"[]"代表增补之字,"( )"代表其他释读,"□"代表无法释读之字。

……行此者其有不王乎?

孔子曰:"诗亡隐(吝)志,乐亡隐(吝)情,文亡隐(吝)言。……"(1)

……寺也。文王受命矣。《颂》,平德②也,多言后,其乐安而迟,其歌绅而易(逖),其思深而远,至矣!《大雅》,盛德也,多言……(2)

……也③,多言难,而怨怼者也,衰矣!小矣!《邦风》④,其纳物也,溥(博)观人俗(欲)焉,大敛材焉。其言文,其声善。孔子曰:惟能夫……(3)

[孔子]曰:诗,其犹平门⑤。与贱民而豫⑥之,其用心也将何

---

① 按照先秦著述活动托名与重言习惯,也不排除《孔子诗论》中的"孔子曰"出自战国时儒者的借名。
② 平德:李零认为此处"平德"与下文"盛德"相对,似指平和舒缓。
③ 按文意,此句的主语疑为《小雅》。
④ 邦风:国风的旧称,后为避刘邦讳,改称国风。
⑤ 平门:按马承源的解释为春秋吴国城门名,吴王阖闾筑城四面八门,北面称为平门,在简文中可能泛指城门,喻诗之义理犹如城门般宽广。
⑥ 豫:或释为"逸",意为陶冶情操,抒发情感。

如？曰：《邦风》是也。民之有罢(慼)倦也，上下之不和者，其用心也将何如？……(4)

……是也。又成功者何如？曰：《颂》是也。

《清庙》①，王德也，至矣！敬宗庙之礼，以为其本；秉文之德，以为其蘖。肃雍[显相]……(5)

[《清庙》曰：肃雍显相，济济]多士②，秉文之德，吾敬之。《烈文》曰："乍(亡)竞维人"，"不显维德"，"於乎，前王不忘"。吾悦之。"昊天有成命，二后受之"，贵且显矣。《颂》……③(6)

……"怀尔明德"，曷？诚谓之也；"有命自天，命此文王。"诚命之也，信矣。孔子曰："此命也夫！文王虽欲已，得乎？此命也。"(7)

《十月》善諀(譬)言。《雨亡政》、《节南山》，皆言上之衰也，王公耻之。《小旻》多疑，疑言不中志者也。《小宛》其言不恶，少有危焉。《小弁》、《巧言》，则言谗人之害也。《伐木》……(8)

……实咎于其也。《天保》，其得禄蔑疆④矣，馔寡德故也。《祈父》之责，亦有以也。《黄鸟》则困而欲反其故也，多耻者其病之乎？《菁菁者莪》则以人益⑤也。《裳裳者华》则……(9)

《关雎》之改(攺)，《樛木》之时，《汉广》之知，《鹊巢》之归，《甘棠》之保，《绿衣》之思，《燕燕》之情，盖曰终而皆贤于其初者也。《关雎》以色喻于礼，……(10)

---

① 清庙：《颂》的首篇，《孔子家语·论礼》："子曰：升歌《清庙》，示德也；《清庙》，所以颂文王之德也。"

② 多士：本简简端残断，李学勤、李零补缺文：[《清庙》曰：肃雍显相，济济]多士……

③ 颂：按照廖名春的解释，此处"颂"并非指《风》《雅》《颂》之"颂"，而是"歌颂"之"颂"，该简文有所抄漏，本句当作"'昊天有成命，二后受之'，贵且显矣，吾颂之。"

④ 得禄蔑疆：得福无疆。

⑤ 人益：即"益人"，使人有所长进。

154

……情爱也。《关雎》之改（芑），则其思益矣。《樛木》之时，则以其禄也。《汉广》之知，则知不可得也。《鹊巢》之归，则俪（离）者……（11）

……好，反内于礼，不亦能改乎？《樛木》，福斯在君子，不……（12）

……可得，不攻不可能，不亦知恒乎？《鹊巢》出以百两，不亦有离乎？《甘[棠]》……（13）

……两矣。其四章则喻矣：以琴瑟之悦，凝①好色之愿，以钟鼓之乐，……（14）

……及其人，敬爱其树，其保厚矣。《甘棠》之爱，以②召公……（15）

……《绿衣》之忧，思古人也。《燕燕》之情，以其独也。孔子曰：吾以《葛覃》得氏初之诗、民性固然，见其美必欲反其本。夫葛之见歌也，则……（16）

《东方未明》有利词③。《将仲》之言，不可不畏也。《扬之水》其爱妇烮（烈）。《采葛》之爱妇（17）

……《木瓜》之报，以输其怨者也。《杕杜》，则情喜其至也。（18）

[溺]志，既曰天也，犹有怨言。《木瓜》有藏愿而未得达也。交……（19）

币帛之不可去也④，民性固然。其隐志必有以谕⑤也，其言有所

---

① 凝：凝止，净化。

② 以：因。

③ 利词：刘信芳认为利词是对《诗经·齐风·东方未明》语言风格的准确概括，"利"意为锋利、犀利。

④ 币帛：或解释为钱、货，此处为上文《木瓜》诗中琼琚等玉器的引申。

⑤ 谕：知晓。

载而后纳,或前之而后交,人不可干①也。吾以《杕杜》得雀……(20)

贵也。《将大车》之嚻②也,则以为不可如何也。《湛露》之益也,其犹驰与?孔子曰:《宛丘》,吾善之;《猗嗟》吾喜之;《鸤鸠》,吾信之;《文王》,吾美之;《清[庙]》……③(21)

……之。《宛丘》曰:"洵有情,而亡望。"吾善之。《猗嗟》曰:"四矢反,以御乱。"吾喜之。《鸤鸠》曰:"其义一氏,心如结也。"吾信之。《文王》曰:"文王在上,於昭于天。"吾美之。(22)

《鹿鸣》,以乐始而会,以道交见善而效,终乎不厌人。《兔罝》其用人④,则吾取……(23)

以□蕲之故也。后稷之见贵也,则以文武之德也。吾以《甘棠》得宗庙之敬,民性固然。甚贵其人,必敬其位;悦其人,必好其所为,恶其人者亦然。(24)

《肠肠》小人。《有兔》不逢时。《大田》之卒章,知言而有礼。《小明》,不……(25)

……忠。《邶·柏舟》,闷⑤。《谷风》,背。《蓼莪》,有孝志。《隰有苌楚》,得而悔之也。(26)

……如此。《何斯》诮⑥之矣。离其所爱,必曰:吾奚舍之?宾赠是也。孔子曰:《蟋蟀》知难,《蠡斯》君子,《北风》不绝人之怨。《子立(衿)》不……(27)

---

① 人不可干:人不可舍礼而行。
② 嚻:《尔雅·释言》:"嚻,闲也。"文中解为态度消极,"无思百忧"。
③ 清庙:"清"字后竹简残断,李学勤补以"庙吾敬之,《烈文》吾悦"。
④ 用人:《兔罝》讲用人之道,诗有"赳赳武夫,公侯干城"。
⑤ 闷:《诗经·邶风·柏舟》有云,"耿耿不寐,如有隐忧",为忧思之叹,孔子评为"闷"。
⑥ 《何斯》:即《诗经·小雅·何人斯》。诮:原作"雀",李零释读为"诮",讥刺之意。

……恶而不闵①。《墙有茨》慎密而不知言②。《青蝇》知……(28)《卷耳》不知人。《涉溱》其绝,《茉苢》③士。角幡妇。《河水》知……(29)。

性自命出

《性自命出》,又名《性情论》或《性》,作者不详,既出现于郭店一号墓,又见于上博简,为战国中期儒家文献。学界以郭店楚简《性自命出》为底本,综合上博简《性情论》,最终形成分为上下篇的《性自命出》。虽然《性自命出》在个别文字释读训诂上还存有争议和阙疑,但其基本义理还是较为清楚的。从目前中国美学史的研究来看,《性自命出》高扬了性情思想,为先秦美学特别是先秦乐教美学研究提供了一个新文本。

简文以李零先生著《郭店楚简校读记(增订本)》(中国人民大学出版社2007年版)所校读的《性》和李天虹先生《郭店楚简〈性自命出〉研究》(湖北教育出版社2003年版)中的"《性自命出》集释"为底本。在个别字词上综合学界其他释本。

上 篇

凡人虽有性,心亡奠志,待物而后作,待悦而后行,待习而后

---

① 闵:用法同"悯"。
② 知言:知道怎样将心中的话表达出来。
③ 原作"伒而",此从李零释读。

奠①。喜怒哀悲之气，性也②。及其见于外，则物取之也。性自命出，命自天降③。道始于情，情生于性。始者近情，终者近义。知情者能出之，知义者能入之。好恶，性也。所好所恶，物也。善不善，性也④。所善所不善，势⑤也。

凡性为主，物取之也。金石之有声，弗扣不鸣。人虽有性，心弗取不出。

凡心有志也，无与不可。心之不可独行，犹口之不可独言也。牛生而长，雁生而伸，其性使然，人而学或使之也⑥。凡物亡不异也者。刚之树也，刚取之也。柔之约，柔取之也⑦。四海之内，其性一也。其用心各异，教使然也。

凡性，或动之，或逆之，或交之，或厉之，或出之，或养之，或长之⑧。

凡动性者，物也；逆性者，悦也；交性者，故⑨也；厉性者，义也；出性者，势也；养性者，习也；长性者，道也。

凡见者之谓物，快于己之谓悦，物之势者之谓势，有为也者之谓故。义也者，群善之蕝⑩也。习也者，有以习其性也。道者，群物之道。

---

① 奠：定也。
② 以气论性，可见《性自命出》于人性论者偏于性朴论。
③ 性自命出，命自天降：对此句的释义学界存有分歧。依其文义，此处的天和命并不具有形而上之意义，故与《中庸》"天命之谓性"并不相同。故可释为：性出自生命，而生命自然生成。
④ 判断善恶和好坏为人的天性。
⑤ 势：外在情势。
⑥ 人具有学习能力是天性使然。
⑦ 刚之树也，刚取之也。柔之约，柔取之也：刚之折物，乃出自刚性。柔之约物，乃出自柔性。
⑧ 逆：迎也。交：交接。厉：磨也。
⑨ 故：有为之事。
⑩ 蕝：表征。

凡道，心术为主。道四术，唯人道为可道也。其三术者，道之而已。诗、书、礼、乐，其始出皆生于人。诗，有为为之也。书，有为言之也。礼、乐，有为举之也。圣人比其类而论会①之，观其先后而逆顺之，体其义而节文之，理其情而出入之，然后复以教。教，所以生德于中者也。

礼作于情，或兴之也，当事因方而制之，其先后之序则宜道也。又序为之节，则文也。至容貌所以文，节也。君子美其情，贵其义，善其节，好其容，乐其道，悦其教，是以敬焉。拜，所以为服也。其谀②，文也。币帛，所以为信与徵也。其辞宜道也。

笑，礼之浅泽也。乐，礼之深泽也。凡声，其出于情也信，然后其入拨人之心也厚。闻笑声，则鲜如也斯喜。闻歌谣，则陶如也斯奋。听琴瑟之声，则悸如也斯叹。观《赉》、《舞》，则齐如也斯作。观《韶》、《夏》，则勉如也斯敛。咏思而动心，喟如也。其居次也久，其反善复始也慎，其出入也顺，始其德也。郑卫之乐，则非其声而从之也。凡古乐龙③心，益乐龙指，皆教其人者也。《赉》、《舞》乐取④，《韶》、《夏》乐情。

凡至乐必悲，哭亦悲，皆至其情也。哀、乐，其性相近也，是故其心不远。哭之动心也，浸杀⑤，其烈⑥恋恋如也，戚然以终。乐之动心也，濬深郁陶，其烈则流如也以悲，悠然以思。

凡忧思而后悲，凡乐思而后忻。凡思之用心为甚。叹，思之

---

① 论会：条理会通。
② 谀：悦顺。
③ 龙：和谐。
④ 取：取得。《武》乐以歌武王取得天下。
⑤ 浸杀：渐趋激烈。《乐记》云："是故哀心感者，其声噍以杀。"
⑥ 烈：高潮。

方①也。其声变则其心变，其心变则其声亦然。吟，游哀也。躁，游乐也。啾，游声也。呕，游心也。

喜斯陶，陶斯奋，奋斯咏，咏斯摇，摇斯舞。舞，喜之终也。愠斯忧，忧斯戚，戚斯叹，叹斯辟，辟斯踊。踊，愠之终也。②

下　篇

凡学者求其心为难，从其所为，近得之矣，不如以乐之速也。

虽能其事，不能其心，不贵。求其心有伪也，弗得之矣。人之不能以伪也，可知也。其过十举，其心必在焉。察其见者，情安失哉？简，义之方也。义，敬之方也。敬，物之节也。笃，仁之方也。仁，性之方也，性或生之。忠，信之方也。信，情之方也。情出于性。爱类七，唯性爱为近仁。智类五，唯义道为近忠。恶类三，唯恶不仁为近义。所为道者四，唯人道为可道也。

凡用心之躁者，思为甚。用智之疾者，患为甚。用情之至者，哀乐为甚。用身之忾③者，悦为甚。用力之尽者，利为甚。目之好色，耳之乐声，郁陶之气也，人不难为之死。

有其为人之节节如也，不有夫柬柬④之心则采。有其为人之柬柬如也，不有夫恒怡之志则缦。人之巧言利辞者，不有夫诎诎⑤之

---

① 方：方法。《论语·雍也》："能近取譬，可谓仁之方也已。"
② 《礼记·檀弓下》载：子游曰："礼有微情者，有以故兴物者。有直情而径行者，戎狄之道也。礼道则不然，人喜则斯陶，陶斯咏，咏斯犹，犹斯舞，舞斯愠，愠斯戚，戚斯叹，叹斯辟，辟斯踊矣，品节斯，斯之谓礼。"学界有人以此来判定《性自命出》的作者可能是子游。
③ 忾：急切。
④ 柬柬：诚信。
⑤ 诎诎：拙拙，不取巧。

心则流。人之悦然可与和安者，不有夫奋作之情则侮。有其为人之快如也，弗牧不可。有其为人之慕如也，弗辅不足。

凡人伪为可恶也。伪斯吝矣，吝斯虑矣，虑斯莫与之结矣。慎，仁之方也，然而其过不恶。速，谋之方也，有过则咎。人不慎，斯有过，信矣。

凡人情为可悦也。苟以其情，虽过不恶。不以其情，虽难不贵。苟有其情，虽未之为，斯人信之矣。未言而信，有美情者也。未教而民恒，性善者也。未赏而民劝，含福者也。未刑而民畏，有心畏者也。贱而民贵之，有德者也。贫而民聚焉，有道者也。独处而乐，有内策①者也。恶之而不可非者，达于义者也。非之而不可恶者，笃于仁者也。行之不过，知道者也。闻道反上，上交者也。闻道反下，下交者也。闻道反己，修身者也。上交近事君，下交得众近从政，修身近至仁。同方而交，以道者也。不同方而交，以故者也。同悦而交，以德者也。不同悦而交，以猷者也。门内之治，欲其逸也。门外之治，欲其制也②。

凡悦人勿吝也，身必从之，言及则明举之而毋伪。凡交毋烈，必使有末。凡于路毋畏，毋独言独处，则习父兄之所乐。苟无大害，少枉入之可也，已则勿复言也。

凡忧患之事欲任，乐事欲后。身欲静而毋遣，虑欲渊而毋伪，行欲勇而必至，容欲庄而毋伐，心欲柔齐而泊，喜欲智而无末，乐欲怿而有志，忧欲敛而毋昏，怒欲盈而毋希，进欲逊而毋巧，退欲肃而毋轻，欲皆文而毋伪。

君子执志必有夫广广之心，出言必有夫柬柬之信。宾客之礼必

---

① 策：谋略。或释为"礼"。
② 《六德》云："门内之治恩拿义，门外之治义斩恩。"《大戴礼记·本命》有云："门内之治恩掩义，门外之治义断恩。"

有夫齐齐之容，祭祀之礼必有夫齐齐之敬，居丧必有夫恋恋之哀。君子身以为主心①。

中　庸

《中庸》，原为《礼记》中一篇，后被宋朱熹摘出，成为"四书"之一。《中庸》是对孔子"中庸"思想的阐发，被宋儒视为"孔门传授心法"，有着极为悠远、博厚、高明的哲学思辨性，对儒家心性修养理论、古代教育理论等产生了极大的影响。《中庸》的创作时代、作者以及章节划分目前还存在很大争议。这里，笔者遵从学界较普遍的观点，把孔子之孙子思（前483—前402）与其门人视为《中庸》的编著者，把《中庸》思想看作子思学派对孔子儒家思想的发展。虽然《中庸》直接谈及美学的问题很少，但其有关天人合一的阐述深刻地影响了儒家的人生境界美学。选文摘自朱熹撰《四书章句集注》，中华书局1983年版。

天命之谓性

天命②之谓性，率性③之谓道，修道之谓教④。道也者，不可须

---

①　君子身以为主心：儒家虽持心为身主的观念，但同时也注意到了身对心的影响。或作"君子心以为主身"。
②　天命：天赋、自然禀赋。朱熹《集注》云："天以阴阳五行化生万物，气以成形，而理亦赋焉，犹命令也。"天命在此处并无神秘色彩，指人的自然天理之禀赋，为性之形而上的根据。
③　率：朱熹《集注》云："率，循也。"指遵循、按照。率性即遵循本性。
④　教：教化、仿效的对象。

臾离也；可离非道也。

故为政在人①，取人以身，修身以道，修道以仁。仁者人也，亲亲为大；义者宜②也，尊贤为大。亲亲之杀③，尊贤之等，礼所生也。在下位不获④乎上，民不可得而治矣！故君子不可以不修身；思修身，不可以不事亲；思事亲，不可以不知人，思知人，不可以不知天。

舟车所至，人力所通，天之所覆，地之所载，日月所照，霜露所队⑤，凡有血气者，莫不尊亲，故曰配天⑥。

中庸与中和之道

是故君子戒慎乎其所不睹，恐惧乎其所不闻。莫见乎隐，莫显乎微⑦，故君子慎其独也。喜怒哀乐之未发，谓之中⑧；发而皆中节⑨，谓之和。中也者，天下之大本也；和也者，天下之达道也。致中和，天地位焉，万物育焉。

仲尼曰："君子中庸⑩，小人反中庸。君子之中庸也，君子而时

---

① 为政在人：即"为政在于得人"。朱熹注："人，谓贤臣。"
② 宜：做得适宜，能明辨事理。
③ 杀(shài)：降低、减少。
④ 获：获得上级的信任。
⑤ 队：同"坠"。
⑥ 配天：朱熹《集注》云："配天，言其德之所及，广大如天也。"与天地相匹配。
⑦ 莫：指"没有什么更……"。见：音xiàn。隐：暗处。微：细小的事情。这两句指道无处不在。
⑧ 中：未发为性，无所偏倚，故谓之中。
⑨ 中节：按朱熹注解，中为去声，中节即符合节度，为情之正也。
⑩ 中庸：不偏不倚，无过无不及。

中；小人之中庸也，小人而无忌惮也。"子曰："中庸其至矣乎！民鲜能久矣！"

子曰："舜其大知也与！舜好问而好察迩言①，隐恶而扬善，执其两端，用其中于民，其斯以为舜乎！"

子曰："回之为人也，择乎中庸，得一善，则拳拳②服膺弗失之矣。"

子曰："道不远人，人之为道而远人，不可以为道。《诗》云：'伐柯伐柯，其则不远。'③执柯以伐柯，睨而视之，犹以为远。故君子以人治人，改而止。忠恕④违道不远，施诸己而不愿，亦勿施于人。君子之道四，丘未能一焉，所求⑤乎子，以事父，未能也；所求乎臣，以事君，未能也；所求乎弟，以事兄，未能也；所求乎朋友先施之，未能也。庸⑥德之行，庸言之谨；有所不足，不敢不勉，有余不敢尽；言顾行，行顾言，君子胡不慥慥⑦尔！"

君子素其位⑧而行，不愿乎其外。素富贵，行乎富贵；素贫贱，行乎贫贱；素夷狄⑨，行乎夷狄；素患难行乎患难，君子无入而不

---

① 迩言：浅近的言辞或话。迩，近。
② 拳拳：朱熹《集注》云："拳拳，奉持之貌。"
③ 伐柯伐柯，其则不远：伐柯，砍削斧柄。则，法则，指斧柄的样式。
④ 忠恕：朱熹《集注》云："尽己之心为忠，推己及人为恕。"
⑤ 求：朱熹《集注》云："求，犹责也。"意指自责。
⑥ 庸：平常。
⑦ 慥慥：诚实忠厚的样子。
⑧ 素：平素。素其位：安于现在所处的地位。
⑨ 夷：指东方的部落部族。狄：指西方的部落部族。此处泛指当时的少数民族。

自得焉。在上位不陵下，在下位不援上①，正己而不求于人，则无怨。上不怨天，下不尤人。故君子居易以俟命②。小人行险以徼幸③。子曰："射有似乎君子，失诸正鹄④，反求诸其身。"

鸢飞戾天，鱼跃于渊

君子之道费而隐⑤。夫妇⑥之愚，可以与知焉；及其至也，虽圣人亦有所不知焉。夫妇之不肖，可以能行焉；及其至也，虽圣人亦有所不能焉。天地之大也，人犹有所憾。故君子语大，天下莫能载焉；语小，天下莫能破焉。《诗》云："鸢飞戾天，鱼跃于渊。"言其上下察也。君子之道，造端⑦乎夫妇，及其至也，察乎天地。

五达道与三达德

天下之达道五，所以行之者三⑧。曰：君臣也，父子也，夫妇也，昆弟也，朋友之交也，五者天下之达道也。知，仁，勇，三者天下之达德也，所以行之者一也。或生而知之，或学而知之，或困而知之，及其知之，一也。或安而行之，或利而行之，或勉强而行

---

① 陵：凌辱，欺侮。援：攀缘，引申为凭借有权势之人谋求自身发展或升迁。
② 居易以俟命：指君子安于现状来等待天命。俟：等待。
③ 徼幸：朱熹《集注》云："徼，求也。幸，谓所不当得而得者。"指小人铤而走险妄图得到非分的东西。
④ 正、鹄：均指箭靶子。画在布上的是正，画在皮上的是鹄。
⑤ 费而隐：费，广大。隐，精微。
⑥ 夫妇：指普通男女，普通人。
⑦ 造端：开始，发端。
⑧ 达道：朱熹《集注》云："达道者，天下古今所共由之路，即书所谓五典。"行，施行，处理。

之，及其成功，一也。子曰："好学近乎知，力行近乎仁，知耻近乎勇。知斯三者，则知所以修身；知所以修身，则知所以治人；知所以治人，则知所以治天下国家矣。"

自诚明与自明诚

诚者，天之道也；诚之者，人之道也①。诚者不勉而中，不思而得，从容中道，圣人也。诚之者，择善而固执之者也。

自诚明，谓之性。自明诚，谓之教②。诚则明矣，明则诚矣。
唯天下至诚，为能尽其性③；能尽其性，则能尽人之性；能尽人之性，则能尽物之性；能尽物之性，则可以赞天地之化育；可以赞天地之化育，则可以与天地参矣④。

其次致曲⑤。曲能有诚，诚则形，形则著，著则明，明则动，动则变，变则化⑥。唯天下至诚为能化。

诚者自成也，而道自道也⑦。诚者物之终始⑧，不诚无物。是故

---

① 诚者：真实无妄之谓，指天道的运行是真实无妄、纯粹至善的。诚之者：追求诚的人，指人道与天道应保持一致，天道赋予人道的责任就是去追求真实无妄、纯粹至善的人生境界。
② 自：从，由。由诚入明是本性，由明入诚是教化。
③ 尽其性：充分发挥本性。
④ 赞：帮助，辅助。化育：化生和养育。参：并列。
⑤ 其次致曲：其次，次一等的人，比圣人低一级的贤人。曲：偏。致曲：致力于某一方面。
⑥ 形：显现，显露，表现。著：显著。明：光明。化，化育。
⑦ 自成：自我成全，自我完善。自道：道，通"导"，自我引导。
⑧ 物之终始：事物的发端和归宿。

君子诚之为贵。诚者非自成己而已①也，所以成物也。成己，仁也；成物，知也。性之德也，合外内之道也，故时措之宜也②。

　　故至诚无息③。不息则久，久则征④；征则悠远，悠远则博厚，博厚则高明。博厚，所以载物也；高明，所以覆物也；悠久，所以成物也。博厚配地，高明配天，悠久无疆。如此者，不见而章⑤，不动而变，无为而成。天地之道，可一言而尽也。其为物不贰，则其生物不测。天地之道：博也，厚也，高也，明也，悠也，久也。

　　大哉！圣人之道洋洋乎⑥！发育万物，峻⑦极于天。优优⑧大哉！礼仪三百，威仪三千⑨，待其人然后行。故曰：苟⑩不至德，至道不凝⑪焉。故君子尊德性而道问学⑫；致广大而尽精微；极高明而道中庸；温故而知新，敦厚以崇礼。是故居上不骄，为下不倍⑬；国有道，其言足以兴；国无道，其默足以容。《诗》曰："既明且哲，以保其身。"其此之谓与！

---

①　已：停止。
②　时措之宜也：任何时候施行都是适宜的。
③　息：停止，止息。
④　征：显露于外，显现。
⑤　章：即彰，彰明。
⑥　洋洋乎：盛大，浩瀚无边的样子。
⑦　峻：高大。
⑧　优优：充足有余。
⑨　礼仪：又称经礼，是古代礼节的主要规则。威仪：又称曲礼，是古代典礼中的动作规范及待人接物的礼节。
⑩　苟：如果。
⑪　凝：聚也。引申为成功。
⑫　道问学：朱熹注："道问学，所以致知而近乎道体之细也。"追求知识学问。
⑬　倍：通"背"。背叛，背离。

唯天下至诚，为能经纶天下之大经①，立天下之大本，知天地之化育。夫焉有所倚②？肫肫其仁！渊渊其渊！浩浩其天！③ 苟不固聪明圣知达天德者，其孰能知之？

五 行

1973年湖南马王堆三号汉墓出土了一批帛书文献，其中一篇为《五行》，分为经文和注解之说两部分。时隔20年，1993年湖北荆门郭店一号楚墓出土一批竹简文献，其中一篇为《五行》经部。一般认为，《五行》经说即为荀子在《非十二子》中所抨击的"子思唱之，孟轲和之"的"案往旧造说，谓之五行"之说。可见，《五行》经部在前，说部在后，二者共同构成了简帛《五行》经说文本，大体反映了思孟学派的儒家思想进程。就美学而言，《五行》经说上承孔子，与《中庸》《孟子》相互呼应，进一步揭示了君子内在心性之美如何达成的诸多理论问题。其中主要包括了内外兼修的心性功夫、气化与慎独的身心机制和生命超越的人格美境界。选文摘自李零著《郭店楚简校读记（增订本）》，中国人民大学出版社2007年版，同时参照庞朴、魏启鹏校本。

---

① 经纶：朱熹《集注》云："经、纶，皆治丝之事。经者，理其绪而分之；纶者，比其类而合之也。经，常也。大经者，五品之人伦。"此句指，只有天下最真诚的人，才能制定治理天下的法则。

② 倚：依靠，凭借。

③ 肫肫：与"忳忳"同，诚挚的样子。渊渊其渊：意为圣人的思虑如潭水一般幽深。渊渊，水深。浩浩其天：圣人的美德如苍天一般广阔。浩浩，原指水盛大的样子。

《五行》经文

五行：仁形于内谓之德之行，不形于内谓之行。义形于内谓之德之行，不形于内谓之行。礼形于内谓之德之行，不形于内谓之行。智形于内谓之德之行，不形于内谓之行。圣形于内谓之德之行，不形于内谓之(德之)行。①

德之行五和谓之德，四行和谓之善。善，人道也。德，天道也。君子无中心之忧则无中心之智，无中心之智则无中心之悦，无中心之悦则不安，不安则不乐②，不乐则无德。

五行皆形于内而时行之，谓之君子。士有志于君子道谓之志士。善弗为无近，德弗志不成，智弗思不得。思不精(或清)不察，思不长不得，思不轻不形。不形不安，不安不乐，不乐无德。

不仁，思不能精(或清)。不智，思不能长。不仁不智，"未见君子，忧心不能惙惙；既见君子，心不能悦；亦既见之，亦既觏之，我心则悦"③，此之谓也。不仁，思不能精(或清)。不圣，思不能轻。不仁不圣，"未见君子，忧心不能忡忡；既见君子，心不能降"。

仁之思也精(或清)，精(或清)则察，察则安，安则温，温则悦，悦则戚，戚则亲，亲则爱，爱则玉色，玉色则形，形则仁。

智之思也长，长则得，得则不忘，不忘则明，明则见贤人，见贤人则玉色，玉色则形，形则智。

---

① 形，为形成、彰显之意。"形于内"说的是"在内心形成"，乃是秉自天道，具有先天本有之意。"仁、义、礼、智、圣"五行乃出自内心本有之德性。"不形于内"指的是"不在内心形成"，故它应为一种外在于人本有德性的社会道德规范，表现为仁、义、礼、智四个道德规范。在圣的问题上，帛书和竹简出现了不一致，帛书中写道"圣形于内谓之德之行，不形于内谓之行"。而竹简则写道："圣形于内谓之德之行，不形于内谓之德之行"。
② 乐：礼乐。
③ 见《诗经·召南·草虫》。

圣之思也轻，轻则形，形则不忘，不忘则聪，聪则闻君子道，闻君子道则玉音，玉音则形，形则圣。①

"淑人君子，其仪一也。"②能为一，然后能为君子，君子慎其独③也。

"瞻望弗及，泣涕如雨。"④能"差池其羽"⑤，然后能至哀。君子慎其独也。

君子之为善也，有与始，有与终也。君子之为德也，有与始，无与终也。金声而玉振之，有德者也。

金声，善也。玉音，圣也。善，人道也。德，天道也。唯有德者，然后能金声而玉振之。⑥ 不聪不明，不明不圣，不圣不智，不智不仁，不仁不安，不安不乐，不乐无德。

不变⑦不悦，不悦不戚，不戚不亲，不亲不爱，不爱不仁。

不直不肆（或迣），不肆不果，不果不简，不简不行，不行不义。⑧

不远不敬⑨，不敬不严，不严不尊，不尊不恭，不恭无礼。

---

① 由仁之端绪，通过思之情感性体验，经由清、察、安、温、悦、戚、亲、爱等情感的摩荡、扩充、发展、外化，最终形成"玉色"之仁。由智之端绪，通过思之情感性体验，经由长、得、不忘、明等情感的摩荡、扩充、发展、外化，最终形成"玉色"之智。由圣之端绪，通过思之情感性体验，经由轻、形、不忘、聪等情感的摩荡、扩充、发展、外化，最终形成"玉音"之圣。

② 见《诗经·曹风·鸤鸠》。

③ 慎其独：慎其心也。帛书《五行》说部云："能为一，然后能为君子。能为一者，言能以多为一。以多为一也者，言能以夫五为一也。君子慎其独也，慎其独也者，言舍夫五而慎其心之谓独，独然后一。"

④ 见《诗经·邶风·燕燕》。

⑤ 见《诗经·邶风·燕燕》。

⑥ 善为人道，有如金声，有始有终；德为天道，有如玉振，有始无终。《五行》说部云："有与始者，言与其体始。无与终者，言舍其体而独其心也。"

⑦ 变：从帛书《五行》说部，勉也。说部云："变也者，勉也，仁气也。"

⑧ 直：《五行》说部云："直也者，直其中心也，义气也。"肆：《五行》说部作迣，成也终也。果：果敢。简：大也。

⑨ 《五行》说部云："不远不敬，远心也者，礼气也。"

未尝闻君子道，谓之不聪。未尝见贤人，谓之不明。闻君子道而不知其君子道也，谓之不圣。见贤人而不知其有德也，谓之不智。

见而知之，智也。闻而知之，圣也。明明，智也。赫赫，圣也。"明明在下，赫赫在上"，此之谓也。

闻君子道，聪也。闻而知之，圣也。圣人知天道也。知而行之，义也。行之而时，德也。见贤人，明也。见而知之，智也。知而安之，仁也。安而敬之，礼也。圣知，礼乐之所由生也，五行之所和也。和则乐，乐则有德，有德则邦家兴。文王之见也如此。"文王在上，於昭于天"，此之谓也。

见而知之，智也。知而安之，仁也。安而行之，义也。行而敬之，礼也。仁义，礼所由生也，四行之所和也。和则同，同则善。

颜色容貌温，变也。以其中心与人交，悦也。中心悦焉，迁于兄弟，戚也。戚而信之，亲也。亲而笃之，爱也。爱父，其继爱人，仁也。

中心辩①然而正行之，直也。直而遂之，肆（或迣）也。肆而不畏强御，果也。不以小道害大道，简也。有大罪而大诛也，行也。贵贵，其等尊贤，义也。

以其外心与人交，远也。远而庄之，敬也。敬而不懈，严也。严而畏之，尊也。尊而不骄，恭也。恭而博交，礼也。

不简，不行。不匿，不辩于道。有大罪而大诛之，简也。有小罪而赦之，匿也。有大罪而弗大诛也，不行也。有小罪而弗赦也，不辩于道也。

---

① 辩：通"辨"，明辨。

简之为言犹练①也，大而晏者②也。匿之为言也犹匿匿③也，小而轸④者也。简，义之方也。匿，仁之方也。强，义之方。柔，仁之方也。"不强不絿，不刚不柔"，此之谓也。

君子集大成。能进之为君子，弗能进也，各止于其里。大而晏者，能有取焉。小而轸者，能有取焉。胥儢儢⑤达诸君子道，谓之贤。君子知而举之，谓之尊贤。知而事之，谓之尊贤者也。前，王公之尊贤者也；后，士之尊贤者也。

耳目鼻口手足六者，心之役也⑥。心曰唯，莫敢不唯；诺，莫敢不诺；进，莫敢不进；后，莫敢不后；深，莫敢不深；浅，莫敢不浅。和则同，同则善。

目而知之⑦谓之进之，喻而知之⑧谓之进之，譬而知之谓之进之，几而知之，天也。"上帝临汝，毋贰尔心"，此之谓也。

天施诸其人，天也。其人施诸人，狎也。

闻道而悦者，好仁者也。闻道而畏者，好义者也。闻道而恭者，好礼者也。闻道而乐者，好德者也。

---

① 练，疑读为涑，正也。
② 大而晏者：帛书作"大而罕者"。
③ 匿匿：隐匿亲昵。
④ 轸：稠密。
⑤ 胥：亦作疋，借为赫，盛德之貌。儢儢：亦作"膚膚"（古"肤"字）。李零读为"儢儢"，释为"不费力"。《荀子·非十二子》云："劳苦事业之中，则儢儢然。"魏启鹏读为"膚膚"，释为"日照光明之貌"。
⑥ 《五行》说部云："耳目鼻口手足六者，人之民，体之小者也。心，人之君，人体之大者也。"孟子"大体小体说"是继承了这一思想。
⑦ 《五行》说部释为"目之也者，比之也"。
⑧ 喻而知之：比喻，比拟。《五行》说部举例云："'窈窕淑女，寤寐求之'，思色也。'求之不得，寤寐思服'，言其急也。'优哉游哉，辗转反侧'，言其甚若是也……由色喻于礼，进耳。"

周　易

《周易》包括《经》《传》两部分。《经》可能是在殷周之际专门从事卜筮的巫史们长期经验和记录的基础上逐渐形成的。《传》为解《经》之作，有辅翼经文之意，故又称为"十翼"。司马迁《史记》中认为《易传》为孔子所作，但其观点在今天并没有得到普遍认同。《经》《传》很可能皆非出自一人一时之手。《周易》中提出的道、阴阳、刚柔、动静、变易、言象意等范畴，对包括中国美学和艺术在内的中国文化产生了深远影响。选文摘自李学勤主编《周易正义》（标点本），北京大学出版社1999年版。

系辞上

天尊地卑，乾坤定矣。卑高以陈，贵贱位矣。动静有常，刚柔断矣。方以类聚，物以群分，吉凶生矣。在天成象，在地成形[①]，变化见矣。是故刚柔相摩，八卦相荡。鼓之以雷霆，润之以风雨。日月运行，一寒一暑。乾道成男，坤道成女。乾知大始，坤作成物[②]。乾以易知，坤以简能。易则易知，简则易从。易知则有亲，易从则有功。有亲则可久，有功则可大。可久则贤人之德，可大则贤人之业。易简而天下之理得矣。天下之理得，而成位乎其中矣。

圣人设卦观象，系辞焉而明吉凶，刚柔相推而生变化。是故吉

[①] 在天成象，在地成形：象指日月星辰，形指山泽动植。一远一近，一朦胧一清晰，皆为形象。

[②] 乾知大始，坤作成物：知，王念孙训作"为"，与"作"同义。乾道能创始万物，坤道能养成万物。

凶者，失得之象也。悔吝者，忧虞之象也。变化者，进退之象也。刚柔者，昼夜之象也。六爻之动，三极之道也。是故君子所居而安者，《易》之序①也；所乐而玩者，爻之辞也。是故君子居则观其象而玩其辞，动则观其变而玩其占。是以自天祐之，吉无不利。

象②者，言乎象者也。爻者，言乎变者也。吉凶者，言乎其失得也。悔吝者，言乎其小疵也。无咎者，善补过者也。是故列贵贱者存乎位，齐③小大者存乎卦，辩吉凶者存乎辞，忧悔吝者存乎介④，震⑤无咎者存乎悔。是故卦有小大，辞有险易。辞也者，各指其所之。

《易》与天地准，故能弥纶天地之道。仰以观于天文，俯以察于地理，是故知幽明之故。原始反终，故知死生之说。精气为物，游魂为变⑥，是故知鬼神之情状。与天地相似，故不违。知周乎万物而道济天下，故不过。旁行而不流，乐天知命，故不忧。安土⑦敦乎仁，故能爱。范围天地之化而不过，曲成万物而不遗⑧，通乎昼夜之道而知，故神无方而《易》无体。

一阴一阳之谓道⑨。继之者善也，成之者性也⑩。仁者见之谓之

---

① 序：指卦序的承接转化。
② 象：此处指判断一卦吉凶的卦辞。
③ 齐：注云："齐犹言辨也。"后文之"辩"亦同"辨"。
④ 介：纤介，微小。
⑤ 震：忧惧之意。
⑥ 精气为物，游魂为变：气聚成物，气散成变。
⑦ 土：土乃地道。乐天乃天道，安土乃地道，此乐安天地之说。
⑧ 范围：包罗。曲成万物：通过各种方式成就万物。
⑨ 一阴一阳之谓道：《正义》曰："道虽无于阴阳，然亦不离于阴阳，阴阳虽由道成，即阴阳亦非道，故曰'一阴一阳'也。"
⑩ 《正义》曰："'继之者善也'者，道是生物开通，善是顺理养物，故继道之功者，唯善行也。'成之者性也'者，若能成就此道者，是人之本性。"

仁,知者见之谓之知,百姓日用而不知,故君子之道鲜矣。显诸仁,藏诸用,鼓万物而不与圣人同忧,盛德大业至矣哉!富有之谓大业,日新之谓盛德。生生之谓易,成象之谓乾,效法之谓坤,极数知来之谓占,通变之谓事,阴阳不测之谓神①。

夫《易》广矣大矣,以言乎远则不御②,以言乎迩则静而正,以言乎天地之间则备矣。夫乾,其静也专,其动也直,是以大生焉。夫坤,其静也翕,其动也辟,是以广生焉。广大配天地,变通配四时,阴阳之义配日月,易简之善配至德。

子曰:"《易》其至矣乎!夫《易》,圣人所以崇德而广业也。知崇礼卑,崇效天,卑法地。天地设位,而《易》行乎其中矣。成性存存,道义之门③。"

圣人有以见天下之赜④,而拟诸其形容,象其物宜,是故谓之象。圣人有以见天下之动,而观其会通,以行其典礼,系辞焉以断其吉凶,是故谓之爻。言天下之至赜而不可恶也,言天下之至动而不可乱也。拟之而后言,议之而后动,拟议以成其变化。"鸣鹤在阴,其子和之。我有好爵,吾与尔靡之。"⑤子曰:"君子居其室,出其言善,则千里之外应之,况其迩者乎;居其室,出其言不善,则千里之外违之,况其迩者乎。言出乎身,加乎民;行发乎迩,见乎远。言行,君子之枢机。枢机之发,荣辱之主也。言行,君子之所以动天地也,可不慎乎?""同人先号咷而后笑。"⑥子曰:"君子之道,或出或处,或默或语。二人同心,其利断金。同心之言,其臭如

---

① 阴阳不测之谓神:注云:"神也者,变化之极,妙万物而为言,不可以形诘者也。"
② 御:止也。
③ 成性存存,道义之门:成就万物之性并保持其存在,这是通往道义之门径。
④ 赜:幽深。
⑤ 中孚卦九二爻辞。
⑥ 同人卦九五爻辞。

兰。""初六，藉用白茅，无咎。"①子曰："苟错诸地而可矣，藉之用茅，何咎之有？慎之至也。夫茅之为物薄，而用可重也。慎斯术也以往，其无所失矣。""劳谦，君子有终，吉。"②子曰："劳而不伐，有功而不德，厚之至也。语以其功下人者也。德言盛，礼言恭。谦也者，致恭以存其位者也。""亢龙有悔。"③子曰："贵而无位，高而无民，贤人在下位而无辅，是以动而有悔也。""不出户庭，无咎。"④子曰："乱之所生也，则言语以为阶⑤。君不密则失臣，臣不密则失身，几事不密则害成。是以君子慎密而不出也。"子曰："作《易》者，其知盗乎？《易》曰'负且乘，致寇至'⑥。负也者，小人之事也。乘也者，君子之器也。小人而乘君子之器，盗思夺之矣。上慢下暴，盗思伐之矣。慢藏诲盗，冶容诲淫。《易》曰'负且乘，致寇至'，盗之招也。"

大衍之数五十，其用四十有九。分而为二以象两，挂一以象三，揲之以四以象四时，归奇于扐以象闰，五岁再闰，故再扐而后挂。⑦天数五，地数五，五位相得而各有合，天数二十有五，地数三十，

---

① 大过卦初六爻辞。
② 谦卦九三爻辞。
③ 乾卦上九爻辞。
④ 节卦初九爻辞。
⑤ 阶：引发。
⑥ 解卦六三爻辞。
⑦ 演卦时，把四十九根蓍草随意分为两堆，先取出一根，再以四根为一组来数。每堆最后剩下蓍草数为奇，和前取的一根归并在一旁。此为一变。然后将剩余蓍草按前面步骤再来分二，挂一，揲(shé)四，归奇，如此三次（三变）后剩下的蓍草数有三十六、三十二、二十八、二十四4种情况，然后除以四，会有六、七、八、九4个结果，其中六、八为阴爻，七、九为阳爻，可以得出一爻。分二，挂一，揲四，归奇四个步骤（四营）再重复五遍，可得出一卦（共需十八变）。

凡天地之数五十有五，此所以成变化而行鬼神也。①《乾》之策二百一十有六，《坤》之策百四十有四，凡三百有六十，当期之日。二篇之策万有一千五百二十，当万物之数也。②是故四营而成《易》，十有八变而成卦。八卦而小成，引而伸之，触类而长之，天下之能事毕矣。显道，神德行。是故可与酬酢，可与祐神矣。子曰："知变化之道者，其知神之所为乎。"

《易》有圣人之道四焉，以言者尚其辞，以动者尚其变，以制器者尚其象，以卜筮者尚其占。是以君子将有为也，将有行也，问焉而以言，其受命也如响③。无有远近幽深，遂知来物。非天下之至精，其孰能与于此。参伍以变，错综其数。通其变，遂成天下之文；极其数，遂定天下之象。非天下之至变，其孰能与于此。《易》无思也，无为也，寂然不动，感而遂通天下之故。非天下之至神，其孰能与于此。夫《易》，圣人之所以极深而研几也。唯深也，故能通天下之志；唯几也，故能成天下之务；唯神也，故不疾而速，不行而至。子曰"《易》有圣人之道四焉"者，此之谓也。

天一，地二；天三，地四；天五，地六；天七，地八；天九，地十。子曰："夫《易》何为者也？夫《易》开物成务，冒④天下之道，如斯而已者也。"是故圣人以通天下之志，以定天下之业，以断天下之疑。是故蓍之德圆而神，卦之德方以知，六爻之义易以贡⑤。圣

---

① 天数五，一、三、五、七、九，相合共二十五；地数五，二、四、六、八、十，相合共三十。天数、地数相合为五十五。
② 乾卦六爻皆为九数，由三十六蓍草而得，六个三十六即二百一十六。坤卦六爻皆为六数，由二十四蓍草而得，六个二十四即一百四十四。上下两经六十四卦，共三百八十四爻，合计蓍草一万一千五百二十策。
③ 其受命也如响：接受问蓍者的请求如回响应声。
④ 冒：包罗。
⑤ 贡：告也。

人以此洗心，退藏于密，吉凶与民同患。神以知来，知以藏往。其孰能与此哉！古之聪明睿知神武而不杀者夫。是以明于天之道，而察于民之故，是兴神物以前①民用。圣人以此齐戒，以神明其德夫。是故阖户谓之坤，辟户谓之乾，一阖一辟谓之变，往来不穷谓之通。见乃谓之象，形乃谓之器，制而用之谓之法，利用出入，民咸用之谓之神。是故《易》有太极，是生两仪，两仪生四象，四象生八卦，八卦定吉凶，吉凶生大业。是故法象莫大乎天地，变通莫大乎四时，县象著明莫大乎日月；崇高莫大乎富贵，备物致用，立成器以为天下利，莫大乎圣人；探赜索隐，钩深致远，以定天下之吉凶，成天下之亹亹②者，莫大乎蓍龟。是故天生神物，圣人则之。天地变化，圣人效之。天垂象，见吉凶，圣人象之。河出图，洛出书，圣人则之。《易》有四象③，所以示也。系辞焉，所以告也。定之以吉凶，所以断也。

《易》曰："自天祐之，吉无不利。"④子曰："祐者，助也。天之所助者顺也，人之所助者信也。履信思乎顺，又以尚贤也，是以'自天祐之，吉无不利'也。"子曰："书不尽言，言不尽意。"然则圣人之意其不可见乎？子曰："圣人立象以尽意，设卦以尽情伪，系辞焉以尽其言，变而通之以尽利，鼓之舞之以尽神。"乾坤，其《易》之缊邪。乾坤成列，而《易》立乎其中矣。乾坤毁，则无以见《易》。《易》不可见，则乾坤或几乎息矣。是故形而上者谓之道，形而下者谓之器，化而裁之谓之变，推而行之谓之通，举而错之天下之民谓之事业。是故夫象，圣人有以见天下之赜，而拟诸其形容，象其物宜，是故

---

① 前：前导，引导。
② 亹（wěi）亹：勉勉不息，微妙之义也。
③ 四象：孔颖达引庄氏云："四象，谓六十四卦之中，有实象，有假象，有义象，有用象，为四象也。"
④ 大有卦上九爻辞。

谓之象。圣人有以见天下之动，而观其会通，以行其典礼，系辞焉以断其吉凶，是故谓之爻。极天下之赜者存乎卦，鼓天下之动者存乎辞，化而裁之存乎变，推而行之存乎通，神而明之存乎其人，默而成之，不言而信，存乎德行。

系辞下

八卦成列，象在其中矣。因而重之，爻在其中矣。刚柔相推，变在其中焉。系辞焉而命之，动在其中矣。吉凶悔吝者，生乎动者也。刚柔者，立本者也。变通者，趣时①者也。吉凶者，贞②胜者也。天地之道，贞观者也。日月之道，贞明者也。天下之动，贞夫一者也。夫乾，确然示人易矣。夫坤，隤然示人简矣。③ 爻也者，效此者也。象也者，像此者也。爻象动乎内，吉凶见乎外，功业见乎变，圣人之情见乎辞。天地之大德曰生，圣人之大宝曰位，何以守位曰仁，何以聚人曰财，理财正辞、禁民为非曰义。

古者包牺氏之王天下也，仰则观象于天，俯则观法于地，观鸟兽之文与地之宜，近取诸身，远取诸物④，于是始作八卦，以通神明之德，以类万物之情。作结绳而为罔罟，以佃⑤以渔，盖取诸《离》。包牺氏没，神农氏作，斫木为耜，揉木为耒，耒耨之利，以教天下，盖取诸《益》。日中为市，致天下之民，聚天下之货，交易而退，各得其所，盖取诸《噬嗑》。神农氏没，黄帝、尧、舜氏作，通其变，使民不倦，神而化之，使民宜之。《易》穷则变，变则通，

---

① 趣时：顺合时宜。
② 贞：正也。
③ 确然：刚强之貌。隤然：阴柔之貌。
④ 身指人的身体器官，物指自然万物。
⑤ 佃：同"畋"，打猎。

通则久。是以"自天祐之，吉无不利"。黄帝、尧、舜垂衣裳而天下治，盖取诸《乾》、《坤》。刳木为舟，剡木为楫①，舟楫之利，以济不通，致远以利天下，盖取诸《涣》。服牛乘马，引重致远，以利天下，盖取诸《随》。重门击柝②，以待暴客，盖取诸《豫》。断木为杵，掘地为臼，臼杵之利，万民以济，盖取诸《小过》。弦木为弧，剡木为矢，弧矢之利，以威天下，盖取诸《睽》。上古穴居而野处，后世圣人易之以宫室，上栋下宇③，以待风雨，盖取诸《大壮》。古之葬者，厚衣之以薪，葬之中野，不封不树，丧期无数，后世圣人易之以棺椁，盖取诸《大过》。上古结绳而治，后世圣人易之以书契，百官以治，万民以察，盖取诸《夬》。

是故《易》者，象也；象也者，像也。彖者，材④也；爻也者，效天下之动者也。是故吉凶生而悔吝著也。

阳卦多阴，阴卦多阳。其故何也？阳卦奇，阴卦耦。其德行何也？阳一君而二民，君子之道也。阴二君而一民，小人之道也。⑤

《易》曰："憧憧往来，朋从尔思。"⑥子曰："天下何思何虑？天下同归而殊涂，一致而百虑。天下何思何虑？日往则月来，月往则日来，日月相推而明生焉。寒往则暑来，暑往则寒来，寒暑相推而岁成焉。往者屈也，来者信也⑦，屈信相感而利生焉。尺蠖之屈，以求信也；龙蛇之蛰，以存身也。精义入神，以致用也；利用安身，

---

① 刳（kū）：挖空。剡（yǎn）：削尖。
② 柝（tuò）：打更用的梆子。
③ 栋：屋梁柱；宇：屋檐。
④ 材：通"裁"，裁断，判断。
⑤ 八经卦除乾、坤为纯阳、纯阴外，震、坎、艮三阳卦皆二阴一阳，故阳卦多阴，一阳为奇，二阴为偶，故一君二民。政出一门，为君子治国之道。巽、离、兑三阴卦皆二阳一阴，故阴卦多阳，故二君一民。政出多门，为小人乱国之道。
⑥ 咸卦九四爻辞。
⑦ 往者屈也，来者信也：信，通"伸"。往就是曲缩，来就是伸展。

以崇德也。过此以往，未之或知也；穷神知化，德之盛也。"

《易》曰："困于石，据于蒺藜①，入于其宫，不见其妻，凶。"②子曰："非所困而困焉，名必辱。非所据而据焉，身必危。既辱且危，死期将至，妻其可得见耶！"

《易》曰："公用射隼于高墉之上，获之，无不利。"③子曰："隼者，禽也；弓矢者，器也；射之者，人也。君子藏器于身，待时而动，何不利之有？动而不括，是以出而有获，语成器而动者也。"④

子曰："小人不耻不仁，不畏不义，不见利不劝⑤，不威不惩。小惩而大诫，此小人之福也。《易》曰：'屦校灭趾，无咎。'⑥此之谓也。善不积不足以成名，恶不积不足以灭身。小人以小善为无益而弗为也，以小恶为无伤而弗去也，故恶积而不可掩，罪大而不可解。《易》曰：'何校灭耳，凶。'⑦"

子曰："危者，安其位者也；亡者，保其存者也；乱者，有其治者也。是故君子安而不忘危，存而不忘亡，治而不忘乱，是以身安而国家可保也。《易》曰：'其亡其亡，系于苞桑。'⑧"

子曰："德薄而位尊，知小而谋大，力少而任重，鲜不及矣。《易》曰：'鼎折足，覆公𫗧，其形渥，凶。'⑨言不胜其任也。"

子曰："知几其神乎！君子上交不谄，下交不渎，其知几乎。几

---

① 蒺藜：荆棘有刺之物，喻是非之所。
② 困卦六三爻辞。
③ 解卦上六爻辞。
④ 括：滞碍。成器而动：先有好的器具然后待机而动。义同"工欲善其事，必先利其器"。
⑤ 劝：勉力。
⑥ 噬嗑卦初九爻辞。
⑦ 噬嗑卦上九爻辞。
⑧ 否卦九五爻辞。
⑨ 鼎卦九四爻辞。𫗧为鼎中食物，渥为沾湿。

者动之微，吉之先见者也。君子见几而作，不俟终日。《易》曰：'介于石，不终日，贞吉。'①介如石焉，宁用终日，断可识矣。君子知微知彰，知柔知刚，万夫之望。"

子曰："颜氏之子，其殆庶几乎？有不善，未尝不知；知之，未尝复行也。《易》曰：'不远复，无祗悔，元吉。'②天地絪缊，万物化醇。男女构精，万物化生。《易》曰：'三人行，则损一人；一人行，则得其友。'③言致一也。"

子曰："君子安其身而后动，易其心而后语，定其交而后求。君子修此三者，故全也。危以动，则民不与也；惧以语，则民不应也；无交而求，则民不与也；莫之与，则伤之者至矣。《易》曰：'莫益之，或击之，立心勿恒，凶。'④"

子曰："乾坤，其《易》之门邪。"乾，阳物也；坤，阴物也。阴阳合德而刚柔有体，以体天地之撰⑤，以通神明之德。其称名也，杂而不越，于稽其类，其衰世之意邪⑥？夫《易》，彰往而察来，而微显阐幽，开而当名，辨物正言，断辞则备矣。其称名也小，其取类也大，其旨远，其辞文，其言曲而中，其事肆⑦而隐。因贰⑧以济民行，以明失得之报。

《易》之兴也，其于中古乎？作《易》者，其有忧患乎？是故《履》，德之基也。《谦》，德之柄也。《复》，德之本也。《恒》，德之固也。

---

① 豫卦六二爻辞。
② 复卦初九爻辞。
③ 损卦六三爻辞。损一人、得其友喻事成事败。
④ 益卦上九爻辞。
⑤ 撰：注云："撰，数也。"
⑥ 于稽其类，其衰世之意邪：考察其事，乃殷之末世之迹象。
⑦ 肆：直白。
⑧ 贰：孔颖达疏："贰，二也，谓吉凶二理。"

《损》，德之修也。《益》，德之裕也。《困》，德之辨也。《井》，德之地也。《巽》，德之制也。《履》，和而至。《谦》，尊而光，《复》，小而辨于物。《恒》，杂而不厌。《损》，先难而后易。《益》，长裕而不设。《困》，穷而通。《井》，居其所而迁。《巽》，称而隐。《履》以和行，《谦》以制礼，《复》以自知，《恒》以一德，《损》以远害，《益》以兴利，《困》以寡怨，《井》以辨义，《巽》以行权。

《易》之为书也不可远，为道也屡迁。变动不居，周流六虚，上下无常，刚柔相易，不可为典要，唯变所适。其出入以度，外内使知惧。又明于忧患与故，无有师保，如临父母。初率其辞，而揆其方，既有典常①。苟非其人，道不虚行。

《易》之为书也，原始要②终，以为质也。六爻相杂，唯其时物也。其初难知，其上易知，本末也。初辞拟之，卒成之终。若夫杂物撰③德，辨是与非，则非其中爻不备。噫，亦要存亡吉凶，则居可知矣。知者观其彖辞，则思过半矣。二与四同功而异位，其善不同。二多誉，四多惧，近也④。柔之为道，不利远者，其要无咎，其用柔中也。三与五同功而异位，三多凶，五多功，贵贱之等也。其柔危，其刚胜邪⑤。

《易》之为书也，广大悉备。有天道焉，有人道焉，有地道焉。兼三材而两之，故六。六者非它也，三材之道也。道有变动，故曰爻。爻有等，故曰物。物相杂，故曰文。文不当，故吉凶生焉。

《易》之兴也，其当殷之末世、周之盛德邪？当文王与纣之事邪？

---

① 揆其方：揆度其旨归。典常：规律。
② 要：约，预测。
③ 撰：《广雅·释诂》："撰，定也。"
④ 二四爻同阴柔之功能，但二处中，故多誉。四逼于五，故多惧。
⑤ 三五为阳位，柔居则危，刚居则胜。

是故其辞危①。危者使平，易者使倾。其道甚大，百物不废。惧以终始，其要无咎，此之谓《易》之道也。

夫乾，天下之至健也，德行恒易以知险。夫坤，天下之至顺也，德行恒简以知阻。能说诸心，能研诸侯之虑②，定天下之吉凶，成天下之亹亹者。是故变化云为，吉事有祥。象事知器③，占事知来。天地设位，圣人成能。人谋鬼谋，百姓与能。八卦以象告，爻彖以情言。刚柔杂居，而吉凶可见矣。变动以利言，吉凶以情迁。是故爱恶相攻而吉凶生，远近相取而悔吝生，情伪相感而利害生。凡《易》之情，近而不相得则凶，或害之，悔且吝。将叛者其辞惭，中心疑者其辞枝，吉人之辞寡，躁人之辞多，诬善之人其辞游，失其守者其辞屈④。

说　卦

昔者圣人之作《易》也，幽赞于神明而生蓍。参天两地而倚⑤数，观变于阴阳而立卦，发挥于刚柔而生爻，和顺于道德而理于义，穷理尽性以至于命。

昔者圣人之作《易》也，将以顺性命之理。是以立天之道曰阴与阳，立地之道曰柔与刚，立人之道曰仁与义。兼三才而两之，故易六画而成卦。分阴分阳，迭用柔刚，故易六位而成章。

天地定位，山泽通气，雷风相薄⑥，水火不相射。八卦相错。

---

① 危：危惧戒惕。
② 说：通"悦"。研：精也。
③ 象事知器：模拟事物可知器物之制作，即制器尚象之意。
④ 惭：愧。枝：支离散漫。游：虚浮游移。守：操守。屈：屈曲。
⑤ 倚：立。
⑥ 薄：迫，接触。

数往者顺，知来者逆，是故《易》逆数也。

雷以动之，风以散之，雨以润之，日以烜之，艮以止之，兑以说之，乾以君之，坤以藏之。

帝出乎震，齐乎巽，相见乎离，致役乎坤，说言乎兑，战乎乾，劳乎坎，成言乎艮。① 万物出乎震，震东方也。齐乎巽，巽东南也。齐也者，言万物之洁齐也。离也者，明也，万物皆相见，南方之卦也。圣人南面而听天下，向明而治，盖取诸此也。坤也者，地也，万物皆致养焉，故曰：致役乎坤。兑，正秋也，万物之所说也，故曰：说言乎兑。战乎乾，乾西北之卦也，言阴阳相薄也。坎者水也，正北方之卦也。劳卦也，万物之所归也，故曰：劳乎坎。艮，东北之卦也。万物之所成终而成始也，故曰：成言乎艮。

神也者，妙万物而为言者也。动万物者莫疾乎雷，桡万物者莫疾乎风，燥万物者莫熯②乎火，说万物者莫说乎泽，润万物者莫润乎水，终万物始万物者莫盛乎艮。故水火相逮，雷风不相悖，山泽通气，然后能变化，既成万物也。

乾，健也；坤，顺也；震，动也；巽，入也；坎，陷也；离，丽也；艮，止也；兑，说也。

乾为马，坤为牛，震为龙，巽为鸡，坎为豕，离为雉，艮为狗，兑为羊。

乾为首，坤为腹，震为足，巽为股，坎为耳，离为目，艮为手，兑为口。

乾，天也，故称乎父。坤，地也，故称乎母。震一索而得男，故谓之长男。巽一索而得女，故谓之长女。坎再索而得男，故谓之

---

① 帝：天地万物之主宰者。齐：生长整齐。相见：显现，呈现。致役：得助。说：悦。战：阴阳相战。劳：劳倦。成：终。

② 熯：同"暵"，干枯。

中男。离再索而得女，故谓之中女。艮三索而得男，故谓之少男。兑三索而得女，故谓之少女。①

乾为天，为圜，为君，为父，为玉，为金，为寒，为冰，为大赤，为良马，为老马，为瘠马，为驳马，为木果②。

坤为地，为母，为布，为釜，为吝啬，为均，为子母牛，为大舆，为文，为众，为柄，其于地也为黑。

震为雷，为龙，为玄黄，为旉，为大涂，为长子，为决躁，为苍筤竹，为萑苇，其于马也为善鸣，为馵足，为作足，为的颡。其于稼也为反生，其究为健，为蕃鲜。③

巽为木，为风，为长女，为绳直，为工，为白，为长，为高，为进退，为不果④，为臭，其于人也为寡发，为广颡，为多白眼，为近利市三倍，其究为躁卦。

坎为水，为沟渎，为隐伏，为矫輮，为弓轮，其于人也为加忧，为心病，为耳痛，为血卦，为赤，其于马也为美脊，为亟心，为下首，为薄蹄，为曳，其于舆也为多眚⑤，为通，为月，为盗，其于木也为坚多心。

离为火，为日，为电，为中女，为甲胄，为戈兵，其于人也为大腹，为乾卦，为鳖，为蟹，为蠃，为蚌，为龟，其于木也为科上槁⑥。

艮为山，为径路，为小石，为门阙，为果蓏，为阍寺，为指，

---

① 此为八卦产生的父母六子说。乾为父，坤为母。坤得乾之初爻成震，为长男；坤得乾之第二爻成坎，为中男；坤得乾之第三爻成艮，为少男。乾得坤之初爻成巽，为长女；乾得坤之第二爻成离，为中女；乾得坤之第三爻成兑，为长女。

② 木果：植物果实。果实一般为圆。

③ 旉(fū)：植物开花。大涂：大车。苍筤竹、萑苇：青竹、绿苇，皆为青色。馵(zhù)：后左脚白色的马。作足：前足振蹄。的颡：马额白色。蕃鲜：农作物长势鲜盛。

④ 不果：不果断，优柔寡断。

⑤ 眚(shěng)：灾难。

⑥ 科上槁：科，空也。树木蛀空，上端先枯槁，故曰科上槁。

为狗，为鼠，为黔喙①之属，其于木也为坚多节。

兑为泽，为少女，为巫，为口舌，为毁折，为附决，其于地也为刚卤，为妾，为羊。

文　言

《文言》曰：元者善之长也，亨者嘉之会也，利者义之和也，贞者事之干也②。君子体仁足以长人，嘉会足以合礼，利物足以和义，贞固足以干事。君子行此四德者，故曰："乾，元、亨、利、贞。"

初九曰"潜龙勿用"，何谓也？子曰："龙德而隐者也。不易乎世，不成乎名，遁世无闷，不见是而无闷，乐则行之，忧则违之，确乎其不可拔，潜龙也。"③

九二曰"见龙在田，利见大人"，何谓也？子曰："龙德而正中者也。庸言之信，庸行之谨，闲邪存其诚，善世而不伐④，德博而化。《易》曰'见龙在田，利见大人'，君德也。"

九三曰"君子终日乾乾，夕惕若厉，无咎"⑤，何谓也？子曰："君子进德修业。忠信所以进德也。修辞立其诚，所以居业也。知至

---

① 黔喙：黑嘴。
② 孔颖达《正义》曰："'元'是物始，于时配春，春为发生，故下云'体仁'，仁则春也。'亨'是通畅万物，于时配夏，故下云'合礼'，礼则夏也。'利'为和义，于时配秋，秋既物成，各合其宜。'贞'为事干，于时配冬，冬既收藏，事皆干了也。"
③ 不见是：不被世人称许。乐：天下有道使人乐。忧：天下无道使人忧。违：离去。拔：动摇。
④ 庸：常，恒，一贯。闲：防范。善世而不伐：为善于世而不夸耀。
⑤ 乾乾：勤勉之貌。惕：惕惧反省。若：如也。厉：危险。此句亦可断为："君子终日乾乾，夕惕若，厉无咎。"如此断句，"若"则为语气词。

至之,可与几也。知终终之,可与存义也。① 是故居上位而不骄,在下位而不忧。故乾乾因其时而惕,虽危无咎矣。"

九四曰"或跃在渊,无咎",何谓也?子曰:"上下无常,非为邪也。进退无恒,非离群也。君子进德修业,欲及时也,故无咎。"

九五曰"飞龙在天,利见大人",何谓也?子曰:"同声相应,同气相求。水流湿,火就燥,云从龙,风从虎,圣人作而万物睹。本乎天者亲上,本乎地者亲下,则各从其类也。"

上九曰"亢龙有悔",何谓也?子曰:"贵而无位,高而无民,贤人在下位而无辅,是以动而有悔也。"

"潜龙勿用",下也。"见龙在田",时舍也。"终日乾乾",行事也。"或跃在渊",自试也。"飞龙在天",上治也。"亢龙有悔",穷之灾也。乾元"用九",天下治也。

"潜龙勿用",阳气潜藏。"见龙在田",天下文明。"终日乾乾",与时偕行。"或跃在渊",乾道乃革。"飞龙在天",乃位乎天德。"亢龙有悔",与时偕极。乾元"用九",乃见天则。

"乾元"者,始而亨者也。"利贞"者,性情也②。乾始能以美利利天下,不言所利,大矣哉!大哉乾乎,刚健中正,纯粹精也。六爻发挥,旁通情也。"时乘六龙",以御天也。"云行雨施",天下平也。

君子以成德为行,日可见之行也。潜之为言也,隐而未见,行而未成,是以君子弗用也。

君子学以聚之,问以辩之,宽以居之,仁以行之。《易》曰"见龙

---

① 知至至之:预知事物如何进展并采取相应的行动。知终终之:预知事物如何终结并采取相应的措施。

② 孔颖达《正义》曰:"'利贞者,性情也'者,所以能利益于物而得正者,由性制于情也。"

在田，利见大人"，君德也。

九三重刚而不中，上不在天，下不在田，故乾乾因其时而惕，虽危无咎矣。

九四重刚而不中，上不在天，下不在田，中不在人，故或之，或之者，疑之也，故无咎。

夫大人者，与天地合其德，与日月合其明，与四时合其序，与鬼神合其吉凶。先天而天弗违，后天而奉天时。天且弗违，而况于人乎，况于鬼神乎？

亢之为言也，知进而不知退，知存而不知亡，知得而不知丧。其唯圣人乎！知进退存亡而不失其正者，其唯圣人乎！（乾·文言）

《文言》曰：坤至柔而动也刚，至静而德方①。后得主②而有常，含万物而化光。坤道其顺乎，承天而时行。

积善之家必有余庆，积不善之家必有余殃。臣弑其君，子弑其父，非一朝一夕之故，其所由来者渐矣，由辩之不早辩也。《易》曰"履霜坚冰至"，盖言顺也。

直其正也，方其义也。君子敬以直内，义以方外，敬义立而德不孤。"直方大，不习无不利"，则不疑其所行也。

阴虽有美，含③之以从王事，弗敢成也。地道也，妻道也，臣道也，地道无成而代有终④也。

天地变化，草木蕃，天地闭，贤人隐。《易》曰"括囊，无咎无誉"，盖言谨也。

---

① 方：方正。
② 后得主：后，坤德后而不先。得主：得乾以为之主。
③ 含：含敛。
④ 代有终：替代乾阳成就事功。

君子黄中通理，正位居体。美在其中而畅于四支，发于事业，美之至也。①

阴疑②于阳必战，为其嫌于无阳也，故称"龙"焉。犹未离其类也，故称"血"焉。夫玄③黄者，天地之杂也，天玄而地黄。（坤·文言）

彖 传

《乾·彖》曰：大哉乾元，万物资始，乃统天。云行雨施，品物流形④。大明终始，六位时成⑤。时乘六龙以御天。乾道变化，各正性命。保合大和，乃利贞⑥。首出庶物，万国咸宁。

《坤·彖》曰：至哉坤元，万物资生，乃顺承天。坤厚载物，德合无疆。含弘光大，品物咸亨。牝马地类⑦，行地无疆，柔顺利贞。君子攸行，先迷失道，后顺得常。"西南得朋"，乃与类行。"东北丧朋"，乃终有庆。安贞之吉，应地无疆。

《泰·彖》曰："泰，小往大来，吉亨"，则是天地交而万物通也，上下交而其志同也。内阳而外阴，内健而外顺，内君子而外小人。君子道长，小人道消也。

---

① 孔颖达《正义》："'黄中通理'者，以黄居中，兼四方之色，奉承臣职，是通晓物理也。'正位居体'者，居中得正，是正位也；处上体之中，是居体也。黄中通理，是'美在其中'。有美在于中，必通畅于外，故云'畅于四支'。四支犹人手足，比于四方物务也。外内俱善，能宣发于事业。所营谓之事，事成谓之业，美莫过之，故云'美之至'也。"

② 疑：通"拟"，比拟。

③ 玄：深青色。

④ 品物流形：品物，众物。流形，在自然流动中生成形体。

⑤ 大明：太阳。六位时成：上下四方六合因时而成，实指六爻因时而成。

⑥ 乾道变化，各正性命。保合大和，乃利贞：天道变化，万物各得其所。保持这种至和之态，利于万物正常运作。

⑦ 地类：阴类。

《观·彖》曰：大观在上，顺而巽，中正以观天下，观①。"盥而不荐，有孚颙若"②，下观而化也。观天之神道，而四时不忒。圣人以神道设教，而天下服矣。

《贲·彖》曰：贲亨，柔来而文刚，故亨。分刚上而文柔，故"小利有攸往"。（刚柔交错）③，天文也；文明以止，人文也④。观乎天文，以察时变；观乎人文，以化成天下。

《复·彖》曰：复亨，刚反动而以顺行。是以"出入无疾"，"朋来无咎"。"反复其道，七日来复"，天行也。"利有攸往"，刚长也。复，其见天地之心乎⑤。

《大畜·彖》曰：大畜，刚健笃实，辉光日新⑥。其德刚上而尚贤，能止健，大正也。"不家食吉"，养贤也。"利涉大川"，应乎天也。

《离·彖》曰：离，丽⑦也。日月丽乎天，百谷草木丽乎土。重明以丽乎正，乃化成天下。柔丽乎中正，故亨，是以"畜牝牛吉"也。

《咸·彖》曰：咸，感也。柔上而刚下，二气感应以相与。止而说，男下女，是以"亨，利贞，取女吉"也。天地感而万物化生，圣

---

① 大观在上为尊者为众人所观，观天下为尊者观天下众人。观体现为一种上下间的相互观照。

② 盥而不荐，有孚颙若：灌酒而不献牲，心存诚敬。孚，信也。颙，敬顺。若，语气词。

③ "刚柔交错"原文无，后人补。王弼注云："刚柔交错而成文焉，天之文也。"

④ 文明以止，人文也：用文明来约束人的行为，为人之文德之教。贲卦的上九爻辞"上九，白贲，无咎"，讲的就是一种饰终反素的文教之止。

⑤ 王弼注云："复者，反本之谓也，天地以本为心者也。凡动息则静，静非对动者也。语息则默，默非对语者也。然则天地虽大，富有万物，雷动风行，运化万变，寂然至无，是其本矣。故动息地中，乃天地之心见也。若其以有为心，则异类未获具存矣。"

⑥ 此句也断为"辉光日新其德"。

⑦ 丽：附丽，依附。

人感人心而天下和平。观其所感，而天地万物之情可见矣。

《大壮·象》曰：大壮，大者壮也。刚以动，故壮。"大壮利贞"，大者正也。正大而天地之情可见矣。

孟　子

《孟子》，七篇十四卷，战国时期思想家、政治家孟子与其弟子编著，约成书于战国中后期。孟子（约前372—前289），名轲，战国时期邹国人，受业于孔子之孙子思门人，为仅次于孔子的一代大儒，后世尊称为"亚圣"。孟子在哲学上认为人性本善，强调人格的自我修养完善；在政治上主张实行"仁政"而成"王道"。在美学理论上，孟子对儒家人格美学进行了全面阐述，同时提出了"以意逆志""知人论世"等读诗方法论。选文摘自杨伯峻译注《孟子译注》，中华书局2005年第2版。

孟子论性善

孟子曰："人皆有不忍人之心①。先王有不忍人之心，斯有不忍人之政矣。以不忍人之心，行不忍人之政，治天下可运之掌上。所以谓人皆有不忍人之心者，今人乍②见孺子将入于井，皆有怵惕恻隐③之心；非所以内交④于孺子之父母也，非所以要⑤誉于乡党朋友

---

① 不忍人之心：怜悯别人的心情，同情心，怜悯心。
② 乍：忽然、突然。
③ 怵惕：惊惧。恻隐：哀痛，同情。
④ 内交：结交。内，同"纳"。
⑤ 要（yāo）：求也，通"邀"。

也，非恶其声而然也。由是观之，无恻隐之心非人也，无羞恶之心非人也，无辞让之心非人也，无是非之心非人也。恻隐之心，仁之端也；羞恶之心，义之端也；辞让之心，礼之端也；是非之心，智之端也。人之有是四端也，犹其有四体也。有是四端而自谓不能者，自贼①者也；谓其君不能者，贼其君者也。凡有四端于我者，知皆扩而充之矣，若火之始然②、泉之始达。苟能充之，足以保四海；苟不充之，不足以事父母。"（公孙丑章句上）

是故诚③者，天之道也。思诚者，人之道也。（离娄章句上）

孟子曰："人之所以异于禽兽者几希④，庶民去之，君子存之。舜明于庶物，察于人伦；由仁义行，非行仁义也。"（离娄章句下）

告子曰："性，犹杞柳也；义，犹桮棬也⑤。以人性为仁义，犹以杞柳为桮棬。"孟子曰："子能顺杞柳之性而以为桮棬乎？将戕贼⑥杞柳而后以为桮棬也？如将戕贼杞柳而以为桮棬，则亦将戕贼人以为仁义与？率天下之人而祸仁义者，必子之言夫！"

告子曰："性，犹湍⑦水也，决诸东方则东流，决诸西方则西流。人性之无分于善不善也，犹水之无分于东西也。"孟子曰："水

---

① 自贼：自暴自弃。
② 然：同"燃"。《说文》："然，烧也。"
③ 诚：真实无妄。
④ 几希：差别很小。
⑤ 杞(qǐ)柳：树名，旧说是榉树，枝条柔韧，可以编制箱、筐等器物。桮棬(bēi quān)：器名。先用枝条编成杯盘之形，再以漆加工制成杯盘。桮，同"杯"。
⑥ 戕贼：毁伤，戕害。
⑦ 湍(tuān)：激流，急湍。《说文》："湍，疾濑也。"

信①无分于东西，无分于上下乎？人性之善也，犹水之就下也。人无有不善，水无有不下。今夫水搏而跃之，可使过颡，激而行之，可使在山②，是岂水之性哉？其势则然也。人之可使为不善，其性亦犹是也。"

告子曰："生之谓性。"孟子曰："生之谓性也，犹白之谓白与？"曰："然。""白羽之白也，犹白雪之白，白雪之白，犹白玉之白与？"曰："然。""然则犬之性犹牛之性，牛之性犹人之性与？"

告子曰："食色，性也。仁，内也，非外也。义，外也，非内也。"孟子曰："何以谓仁内义外也？"曰："彼长而我长之③，非有长于我也。犹彼白而我白之，从其白于外也，故谓之外也。"曰："异于白马之白也，无以异于白人之白也！不识长马之长也，无以异于长人之长欤？且谓长者义乎？长之者义乎？"曰："吾弟则爱之，秦人之弟则不爱也，是以我为悦者也，故谓之内。长楚人之长，亦长吾之长，是以长为悦者也，故谓之外也。"曰："耆秦人之炙，无以异于耆吾炙。夫物则亦有然者也。然则耆炙亦有外欤？"

孟季子问公都子曰："何以谓义内也？"曰："行吾敬，故谓之内也。""乡人长于伯兄一岁，则谁敬？"曰："敬兄。""酌则谁先？"曰："先酌乡人。""所敬在此，所长在彼，果在外非由内也。"公都子不能答，以告孟子。孟子曰："敬叔父乎？敬弟乎？彼将曰：'敬叔父。'曰：'弟为尸④，则谁敬？'彼将曰：'敬弟。'子曰：'恶在其敬叔父也？'彼将曰：'在位故也。'子亦曰：'在位故也。庸敬在兄，斯须之

---

① 信：的确，确实，真的。

② 搏：拍打，击。颡(sǎng)：额头，额角。激：阻挡。

③ 彼长而我长之：长，年长，年纪大。第二个长引申为恭敬，把他人当成年长的人对待。

④ 尸：主。古代祭祀没有画像，也不用牌位或者神主，而用少男少女作为受祭代理人，便称为"尸"。

敬在乡人。'"季子闻之，曰："敬叔父则敬，敬弟则敬，果在外非由内也。"公都子曰："冬日则饮汤，夏日则饮水，然则饮食亦在外也？"

公都子曰："告子曰：'性无善无不善也。'或曰：'性可以为善，可以为不善，是故文武兴则民好善，幽、厉①兴则民好暴。'或曰：'有性善，有性不善，是故以尧为君而有象②，以瞽瞍③为父而有舜，以纣为兄之子且以为君，而有微子启、王子比干④。'今曰'性善'，然则彼皆非欤？"孟子曰："乃若⑤其情则可以为善矣，乃所谓善也。若夫为不善，非才之罪也。恻隐之心，人皆有之；羞恶之心，人皆有之；恭敬之心，人皆有之；是非之心，人皆有之。恻隐之心，仁也；羞恶之心，义也；恭敬之心，礼也；是非之心，智也。仁义礼智，非由外铄⑥我也，我固有之也，弗思耳矣。故曰：求则得之，舍则失之。或相倍蓰⑦而无算者，不能尽其才者也。"（告子章句上）

孟子曰："舜之居深山之中，与木石居，与鹿豕游，其所以异于深山之野人者几希。及其闻一善言，见一善行，若决江河，沛然莫之能御也⑧。"（尽心章句上）

---

① 幽、厉：指周幽王、周厉王，周代两个暴君。

② 象：舜的异母弟。性傲狠，受封于有庳（今湖南道县北）。相传他在父亲瞽瞍示意下，多次谋杀舜，未遂。

③ 瞽瞍（gǔ sǒu）：上古传说人物，双目失明，是舜与象的父亲，黄帝的八世孙。其人性顽劣。

④ 微子启、王子比干：微子启，据《左传》《史记》记载，是纣王的庶兄。王子比干，纣王叔父，因劝谏而被纣王剖心而死。

⑤ 乃若：相当于"至于"。

⑥ 铄：授予。

⑦ 蓰（xǐ）：量词，五倍。

⑧ 御：驾驭，阻止。此句指形势盛大不能驾驭。

志与气

"……夫志①，气之帅也；气②，体之充也。夫志至焉，气次焉。故曰：持其志，无暴其气。""既曰'志至焉，气次焉'，又曰'持其志，无暴其气'者，何也？"曰："志壹③则动气；气壹则动志也。今夫蹶者趋者④是气也，而反动其心。"

"敢问夫子恶乎长⑤？"曰："我知言，我善养吾浩然⑥之气。""敢问何谓浩然之气？"曰："难言也。其为气也，至大至刚，以直养而无害，则塞于天地之间。其为气也，配义与道；无是，馁⑦也。是集义所生者，非义袭而取之也。行有不慊⑧于心则馁矣。……"（公孙丑章句上）

孟子曰："牛山⑨之木尝美矣。以其郊⑩于大国也，斧斤伐之，可以为美乎？是其日夜之所息，雨露之所润，非无萌蘖⑪之生焉，牛羊又从而牧之，是以若彼濯濯⑫也。人见其濯濯也，以为未尝有

---

① 志：思想意志。赵岐注："志，心之所念虑也。"朱熹注："志固心之所之，而为气之将帅。"
② 气：血气，意气情感。徐复观先生在解释"气，体之充也"时，认为"气即由生理所形成的生命力"。
③ 壹：专注，集中于某一方面。
④ 蹶者：跌倒的人。趋者：奔跑的人。
⑤ 恶(wū)：什么。长：擅长。
⑥ 浩然：朱熹注："浩然，盛大流行之貌。"
⑦ 馁：疲软，气馁。
⑧ 慊(qiè)：赵岐注："慊，快也。"
⑨ 牛山：今临淄镇南十里，古时齐国都在临淄。
⑩ 郊：作动词，以为郊。
⑪ 萌蘖：植物的萌芽。喻指事物的开端。
⑫ 濯濯：荒凉，没有草木的样子。

材焉,此岂山之性也哉?虽存乎人者,岂无仁义之心哉?其所以放①其良心者,亦犹斧斤之于木也。旦旦②而伐之,可以为美乎?其日夜之所息,平旦之气,其好恶与人相近也者几希,则其旦昼之所为,有梏亡之矣③。梏之反复,则其夜气不足以存。夜气不足以存,则其违禽兽不远矣。人见其禽兽也,而以为未尝有才焉者,是岂人之情也哉?故苟得其养,无物不长;苟失其养,无物不消④。"(告子章句上)

孟子论人格美

居天下之广居,立天下之正位,行天下之大道⑤;得志,与民由之,不得志,独行其道;富贵不能淫,贫贱不能移,威武不能屈——此之谓大丈夫。(滕文公章句下)

孟子曰:"存乎人者,莫良于眸子⑥。眸子不能掩其恶。胸中正,则眸子瞭焉;胸中不正,则眸子眊焉⑦。听其言也,观其眸子,人焉廋⑧哉?"(离娄章句上)

孟子曰:"西子蒙不洁,则人皆掩鼻而过之。虽有恶人,齐戒沐

---

① 放:丧失、丢失。
② 旦旦:天天、每天。
③ 有梏亡之矣:有,何焯《义门读书记》曰:"当读去声。"有,通"又"。梏,通"牿(gù)",圈禁也。
④ 消:消失,消亡。
⑤ 广居、正位、大道:朱熹《集注》云:"广居,仁也;正位,礼也;大道,义也。"
⑥ 存:观察。良:好于,超过。
⑦ 瞭:明亮。眊:昏暗,浑浊。
⑧ 廋(sōu):隐匿,藏匿。赵岐注:"匿也。"

浴，则可以祀上帝。"①（离娄章句下）

君子所性，仁义礼智根于心。其生色也，睟然见于面、盎于背②。施于四体，四体不言而喻。（尽心章句上）

浩生不害③问曰："乐正子，何人也？"孟子曰："善人也，信人也。""何谓善？何谓信？"曰："可欲之谓善。有诸己之谓信。充实之谓美。充实而有光辉之谓大。大而化之之谓圣。圣而不可知之之谓神。乐正子，二④之中，四⑤之下也。"（尽心章句下）

仁义与乐

孟子曰："仁之实，事亲是也。义之实，从兄是也。智之实，知斯二者弗去是也。礼之实，节⑥文斯二者是也。乐之实，乐斯二者，乐则生矣。生则恶可已也？恶可已，则不知足之蹈之、手之舞之。"（离娄章句上）

孟子曰："万物皆备于我矣，反身而诚，乐莫大焉。强恕⑦而行，求仁莫近焉。"（尽心章句上）

---

① 西子：即西施。蒙：沾染。恶：丑。
② 睟(suì)然：清和润泽之状。盎：表现，显现。
③ 浩生不害：人名，姓浩生，名不害。齐人。
④ 二：介于两者之间。
⑤ 四：上文提到的"美""大""圣""神"。
⑥ 节：调节，调和。
⑦ 强恕：坚持不懈地推行推己及人的恕道。

孟子曰："尽其心者，知其性也。知其性，则知天矣。存其心，养其性，所以事天也。殀寿不贰，修身以俟之，所以立命也。"①（尽心章句上）

孟子曰："仁言不如仁声之入人深也，善政不如善教之得民也。善政，民畏之；善教，民爱之。善政得民财，善教得民心。"（尽心章句上）

《诗》亡然后《春秋》作

王者之迹熄而《诗》亡，《诗》亡然后《春秋》作。② 晋之《乘》，楚之《梼杌》③，鲁之《春秋》，一也。其事则齐桓、晋文，其文则史。（离娄章句下）

以意逆志与知人论世

"何谓知言？"曰："诐辞知其所蔽，淫辞知其所陷，邪辞知其所离，遁辞知其所穷。"④（公孙丑章句上）

---

① 尽：充分发挥。存：存养，保持。贰：有别心，三心二意。立命：安身立命。
② 此句历来有不同解释，笔者同意徐复观先生观点，认为"王者之迹熄"乃朝廷采诗制度不再后，政治劝谏之诗教亡掉。正因为缺乏一种新的劝谏形式，故孔子作《春秋》微言大义，辨别是非，臧否人物以为政治训诫之用。
③ 梼杌：音 táo wù。
④ 诐（bì）辞：偏颇的言辞。淫辞：过激的言论。陷：错误的地方。邪辞：不合正道的论调。遁辞：躲闪的言辞。穷：尽，理屈之处。

"……说《诗》者，不以文害辞，不以辞害志，以意逆志①，是为得之。如以辞而已矣，《云汉》之诗曰：'周余黎民，靡有孑遗。'②信斯言也，是周无遗民也。……"（万章章句上）

孟子谓万章曰："一乡之善士，斯友一乡之善士③；一国之善士，斯友一国之善士；天下之善士，斯友天下之善士。以友天下之善士为未足，又尚论古之人。颂其诗④，读其书，不知其人，可乎？是以论其世也。是尚友也。"（万章章句下）

公孙丑问曰："高子⑤曰：'《小弁》⑥，小人之诗也。'"孟子曰："何以言之？"曰："怨。"曰："固⑦哉，高叟之为诗也！有人于此，越人关⑧弓而射之，则己谈笑而道之。无他，疏之也。其兄关弓而射之，则己垂涕泣而道之。无他，戚之也。《小弁》之怨，亲亲也。亲亲，仁也。固矣夫，高叟之为诗也！"曰："《凯风》何以不怨？"曰："《凯风》，亲⑨之过小者也。《小弁》，亲之过大者也。亲之过大而不怨，是愈疏也；亲之过小而怨，是不可矶⑩也。愈疏，不孝也；不可矶，亦不孝也。……"（告子章句下）

---

① 文：文字。辞：词句。志：文章原意，本意。逆：揣测，推测。
② 周余黎民，靡有孑遗：杨伯峻《孟子译注》："周朝剩余的百姓，没有一个存留。"
③ 善士：优秀的人才，能力突出的人物。友：以为友。
④ 尚：同"上"。颂：通"诵"。
⑤ 高子：赵岐注认为是"孟子弟子"。
⑥ 《小弁(pán)》：见《诗经·小雅》。孟子认为怨亲并不与孝道相悖。亲有小过而怨，乃不孝，亲有大过不怨亦为不孝。
⑦ 固：顽固，机械。
⑧ 关：张开，拉开。
⑨ 亲：父母。
⑩ 矶(jī)：激怒。

目之于色有同美

"……故凡同类者，举①相似也，何独至于人而疑之？圣人与我同类者。故龙子曰：'不知足而为屦，我知其不为蒉也。'②屦之相似，天下之足同也。口之于味，有同耆也，易牙③先得我口之所耆者也。如使口之于味也，其性与人殊④，若犬马之与我不同类也，则天下何耆皆从易牙之于味也？至于味，天下期⑤于易牙，是天下之口相似也。惟耳亦然，至于声，天下期于师旷⑥，是天下之耳相似也。惟目亦然，至于子都，天下莫不知其姣也⑦；不知子都之姣者，无目者也。故曰：口之于味也，有同耆焉；耳之于声也，有同听焉；目之于色也，有同美焉。至于心，独无所同然乎？心之所同然者，何也？谓理也，义也。圣人先得我心之所同然耳。故理义之悦我心，犹刍豢之悦我口。"（告子章句上）

大体与小体

孟子曰："人之于身也，兼所爱；兼所爱，则兼所养也。无尺寸之肤不爱焉，则无尺寸之肤不养也。所以考⑧其善不善者，岂有他

---

① 举：大致，全部。
② 屦：草鞋。蒉：草筐，竹筐。
③ 易牙：杜预注曰："雍巫，雍人，名巫，即易牙。"是齐桓公的宠臣。
④ 与人殊：杨伯峻《孟子译注》认为，应为"人与人殊"，意为人人不同。
⑤ 期：期望，希望。
⑥ 师旷：字子野，今山西洪洞人，春秋时著名乐师。
⑦ 子都：春秋郑国人，原名公孙阏（yān），本姓为姬，与周王同宗，字子都，是郑国的宗族子弟。相传为春秋第一美男，武艺高超，相貌英俊。姣：漂亮，美丽。
⑧ 考：考察。

哉？于己取之而已矣。体有贵贱，有小大。无以小害大，无以贱害贵。养其小者为小人。养其大者为大人。……"

公都子问曰："钧①是人也，或为大人，或为小人，何也？"孟子曰："从其大体为大人，从其小体为小人。"曰："钧是人也，或从其大体，或从其小体，何也？"曰："耳目之官不思，而蔽于物。物交物，则引之而已矣②。心之官则思；思则得之，不思则不得也。此天之所与我者，先立乎其大者，则其小者不能夺也。此为大人而已矣。"（告子章句上）

孟子曰："口之于味也，目之于色也，耳之于声也，鼻之于臭③也，四肢之于安佚也；性也，有命焉，君子不谓性也。仁之于④父子也，义之于君臣也，礼之于宾主也，知之于贤者也，圣人之于天道也；命也，有性焉，君子不谓命也。"（尽心章句下）

与民同乐

孟子见梁惠王。王立于沼上，顾⑤鸿雁麋鹿，曰："贤者亦乐此乎？"孟子对曰："贤者而后乐此，不贤者，虽有此不乐也。《诗》云：'经始灵台，经之营之，庶民攻⑥之，不日⑦成之。经始勿亟，庶民

---

① 钧：通"均"，都、同、全部。
② 蔽：蒙蔽。交：接触。引：被引。
③ 臭(xiù)：气味。
④ 之于：在，在于。
⑤ 顾：顾盼，看。
⑥ 攻：旧注："攻，治也。"工作之意。
⑦ 不日：不终一日，形容速度快，效率高。

子来①。王在灵囿,麀鹿攸伏,麀鹿濯濯,白鸟鹤鹤②。王在灵沼,於牣③鱼跃。'文王以民力为台为沼,而民欢乐之,谓其台曰灵台,谓其沼曰灵沼,乐其有麋鹿鱼鳖。古之人与民偕乐,故能乐也。《汤誓》曰:'时日害丧④,予及女皆亡。'民欲与之皆亡,虽有台池鸟兽,岂能独乐哉?"(梁惠王章句上)

庄暴⑤见孟子,曰:"暴见于王,王语暴以好乐,暴未有以对也。"曰:"好乐何如?"孟子曰:"王之好乐甚,则齐国其庶几乎!"⑥他日,见于王,曰:"王尝语庄子⑦以好乐,有诸?"王变乎色⑧,曰:"寡人非能好先王之乐也,直好世俗之乐耳。"曰:"王之好乐甚,则齐其庶几乎!今之乐犹古之乐也。"曰:"可得闻与?"曰:"独乐乐,与人乐乐,孰乐?"曰:"不若与人。"曰:"与少乐乐,与众乐乐,孰乐?"曰:"不若与众。""臣请为王言乐。今王鼓乐于此,百姓闻王钟鼓之声,管籥⑨之音,举疾首蹙頞⑩而相告曰:'吾王之好鼓乐,夫何使我至于此极也?父子不相见,兄弟妻子离散。'今王田猎⑪于此,百姓闻王车马之音,见羽旄⑫之美,举疾首蹙頞而相告曰:'吾王之

---

① 经始勿亟,庶民子来:亟,急也。子来,意为更努力、更卖力。此句为,王说不要着急,百姓更卖力了。
② 麀鹿攸伏:麀(yōu),母鹿。濯濯:肥胖有光泽。鹤鹤:羽毛洁白的样子。
③ 於牣(wū rèn):於,句首发语词,无意。牣:满。
④ 时日害丧:时,指示词,这。害,通"曷",何时。
⑤ 庄暴(pù):庄暴是齐宣王的近臣。
⑥ 甚:尤其,非常。庶几:差不多。
⑦ 庄子:此处指庄暴,而非庄周。
⑧ 变乎色:直译,变了脸色。文中指齐王不好意思,尴尬。
⑨ 管籥(yuè):籥,同"龠",古时吹奏乐器,类似于现在的笙箫。
⑩ 举:全部,都。蹙:音 cù。頞(è):鼻梁。
⑪ 田猎:打猎。
⑫ 羽旄:乐舞时所执的雉羽和旄牛尾。文中译为仪仗。

203

好田猎，夫何使我至于此极也？父子不相见，兄弟妻子离散。'此无他，不与民同乐也。今王鼓乐于此，百姓闻王钟鼓之声，管籥之音，举欣欣然有喜色而相告曰：'吾王庶几无疾病与，何以能鼓乐也？'今王田猎于此，百姓闻王车马之音，见羽旄之美，举欣欣然有喜色而相告曰：'吾王庶几无疾病与，何以能田猎也？'此无他，与民同乐也。今王与百姓同乐，则王矣。"

齐宣王见孟子于雪宫①。王曰："贤者亦有此乐乎？"孟子对曰："有。人不得，则非其上②矣。不得而非其上者，非也；为③民上而不与民同乐者，亦非也。乐民之乐者，民亦乐其乐；忧民之忧者，民亦忧其忧。乐以天下，忧以天下，然而不王者，未之有也。……"（梁惠王章句下）

论观水

徐子曰："仲尼亟称于水，曰：'水哉，水哉！'何取于水也？"

孟子曰："源泉混混，不舍昼夜，盈科而后进，放乎四海。有本者如是，是之取尔。苟为无本，七八月之间雨集，沟浍④皆盈；其涸也，可立而待也。故声闻过情，君子耻之。"（离娄章句下）

孟子曰："孔子登东山而小鲁，登太山而小天下，故观于海者难为水，游于圣人之门者难为言。观水有术，必观其澜。日月有明，容光必照焉。流水之为物也，不盈科不行；君子之志于道也，不成

---

① 雪宫：战国时齐国的离宫名。故址在今山东淄博市东北。赵岐注："雪宫，离宫之名也。宫中有苑囿台池之饰，禽兽之饶。"
② 非：抱怨。上：上级，国王。
③ 为：作为。
④ 浍：田间水沟。

章不达。"(尽心章句上)

荀 子

《荀子》，战国后期赵国人荀子著作。荀子(约前313—前238)，名况，亦称荀卿、孙卿，曾在齐国首都临淄的稷下学宫任过祭酒。荀子作为先秦末期儒学集大成者，在吸收法家学说的同时发展了儒家思想。在哲学上，荀子注重的是经验层面人性恶的问题，强调心对客观事物规律和礼义知识等的后天认知和学习；在政治上，荀子主张通过礼、乐、刑、法等制度来实现社会的政治运行。在美学理论上，荀子强调礼乐教育对成就君子人格的美育功能、政治功能。选文摘自王先谦撰《荀子集解》，中华书局1988年版，并参考王天海校释《荀子校释》，上海古籍出版社2005年版。

荀子论人性

凡人有所一①同：饥而欲食，寒而欲暖，劳而欲息，好利而恶害，是人之所生而有也，是无待②而然者也，是禹、桀之所同也。目辨白黑美恶，耳辨声音清浊，口辨酸咸甘苦，鼻辨芬芳腥臊，骨体肤理③辨寒暑疾养④，是又人之所常⑤生而有也，是无待而然者也，是禹、桀之所同也。可以为尧、禹，可以为桀、跖，可以为工

---

① 一：犹皆也。
② 无待：无条件，没有原因。
③ 肤理：肌肤上的纹理。
④ 养：通"痒"。
⑤ 常：无义。王先谦："'常'字，以文意求之不当有。此'常'字缘上下文而衍。"

匠，可以为农贾，在势①注错习俗之所积尔。是又人之所生而有也，是无待而然者也，是禹、桀之所同也②。（荣辱）

人之所以为人者，何已③也？曰：以其有辨④也。饥而欲食，寒而欲暖，劳而欲息，好利而恶害，是人之所生而有也，是无待而然者也⑤，是禹、桀之所同也。（非相）

生之所以然者谓之性⑥。性之和所生，精合感应，不事而自然谓之性⑦。性之好、恶、喜、怒、哀、乐谓之情⑧。情然而心为之择谓之虑⑨。心虑而能为之动谓之伪。虑积焉、能习焉而后成谓之伪⑩。

……

性者，天之就也；情者，性之质也；欲者，情之应也⑪。以所

---

① 势：无义。王先谦："势字无义。以上文言'注错习俗'证之，则'势'字为衍文。"
② "是又人之……所同也"：衍文。王念孙曰："此二十三字，涉上文而衍。下文'为尧、舜则常安荣，为桀、跖则常危辱'云云，与上文'在势注错习俗之所积尔'句紧相承接。若加此二十三字，则隔断上下语脉，故知为衍文。"
③ 已：同"以"。
④ 辨：别也。
⑤ 是无待而然者也：杨倞注曰："不待学而知也。"
⑥ 杨倞注曰："人生善恶，故有必然之理，是所受作，天之性也。"
⑦ 和：阴阳冲和气也。精合感应：耳目之精灵，与所闻见之外物相结合而生感应。事：任使也，从事的意思。王先谦："性之和所生，当做'生之所生'。此'生'字与上'生之'同，亦谓人生也。注'人之性'，'性'当为'生'，亦后人以意改之。"
⑧ 情：杨倞注曰："人性感物之后，分为此六者，谓之情。"
⑨ 虑：思虑。杨倞注曰："情虽无极，心择可否而行，谓之虑也。"
⑩ 伪：杨倞注曰："伪，矫也。心有选择，能动而行之，则为矫拂其本性也。"
⑪ 质：本质。应：感应。《礼记·乐记》："人生而静，天之性也；感于物而动，性之欲也。"感，亦应也。杨倞注曰："性者，成于天之自然。情者，性之质体。欲又情之所应。所以人必不免于有欲也。"

欲以为可得而求之，情之所必不免也。以为可而道之，知所必出也①。故虽为守门，欲不可去，性之具也②。虽为天子，欲不可尽③。欲虽不可尽，可以近尽也④。欲虽不可去，求可节也。所欲虽不可尽，求者犹近尽；欲虽不可去，所求不得，虑者，欲节求也。道者，进则近尽，退则节求，天下莫之若也⑤。（正名）

　　人之性恶，其善者伪⑥也。今人之性，生而有好利焉，顺是，故争夺生而辞让亡焉⑦；生而有疾恶焉，顺是，故残贼生而忠信亡焉⑧；生而有耳目之欲，有好声色焉，顺是，故淫乱生而礼义文理⑨亡焉。然则从人之性，顺人之情，必出于争夺，合于犯分乱理而归于暴⑩。故必将有师法之化、礼义之道，然后出于辞让，合于文理，而归于治⑪。用此观之，然则人之性恶明矣，其善者伪也。
　　故枸木必将待檃栝、烝、矫然后直⑫，钝金必将待砻、厉然后

---

① 道：以为可得而导达之。知：智虑。
② 具：全也，全其性质所欲。王先谦注曰："夫人各有心，故虽至贱，亦不能去欲也。"
③ 尽：全尽。
④ 以：用也。近尽：近于尽欲也。
⑤ 道：中和之道。进退：亦为贵贱。
⑥ 伪：人为，指人的后天行为。
⑦ 好利：贪图私利。顺是：顺着这种本性。杨倞注曰："天生性也，顺是，谓顺其性也。"亡：失掉，丧失。
⑧ 疾恶：嫉妒，憎恨，疾同嫉。残贼：伤害，这里指伤害忠信之人。
⑨ 文理：谓节文、条理也。礼义文理：指等级制度和道德规范。
⑩ 从：通"纵"，放纵。分：名分，等级。归于：导致。暴：暴乱。
⑪ 师法：君师与法制。道：通"导"，引导，诱导。治：治世，指社会安定。
⑫ 枸（gōu）木：弯曲。檃栝（yǐn kuò）：矫正弯曲的工具。烝：加热，谓烝之使柔。矫：谓矫之使直也。

利①。今人之性恶，必将待师法然后正②，得礼义然后治。今人无师法则偏险③而不正，无礼义则悖乱而不治。古者圣王以人之性恶，以为偏险而不正，悖乱而不治，是以为之起礼义，制法度，以矫饰人之情性而正之，以扰化人之情性而导之也④。始皆出于治、合于道⑤者也。今之人，化师法、积文学、道礼义者为君子⑥；纵性情、安恣睢⑦、而违礼义者为小人。用此观之，然则人之性恶明矣，其善者伪也。

孟子曰："人之学者，其性善。"曰：是不然。是不及知人之性，而不察乎人之性、伪之分者也⑧。凡性者，天之就也，不可学，不可事；礼义者，圣人之所生也，人之所学而能、所事而成者也⑨。不可学、不可事而在人者谓之性，可学而能、可事而成之在人者谓之伪⑩。是性、伪之分也。今人之性，目可以见，耳可以听。夫可以见之明不离目，可以听之聪不离耳，目明而耳聪，不可学明矣。

孟子曰："今人之性善，将皆失丧其性故也⑪。"曰：若是，则过矣。今人之性，生而离其朴，离其资，必失而丧之⑫。用此观之，然则人之性恶明矣。所谓性善者，不离其朴而美之，不离其资而利

---

① 钝金：不锋利的刀剑等。砻(lóng)厉：磨。厉，同"砺"。
② 正：端正。
③ 险：邪恶。
④ 悖乱：违背，指破坏统治秩序。圣王：荀子理想中的德才兼备的君主。矫：强抑。饰：通"饬"，整顿。扰化：驯服教化。
⑤ 道：原则，指维护统治阶级利益的伦理道德准则。
⑥ 化师法：受师法的教化。积文学：积累文化知识。道礼义：实行礼义道德。
⑦ 安恣睢(suī)：任意胡作非为。
⑧ 及：达到。杨倞注曰："不及知，谓智虑浅近，不能及于知，犹言不到也。"
⑨ 天之就：自然生成的。事：做，人为。
⑩ 不可学、不可事：不学而能，不事而成。
⑪ 杨倞注曰：孟子言失丧本性，故恶也。
⑫ 朴：质朴。资：资材。

之也。使夫资朴之于美，心意之于善，若夫可以见之明不离目，可以听之聪不离耳，故曰目明而耳聪也。今人之性，饥而欲饱，寒而欲暖，劳而欲休，此人之情性也。今人饥，见长而不敢先食者，将有所让也；劳而不敢求息者，将有所代也①。夫子之让乎父，弟之让乎兄，子之代乎父，弟之代乎兄，此二行者，皆反于性而悖于情也。然而孝子之道，礼义之文理也。故顺情性则不辞让矣，辞让则悖于情性矣②。用此观之，然则人之性恶明矣，其善者伪也。

问者曰："人之性恶，则礼义恶生③？"应之曰：凡礼义者，是生于圣人之伪，非故生于人之性也④。故陶人埏埴而为器，然则器生于工人之伪，非故生于人之性也⑤。故工人斫木而成器，然则器生于工人之伪，非故生于人之性也⑥。圣人积思虑，习伪故，以生礼义而起法度，然则礼义法度者，是生于圣人之伪，非故生于人之性也⑦。若夫目好色，耳好声，口好味，心好利，骨体肤理好愉佚，是皆生于人之情性者也，感而自然，不待事而后生之者也⑧。夫感而不能然，必且待事而后然者，谓之生于伪。是性、伪之所生，其不同之征也⑨。

故圣人化性而起伪，伪起而生礼义，礼义生而制法度⑩。然则

---

① 长：尊长，长辈。代：代尊长，代替长辈。
② 悖：违背，背离。
③ 恶（wū）生：从何而生。
④ 故：同"固"，本来。
⑤ 陶人：瓦工，从事陶器生产的人。埏埴（shān zhí）：用水调和黏土制作陶器。埏：击。埴：埴黏土。工人：指陶人。
⑥ 工人：指木工。斫：砍削，加工。
⑦ 杨倞注曰：自是圣人矫人性而为之，如陶人、工人然也。
⑧ 肤理：皮肤文理。佚：通"逸"，安逸。感而自然：一有接触就自然那样。
⑨ 征：验，证明。
⑩ 化：变化，改造。起：兴起。

礼义法度者，是圣人之所生也。故圣人之所以同于众，其不异于众者，性也；所以异而过众者，伪也①。夫好利而欲得者，此人之情性也。假之人有弟兄资财而分者，且顺情性，好利而欲得，若是，则兄弟相拂夺矣②；且化礼义之文理，若是则让乎国人矣③。故顺情性则弟兄争矣，化礼义则让乎国人矣。凡人之欲为善者，为性恶也④。夫薄愿厚，恶愿美，狭愿广，贫愿富，贱愿贵，苟无之中者，必求于外；故富而不愿财，贵而不愿执，苟有之中者，必不及于外⑤。用此观之，人之欲为善者，为性恶也。今人之性，固无礼义，故强学而求有之也；性不知礼义，故思虑而求知之也。然则生而已，则人无礼义，不知礼义。人无礼义则乱，不知礼义则悖。然则生而已，则悖乱在己⑥。用此观之，人之性恶明矣，其善者伪也。

孟子曰："人之性善。"曰：是不然。凡古今天下之所谓善者，正理平治也；所谓恶者，偏险悖乱也。是善恶之分也已⑦。今诚以人之性固正理平治邪？则有恶用圣王、恶用礼义矣哉⑧！虽有圣王礼义，将曷加于正理平治也哉！今不然，人之性恶。故古者圣人以人之性恶，以为偏险而不正，悖乱而不治，故为之立君上之执以临之，明礼义以化之，起法正以治之，重刑罚以禁之，使天下皆出于治、

---

① 过：超过。
② 假之：假如。拂夺：争夺。拂：违戾。
③ 化礼义之文理：受礼义规范的教化。
④ 人之所以想为善，正是因为人的本性是恶的。
⑤ 中：内，指本身。及：寻求。
⑥ 生：同"性"。性而已，谓不矫伪者。
⑦ 正理平治：合乎礼义法度，遵守社会秩序。是善恶之分也已：善恶之分，在此二者。
⑧ 有：通"又"。

合于善也①。是圣王之治，而礼义之化也。今当试去君上之埶②，无礼义之化，去法正之治，无刑罚之禁，倚而观天下民人之相与也，若是，则夫强者害弱而夺之，众者暴寡而哗之，天下之悖乱而相亡不待顷矣③。用此观之，然则人之性恶明矣，其善者伪也。

故善言古者必有节于今，善言天者必有征于人④。凡论者，贵其有辨合，有符验⑤，故坐而言之，起而可设，张而可施行⑥。今孟子曰"人之性善"，无辨合符验，坐而言之，起而不可设，张而不可施行，岂不过甚矣哉！故性善则去圣王、息礼义矣⑦；性恶则与圣王、贵礼义矣。故檃栝之生，为枸木也；绳墨之起，为不直也；立君上，明礼义，为性恶也。用此观之，然则人之性恶明矣，其善者伪也。直木不待檃栝而直者，其性直也；枸木必将待檃栝、烝、矫然后直者，以其性不直也。今人之性恶，必将待圣王之治、礼义之化，然后皆出于治、合于善也。用此观之，然则人之性恶明矣，其善者伪也。

问者曰："礼义积伪者，是人之性，故圣人能生之也。"应之曰：是不然。夫陶人埏埴而生瓦，然则瓦埴岂陶人之性也哉？工人斫木而生器，然则器木岂工人之性也哉⑧？夫圣人之于礼义也，辟则陶埏而生之也，然则礼义积伪者，岂人之本性也哉⑨？凡人之性者，

---

① 埶：同"势"。临：统治。
② 王先谦注曰："当"，是"尝"之借字。当试，犹尝试。
③ 倚：立，站着。暴：欺负。顷：少顷，顷刻。
④ 节：准，符合。征：验证。
⑤ 辨：别也。符：以竹为之，亦相合之物。
⑥ 设：布置安排。张：展开，推广。
⑦ 息：废除。性善则不假圣王礼义。
⑧ 瓦埴：用土制成的瓦。器木：用木制成的器。
⑨ 辟：通"譬"，譬如。

尧、舜之与桀、跖，其性一也；君子之与小人，其性一也①。今将以礼义积伪为人之性邪？然则有曷贵尧、禹，曷贵君子矣哉②？凡所贵尧、禹、君子者，能化性，能起伪，伪起而生礼义。然则圣人之于礼义积伪也，亦犹陶埏而为之也。用此观之，然则礼义积伪者，岂人之性也哉？所贱于桀、跖、小人者，从其性，顺其情，安恣睢，以出乎贪利争夺。故人之性恶明矣，其善者伪也。天非私曾、骞、孝已而外众人也，然而曾、骞、孝已独厚于孝之实而全于孝之名者，何也？以綦于礼义故也③。天非私齐、鲁之民而外秦人也，然而于父子之义、夫妇之别，不如齐、鲁之孝具敬父者，何也④？以秦人之从情性、安恣睢、慢于礼义故也，岂其性异矣哉⑤？

"涂之人可以为禹"⑥，曷谓也？曰：凡禹之所以为禹者，以其为仁义法正也。然则仁义法正有可知可能之理，然而涂之人也，皆有可以知仁义法正之质，皆有可以能仁义法正之具，然则其可以为禹明矣⑦。今以仁义法正为固无可知可能之理邪？然则唯禹不知仁义法正，不能仁义法正也⑧。将使涂之人固无可以知仁义法正之质，而固无可以能仁义法正之具邪？然则涂之人也，且内不可以知父子之义，外不可以知君臣之正。不然。今涂之人者，皆内可以知父子之义，外可以知君臣之正，然则其可以知之质、可以能之具，其在

---

① 尧、舜：传说古代原始社会的部落首领。桀：夏朝最后一个君主。跖（zhí）：相传春秋末年奴隶起义的领袖。
② 有：通"又"。
③ 私：偏爱。曾、骞：曾参与闵子骞，都是孔子的学生。孝己：尹高宗的长子。外：嫌弃。独：唯独，只有。厚：注重。綦（qí）：极，尽力。
④ 孝具：能具孝道。敬父：当为"敬文"，传写有误。敬而有文，谓夫妇之别也。
⑤ 慢：懈怠，轻视。
⑥ 涂：道路。涂之人：指普通的人。
⑦ 质：才质。具：条件。
⑧ 唯：据文义应为"虽"。

涂之人明矣。今使涂之人者以其可以知之质、可以能之具，本夫仁义之可知之理、可能之具，然则其可以为禹明矣。今使涂之人伏术为学，专心一志，思索孰察，加日县久，积善而不息，则通于神明、参于天地矣①。故圣人者，人之所积而致矣②。

曰："圣可积而致，然而皆不可积，何也？"曰：可以而不可使也③。故小人可以为君子而不肯为君子，君子可以为小人而不肯为小人。小人、君子者，未尝不可以相为也，然而不相为者，可以而不可使也④。故涂之人可以为禹则然，涂之人能为禹未必然也⑤。虽不能为禹，无害可以为禹⑥。足可以遍行天下，然而未尝有能遍行天下者也。夫工匠、农、贾，未尝不可以相为事也，然而未尝能相为事也。用此观之，然则可以为，未必能也；虽不能，无害可以为。然则能不能之与可不可，其不同远矣，其不可以相为明矣⑦。

尧问于舜曰："人情何如？"舜对曰："人情甚不美，又何问焉？妻子具而孝衰于亲，嗜欲得而信衰于友，爵禄盈而忠衰于君。人之情乎！人之情乎！甚不美，又何问焉！⑧"唯贤者为不然。

有圣人之知者，有士君子之知者，有小人之知者，有役夫之知者⑨：多言则文而类，终日议其所以，言之千举万变，其统类一也，

---

① 伏术：伏膺于术。伏：通"服"，从事。术：方法。孰：同"熟"，仔细。孰察：精熟而察。加日：累日。县：同"悬"。加日县久：年深日久。
② 积：指积累仁义法度。
③ 使：强使。杨倞注曰：可以为而不可使为，以其性恶。
④ 相为：互相对换。
⑤ 则然：那是一定的。
⑥ 无害：不妨碍。
⑦ 不同远矣：差别是很大的。
⑧ 妻子具：有了妻子儿女。嗜欲：嗜好，欲望。爵：爵位，等级。禄：俸禄。盈：满足。
⑨ 知：通"智"。役夫：服劳役的人。

是圣人之知也①。少言则径而省，论而法，若佚之以绳，是士君子之知也②。其言也谄，其行也悖，其举事多悔，是小人之知也③。齐给、便敏而无类，杂能、旁魄而无用④，析速、粹孰而不急⑤，不恤是非，不论曲直，以期胜人为意，是役夫之知也。

有上勇者，有中勇者，有下勇者：天下有中，敢直其身⑥；先王有道，敢行其意；上不循于乱世之君，下不俗于乱世之民⑦；仁之所在无贫穷，仁之所亡无富贵；天下知之，则欲与天下同苦乐之⑧，天下不知之，则傀然独立天地之间而不畏：是上勇也⑨。礼恭而意俭，大齐信焉而轻货财，贤者敢推而尚之，不肖者敢援而废之，是中勇也⑩。轻身而重货，恬祸而广解，苟免，不恤是非、然不然之情，以期胜人为意，是下勇也⑪。

繁弱、钜黍，古之良弓也，然而不得排檠则不能自正⑫。桓公之葱，大公之阙，文王之录，庄君之曶，阖闾之干将、莫邪、钜阙、

---

① 文而类：条理清晰而合乎礼义法度。统类：纲纪，指礼义法度的总原则。杨倞注曰："文，谓言不鄙陋也。类，谓其统类不乖谬也。"

② 径：易，简单。省：词寡。径而省：直截了当。论而法：议论皆有法，不放纵。佚：犹引也。

③ 言谄、行悖：言行相违。谄：同"诞"，荒诞。悔：咎，过错。

④ 齐：通"疾"，迅速。给：谓应之速，如供给者也。便：轻巧。敏：迅速。杂能：多异术。旁魄：广博，广泛。

⑤ 杨倞注曰："析，谓析辞，若'坚白'之论者也。速，谓发辞捷速。粹孰，所著论甚精孰也。不急，言不急于用也。"

⑥ 中：中道，正道。敢：果决。敢直其身：敢于挺身而出。

⑦ 循：顺从。俗：从其俗。

⑧ 苦：或为"共"也。《太平御览》"欲与天下共乐之"，"苦"字为衍文。

⑨ 傀（kuǐ）然：高大的样子。杨倞注曰："傀，傀伟，大貌也，公回反。或曰：傀与块同，独居之貌也。"

⑩ 大：重视。齐信：信用。尚：同"上"。援：牵引，拉下。

⑪ 恬祸：安于灾祸。广解：多方设法为自己解脱。苟免：逃脱罪责。

⑫ 繁弱、钜黍：古代良弓名。排檠：矫正弓弩的工具。

214

辟闾，此皆古之良剑也①，然而不加砥厉则不能利，不得人力则不能断。骅骝、骐、骥、纤离、绿耳，此皆古之良马也，然而前必有衔辔之制，后有鞭策之威，加之以造父之驭，然后一日而致千里也②。夫人虽有性质美而心辩知，必将求贤师而事之，择良友而友之③。得贤师而事之，则所闻者尧、舜、禹、汤之道也；得良友而友之，则所见者忠信敬让之行也。身日进于仁义而不自知也者，靡使然也。今与不善人处，则所闻者欺诬诈伪也，所见者污漫、淫邪、贪利之行也，身且加于刑戮而不自知者，靡使然也④。传曰："不知其子视其友，不知其君视其左右。"靡而已矣，靡而已矣。（性恶）

天　论

天行有常，不为尧存，不为桀亡⑤。应之以治则吉，应之以乱则凶⑥。强本而节用，则天不能贫；养备而动时，则天不能病⑦；修道而不贰，则天不能祸⑧。故水旱不能使之饥渴，寒暑不能使之疾，祆怪不能使之凶⑨。本荒而用侈，则天不能使之富；养略而动罕，

---

① 葱、阙、录、曶：齐桓公、齐太公、周文王、楚庄王之剑名。干将、莫邪、钜阙：是吴王阖闾的剑名。辟闾，剑名，不详。
② 骅骝、骐、骥、纤离、绿耳：是周穆王八匹骏马的名字。
③ 辩：通"辨"。辨知：有较好的辨别能力。
④ 靡：通"摩"，模仿。杨倞注曰："靡，谓相顺从也。或曰：靡，磨切也。"
⑤ 行：运行，变化。常：规律。
⑥ 应之：顺应规律。治：合理的措施。乱：不顺应自然规律。凶：灾难。
⑦ 养备：供养充足。动时：谓劝人勤力，不失时，亦不使劳苦也。指按季节劳作。
⑧ 修：当为"循"。王念孙注曰："修，当为'循'，字之误也。"修道：遵循自然规律。
⑨ 祆怪：祆，原作"祅"，当为"祆"，同"妖"。祆怪，怪异的自然现象。

则天不能使之全①；倍道而妄行，则天不能使之吉②。故水旱未至而饥，寒暑未薄而疾，祆怪未至而凶③。受时与治世同，而殃祸与治世异，不可以怨天，其道然也④。故明于天人之分，则可谓至人矣。不为而成，不求而得，夫是之谓天职⑤。如是者，虽深，其人不加虑焉；虽大，不加能焉；虽精，不加察焉：夫是之谓不与天争职⑥。天有其时，地有其财，人有其治，夫是之谓能参⑦。舍其所以参而愿其所参，则惑矣。

列星随旋，日月递炤，四时代御，阴阳大化，风雨博施⑧，万物各得其和以生，各得其养以成，不见其事，而见其功，夫是之谓神⑨。皆知其所以成，莫知其无形，夫是之谓天⑩。唯圣人为不求知天。天职既立，天功既成，形具而神生，好恶、喜怒、哀乐臧焉，夫是之谓天情⑪。耳目鼻口形能，各有接而不相能也，夫是之谓天官⑫。心居中虚以治五官，夫是之谓天君⑬。财非其类，以养其类，

---

① 略：减少。罕：稀少。养略：使人衣食不足。动罕：指懒惰。全：健全。
② 倍：通"背"，违背。倍道：违背自然法则。
③ 薄：迫近。
④ 受时：遇到的天时。治世：安定的社会。
⑤ 天职：自然界的职能。
⑥ 其人：上文中的"至人"。焉：兼词，于之。
⑦ 参：参与，配合。
⑧ 列星随旋：群星相互跟随着运转。递炤：交替着照耀。炤：同"照"。代御：相互交替进行。大化：相互转化。博施：普遍施加给万物。
⑨ 和：和气。养：风雨。神：神奇，指自然的功能。
⑩ 以：通"已"。无形：没有形迹。
⑪ 天情：与生俱来的情感。
⑫ 天官：天生就有的感觉器官。
⑬ 中虚：指胸腔内。治：支配。天君：天然的主宰。

夫是之谓天养①。顺其类者谓之福，逆其类者谓之祸，夫是之谓天政②。暗其天君，乱其天官，弃其天养，逆其天政，背其天情，以丧天功，夫是之谓大凶。圣人清其天君，正其天官，备其天养，顺其天政，养其天情，以全其天功③。如是，则知其所为，知其所不为矣，则天地官而万物役矣④。其行曲治，其养曲适，其生不伤，夫是之谓知天⑤。故大巧在所不为，大智在所不虑⑥。所志于天者，已其见象之可以期者矣⑦；所志于地者，已其见宜之可以息者矣⑧；所志于四时者，已其见数之可以事者矣；所志于阴阳者，已其见和之可以治者矣⑨。官人守天而自为守道也⑩。

……

大天而思之，孰与物畜而制之⑪？从天而颂之，孰与制天命而用之⑫？望时而待之，孰与应时而使之⑬？因物而多之，孰与骋能而化之⑭？思物而物之，孰与理物而勿失之也⑮？愿于物之所以生，孰

---

① 财：通"裁"，利用。天养：自然养育。
② 逆：违背。天政：言如赏罚之政令，指自然的政治法则。
③ 清：纯净明白。正：端正。备：充足。养其天情：调养人自然具有的情感。
④ 官：功能。
⑤ 曲治：周到全面。曲适：周到恰当。
⑥ 大巧：最能干的人。
⑦ 志：同"知"，认识。见：同"现"，出现。已：同"以"，凭，按。期：预期，推测。
⑧ 宜：适宜。息：生长繁殖。
⑨ 数：次序。和：原作"知"，据王念孙改，调和，和谐。
⑩ 官人：任人。守天：观察天象。守道：观察治理自然和社会的方法。
⑪ 大：尊崇，推崇。思：仰慕，思慕。畜：同"蓄"，贮存。
⑫ 制：控制，掌握。
⑬ 望时：盼望天时。望：指望，盼望。应时而使之：顺应天时的变化而使天时为人所用。
⑭ 因：顺，引申为听任、任凭。骋能：施展人的才能。骋：驰骋。
⑮ 思物而物之：简单的思考让万物为自己利用。理物：治理万物，掌握万物。

与有物之所以成①？故错人而思天，则失万物之情②。（天论）

化性起伪

干、越、夷、貉之子，生而同声，长而异俗，教使之然也③。（劝学）

人无师法则隆性矣；有师法则隆积矣④，而师法者，所得乎情，非所受乎性，不足以独立而治⑤。性也者，吾所不能为也，然而可化也⑥；情也者，非吾所有也，然而可为也。注错习俗，所以化性也⑦；并一而不二，所以成积也⑧。习俗移志，安久移质，并一而不二则通于神明、参于天地矣。（儒效）

故曰：性者，本始材朴也⑨；伪者，文理隆盛也⑩。无性则伪之

---

① 愿：仰慕。有：同"右"，帮助。
② 错：同"措"，原意为搁置，引申为放弃。
③ 干、越、夷、貉：杨倞注："干、越犹言吴、越。"王先谦注："吴、干先为敌国，后干并于吴。"干、越即春秋时期的两个诸侯国。干国小，被吴国所灭。越即越国。夷：即东夷。泛指少数民族部落，亦泛称中原以外各族为夷。貉（mò）：我国古代北方部族名。
④ 隆性：放纵人的本性。隆积：逐渐增多由后天教育、学习所形成的积习。杨倞注曰："隆，厚也。积，习也。厚性，谓恣其本性之欲。"
⑤ 杨倞注曰："情：谓喜怒爱恶，外物所感者也。或曰：'情'当为'积'。"治：管治。
⑥ 为：形成。化：改变。
⑦ 错，通"措"，安放。杨倞注曰："注错，犹错置也。"
⑧ 并一而不二：专心一意而不三心二意。成积：成为习惯。
⑨ 本始：原始。材朴：资质朴素。
⑩ 伪：后天人为。文理：礼仪。

218

无所加，无伪则性不能自美①。性伪合，然后成圣人之名一，天下之功于是就也②。故曰：天地合而万物生，阴阳接而变化起，性伪合而天下治。天能生物，不能辨物也；地能载人，不能治人也③；宇中万物、生人之属，待圣人然后分也。（礼论）

不全不粹之不足以为美

百发失一，不足谓善射；千里蹞步不至，不足谓善御④；伦类不通，仁义不一，不足谓善学⑤。学也者，固学一之也。一出焉，一入焉，涂巷之人也⑥。其善者少，不善者多，桀、纣、盗跖也⑦。全之尽之，然后学者也⑧。君子知夫不全不粹之不足以为美也，故诵数以贯之，思索以通之，为其人以处之，除其害者以持养之，使目非是无欲见也，使耳非是无欲闻也，使口非是无欲言也，使心非是无欲虑也⑨。及至其致好之也，目好之五色，耳好之五声，口好之五味，心利之有天下⑩。是故权利不能倾也，群众不能移也，天

---

① 无所加：没有办法加工改造。无伪则性不能自美：没有后来人为的礼仪，人的本性就不能自己完美。
② 一：不分散。就：成就，完成。
③ 辨：治理。载：养育。
④ 善御：善于驾车。
⑤ 伦类：事物的条理次序。
⑥ 涂巷之人：最普通的人。涂：道路。
⑦ 桀：夏桀，夏朝的最后一个帝王。纣：商纣王，商代的最后一个帝王。盗跖：即跖，盗是统治者加的蔑称。是春秋战国之际人民起义的领导者。
⑧ 尽：彻底。全之尽之，然后学者也：完全彻底学，这才称得上学习。
⑨ 思索：思考探求。杨倞注曰："思，求其意也。"持养：保养，培养。是：此的意思。
⑩ 致：同"至"，极。五声：宫、商、角、徵、羽。

下不能荡也①。生乎由是，死乎由是，夫是之谓德操②。德操然后能定，能定然后能应，能定能应，夫是之谓成人③。天见其明，地见其光，君子贵其全也④。（劝学）

论诗书礼乐

故书者，政事之纪也；诗者，中声之所止也；礼者，法之大分、类之纲纪也⑤，故学至乎礼而止矣。夫是之谓道德之极⑥。礼之敬文也，乐之中和也，诗、书之博也，春秋之微也，在天地之间者毕矣⑦。君子之学也，入乎耳，箸乎心，布乎四体，形乎动静⑧。端而言，蝡而动，一可以为法则⑨。小人之学也，入乎耳，出乎口。口耳之间则四寸耳，曷足以美七尺之躯哉！古之学者为己，今之学者为人。君子之学也，以美其身；小人之学也，以为禽犊⑩。故不问而告谓之傲，问一而告二谓之囋⑪。傲，非也；囋，非也；君子如向矣⑫。学莫便乎近其人。礼、乐法而不说，诗、书故而不切，春

---

① 倾：倒，屈服的意思。移：改变。荡：动摇。
② 德操：郝懿行注曰："德操，谓有德而能操持。"即指道德操守。
③ 应：顺应。成人：德才兼备的人，也就是完人。
④ 见：同"现"，显现，显露。明：日月。光：水火金玉之光。
⑤ 政事：政治事迹。纪：同"记"，记载。中（zhòng）声：符合音律。止：保存。
⑥ 止：止境。极：顶点。
⑦ 中和：协和的音律。微：精深，指《春秋》的微言大义。毕：完全。
⑧ 箸：同"贮"。布：表露，流露。形：显露，显现。
⑨ 端（chuǎn）：同"喘"，轻声说话。蝡：轻微的举动。一：皆，全。
⑩ 美其身：使自身完美。禽犊：馈献之物，古代用作馈赠的礼品，比喻小人用此作为进身之物。
⑪ 问：请教，提问。傲：急躁。囋：语声嘈杂，反复地说。
⑫ 向：同"响"，回响，有问必答。

秋约而不速①。方其人之习君子之说，则尊以遍矣，周于世矣②。故曰学莫便乎近其人。（劝学）

圣人也者，道之管也。天下之道管是矣，百王之道一是矣③。故诗、书、礼、乐之归是矣。诗言是，其志也；书言是，其事也；礼言是，其行也；乐言是，其和也；春秋言是，其微也④。故风之所以为不逐者，取是以节之也⑤；小雅之所以为小雅者，取是而文之也⑥；大雅之所以为大雅者，取是而光之也；颂之所以为至者，取是而通之也：天下之道毕是矣⑦。（儒效）

知夫为人主上者不美不饰之不足以一民也，不富不厚之不足以管下也，不威不强之不足以禁暴胜悍也。故必将撞大钟、击鸣鼓、吹笙竽、弹琴瑟以塞其耳，必将錭琢、刻镂、黼黻、文章以塞其目；必将刍豢稻粱、五味芬芳以塞其口⑧。然后众人徒、备官职、渐庆赏、严刑罚以戒其心。使天下生民之属皆知己之所愿欲之举在是于也，故其赏行⑨；皆知己之所畏恐之举在是于也，故其罚威。赏行罚威，则贤者可得而进也，不肖者可得而退也，能不能可得而官也。若是，则万物得宜，事变得应，上得天时，下得地利，中得人和，则财货浑浑如泉源，汸汸如河海，暴暴如丘山，不时焚烧，无所臧

---

① 不切：不切合实际，不符合情况。约：简略，不详细。
② 方：同"仿"，仿效。
③ 管：枢要、法则。杨倞注曰："管，枢要也。"
④ 微：圣人的微言大义，儒之微旨。
⑤ 风：《国风》。逐：放荡。杨倞注曰："逐，流荡也。"节：节制，控制。
⑥ 文：修饰，文饰。
⑦ 颂：《诗经》中的一部分。至：极点，盛德之极。毕：全，完全。
⑧ 塞：满足。錭：同"雕"。
⑨ 举：皆的意思。是于：也作"于是"。

221

之，夫天下何患乎不足也①？故儒术诚行，则天下大而富，使而功，撞钟击鼓而和②。诗曰："钟鼓喤喤，管磬玱玱，降福穰穰。降福简简，威仪反反。既醉既饱，福禄来反。"③此之谓也。故墨术诚行则天下尚俭而弥贫，非斗而日争，劳苦顿萃而愈无功，愀然忧戚非乐而日不和④。（富国）

礼起于何也？曰：人生而有欲，欲而不得，则不能无求；求而无度量分界，则不能不争⑤；争则乱，乱则穷。先王恶其乱也，故制礼义以分之，以养人之欲，给人之求，使欲必不穷乎物，物必不屈于欲。两者相持而长，是礼之所起也⑥。……

故礼者，养也。君子既得其养，又好其别⑦。曷谓别？曰：贵贱有等，长幼有差，贫富轻重皆有称者也⑧。故天子大路越席，所以养体也；侧载睪芷，所以养鼻也⑨；前有错衡，所以养目也⑩；和鸾之声，步中武、象，趋中韶、濩，所以养耳也⑪；龙旗九斿，所

---

① 浑浑：流水滔滔不绝的样子。汸（pāng）汸：形容水势很大。暴暴：形容山丘突起的样子。
② 大：通"泰"，安泰。
③ 喤喤：声音高亢。玱（qiāng）玱：玉相击的声音，泛指清越的声音。穰（ráng）穰：形容众多。简简：形容大。反反：慎重和善的样子。
④ 顿萃：困顿憔悴。愀然忧戚：悲哀忧愁。
⑤ 无度量分界：没有一定限度止境。
⑥ 穷于物：使财物用尽。不屈于欲：不能为欲望而消耗尽。相持：相互制约。
⑦ 养：供养。别：人与人之间的等级差别。
⑧ 称：相当，相称。
⑨ 路：同"辂"，天子乘坐的车。越席：用蒲草编的席。古代天子出门坐大辂车，脚下踏着蒲席。睪（zé）芷：一种香草。
⑩ 错衡：指车前用金子涂过的耀眼横木。
⑪ 和鸾（luán）：车上挂的铃。步：指天子的车慢走。

以养信也①；寝兕、持虎、蛟韅、丝末、弥龙，所以养威也②；故大路之马必信至教顺，然后乘之，所以养安也③。孰知夫出死要节之所以养生也④！孰知夫出费用之所以养财也⑤！孰知夫恭敬辞让之所以养安也！孰知夫礼义文理之所以养情也⑥！故人苟生之为见，若者必死；苟利之为见，若者必害；苟怠惰偷懦之为安，若者必危；苟情说之为乐，若者必灭。故人一之于礼义，则两得之矣；一之于情性，则两丧之矣。故儒者将使人两得之者也，墨者将使人两丧之者也，是儒、墨之分也。

礼有三本⑦：天地者，生之本也；先祖者，类之本也⑧；君师者，治之本也。无天地恶生？无先祖恶出？无君师恶治？三者偏亡焉，无安人⑨。故礼上事天，下事地，尊先祖而隆君师，是礼之三本也。

……

凡礼，始乎棁，成乎文，终乎悦校⑩。故至备，情文俱尽；其

----

① 斿(liú)：天子龙旗上的彩色飘带。信：同"神"，指精神。
② 寝兕(sì)：指车上绘有卧着的犀牛图案。持：同"跱"(zhì)，蹲着。蛟韅(xiǎn)：用蛟鱼皮做成的马肚带。丝末：用丝织品做成的车帘。末：同"幦"(mì)，车帘。
③ 信至：倍加精致。
④ 出死要节：出生入死求来的名节。杨倞注曰："出死，出身死寇难也。要节，自要约以节义，谓立节也。"养生：保养生命。
⑤ 杨倞注曰："费，用财以成礼，谓问遗之属，是乃所求奉养其财，不相侵夺也。"养财：积蓄增多财物。
⑥ 养安：养体安身。养情：培养性情。
⑦ 本：根本。
⑧ 类：种族，氏族。
⑨ 恶：疑问代词，什么，怎么。偏亡：丢掉一个方面。
⑩ 棁(tuō)：据《史记》，当作"脱"，简略。悦校：愉快而满意。校：作"恔"(xiāo)，快乐，称心。

次，情文代胜；其下，复情以归大一也①。天地以合，日月以明，四时以序，星辰以行，江河以流，万物以昌，好恶以节，喜怒以当，以为下则顺，以为上则明，万物变而不乱，贰之则丧也②。礼岂不至矣哉！立隆以为极，而天下莫之能损益也③。本末相顺，终始相应，至文以有别，至察以有说④。天下从之者治，不从者乱；从之者安，不从者危；从之者存，不从者亡。小人不能测也⑤。

……

礼者断长续短，损有余，益不足，达爱敬之文，而滋成行义之美者也⑥。故文饰、粗恶，声乐、哭泣，恬愉、忧戚，是反也，然而礼兼而用之，时举而代御。故文饰、声乐、恬愉，所以持平奉吉也；粗恶、哭泣、忧戚，所以持险奉凶也⑦。故其立文饰也不至于窕冶；其立粗衰也，不至于瘠弃；其立声乐恬愉也，不至于流淫惰慢；其立哭泣哀戚也，不至于隘慑伤生：是礼之中流也⑧。（礼论）

夫乐者，乐也，人情之所必不免也，故人不能无乐。乐则必发于声音，形于动静，而人之道，声音、动静、性术之变尽是矣⑨。

---

① 至备：指礼达到最完备的程度。文：礼的形式。情文代胜：或者情胜过文，或者文胜过情，指不能把情与文很好地协调统一起来。

② 合：和谐。明：明亮。昌：昌盛。节：节制。当：恰当。贰：背叛。

③ 立隆以为极：建立完备的礼制作为一切事物和言行的最高准则。损益：此处为更改的意思。

④ 本末：礼的根本原则和具体规则。相顺：相互之间有一定的次序。至文：礼义制度完备。至察：礼制细密周到。

⑤ 测：测量，引申为深刻了解。

⑥ 损：减少。益：增加。滋成：养成。

⑦ 持：扶助。险：不平之时。

⑧ 立：运用。窕（yáo）冶：妖艳。瘠弃：轻贱放弃。隘慑：特别悲痛。中流：礼之中道，适度。

⑨ 形：显现，表现。性术：性情的表现形式。

故人不能不乐，乐则不能无形，形而不为道，则不能无乱①。先王恶其乱也，故制雅、颂之声以道之，使其声足以乐而不流，使其文足以辨而不諰②，使其曲直、繁省、廉肉、节奏足以感动人之善心，使夫邪污之气无由得接焉③。是先王立乐之方也，而墨子非之，奈何！

故乐在宗庙之中，君臣上下同听之，则莫不和敬；闺门之内，父子兄弟同听之，则莫不和亲；乡里族长之中，长少同听之，则莫不和顺。故乐者，审一以定和者也，比物以饰节者也，合奏以成文者也④，足以率一道，足以治万变。是先王立乐之术也，而墨子非之，奈何！

故听其雅、颂之声，而志意得广焉⑤；执其干戚，习其俯仰屈伸，而容貌得庄焉⑥；行其缀兆，要其节奏，而行列得正焉，进退得齐焉⑦。故乐者，出所以征诛也，入所以揖让也⑧。征诛揖让，其义一也。出所以征诛，则莫不听从；入所以揖让，则莫不从服。故乐者，天下之大齐也，中和之纪也，人情之所必不免也。是先王立乐之术也，而墨子非之，奈何！

且乐者，先王之所以饰喜也⑨；军旅鈇钺者，先王之所以饰怒

---

① 不乐：不能没有欢乐。不为道：不能作为做人的引导。
② 流：下流。諰：淫邪，同"偲"(cāi)。还有一说，諰，同"息"，即塞。
③ 曲直：乐曲或歌声的回曲与平缓。繁省：《礼记·乐记》作"繁瘠"，皆谓声音繁杂与简约。廉肉：乐声的高亢激越与婉转圆润。
④ 审一：先审定一个标准的乐音。比物：配合其他乐器。饰节：调整节奏。
⑤ 志意：理想意志，指人的胸怀。
⑥ 干戚：亦作"干鏚"，盾牌与斧头，古代既是兵器又是舞具。这里指士兵跳干戚舞。
⑦ 缀兆：古代乐武或舞武中舞者的行列位置。
⑧ 征诛：讨伐。揖让：谦让，礼让。
⑨ 饰：表现，显示。

也①。先王喜怒皆得其齐焉。是故喜而天下和之，怒而暴乱畏之。先王之道，礼乐正其盛者也，而墨子非之。故曰：墨子之于道也，犹瞽之于白黑也，犹聋之于清浊也，犹欲之楚而北求之也②。

夫声乐之入人也深，其化人也速，故先王谨为之文③。乐中平则民和而不流，乐肃庄则民齐而不乱④。民和齐则兵劲城固，敌国不敢婴也⑤。如是，则百姓莫不安其处，乐其乡，以至足其上矣。然后名声于是白，光辉于是大，四海之民莫不愿得以为师⑥。是王者之始也。

乐姚冶以险，则民流僈鄙贱矣⑦。流僈则乱，鄙贱则争。乱争则兵弱城犯，敌国危之⑧。如是，则百姓不安其处、不乐其乡、不足其上矣。故礼乐废而邪音起者，危削侮辱之本也。故先王贵礼乐而贱邪音。其在序官也，曰："修宪命，审诛赏，禁淫声，以时顺修，使夷俗邪音不敢乱雅，太师之事也。"⑨

墨子曰："乐者，圣王之所非也，而儒者为之，过也。"君子以为不然。乐者，圣王之所乐也，而可以善民心，其感人深，其移风易俗，故先王导之以礼乐而民和睦⑩。夫民有好恶之情，而无喜怒之

---

① 鈇钺（fū yuè）：大斧。古代军队悬以大斧，表示对违纪者的刑杀。鈇，通"斧"。
② 瞽（gǔ）：盲人。清浊：乐曲中的清浊音。
③ 化：感化。文：指礼乐制度。
④ 中平：中正平和。肃庄：庄严肃穆。
⑤ 和齐：团结心齐。婴：通"撄"，侵扰。
⑥ 白：显扬。师：君主。
⑦ 姚冶：妖艳。僈：放荡。
⑧ 城犯：城池有被侵犯的危险。危：使之危，有侵扰、侵犯之意。
⑨ 序官：指荀子在《王制》篇，叙述官吏职权的那一段。修宪命：修订法令文告。审诛赏：审订诗歌乐曲。以时顺修：按时整理修订。夷俗：落后少数民族的风习。
⑩ 移风易俗：王先谦注："《史记》作'其风移俗易'，语皆未了。此二语相俪，当是'其感人深，其移风俗易'，与《富国》篇'其道易，其塞固，其政令一，以防表明'句法一例。"

应则乱。先王恶其乱也,故修其行,正其乐,而天下顺焉。故齐衰之服,哭泣之声,使人之心悲;带甲婴轴,歌于行伍,使人之心伤;姚冶之容,郑卫之音,使人之心淫;绅端章甫,舞《韶》歌《武》,使人之心庄。故君子耳不听淫声,目不视女色,口不出恶言。此三者,君子慎之。

凡奸声感人而逆气应之,逆气成象而乱生焉;正声感人而顺气应之,顺气成象而治生焉①。唱和有应,善恶相象,故君子慎其所去就也②。

君子以钟鼓道志,以琴瑟乐心,动以干戚,饰以羽旄,从以磬管③。故其清明象天,其广大象地,其俯仰周旋有似于四时。故乐行而志清,礼修而行成,耳目聪明,血气和平,移风易俗,天下皆宁,美善相乐④。故曰:乐者,乐也。君子乐得其道,小人乐得其欲。以道制欲,则乐而不乱;以欲忘道,则惑而不乐。故乐者,所以道乐也。金石丝竹,所以道德也;乐行而民乡方矣⑤。故乐者,治人之盛者也,而墨子非之。

且乐也者,和之不可变者也;礼也者,理之不可易者也。乐合同,礼别异⑥。礼乐之统,管乎人心矣⑦。穷本极变,乐之情也;著诚去伪,礼之经也⑧。墨子非之,几遇刑也。明王已没,莫之正

---

① 逆气:不正当的邪气。成象:形成风气。正声:雅正的声音。
② 去就:取舍。
③ 道:引导。干戚:干戚舞,舞者手拿盾牌和斧头。
④ 乐行:音乐得到流行。志清:思想清纯。礼修:礼义完美。行成:养成好的品德。
⑤ 乡方:归向正道。乡:通"向"。方:方向,道路。
⑥ 乐合同:音乐使人齐心合力。合同:齐心合力。礼别异:礼使人有等级。
⑦ 统:总体,关键。管:约束。
⑧ 穷本极变:从根本上改变人的行为。著诚去伪:表明真诚去掉虚伪。著:明显,显著。经:原则。

也①。愚者学之，危其身也。君子明乐，乃其德也。乱世恶善，不此听也。于乎哀哉！不得成也。弟子勉学，无所营也②。

声乐之象：鼓大丽，钟统实，磬廉制，竽笙箫和，筦籥发猛，埙篪翁博，瑟易良，琴妇好，歌清尽，舞意天道兼。鼓，其乐之君邪！故鼓似天，钟似地，磬似水，竽笙箫和筦籥似星辰日月，鞉、柷、拊、鞷、椌、楬似万物。曷以知舞之意？曰：目不自见，耳不自闻也，然而治俯仰诎信，进退迟速，莫不廉制。尽筋骨之力，以要钟鼓俯会之节，而靡有悖逆者，众积意譁譁乎！

吾观于乡，而知王道之易易也。主人亲速宾及介，而众宾皆从之；至于门外，主人拜宾及介，而众宾皆入，贵贱之义别矣。三揖至于阶，三让以宾升，拜至，献酬，辞让之节繁，及介省矣。至于众宾，升受，坐祭，立饮，不酢而降，隆杀之义辨矣。工入，升歌三终，主人献之；笙入三终，主人献之；间歌三终，合乐三终，工告乐备，遂出。二人扬觯，乃立司正焉，知其能和乐而不流也。宾酬主人，主人酬介，介酬众宾，少长以齿，终于沃洗者焉，知其能弟长而无遗也。降，说屦，升坐，修爵无数。饮酒之节，朝不废朝，莫不废夕。宾出，主人拜送，节文终遂焉，知其能安燕而不乱也。贵贱明，隆杀辨，和乐而不流，弟长而无遗，安燕而不乱，此五行者，足以正身安国矣。彼国安而天下安，故曰：吾观于乡，而知王道之易易也。

乱世之征：其服组，其容妇，其俗淫，其志利，其行杂，其声乐险，其文章匿而采，其养生无度，其送死瘠墨，贱礼义而贵勇力，贫则为盗，富则为贼。治世反是也。（乐论）

---

① 没：通"殁"，死亡。正：纠正。

② 营：迷惑。

君子比德

孔子观于东流之水,子贡问于孔子曰:"君子之所以见大水必观焉者是何?"孔子曰:"夫水,大遍与诸生而无为也,似德①。其流也埤下,裾拘必循其理,似义②。其洸洸乎不淈尽,似道③。若有决行之,其应佚若声响,其赴百仞之谷不惧,似勇④。主量必平,似法⑤。盈不求概,似正⑥。淖约微达,似察⑦。以出以入,以就鲜洁,似善化。其万折也必东,似志⑧。是故君子见大水必观焉。"(宥坐)

子贡问于孔子曰:"君子之所以贵玉而贱珉者,何也⑨?为夫玉之少而珉之多邪?"孔子曰:"恶!赐,是何言也⑩?夫君子岂多而贱之、少而贵之哉!夫玉者,君子比德焉⑪。温润而泽,仁也⑫;栗而理,知也⑬;坚刚而不屈,义也;廉而不刿,行也⑭;折而不桡,勇

---

① 遍:普及。前面的"大"字疑为衍文,据《初学记》引文删。无为:没有目的,指不是为了自己的目的。
② 埤(bēi):通"卑",低下,此指水向下。裾(jù):通"倨",曲折。拘:同"勾",曲。理:规律。
③ 洸(huàng)洸:水流汹涌的样子。淈(gǔ)尽:竭尽。
④ 决行:打开堤岸,使水流通。佚:通"逸",奔腾。
⑤ 主量必平:用水衡量地平,必定是平的。
⑥ 盈:满。概:古代量谷物时刮平斗斛的器具。
⑦ 淖:同"绰"。淖约:柔弱。微:细小。
⑧ 万折:很多的周折。
⑨ 珉(mín):像玉的石头。
⑩ 恶(wū):叹词,表示不赞成。
⑪ 比:比喻。
⑫ 温润而泽,仁也:玉柔滑而有光泽,好比君子的仁。
⑬ 栗:坚实。理:有纹理。
⑭ 廉:棱角。刿(guì):刺伤。

229

也；瑕适并见，情也①；扣之，其声清扬而远闻，其止辍然，辞也②。故虽有珉之雕雕，不若玉之章章③。诗曰：'言念君子，温其如玉。'④此之谓也。"（法行）

虚壹而静

圣人知心术之患，见蔽塞之祸，故无欲无恶，无始无终，无近无远，无博无浅，无古无今，兼陈万物而中县衡焉⑤。是故众异不得相蔽以乱其伦也⑥。

何谓衡？曰：道。故心不可以不知道。心不知道，则不可道而可非道。人孰欲得恣，而守其所不可，以禁其所可⑦？以其不可道之心取人，则必合于不道人，而不知合于道人⑧。以其不可道之心与不道人论道人，乱之本也。夫何以知！曰：心知道，然后可道⑨；可道，然后守道以禁非道。以其可道之心取人，则合于道人，而不合于不道之人矣。以其可道之心，与道人论非道，治之要也。何患不知？故治之要在于知道⑩。

---

① 瑕：玉上的斑点。适：美好。
② 辍（chuò）然：声音突然停止。辞：言辞。
③ 雕雕：刻出的花纹。章章：明显，指发亮的样子。杨倞注曰："雕雕，谓雕饰文采也。章章，素质明著也。"
④ 见于《诗经·秦风·小戎》。
⑤ 兼陈：一并陈列开来。县衡：标准。县：同"悬"，挂。衡：即秤，引申为标准。
⑥ 相蔽：相互蔽塞。伦：秩序，规律。
⑦ 恣：放纵，随心所欲。
⑧ 俞樾曰："'知'字衍。"合于不道人：符合要求的是否定道的人。不知合于道人：不符合要求的反而是遵守道的人。
⑨ 心知道：从思想上理解道。可：肯定。
⑩ 何患不知：还怕什么不了解道？治之要：治理的关键。

人何以知道？曰：心。心何以知？曰：虚壹而静①。心未尝不臧也，然而有所谓虚②；心未尝不满也，然而有所谓一③；心未尝不动也，然而有所谓静。人生而有知，知而有志④。志也者，臧也，然而有所谓虚，不以所已臧害所将受谓之虚⑤。心生而有知，知而有异，异也者，同时兼知之。同时兼知之，两也，然而有所谓一，不以夫一害此一谓之壹⑥。心，卧则梦，偷则自行，使之则谋⑦。故心未尝不动也，然而有所谓静，不以梦剧乱知谓之静⑧。未得道而求道者，谓之虚壹而静。作之，则将须道者之虚则入，将事道者之壹则尽，尽将思道者静则察⑨。知道察，知道行，体道者也。虚壹而静，谓之大清明⑩。（解蔽）

心有征知

故知者为之分别，制名以指实，上以明贵贱，下以辨同异⑪。贵贱明，同异别，如是则志无不喻之患，事无困废之祸，此所为有名也。

---

① 虚壹而静：虚心专一而且静持。
② 臧：通"藏"，贮藏，指记忆。虚：虚心，这里指谦虚，不固守己见。
③ 满：当为"两"，同时兼知。
④ 知：知觉。志：记忆。
⑤ 害：妨碍。虚：空隙，指不能接受新的知识的余地。
⑥ 夫：那个。此：这。王先谦注曰："夫，犹彼也。知虽有两，不以彼一害此一。"
⑦ 偷：放松。自行：放纵。偷则自行：思想放松就会随便。
⑧ 不以梦剧乱知：不让多幻的梦境扰乱自己的认识能力。
⑨ 作之：做起来。将：要求。须：追求，寻求。虚则入：虚心就能接受道。事道者：按照道的原则做事的人。壹则尽：认真专一地实行道就会彻底贯彻道的原则。静则察：心无杂念就能明察道的内涵。
⑩ 大清明：指认识达到了最清楚明白的程度。
⑪ 知：通"智"，有智慧的人。指实：核实。指：同"稽"，考核。

然则何缘而以同异①？曰：缘天官②。凡同类、同情者，其天官之意物也同③，故比方之疑似而通，是所以共其约名以相期也④。形体、色、理以目异⑤，声音清浊、调竽奇声以耳异⑥，甘、苦、咸、淡、辛、酸、奇味以口异⑦，香、臭、芬、郁、腥、臊、洒、酸、奇臭以鼻异⑧，疾、养、沧、热、滑、铍、轻、重以形体异⑨，说、故、喜、怒、哀、乐、爱、恶、欲以心异⑩。心有征知⑪。征知则缘耳而知声可也，缘目而知形可也，然而征知必将待天官之当簿其类然后可也⑫。五官簿之而不知，心征知而无说，则人莫不然谓之不知，此所缘而以同异也⑬。（正名）

---

① 何缘：根据什么。缘：按照，根据。
② 天官：天生的感觉器官。官：指耳、目、鼻、口、心、体等感觉器官。杨倞注曰："天官，耳目鼻口心体也。谓之官，言各有所司主也。缘天官，言天官谓之同则同，谓之异则异也。"
③ 同类、同情者：指同一类别情感相同的人。意物：对外部事物的感觉。
④ 疑：通"拟"，模拟，模仿。通：沟通，了解。相期：指人与人之间相互交流。
⑤ 杨倞注曰："形体，形状也。色，五色也。理，文理也。言万物形体色理，以目别异之而制名。"
⑥ 清浊：声音的清声与浊声。调竽：调和笙竽之声。奇声：不协调的声音。
⑦ 奇味：指特殊的味道。
⑧ 芬：花草的香气。郁：腐臭的气味。
⑨ 疾：痛。养：通"痒"。沧：寒冷。滑：光滑。铍：与涩同义。
⑩ 说、故：指言行。
⑪ 杨倞注曰："征，召也。言心能召万物而知之。"
⑫ 缘：依靠，凭借。待：与"缘"意同。簿：簿书。杨倞注曰："当簿，谓如各主当其簿书，不杂乱也。"
⑬ 征：考察。无说：说不出道理。

乐 记

《乐记》堪称先秦儒家乐教美学的集大成者，现余十一篇存于《礼记》。关于《乐记》的争议涉及《乐记》成书年代、作者归属、篇章顺序、篇章数目、今存《乐记》十一篇与遗佚的十二篇的关系等诸多问题。程伊川说："《礼记》除《中庸》《大学》，唯《乐记》为最近道，学者深思自求之。"以性为根基，以情为枢纽，最后复归天地之和，《乐记》堪称先秦儒家乐教美学理论的集大成者。它体系性地阐明了艺术本于人性、艺术形态和情感的相互作用机制、艺术教化和心性变化的具体关联、艺术的形而上学等美学问题，很好地把艺术教育和生命存在结合在一起。《乐记》对艺术与生命的深度关联，表明美育、艺术教育绝不能仅仅是一种毫无灵魂感悟的技能教育，而应是一种生命的情感启迪。选文摘自孙希旦撰《礼记集解》，中华书局1989年版。

乐本篇

凡音之起，由人心生也。人心之动，物使之然也。感于物而动，故形于声。声相应，故生变，变成方①，谓之音。比音而乐之②，及干戚、羽旄③，谓之乐。

乐者，音之所由生也，其本在人心之感于物也。是故其哀心感

---

① 方：文章。
② 比音而乐之：歌曲比次，同时以乐器伴奏。
③ 干戚、羽旄：干戚，盾与斧，武舞所执；羽旄，翟羽与旄牛尾，文舞所执。

者，其声噍以杀；其乐心感者，其声啴以缓①；其喜心感者，其声发以散；其怒心感者，其声粗以厉；其敬心感者，其声直以廉；其爱心感者，其声和以柔。六者非性也，感于物而后动。

是故先王慎所以感之者。故礼以道②其志，乐以和其声，政以一其行，刑以防其奸。礼、乐、刑、政，其极一也，所以同民心而出治道也。

凡音者，生人心者也。情动于中，故形于声，声成文，谓之音。是故治世之音安以乐，其政和；乱世之音怨以怒，其政乖；亡国之音哀以思，其民困。声音之道，与政通矣。

宫为君，商为臣，角为民，徵为事，羽为物。五者不乱，则无怗懘③之音矣。

宫乱则荒，其君骄；商乱则陂，其官坏；角乱则忧，其民怨；徵乱则哀，其事勤；羽乱则危，其财匮。五者皆乱，迭相陵，谓之慢④。如此，则国之灭亡无日矣。

郑、卫之音，乱世之音也，比于慢矣。桑间、濮上之音，亡国之音也，其政散，其民流，诬上行私而不可止也。

凡音者，生于人心者也。乐者，通伦理者也。是故知声而不知音者，禽兽是也。知音而不知乐者，众庶是也。唯君子为能知乐。是故审声以知音，审音以知乐，审乐以知政，而治道备矣。是故不知声者，不可与言音。不知音者，不可与言乐。知乐，则几于礼矣。礼乐皆得，谓之有德。德者，得也。

是故乐之隆，非极音也；食飨之礼，非致味也⑤。《清庙》之瑟，

---

① 噍（jiāo）以杀：噍为急促，杀为激励。啴以缓：宽绰而舒缓。
② 道：通"导"。
③ 怗懘（zhān chì）：衰败不和貌。
④ 慢：亡国之音。《周礼·大司乐》："凡建国，禁其淫声、过声、凶声、慢声。"
⑤ 食（sì）飨之礼：宗庙祭祀之礼。致味：同"至味"。

朱弦而疏越①，一倡而三叹，有遗音者矣。大飨之礼，尚玄酒而俎腥鱼，大羹不和，有遗味者矣。是故先王之制礼乐也，非以极口腹耳目之欲也，将以教民平好恶而反人道之正也。

人生而静，天之性也②。感于物而动，性之欲也③。物至知知，然后好恶形焉。好恶无节于内，知诱于外，不能反躬，天理灭矣。夫物之感人无穷，而人之好恶无节，则是物至而人化物也。人化物也者，灭天理而穷人欲者也。于是有悖逆诈伪之心，有淫泆作乱之事。是故强者胁弱，众者暴寡，知者诈愚，勇者苦怯，疾病不养，老幼孤独不得其所。此大乱之道也。

是故先王之制礼乐，人为之节。衰麻哭泣，所以节丧纪也。钟鼓干戚，所以和安乐也。昏姻冠笄，所以别男女也。射乡食飨，所以正交接也。礼节民心，乐和民声，政以行之，刑以防之。礼乐刑政，四达而不悖，则王道备矣。

乐论篇

乐者为同，礼者为异。同则相亲，异则相敬。乐胜则流，礼胜则离。合情饰貌者，礼乐之事也。礼义立，则贵贱等矣。乐文同，则上下和矣。好恶著，则贤不肖别矣。刑禁暴，爵举贤，则政均矣。仁以爱之，义以正之。如此，则民治行矣。

乐由中出，礼自外作④。乐由中出，故静；礼自外作，故文。大乐必易，大礼必简。乐至则无怨，礼至则不争。揖让而治天下者，

---

① 朱弦而疏越：朱弦，用红色熟丝所做的瑟弦，其声浊。越，瑟底的孔。
② 朱熹曰："盖人受天地之中以生，其未感也，纯粹至善，万理具焉，所谓性也。"很明显，按照朱熹的解释，《乐记》表明了人性未发时是一种纯粹至善的宁静之境。
③ 性之欲：指情。
④ 乐由中出，礼自外作：乐由中出，和在心。礼自外作，敬在貌（郑玄注）。

礼乐之谓也。暴民不作，诸侯宾服，兵革不试，五刑不用，百姓无患，天子不怒，如此则乐达矣。合父子之亲，明长幼之序，以敬四海之内，天子如此，则礼行矣。

大乐与天地同和，大礼与天地同节。和，故百物不失；节，故祀天祭地。明则有礼乐，幽则有鬼神。如此，则四海之内，合敬同爱矣。

礼者，殊事合敬者也。乐者，异文合爱者也。礼乐之情同，故明王以相沿也。故事与时并，名与功偕。

故钟鼓管磬，羽籥干戚，乐之器也；屈伸俯仰，缀兆①舒疾，乐之文也。簠簋俎豆，制度文章，礼之器也；升降上下，周还裼袭②，礼之文也。故知礼乐之情者能作，识礼乐之文者能述。作者之谓圣，述者之谓明。明圣者，述作之谓也。

乐者，天地之和也。礼者，天地之序也。和，故百物皆化；序，故群物皆别。乐由天作，礼以地制，过制则乱，过作则暴。明于天地，然后能兴礼乐也。

论伦无患③，乐之情也；欣喜欢爱，乐之官也。中正无邪，礼之质也；庄敬恭顺，礼之制也。若夫礼乐之施于金石，越于声音，用于宗庙社稷，事乎山川鬼神，则此所与民同也。

乐礼篇

王者功成作乐，治定制礼，其功大者其乐备，其治辩④者其礼

---

① 缀兆：乐舞中舞者的行列位置。
② 裼(xī)袭：不同礼服之制。盛礼以袭为敬，非盛礼以裼为敬。
③ 孙希旦注云：言其心之和顺足以论说乐之伦理，而不相悖害也。
④ 辩：通"遍"。

具。干戚之舞，非备乐也；孰亨①而祀，非达礼也。五帝殊时，不相沿乐；三王异世，不相袭礼。乐极则忧，礼粗则偏矣。及夫敦乐而无忧，礼备而不偏者，其唯大圣乎！

天高地下，万物散殊，而礼制行矣。流而不息，合同而化，而乐兴焉。春作夏长，仁也。秋敛冬藏，义也。仁近于乐，义近于礼。乐者敦和，率神而从天；礼者别宜，居鬼而从地。故圣人作乐以应天，制礼以配地。礼乐明备，天地官矣。

天尊地卑，君臣定矣。卑高已陈，贵贱位矣。动静有常，小大殊矣。方以类聚，物以群分，则性命不同矣。在天成象，在地成形，如此，则礼者，天地之别也。

地气上齐，天气下降，阴阳相摩，天地相荡，鼓之以雷霆，奋之以风雨，动之以四时，暖之以日月，而百化兴焉。如此，则乐者，天地之和也。

化不时则不生，男女无辨则乱升②，天地之情也。及夫礼乐之极乎天而蟠乎地，行乎阴阳而通乎鬼神，穷高极远而测深厚。乐著大始，而礼居成物。著不息者，天也；著不动者，地也。一动一静者，天地之间也。故圣人曰"礼乐"云。

乐施篇

昔者舜作五弦之琴以歌《南风》，夔始制乐，以赏诸侯。故天子之为乐也，以赏诸侯之有德者也。德盛而教尊，五谷时孰，然后赏之以乐。故其治民劳者，其舞行缀远；其治民逸者，其舞行缀短。故观其舞，知其德；闻其谥，知其行也。

---

① 孰亨：同"熟烹"。
② 升：成也。

《大章》，章之也。《咸池》，备矣。《韶》，继也。《夏》，大也。殷、周之乐尽矣。

天地之道，寒暑不时则疾，风雨不节则饥。教者，民之寒暑也，教不时则伤世；事者，民之风雨也，事不节则无功。然则先王之为乐也，以法治也，善则行象德矣。

夫豢豕为酒，非以为祸也，而狱讼益繁，则酒之流生祸也。是故先王因为酒礼。一献之礼，宾主百拜，终日饮酒而不得醉焉，此先王之所以备酒祸也。故酒食者，所以合欢也。

乐者，所以象德也。礼者，所以缀①淫也。是故先王有大事，必有礼以哀之；有大福，必有礼以乐之。哀乐之分，皆以礼终。乐也者，圣人之所乐也，而可以善民心。其感人深，其移风易俗，故先王著其教焉。

乐言篇

夫民有血气心知之性，而无哀乐喜怒之常，应感起物而动，然后心术②形焉。是故志微、噍杀之音作而民思忧；啴谐、慢易、繁文、简节之音作而民康乐；粗厉、猛起、奋末、广贲③之音作而民刚毅；廉直、劲正、庄诚之音作而民肃敬；宽裕、肉好④、顺成、和动之音作而民慈爱；流辟、邪散、狄成、涤滥⑤之音作而民淫乱。

---

① 缀：止也。
② 心术：颜师古注《汉书·礼乐志》云："术，道径也。心术，心之所由也。"郭沫若则释"心术"为心之行、心之形、心之情、心之容。心术，可看作心与物交互作用形成的情之状态。
③ 猛起、奋末、广贲：开头刚猛、结尾振奋、广大而愤怒。
④ 肉好：喻声音圆转而润泽。
⑤ 狄成、涤滥：乐声远人、涤荡放滥。

是故先王本之情性，稽之度数，制之礼义，合生气之和，道五常之行，使之阳而不散，阴而不密，刚气不怒，柔气不慑，四畅交于中而发作于外，皆安其位而不相夺也。然后立之学等，广其节奏，省其文采，以绳德厚，律小大之称，比终始之序，以象事行，使亲疏、贵贱、长幼、男女之理，皆形见于乐，故曰："乐观其深矣。"

土敝则草木不长，水烦则鱼鳖不大①，气衰则生物不遂，世乱则礼慝而乐淫。是故其声哀而不庄，乐而不安；慢易以犯节，流湎以忘本；广则容奸，狭则思欲；感条畅之气②，而灭平和之德。是以君子贱之也。

乐象篇

凡奸声感人而逆气应之，逆气成象而淫乐兴焉。正声感人而顺气应之，顺气成象而和乐兴焉。倡和有应，回邪③曲直，各归其分，而万物之理，各以类相动也。

是故君子反情④以和其志，比类⑤以成其行。奸声乱色不留聪明，淫乐慝礼不接心术，惰慢邪辟之气不设于身体，使耳、目、鼻、口、心知、百体皆由顺正以行其义。然后发以声音，而文以琴瑟，动以干戚，饰以羽旄，从以箫管。奋至德之光，动四气之和，以著万物之理。

是故清明象天，广大象地，终始象四时，周还象风雨。五色成文而不乱，八风从律而不奸，百度得数而有常。大小相成，终始相

---

① 土敝、水烦：土衰敝，水烦扰。
② 条畅之气：涤荡邪淫之气。
③ 回邪：乖违邪僻。
④ 反情：使情复归本性。
⑤ 比类：比拟善类。

生，倡和清浊，迭相为经。故乐行而伦清①，耳目聪明，血气和平，移风易俗，天下皆宁。

故曰："乐者，乐也。"君子乐得其道，小人乐得其欲。以道制欲，则乐而不乱；以欲忘道，则惑而不乐。是故君子反情以和其志，广乐以成其教。乐行而民乡方，可以观德矣。

德者，性之端也。乐者，德之华也②。金石丝竹，乐之器也。诗，言其志也。歌，咏其声也。舞，动其容也。三者本于心，然后乐器从之。是故情深而文明，气盛而化神，和顺积中而英华发外，唯乐不可以为伪③。

乐者，心之动也。声者，乐之象也。文采节奏，声之饰也。君子动其本，乐其象，然后治其饰。是故先鼓以警戒，三步以见方，再始以著往，复乱以饬归④，奋疾而不拔，极幽而不隐，独乐其志，不厌其道，备举其道，不私其欲。是故情见而义立，乐终而德尊，君子以好善，小人以听过。故曰："生民之道，乐为大焉。"

乐也者，施也。礼也者，报也⑤。乐，乐其所自生，而礼反其所自始。乐章德，礼报情反始也。

---

① 伦清：伦，类也。事物之条理秩序清晰和谐。

② 德者，性之端也。乐者，德之华也：道德是性之端绪，音乐是道德的光华。孔颖达疏言："'德者，性之端也'，言德行者，是性之端正也。"以"端正"释"端"，似有不周正之处。"端"应犹孟子言"四端"之"端"。

③ 徐复观在《中国艺术精神》中云："随情之向内沉潜，情便与此更根源之处的良心，于不知不觉之中，融合在一起。此良心与'情'融合在一起，通过音乐的形式，随同由音乐而来的'气盛'而气盛。于是此时的人生，是由音乐而艺术化了，同时也由音乐而道德化了。这种道德化，是直接由生命深处所透出的'艺术之情'，凑泊上良心而来，化得无形无迹，所以便可称之为'化神'。"

④ 此四句为《武》乐的形式展开，先击鼓警戒，然后行三步以表明其所往之地。每曲一终，再重复。舞蹈结束之时重新归位，象征班师回朝。

⑤ 乐也者，施也。礼也者，报也：乐为恩施，礼尚往来。

所谓大辂者，天子之车也。龙旂九旒，天子之旌也。青黑缘①者，天子之宝龟也。从之以牛羊之群，则所以赠诸侯也。

乐情篇

乐也者，情之不可变者也②。礼也者，理之不可易者也。乐统同，礼辨异。礼乐之说，管乎人情矣。

穷本知变，乐之情也；著诚去伪，礼之经也③。礼乐偩④天地之情，达神明之德，降兴上下之神，而凝是精粗之体⑤，领父子君臣之节。

是故大人举礼乐，则天地将为昭焉。天地䜣合，阴阳相得，煦妪覆育万物，然后草木茂，区萌⑥达，羽翼奋，角觡生，蛰虫昭苏，羽者妪伏，毛者孕鬻，胎生者不殰，而卵生者不殈⑦，则乐之道归焉耳。

乐者，非谓黄钟、大吕、弦歌、干扬也，乐之末节也，故童者舞之。铺筵席，陈尊俎，列笾豆⑧，以升降为礼者，礼之末节也，故有司掌之。乐师辨乎声诗，故北面而弦；宗祝辨乎宗庙之礼，故后尸；商祝辨乎丧礼，故后主人。是故德成而上，艺成而下，行成

---

① 青黑缘：据传千年之龟，其甲的边缘为青黑色。
② 乐也者，情之不可变者也：乐由中出，而本乎中节之情，故曰"情之不可变"，若其可变，则非情之和而不足以为乐矣(孙希旦注)。
③ 意谓乐达于本心并知动静之变，礼体现诚意并去除虚伪。
④ 偩：同"负"，依赖、负荷。
⑤ 凝是精粗之体：礼乐凝聚万物之体。
⑥ 区(gōu)萌：草木萌芽钩曲生出。
⑦ 殰(dú)：胎儿死在腹中。殈：鸟卵未孵而裂开。
⑧ 筵席：铺地藉坐的垫子，古时制度，筵铺在下面，席加在上面。尊俎：尊为酒器，俎为置肉几案。笾豆：食器，竹制为笾，木制为豆。三者皆祭祀之事。

而先,事成而后。是故先王有上有下,有先有后,然后可以有制于天下也。

魏文侯篇

魏文侯问于子夏曰:"吾端冕而听古乐,则唯恐卧;听郑、卫之音,则不知倦。敢问古乐之如彼何也?新乐之如此何也?"

子夏对曰:"今夫古乐,进旅退旅①,和正以广,弦、匏、笙、簧,会守拊鼓,始奏以文,复乱以武,治乱以相,讯疾以雅②。君子于是语,于是道古,修身及家,平均天下,此古乐之发也。今夫新乐,进俯退俯,奸声以滥,溺而不止,及优、侏儒,獶③杂子女,不知父子。乐终,不可以语,不可以道古。此新乐之发也。今君之所问者乐也,所好者音也。夫乐者,与音相近而不同。"

文侯曰:"敢问何如?"子夏对曰:"夫古者天地顺而四时当,民有德而五谷昌,疾疢④不作而无妖祥,此之谓大当。然后圣人作,为父子君臣以为纪纲。纪纲既正,天下大定。天下大定,然后正六律,和五声,弦歌《诗》、《颂》。此之谓德音,德音之谓乐。《诗》云:'莫其德音,其德克明。克明克类,克长克君。王此大邦,克顺克俾。俾于文王,其德靡悔。既受帝祉,施于孙子。'此之谓也。今君之所好者,其溺音乎?"

文侯曰:"敢问溺音何从出也?"子夏对曰:"郑音好滥淫志,宋

---

① 进旅退旅:旅犹俱,俱进俱退。
② 文,谓鼓也;武,谓金也;相,即拊也;雅,状如漆筒的乐器。
③ 獶(náo):猕猴。
④ 疢(chèn):热病,泛指病。

音燕女溺志，卫音趋数烦志，齐音敖辟乔志①。此四者，皆淫于色而害于德，是以祭祀弗用也。《诗》云：'肃雍和鸣，先祖是听。'夫肃肃，敬也，雍雍，和也。夫敬以和，何事不行？为人君者，谨其所好恶而已矣。君好之，则臣为之；上行之，则民从之。《诗》云：'诱民孔易。'此之谓也。然后圣人作，为鞉、鼓、椌、楬、埙、篪，此六者，德音之音也。然后钟、磬、竽、瑟以和之，干、戚、旄、狄以舞之。此所以祭先王之庙也，所以献、酬、酳②、酢也，所以官序贵贱各得其宜也，所以示后世有尊卑长幼之序也。钟声铿，铿以立号，号以立横，横以立武③。君子听钟声，则思武臣。石声磬，磬以立辨，辨以致死。君子听磬声，则思死封疆之臣。丝声哀，哀以立廉，廉以立志。君子听琴瑟之声，则思志义之臣。竹声滥，滥以立会，会以聚众。君子听竽、笙、箫、管之声，则思畜聚之臣。鼓鼙之声讙④，讙以立动，动以进众。君子听鼓鼙之声，则思将帅之臣。君子之听音，非听其铿鎗而已也，彼亦有所合之也。"

宾牟贾篇

宾牟贾侍坐于孔子，孔子与之言，及乐，曰："夫《武》之备戒之已久，何也？"对曰："病不得其众也⑤。"

"咏叹之，淫液之⑥，何也？"对曰："恐不逮事也。"

---

① 郑国的音乐不知节制，使人意志淫邪；宋国的音乐唯令女子喜欢，使人意志消磨；卫国的音乐急速，使人心意烦乱；齐国的音乐傲慢乖僻，使人骄逸。
② 酳(yìn)：食毕以酒漱口的礼节。
③ 号以立横，横以立武：号令威严则壮气充满，壮气充满则武事可立。
④ 讙(huān)：同"欢"，喧哗。
⑤ 病不得其众：武王用兵应天顺人，用戒备之久象征等待各诸侯齐至之意。
⑥ 淫液：流连。

243

"发扬蹈厉之已蚤①,何也?"对曰:"及时事也。"

"《武》坐致右宪左,何也?"对曰:"非《武》坐也。"②

"声淫及商,何也?"对曰:"非《武》音也。"子曰:"若非《武》音,则何音也?"对曰:"有司失其传也。若非有司失其传,则武王之志荒矣③。"子曰:"唯。丘之闻诸苌弘,亦若吾子之言,是也。"

宾牟贾起,免席而请曰:"夫《武》之备戒之已久,则既闻命矣,敢问迟之,迟而又久,何也?"

子曰:"居,吾语汝。夫乐者,象成者也④。总干而山立⑤,武王之事也。发扬蹈厉,大公之志也。《武》乱皆坐,周、召之治也。且夫《武》,始而北出,再成而灭商,三成而南,四成而南国是疆,五成而分,周公左,召公右,六成复缀以崇天子⑥。夹振之而驷伐,盛威于中国也。分夹而进,事蚤济也。久立于缀,以待诸侯之至也。且女独未闻牧野之语乎?武王克殷反商,未及下车而封黄帝之后于蓟,封帝尧之后于祝,封帝舜之后于陈,下车而封夏后氏之后于杞,投殷之后于宋,封王子比干之墓,释箕子之囚,使之行商容而复其位。庶民弛政⑦,庶士倍禄。济河而西,马散之华山之阳而弗复乘,牛散之桃林之野而弗复服,车甲衅而藏之府库而弗复用,倒载干戈,

---

① 发扬蹈厉之已蚤:孔颖达疏:"发扬蹈厉,初舞之时,手足发扬蹈地而猛厉也。"

② 致右宪左:致,膝至地。宪,起。右膝至于地,而左腿起。《武》坐当双足都至于地,以表示周、召共治天下。致右宪左的说法是典乐者传授之误,故曰非《武》坐。

③ 当时典乐者以淫商之音(过度杀伐之音)作《武》音,宾牟贾认为乃是误解。因为《武》作于殷商已克,偃武修文之时,故不应伴有淫商之音,否则会让人认为武王有意于穷兵黩武。

④ 成:已成之事。

⑤ 总干而山立:持盾如山正立。

⑥ 《武》乐六成,象其出师、伐商、平治四方、崇天子之事。

⑦ 弛政:去除商纣时的苛政,令民生息。

包之以虎皮，将帅之士使为诸侯，名之曰'建櫜①'。然后天下知武王之不复用兵也。散军而郊射，左射《狸首》，右射《驺虞》，而贯革之射息也。裨冕搢笏，而虎贲之士说剑②也。祀乎明堂，而民知孝。朝觐，然后诸侯知所以臣。耕藉，然后诸侯知所以敬。五者，天下之大教也。食三老五更于大学，天子袒而割牲，执酱而馈，执爵而酳，冕而总干，所以教诸侯之弟也。若此，则周道四达，礼乐交通，则夫《武》之迟久，不亦宜乎！"

乐化篇

君子曰：礼乐不可斯须去身。致乐以治心，则易、直、子、谅之心③油然生矣。易、直、子、谅之心生则乐，乐则安，安则久，久则天，天则神④。天则不言而信，神则不怒而威，致乐以治心者也。致礼以治躬，则庄敬，庄敬则严威。心中斯须不和不乐，而鄙诈之心入之矣。外貌斯须不庄不敬，而易慢之心入之矣。

故乐也者，动于内者也。礼也者，动于外者也。乐极和，礼极顺，内和而外顺，则民瞻其颜色而弗与争也，望其容貌而民不生易慢焉。故德辉动于内，而民莫不承听；理发诸外，而民莫不承顺。故曰："致礼乐之道，举而错之⑤天下无难矣。"

乐也者，动于内者也。礼也者，动于外者也。故礼主其减，乐

---

① 建櫜（gāo）：闭藏兵甲之意。建，藏弓之器；櫜，藏兵甲之器。
② 虎贲之士说剑：勇猛之士习文。
③ 易、直、子、谅之心：和易、正直、子爱、诚信之心，皆人之善心。
④ 乐则安，安则久，久则天，天则神：孙希旦云："乐者，乐于此而不厌也；安者，安于此而不迁也；久者，久于此而不息也。久则体性自然，而无作为之劳，故曰'天'。天则神妙不测，而无拟议之迹，故曰'神'。"
⑤ 举而错之：礼乐交错，内外互养。

主其盈。礼减而进，以进为文；乐盈而反，以反为文①。礼减而不进则销②，乐盈而不反则放，故礼有报而乐有反。礼得其报则乐，乐得其反则安。礼之报，乐之反，其义一也。

夫乐者，乐也，人情之所不能免也。乐必发于声音，形于动静，人之道也。声音动静，性术之变，尽于此矣。

故人不耐③无乐，乐不耐无形。形而不为道，不耐无乱。先王耻其乱，故制《雅》、《颂》之声以道之，使其声足乐而不流，使其文足论而不息，使其曲直、繁瘠、廉肉④、节奏，足以感动人之善心而已矣，不使放心邪气得接焉。是先王立乐之方也。

是故乐在宗庙之中，君臣上下同听之则莫不和敬；在族长乡里之中，长幼同听之则莫不和顺；在闺门之内，父子兄弟同听之则莫不和亲。故乐者，审一以定和⑤，比物以饰节，节奏合以成文，所以合和父子君臣，附亲万民也。是先王立乐之方也。

故听其《雅》、《颂》之声，志意得广焉。执其干戚，习其俯仰诎伸，容貌得庄焉。行其缀兆，要其节奏，行列得正焉，进退得齐焉。故乐者，天地之命，中和之纪，人情之所不能免也。

夫乐者，先王之所以饰喜也。军、旅、铁、钺者，先王之所以饰怒也。故先王之喜怒，皆得其侪焉。喜则天下和之，怒则暴乱者畏之。先王之道，礼乐可谓盛矣。

---

① 故礼主其减，乐主其盈。礼减而进，以进为文；乐盈而反，以反为文：郑玄注："进，谓自勉强也。反，谓自抑止也。"孙希旦云："礼动于外而接于人者，以撙节退让为敬，故主其减。乐动于内而发于己者，以欣喜欢爱为和，故主其盈。减则恐其烦苦而易倦，故以进为美，严而用之以和也。盈则恐其流宕而不止，故以反为美，和而济之以节也。"减，应为克制退让之意。

② 销：销衰。

③ 耐：古"能"字。

④ 曲直、繁瘠、廉肉：音乐之婉转放直、繁多省简、轻清厚实。

⑤ 审一以定和：孙希旦："则审中声以定和者，亦审乎宫声而已，此所以谓之一也。"古代乐器五声中，宫声为始为要，其余四声皆由此而生。

师乙篇

子赣①见师乙而问焉，曰："赐闻声歌各有宜也。如赐者，宜何歌也？"

师乙曰："乙，贱工也，何足以问所宜？请诵其所闻，而吾子自执焉。

"宽而静，柔而正者，宜歌《颂》。广大而静，疏达而信者，宜歌《大雅》。恭俭而好礼者，宜歌《小雅》。正直而静，廉而谦者，宜歌《风》。肆直而慈爱爱者，宜歌《商》。温良而能断者宜歌《齐》。夫歌者，直己而陈德也，动己而天地应焉，四时和焉，星辰理焉，万物育焉。故《商》者，五帝之遗声也，商之遗声也，商人识之，故谓之《商》。《齐》者，三代之遗声也，齐人识之，故谓之《齐》。明乎商之音者，临事而屡断；明乎齐之音者，见利而让。临事而屡断，勇也。见利而让，义也。有勇有义，非歌孰能保②此？

"故歌者上如抗，下如队，曲如折，止如槁木，倨中矩，句中钩，累累乎端如贯珠③。故歌之为言也，长言之也。说之，故言之；言之不足，故长言之；长言之不足，故嗟叹之；嗟叹之不足，故不知手之舞之，足之蹈之也。"

---

① 子赣：即孔子弟子子贡。

② 保：保持德性之美。

③ 上如抗，下如队，曲如折，止如槁木，倨中矩，句中钩，累累乎端如贯珠：孔颖达疏："此论歌声感动人心。上如抗者，言歌声上响，感动人意，如似抗举。下如队者，言音声下响，感动人意，如似队落。曲如折者，言音声回曲，感动人意，如似方折。止如槁木者，言音声止静，感动人意，如似枯槁之木，止而不动。倨中矩，言音声雅曲，感动人意，如中当于矩。句中钩，言歌声大曲，感动人心，如中当于钩。累累乎端如贯珠者，言歌声累累然，感动人心端正，其状如贯于珠。"

第三编 道家美学

本编导读

　　道家美学由老子发其端，庄子尽其致，并在《管子》四篇中实现了儒道兼综。道家美学不是外通感性世界的经验美学，而是打开生命内在之光的、自由自然的生命美学。如果说儒家美学是在肯定世俗美基础上并对其进行了积极有为的人文思考的话，道家思想则对世俗美的表象进行了批判和否定，并从本质层面对美、美感、艺术等进行了重新定位，构建了一种超越性美学思想体系。

　　先秦道家秉承一种自然无为的天道观。天道自然无为却化生万物，万物也因此获得了自然无为的本性。如何让人的自然本性摆脱生存环境的撄扰得以进展以呼应天道的自然运行成为道家哲学最为核心的理论目标。先秦道家持自然人性论，其性之自然实乃心之自然，主张以自然虚无的本心智慧领悟一种高蹈超然的生存方式。这种超然的生存方式"虚已游世",以超然的性情拉开了与世俗世界的心理距离。道家睥睨世间的理性准则、价值标准,以一颗空明灵觉之心护持生命本性的虚静纯洁,体验着生命存在的自然自由之境。道家独特的生命哲学同时就是一种美学。

由于道家主张人要超越于现实经验世界去追寻一种无拘无束、自然自由的生命态度。这种生命态度恰与审美和艺术中主张的超功利性相互契合,故道家哲学本身就具有诗化色彩,对中国美学和中国艺术精神产生了深远影响。道家美学和儒家美学共同互补构筑了丰富的中国古代传统美学。

面对当时社会的混乱局面,老子设想了另一种理想的社会状态,老子试图把自然界遵循的"道"的法则应用到人的社会界,要求社会界的运行和自然界一样,不要人为去干预,不要礼义去雕饰,回到一种纯任自然的状态。与此文化目标相适应,老子对世俗有为的文饰之美进行了批评,并提倡一种自然无为的生命观和朴素无华的审美观。同时,老子在对超越性之道的论述中提出的很多哲学范畴也对中国美学和艺术产生了重要影响。

庄子哲学是对老子哲学的继承和发展。老子哲学的道侧重于客观的、实有的描述,而庄子哲学则侧重于把老子的道转化为一种精神境界的描述。由于个体的生命来源于道的分化,道因此就成为个体生命存在方式的形而上根源。人一旦能保持一种与道合一的存在方式,则是回复到了人之本初,方能达至人生的绝对自由并获得终极关怀的慰藉。所以,道之自然、无为、虚静、永恒、独立而不改、贵真等品性直接构成了人之精神境界的品性。人要进入与道合一的境地,自然无为、法天贵真的道之存在方式就必然也成为人的存在方式。人要达至一种自然无为、法天贵真的生命境地,就应该摆脱人因形质带来的俗世的机心巧知、欲望人伦等裂隙而"虚己以游世"。只有这样，才能体悟到生命的本源，使得生命之流自由无滞，获得至美至乐的愉悦快适。所以，庄子的精神境界是一种摆脱了认识理性、现实道德伦理的，非功利的，无为、无待、无用、无功的虚无精神境界，是一种自由愉悦的生命境界，而这恰恰正是一种审美境界。庄子哲学在老子哲学基础上，对超越性精神境界自身的特征、如何达成这种精神境界以及语言、技艺和精神境界的关系等方面都展开了更加深入的探索。

在庄子那里，气还不是最为主要的范畴。在庄子的宇宙生成论上，虽然引入了气作为道化生万物的中介，但庄子的气只是最高范畴的道的显现。同时，庄子哲学虽然提出了"听之以气"的观点，但他并未就气与心的关系展开过多的论述。《管子》四篇的一大贡献在于把道具象化为精气，从而把心与精气的相互关联进行了理论描述。《管子》四篇(《内业》《心术上》《心术下》《白心》)将老子"玄而又玄"的形而上之道以精气为中介具象化落实到人心之上，成为中国美学"气"范畴发展的重要环节。《管子》四篇还发展了老庄的虚静观，提出了"虚""一""静"的修心之道。同时，儒道融合的《管子》四篇对诗、乐、礼的态度也和老庄的排斥态度不同，而是主张通过诗、乐、礼的文明教化来正身节欲。

按《汉书·艺文志》记载，先秦的道家文献本来有很多。但目前除了《老子》《庄子》《管子》《黄帝四经》等少数著作外，宋钘、尹文、田骈、关尹、杨朱等人的著作均已散佚或为伪作。另外，《文子》《列子》《鹖冠子》的真伪问题也没有得到完全的解决。但笔者认为三书是先秦文献的可能性很大，或者至少多数文字保留了先秦思想面貌。由于《文子》与《鹖冠子》(倾向于兵家著作)美学性资料不多，而《管子》其他篇目亦多为杂家。所以，本编主要选择了通行本老庄著作、

《列子》和《管子》四篇中的重要哲学思想和美学性内容。《黄帝四经》《文子》《孙子兵法》《鬼谷子》《公孙龙子》，以及《管子》其他篇目、《史记》老庄稷下道家诸子的传记资料、简帛《老子》和一些散佚的材料可以作为扩展阅读。

老 子

《老子》又名《道德经》，是道家学派的经典著作，约成书于战国初期。老子，姓李，名耳，道家学派创始人，春秋时期楚国人，曾做过周朝管理图书的史官。老子以"道"作为宇宙万物的本体，主张自然无为的人生论和政治论。老子的美学思想附属于其人生哲学，并在其人生哲学的论述中生发出对人生之美、艺术之美的相关论述。老子从道的哲学高度对世俗价值进行了翻转，在批评世俗生活方式的同时提出了一种与道合一的生活方式。正是在此种价值翻转和重建过程中，与其哲学观念相关的关于美、审美和艺术等内容的美学问题也就得以提出。选文摘自陈鼓应著《老子注译及评价》，中华书局1984年版。

道与德

道可道，非常道；名可名，非常名。无名，天地之始；有名，万物之母。（第一章）

道冲，而用之或不盈①。渊兮，似万物之宗；湛②兮，似或存。吾不知谁之子？象帝之先。（第四章）

---

① 不盈：不满，无穷尽。
② 湛：深、沉，形容道之不可见，静寂无形。

谷神不死①，是谓玄牝②。玄牝之门，是谓天地根。绵绵若存，用之不勤。（第六章）

视之不见，名曰夷；听之不闻，名曰希；搏之不得，名曰微。此三者不可致诘③，故混而为一。其上不皦④，在下不昧⑤。绳绳兮不可名，复归于无物。是谓无状之状，无物之象，是谓惚恍。迎之不见其首，随之不见其后。（第十四章）

孔德之容⑥，惟道是从。道之为物，惟恍惟惚。惚兮恍兮，其中有象，恍兮惚兮，其中有物。窈兮冥兮，其中有精，其精甚真，其中有信。（第二十一章）

有物混成，先天地生，寂兮寥兮，独立而不改，周行而不殆，可以为天下母。吾不知其名，强字之曰道，强为之名曰大。大曰⑦逝，逝曰远，远曰反。故道大，天大，地大，人亦大。域中有四大，而人居其一焉。人法地，地法天，天法道，道法自然⑧。（第二十五章）

道常无为而无不为。（第三十七章）

---

① 谷神不死：按照陈鼓应的解释，谷，形容虚空；神，形容不测的变化；不死，比喻变化的不停歇。
② 玄牝：牝，雌性、母性；玄牝，玄妙的母性，指天地万物的生发之地。
③ 致诘：追根究底。
④ 皦：光明，明亮。
⑤ 昧：昏暗，晦涩。
⑥ 孔德之容：孔，大，甚；德，韩非子云，"'德'者，道之功用也"，指道的显现与作用；容，运作，样态。
⑦ 曰：解作"而、且"。
⑧ 道法自然：河上公注曰，道性自然，无所法也。意味道纯任自然，自己如此。

反者道之动，弱者道之用。（第四十章）

大音希声，大象无形。（第四十一章）

道生一，一生二，二生三，三生万物。万物负阴而抱阳，冲气以为和。（第四十二章）

道生之，德畜之，物形之，势成之。是以万物莫不尊道而贵德。道之尊，德之贵，夫莫之命而常自然。故道生之，德畜之，长之育之，亭之毒之（成之熟之），养之覆之。生而不有，为而不恃，长而不宰。是谓玄德。（第五十一章）

美与恶

天下皆知美之为美，斯恶已；皆知善之为善，斯不善已。故有无相生，难易相成，长短相形，高下相盈，音声相和，前后相随。（第二章）

唯之与阿①，相去几何？善之与恶，相去若何？（第二十章）

大成若缺，其用不弊。大盈若冲，其用不穷。大直若屈②，大巧若拙，大辩若讷。（第四十五章）

---

① 唯之与阿：唯，恭敬的回答，指晚辈回应长辈的恭敬的声音；阿，倦怠的答应，指长辈对晚辈的声音。
② 屈：同"曲"，不直。

虚实、有无、动静

天地之间，其犹橐籥①乎？虚而不屈，动而愈出。多言数穷②，不如守中③。（第五章）

三十辐④，共一毂⑤，当其无，有车之用。埏埴以为器，当其无，有器之用。凿户牖以为室，当其无，有室之用。故有之以为利，无之以为用。（第十一章）

孰能浊以静之徐清。孰能安以动之徐生。（第十五章）

天下万物生于有，有生于无。（第四十章）

去欲弃智

不尚贤⑥，使民不争；不贵难得之货，使民不盗；不见可欲，使心不乱。（第三章）

五色令人目盲，五音令人耳聋，五味令人口爽，驰骋畋猎⑦，

---

① 橐籥：音 tuó yuè，充满风的口袋，风箱。
② 多言数穷：意指政令烦琐，严厉苛责，会加速消亡穷尽。
③ 守中：虚静中和，无为而治。
④ 辐：古代车轮中连接轴心和轮圈的木条，共三十根，这是取自每月天数而成。
⑤ 毂：音 gǔ，指车轮中心的圆孔，为轴心。
⑥ 尚贤：贤，指世俗之贤；尚贤，指标榜贤才。
⑦ 驰骋畋猎：驰骋，任性纵横，放纵而不节制；畋，音 tián，猎兽。

令人心发狂,难得之货,令人行妨。是以圣人为腹不为目①,故去彼取此。(第十二章)

大道废,有人义。智惠出,有大伪。六亲②不和,有孝慈。国家昏乱,有忠臣。(第十八章)

绝圣弃智,民利百倍;绝仁弃义,民复孝慈;绝巧弃利,盗贼无有。此三者以为文,不足。故令有所属,见素抱朴,少私寡欲,绝学无忧。(第十九章)

不欲以静,天下将自正。(第三十七章)

故失道而后德,失德而后仁,失仁而后义,失义而后礼。夫礼者,忠信之薄,而乱之首。前识者,道之华,而愚之始。是以大丈夫处其厚,不居其薄;处其实,不居其华。故去彼取此。(第三十八章)

祸莫大于不知足,咎莫大于欲得。故知足之足,常足矣。(第四十六章)

为学日益③,为道日损④,损之又损,以至于无为。无为而无不为。(第四十八章)

---

① 为腹不为目:只求安饱,不为纵情声色之娱。
② 六亲:父、子、兄、弟、夫、妇。
③ 为学日益:为学,指探求外物的知识和见识;日益,越学习,收获越多。
④ 为道日损:为道,指通过冥想或体验以领悟到事物的自然之道,虚静玄妙;日损,这种体验是不能加以文饰和赘言的,愈加之,愈损之。

百姓皆注其耳目①，圣人皆孩之②。（第四十九章）

塞其兑③，闭其门，终身不勤。开其兑，济其事，终身不救。见小曰明④，守柔曰强。用其光，复归其明，无遗身殃，是为袭常⑤。（第五十二章）

知者不言，言者不知。塞其兑，闭其门；挫其锐，解其纷，和其光，同其尘，是谓玄同。（第五十六章）

涤除玄鉴

载营魄抱一⑥，能无离乎？专气致柔，能如婴儿乎？涤除玄鉴，能无疵乎？爱民治国，能无为乎？天门开阖⑦，能为雌⑧乎？明白四达，能无知⑨乎？（第十章）

致虚极，守静笃。万物并作，吾以观复。夫物芸芸，各复归其根。归根曰静，静曰复命，复命曰常，知常曰明。不知常，妄作凶。

---

① 注其耳目：专注地加之以耳目，喻自作聪明用其智慧探求万物真相。
② 孩之：如孩提般淳朴本真的状态。
③ 兑：王弼注曰："兑，事欲之所由生，门，事欲之所由从也。"
④ 见小曰明：小，事物之微细处；见小曰明，能察见细微的，才是明。
⑤ 袭常：袭同习，袭常指永续不绝之常理、常道。
⑥ 载营魄抱一：载，发语词；营魄，指魂魄；抱一，合一。该句意思为，精神和形体合一，能不分离吗？
⑦ 天门开阖：天门，依河上公的注解为鼻孔，指与外界相连通的道路和通道；开阖，动静；天门开阖，指感官与外界接触连通。
⑧ 为雌：守静，虚一而静。
⑨ 无知：不用心机智慧。

知常容①，容乃公，公乃全，全乃天，天乃道，道乃久，没身②不殆。（第十六章）

众人熙熙③，如享太牢④，如春登台。我独泊⑤兮，其未兆；沌沌兮，如婴儿之未孩；傫傫兮，若无所归。众人皆有余，而我独若遗⑥。我愚人之心也哉！俗人昭昭⑦，我独昏昏⑧。俗人察察，我独闷闷。众人皆有以，而我独顽且鄙。我独异于人，而贵食母⑨。（第二十章）

虽有荣观⑩，燕处超然。（第二十六章）

知其雄，守其雌，为天下谿。为天下谿，常德不离，复归于婴儿。知其白，守其黑，为天下式。为天下式，常德不忒，复归于无极。知其荣，守其辱，为天下谷。为天下谷，常德乃足，复归于朴。（第二十八章）

不出户，知天下；不窥牖，见天道。其出弥远，其知弥少。（第四十七章）

---

① 容：宽容，包容。
② 没身：终身。
③ 熙熙：指纵情奔放，兴高采烈的样子。
④ 享太牢：太牢指牛、羊、豕，祭祀用；享太牢，意指参加丰盛的宴席。
⑤ 泊：淡泊，平静。
⑥ 遗：不足，不满。
⑦ 昭昭：开明智慧的样子，指表现在外的智巧。
⑧ 昏昏：暗昧晦涩的样子，若拙。
⑨ 贵食母：母，这里指万物本原之道；贵食母，以虚静守道为贵。
⑩ 荣观：华丽富贵的生活。

论 妙

故常无欲，以观其妙；常有欲，以观其徼①。此两者，同出而异名，同谓之玄，玄之又玄，众妙之门。（第一章）

古之善为道者，微妙玄通，深不可识。（第十五章）

不贵其师，不爱其资，虽智大迷，是谓要妙②。（第二十七章）

论 淡

兵者不祥之器，非君子之器，不得已而用之，恬惔为上。（第三十一章）

道之出口，淡乎其无味，视之不足见，听之不足闻，用之不足既。（第三十五章）

为无为，事无事，味无味。（第六十三章）

庄 子

《庄子》一书为庄子及庄子后学的著作。庄子，名周，具体生卒

---

① 此句流行的断句为："故常无，欲以观其妙；常有，欲以观其徼。"帛书出土后推翻了这种断句。徼：道之边际。
② 要妙：精要奥妙。

年代存在争议，多数人认为他可能是战国时期睢阳蒙（今河南商丘东北）人。庄子曾做过漆园吏，后归隐著述，为先秦道家学派的代表人物。一般认为《庄子·内篇》为庄子本人著作，《外篇》《杂篇》出自庄子后学之手。但对待《庄子》似不应过于拘泥，外、杂篇很多思想应是对庄子思想的演绎，并且有些篇章可视为是庄子思想的直接体现。

《庄子》一书行文汪洋恣肆，为先秦诸子文章的典范之作。《庄子》思想深闳广大，历来对中国士人的精神世界影响深远，并构筑了中国艺术的审美精神。选文摘自郭庆藩撰《庄子集释》，中华书局1961年版，同时参阅陈鼓应注译《庄子今注今译》，中华书局2009年版。

逍遥游[①]

北冥有鱼，其名为鲲。鲲之大，不知其几千里也。化而为鸟，其名为鹏。鹏之背，不知其几千里也；怒而飞，其翼若垂天之云。是鸟也，海运则将徙于南冥。南冥者，天池也。

[①] 游，《说文解字》释为："旌旗之流也。"其意为旌旗随风飘动，自由伸展而无所束缚。因此，游再被引申的意义即嬉游、游戏。《庄子》一书中对游的主要描述围绕着心灵与精神的自由伸展、逍遥嬉戏的意义展开。历来注家对"逍遥游"主要存在两种理解。一种以向秀、郭象的注解为代表。向、郭《逍遥游》注曰："夫小大虽殊，而放于自得之场，则物任其性，事称其能，各当其分，逍遥一也，岂容胜负于其间哉！"向、郭注解注重的是适性逍遥之义。在向、郭看来，大鹏、蜩与学鸠大小虽差，但各任其性，则逍遥一也。另一种以支道林的注解为代表："夫逍遥者，明至人之心也……至人乘天正而高兴，游无穷于放浪。物物而不物于物，则遥然不我得；玄感不为，不疾而速，则逍然靡不适。此所以为逍遥也。"支氏注重的是至人之心，强调的是大鹏、至人的高迈境界之游。应该说，支氏的注解更符合庄子的"逍遥游"本义。庄子的游的精神境界侧重指的正是一种心灵的自由活动，是一种无所依恃而绝对自由的高迈境界。

《齐谐》①者，志怪者也。《谐》之言曰："鹏之徙于南冥也，水击三千里，抟扶摇②而上者九万里。去以六月息③者也。"野马也，尘埃也，生物之以息相吹也④。天之苍苍，其正色邪？其远而无所至极邪？其视下也，亦若是则已矣。

　　且夫水之积也不厚，则其负大舟也无力。覆杯水于坳堂之上，则芥为之舟；置杯焉则胶，水浅而舟大也。风之积也不厚，则其负大翼也无力。故九万里，则风斯在下矣，而后乃今培风⑤；背负青天而莫之夭阏⑥者，而后乃今将图南。

　　蜩⑦与学鸠笑之曰："我决起而飞，抢⑧榆枋，时则不至而控于地而已矣，奚以之九万里而南为？"适莽苍者，三飡⑨而反，腹犹果然；适百里者，宿舂粮；适千里者，三月聚粮。之二虫又何知！

　　小知不及大知，小年不及大年。奚以知其然也？朝菌不知晦朔，蟪蛄⑩不知春秋，此小年也。楚之南有冥灵者，以五百岁为春，五百岁为秋；上古有大椿者，以八千岁为春，八千岁为秋。而彭祖乃今以久特闻，众人匹之，不亦悲乎！

　　汤之问棘也是已。汤问棘曰："上下四方有极乎？"棘曰："无极之

---

① 齐谐：齐国记载怪异的书。
② 抟：盘旋。扶摇：由下向上行之飓风。
③ 六月息：六月的风。
④ 野马、尘埃、生物指空中各种形状之气、空中之灰尘、空中活动之物。这些物质皆因风相吹而动。
⑤ 培风：冯风，乘风。
⑥ 夭阏(è)：即夭遏，意为阻塞。
⑦ 蜩：蝉。
⑧ 抢：撞到、碰到。
⑨ 飡(cān)，同"餐"。
⑩ 蟪蛄：寒蝉，春生夏死，夏生秋死。

外,复无极也。穷发①之北有冥海者,天池也。有鱼焉,其广数千里,未有知其修②者,其名为鲲。有鸟焉,其名为鹏,背若太山,翼若垂天之云,抟扶摇羊角③而上者九万里,绝云气,负青天,然后图南,且适南冥也。"斥鴳④笑之曰:"彼且奚适也?我腾跃而上,不过数仞而下,翱翔蓬蒿之间,此亦飞之至也。而彼且奚适也?"此小大之辩也。

故夫知效⑤一官,行比一乡,德合一君而征一国者,其自视也亦若此矣。而宋荣子犹然笑之。且举世而誉之而不加劝⑥,举世而非之而不加沮,定乎内外之分,辩乎荣辱之境⑦,斯已矣。彼其于世未数数然⑧也。虽然,犹有未树也。

夫列子御风而行,泠然⑨善也,旬有五日而后反。彼于致福者,未数数然也。此虽免乎行,犹有所待⑩者也。若夫乘天地之正⑪,而御六气之辩⑫,以游无穷者,彼且恶乎待哉!故曰:至人无己,神人无功,圣人无名。(逍遥游)

天地与我并生,而万物与我为一

天下莫大于秋豪之末,而大山为小;莫寿乎殇子,而彭祖为夭。

---

① 穷发:不毛之地。
② 修:长。
③ 羊角:旋风,与扶摇同义。
④ 斥鴳:池泽中的小麻雀。
⑤ 效:担任。
⑥ 劝:奋勉。
⑦ 境:分界。
⑧ 数数然:急促之状。
⑨ 泠然:轻妙之貌(郭象注)。
⑩ 有所待:有所依赖,未完全自由。
⑪ 天地之正:天地自然之性。
⑫ 辩:通"变"。

天地与我并生，而万物与我为一。既已为一矣，且得有言乎？既已谓之一矣，且得无言乎？一与言为二，二与一为三。自此以往，巧历①不能得，而况其凡乎！故自无适有以至于三，而况自有适有乎！无适焉，因是已②！（齐物论）

北海若曰："以道观之，物无贵贱；以物观之，自贵而相贱；以俗观之，贵贱不在己。以差观之，因其所大而大之，则万物莫不大；因其所小而小之，则万物莫不小；知天地之为稊米也，知毫末之为丘山也，则差数睹矣。以功观之，因其所有而有之，则万物莫不有，因其所无而无之，则万物莫不无；知东西之相反而不可以相无，则功分定矣。以趣观之，因其所然而然之，则万物莫不然；因其所非而非之，则万物莫不非；知尧、桀之自然而相非③，则趣操睹矣。"

……

河伯曰："然则我何为乎，何不为乎？吾辞受趣舍④，吾终奈何？"北海若曰："以道观之，何贵何贱，是谓反衍⑤；无拘而志，与道大蹇。何少何多，是谓谢施⑥；无一而行，与道参差。严严乎若国之有君，其无私德；繇繇⑦乎若祭之有社，其无私福；泛泛乎其若四方之无穷，其无所畛域。兼怀万物，其孰承翼⑧？是谓无方。万物一齐，孰短孰长？道无终始，物有死生，不恃其成；一虚一满，

---

① 巧历：善于计算的人。
② 因是已：因顺自然而已。
③ 自然而相非：自以为然而相互对立。
④ 辞受趣舍：推辞与接收、获取与舍弃。
⑤ 反衍：反复、相互转化。
⑥ 谢施：代谢交替。
⑦ 繇（yōu）繇：同"悠悠"，自得的样子。
⑧ 承翼：承受辅助。

不位乎其形。年不可举①，时不可止；消息盈虚，终则有始。是所以语大义之方，论万物之理也。物之生也，若骤若驰，无动而不变，无时而不移。何为乎，何不为乎？夫固将自化。"（秋水）

道无所不在

东郭子问于庄子曰："所谓道，恶乎在？"庄子曰："无所不在。"东郭子曰："期而后可②。"庄子曰："在蝼蚁。"曰："何其下邪？"曰："在稊稗。"曰："何其愈下邪？"曰："在瓦甓。"曰："何其愈甚邪？"曰："在屎溺。"东郭子不应。庄子曰："夫子之问也，固不及质③。正获之问于监市履狶④也，每下愈况。汝唯莫必，无乎逃物。至道若是，大言亦然。周遍咸三者，异名同实，其指一也。"（知北游）

通天下一气耳

人之生，气之聚也。聚则为生，散则为死。若死生为徒，吾又何患！故万物一也。是其所美者为神奇，其所恶者为臭腐。臭腐复化为神奇，神奇复化为臭腐。故曰：通天下一气耳。圣人故贵一。（知北游）

---

① 举：同"拒"。
② 期而后可：欲令庄子指名所在（郭象注）。
③ 质：实质。
④ 履狶：脚踩猪以探明肥瘦。

泰初有无，无有无名①；一之所起，有一而未形②。物得以生，谓之德；未形者有分，且然无间，谓之命；留动而生物，物成生理，谓之形；形体保神，各有仪则，谓之性。性修反德，德至同于初。同乃虚，虚乃大。合喙鸣，喙鸣合，与天地为合。其合缗缗，若愚若昏，是谓玄德，同乎大顺。（天地）

庄子妻死，惠子吊之，庄子则方箕踞③鼓盆④而歌。惠子曰："与人居，长子老身，死不哭亦足矣，又鼓盆而歌，不亦甚乎！"

庄子曰："不然。是其始死也，我独何能无概然⑤！察其始而本无生，非徒无生也而本无形，非徒无形也而本无气。杂乎芒芴⑥之间，变而有气，气变而有形，形变而有生，今又变而之死。是相与为春秋冬夏四时行也。人且偃然寝于巨室，而我噭噭然随而哭之，自以为不通乎命，故止也。"（至乐）

天地者，形之大者也；阴阳者，气之大者也；道者为之公。（则阳）

物　化

昔者庄周梦为胡蝶，栩栩然胡蝶也，自喻⑦适志与！不知周也。

---

① 成玄英疏：泰，太；初，始也。元气始萌，谓之太初，言其气广大，能为万物之始本，故名太初。太初之时，惟有此无，未有于有。有既未有，名将安寄！故无有无名。
② 一：一气。
③ 箕踞：如簸箕形状般蹲坐。
④ 盆：瓦缶也（成玄英疏），古打击乐器。
⑤ 概然：同"慨然"，感慨哀伤。
⑥ 芒芴（huǎng hū）：恍惚。
⑦ 喻：通"愉"。

俄然觉，则蘧蘧然①周也。不知周之梦为胡蝶与，胡蝶之梦为周与？周与胡蝶则必有分矣。此之谓物化。（齐物论）

颜渊问乎仲尼曰："回尝闻诸夫子曰：'无有所将，无有所迎。'回敢问其游②。"仲尼曰："古之人外化而内不化，今之人内化而外不化③。与物化者，一不化④者也。安⑤化安不化，安与之相靡，必与之莫多⑥。狶韦氏之囿，黄帝之圃，有虞氏之宫，汤武之室。君子之人，若儒墨者师，故以是非相齑也，而况今之人乎！圣人处物不伤物。不伤物者，物亦不能伤也。唯无所伤者，为能与人相将迎。山林与，皋壤与，使我欣欣然而乐与！乐未毕也，哀又继之。哀乐之来，吾不能御，其去弗能止。悲夫，世人直为物逆旅耳！夫知遇而不知所不遇，能能而不能所不能。无知无能者，固人之所不免也。夫务免乎人之所不免者，岂不亦悲哉！至言去言，至为去为。齐知之所知，则浅矣！"（知北游）

德有所长而形有所忘

鲁有兀者王骀，从之游者与仲尼相若。常季问于仲尼曰："王骀，兀者也，从之游者与夫子中分鲁。立不教，坐不议。虚而往，实而归。固有不言之教，无形而心成者邪？是何人也？"仲尼曰："夫

---

① 蘧（qú）蘧然：惊疑动容的样子。
② 其游：精神活动状态。
③ 外化：与物一体任化。内不化：内心凝神虚静。内化：内心躁动。外不化：与物将迎，为物所累。
④ 一不化：内不化。
⑤ 安：安然任顺。
⑥ 莫多：不增不益。

子，圣人也，丘也直后而未往耳！丘将以为师，而况不若丘者乎！奚假鲁国，丘将引天下而与从之。"

常季曰："彼兀者也，而王先生，其与庸①亦远矣。若然者，其用心也独若之何？"仲尼曰："死生亦大矣，而不得与之变；虽天地覆坠，亦将不与之遗。审乎无假而不与物迁②，命物之化而守其宗也。"

常季曰："何谓也？"仲尼曰："自其异者视之，肝胆楚越也；自其同者视之，万物皆一也。夫若然者，且不知耳目之所宜，而游心乎德之和。物视其所一而不见其所丧，视丧其足犹遗土也。"

常季曰："彼为己，以其知得其心，以其心得其常心。③ 物何为最④之哉？"仲尼曰："人莫鉴于流水而鉴于止水。唯止能止众止。受命于地，唯松柏独也正，在冬夏青青；受命于天，唯尧、舜独也正，在万物之首。幸能正生，以正众生。夫保始之徵，不惧之实，勇士一人，雄入于九军。将求名而能自要者而犹若是，而况官天地，府万物，直寓六骸，象耳目⑤，一知之所知而心未尝死者乎！彼且择日而登假⑥，人则从是也。彼且何肯以物为事乎！"

申徒嘉，兀者也，而与郑子产同师于伯昏无人。子产谓申徒嘉曰："我先出则子止，子先出则我止。"其明日，又与合堂同席而坐。子产谓申徒嘉曰："我先出则子止，子先出则我止。今我将出，子可

---

① 庸：常人。
② 审乎无假而不与物迁：处于无待境界而不受外物变迁所影响。
③ 《庄子集释》对这句话断句方式为："彼为己以其知，得其心以其心。得其常心，物何为最之哉？"此处采用了陈鼓应的断句方式。"以其知"和"以其心"都应是本然之心具有的非知识性的灵觉智慧，而"得其心"和"常心"就是本然之心。在庄子哲学中，只有本然之心才既具有否定、超越经验感知之心的能力，又具有自我否定的能力，最终呈现为一种无思无虑的"常心"状态。
④ 最：聚集。
⑤ 象耳目：把耳目视为迹象（陈鼓应注）。
⑥ 登假：精神超越凡尘。

以止乎，其未邪？且子见执政而不违，子齐执政乎？"申徒嘉曰："先生之门，固有执政焉如此哉？子而说子之执政而后人①者也？闻之曰：'鉴明则尘垢不止，止则不明也。久与贤人处则无过。'今子之所取大者，先生也，而犹出言若是，不亦过乎！"

子产曰："子既若是矣，犹与尧争善，计子之德，不足以自反邪？"申徒嘉曰："自状其过，以不当亡者众；不状其过，以不当存者寡。知不可奈何而安之若命，唯有德者能之。游于羿之彀中。中央者，中地也；然而不中者，命也。人以其全足笑吾不全足者众矣，我怫然而怒；而适先生之所，则废然而反②。不知先生之洗我以善邪？吾与夫子游十九年，而未尝知吾兀者也。今子与我游于形骸之内，而子索我于形骸之外，不亦过乎！"子产蹴然改容更貌曰："子无乃称③！"

鲁有兀者叔山无趾，踵见仲尼。仲尼曰："子不谨，前既犯患若是矣。虽今来，何及矣！"无趾曰："吾唯不知务而轻用吾身，吾是以亡足。今吾来也，犹有尊足者存，吾是以务全之也。夫天无不覆，地无不载，吾以夫子为天地，安知夫子之犹若是也！"孔子曰："丘则陋矣！夫子胡不入乎，请讲以所闻！"无趾出。孔子曰："弟子勉之！夫无趾，兀者也，犹务学以复补前行之恶，而况全德之人乎！"

无趾语老聃曰："孔丘之于至人，其未邪？彼何宾宾以学子为④？彼且蕲⑤以諔诡幻怪之名闻，不知至人之以是为己桎梏邪？"老聃曰："胡不直使彼以死生为一条，以可不可为一贯者，解其桎梏，其可乎？"无趾曰："天刑之，安可解！"

---

① 后人：瞧不起人。
② 废然而反：怒气全消。
③ 子无乃称：请你不要再称说了。
④ 宾宾以学子为：频频把自己当成有学问的人。为，语助词。
⑤ 蕲（qí）：通"祈"，求。

鲁哀公问于仲尼曰："卫有恶人焉，曰哀骀它。丈夫与之处者，思而不能去也；妇人见之，请于父母曰：'与为人妻，宁为夫子妾'者，十数而未止也。未尝有闻其唱者也，常和人而已矣。无君人之位以济乎人之死，无聚禄以望人之腹。又以恶骇天下，和而不唱，知不出乎四域，且而雌雄①合乎前，是必有异乎人者也。寡人召而观之，果以恶骇天下。与寡人处，不至以月数，而寡人有意乎其为人也；不至乎期年，而寡人信之。国无宰，寡人传国焉。闷然而后应，氾②而若辞。寡人丑乎，卒授之国。无几何也，去寡人而行，寡人恤焉若有亡也，若无与乐是国也。是何人者也？"

仲尼曰："丘也尝使于楚矣，适见豚子食于其死母者，少焉眴若皆弃之而走。不见己焉尔，不得类焉尔。所爱其母者，非爱其形也，爱使其形者也。战而死者，其人之葬也不以翣③资；刖者之屦，无为爱之。皆无其本矣。为天子之诸御，不爪翦，不穿耳；取妻者止于外，不得复使。形全犹足以为尔，而况全德之人乎！今哀骀它未言而信，无功而亲，使人授己国，唯恐其不受也，是必才全而德不形者也。"

哀公曰："何谓才全？"仲尼曰："死生存亡，穷达贫富，贤与不肖毁誉，饥渴寒暑，是事之变，命之行也。日夜相代乎前，而知不能规乎其始者也。故不足以滑和，不可入于灵府。使之和豫通而不失于兑；使日夜无隙而与物为春，是接而生时于心者也④。是之谓才全。""何谓德不形？"曰："平者，水停之盛也。其可以为法也，内保之而外不荡也。德者，成和之修也。德不形者，物不能离也。"

---

① 雌雄：指前文所提及的丈夫、妇人。
② 氾(fàn)：随意的，漫不经心的。
③ 翣(shà)：古时棺上的饰物。
④ 是接而生时于心者：与物相接而产生与时推移之任顺心态。

哀公异日以告闵子曰："始也吾以南面而君天下，执民之纪而忧其死，吾自以为至通矣。今吾闻至人之言，恐吾无其实，轻用吾身而亡其国。吾与孔丘非君臣也，德友而已矣。"

阐跂支离无脤①说卫灵公，灵公说之；而视全人，其脰肩肩②。瓮㼜大瘿说齐桓公，桓公说之，而视全人，其脰肩肩。故德有所长而形有所忘。人不忘其所忘而忘其所不忘，此谓诚忘。（德充符）

啮缺问道乎被衣，被衣曰："若正汝形，一汝视，天和将至；摄汝知，一汝度③，神将来舍。德将为汝美，道将为汝居。汝瞳焉如新生之犊而无求其故。"言未卒，啮缺睡寐。被衣大说，行歌而去之，曰："形若槁骸，心若死灰，真其实知，不以故自持。媒媒晦晦④，无心而不可与谋。彼何人哉！"（知北游）

有情与无情

有人之形，无人之情。有人之形，故群于人；无人之情，故是非不得于身。眇乎小哉，所以属于人也；謷乎大哉，独成其天。

惠子谓庄子曰："人故无情乎？"庄子曰："然。"惠子曰："人而无情，何以谓之人？"庄子曰："道与之貌，天与之形，恶得不谓之人？"惠子曰："既谓之人，恶得无情？"庄子曰："是非吾所谓情也。吾所谓无情者，言人之不以好恶内伤其身，常因自然而不益⑤生也。"惠子曰："不益生，何以有其身？"庄子曰："道与之貌，天与之形，无

---

① 阐（yīn）跂支离无脤：曲足、佝偻、无唇。
② 其脰肩肩：脖子细长。
③ 度：臆度、思量。
④ 媒媒晦晦：媒，同"昧"。成玄英疏：息照遗明，忘心忘知，不可谋议。
⑤ 益：增益，多余。

以好恶内伤其身。今子外乎子之神，劳乎子之精，倚树而吟，据槁梧而瞑。天选子之形，子以坚白鸣。"（德充符）

莫若以明

道恶乎隐而有真伪？言恶乎隐而有是非？道恶乎往而不存？言恶乎存而不可？道隐于小成，言隐于荣华①。故有儒墨之是非，以是其所非而非其所是。欲是其所非而非其所是，则莫若以明②。

物无非彼，物无非是③。自彼则不见，自知则知之④。故曰：彼出于是，是亦因彼。彼是方⑤生之说也。虽然，方生方死，方死方生；方可方不可，方不可方可；因是因非，因非因是。是以圣人不由而照之于天，亦因是也⑥。是亦彼也，彼亦是也。彼亦一是非，此亦一是非，果且有彼是乎哉？果且无彼是乎哉？彼是莫得其偶，谓之道枢。枢始得其环中，以应无穷⑦。是亦一无穷，非亦一无穷也。故曰：莫若以明。（齐物论）

---

① 小成：片面的成见。荣华：虚华之辞。
② 明：去除成见与浮华之言，以明静之心去观照。
③ 物无非彼，物无非是：万物皆任化而在，既是作为他物的彼面存在，又是作为自己的此面存在。
④ 自彼则不见，自知则知之：只看到彼或此的一方面，皆是自以为是。
⑤ 方：方将也（成玄英疏）。
⑥ 亦因是：即谓这也是因任自然的道理（陈鼓应注）。
⑦ 枢始得其环中，以应无穷：枢，门上的转轴。环中，门框上下套转轴的圆洞。门的转轴放在洞里，门就能转动自如。庄子以门枢转动环中来比喻道的运行，环中就成了道的中心或道的代名词，如《二十四诗品·雄浑》："超以象外，得其环中。"

法天贵真

宋元君将画图，众史皆至，受揖而立，舐笔和墨，在外者半。有一史后至者，儃儃然①不趋，受揖不立，因之舍。公使人视之，则解衣般礴②臝。君曰："可矣，是真画者也。"（田子方）

孔子愀然曰："请问何谓真？"客曰："真者，精诚之至也。不精不诚，不能动人。故强哭者虽悲不哀，强怒者虽严不威，强亲者虽笑不和。真悲无声而哀，真怒未发而威，真亲未笑而和。真在内者，神动于外，是所以贵真也。其用于人理也，事亲则慈孝，事君则忠贞，饮酒则欢乐，处丧则悲哀。忠贞以功为主，饮酒以乐为主，处丧以哀为主，事亲以适为主，功成之美，无一其迹矣。事亲以适，不论所以矣；饮酒以乐，不选其具矣；处丧以哀，无问其礼矣。礼者，世俗之所为也；真者，所以受于天也，自然不可易也。故圣人法天贵真，不拘于俗。愚者反此。不能法天而恤于人，不知贵真，禄禄而受变于俗，故不足。惜哉，子之早湛③于人伪而晚闻大道也！"（渔父）

心斋、坐忘

若一志，无听之以耳而听之以心；无听之以心而听之以气④。耳止于听⑤，心止于符。气也者，虚而待物者也。唯道集虚。虚者，

---

① 儃(tǎn)儃然：从容安闲之貌。
② 般礴：亦作"槃礴"，交叉而坐。
③ 湛：深。
④ 气：如气一般无为随任的精神之境，为一种心气。
⑤ 耳止于听：原作"听止于耳"，据俞樾之说改正，与"心止于符"前后一致。

心斋也……瞻彼阕者①，虚室生白，吉祥止止②。夫且不止，是之谓坐驰③。夫徇耳目内通而外于心知，鬼神将来舍，而况人乎！（人间世）

南伯子葵问乎女偊曰："子之年长矣，而色若孺子，何也？"曰："吾闻道矣。"南伯子葵曰："道可得学邪？"曰："恶！恶可！子非其人也。夫卜梁倚有圣人之才而无圣人之道，我有圣人之道而无圣人之才，吾欲以教之，庶几其果为圣人乎！不然，以圣人之道告圣人之才，亦易矣。吾犹守而告之，参日而后能外天下；已外天下矣，吾又守之，七日而后能外物；已外物矣，吾又守之，九日而后能外生；已外生矣，而后能朝彻④；朝彻，而后能见独⑤；见独，而后能无古今；无古今，而后能入于不死不生。杀生者不死，生生者不生⑥。其为物，无不将也，无不迎也；无不毁也，无不成也。其名为撄宁⑦。撄宁也者，撄而后成者也。"

……

颜回曰："回益矣。"仲尼曰："何谓也？"曰："回忘仁义矣。"曰："可矣，犹未也。"他日，复见，曰："回益矣。"曰："何谓也？"曰："回忘礼乐矣。"曰："可矣，犹未也。"他日，复见，曰："回益矣。"曰："何谓也？"曰："回坐忘矣。"仲尼蹴然曰："何谓坐忘？"颜回曰："堕肢体，黜聪明，离形去知，同于大通，此谓坐忘。"仲尼曰："同

---

① 阕者：虚静之心。
② 止止：止于此地，意指停驻于此虚静之心。
③ 坐驰：与"坐忘"相对，为"形坐而心驰"（成玄英疏）。
④ 朝彻：朝，旦也。彻，明也。死生一观，物我兼忘，惠照豁然，如朝阳初启，故谓之朝彻也（成玄英疏）。
⑤ 见独：夫至道凝然，妙绝言象，非无非有，不古不今，独来独往，绝待绝对。觌斯胜境，谓之见独（成玄英疏）。
⑥ 无古今、不死不生：皆指超越时间、生死之道境。
⑦ 撄宁：撄即扰乱，宁即宁定，在纷乱中保守宁定，和光同尘。

则无好也，化则无常也。而果其贤乎！丘也请从而后也。"（大宗师）

孔子问于老聃曰："今日晏闲，敢问至道。"老聃曰："汝齐戒，疏瀹而心，澡雪而精神，掊击而知！夫道，窅然难言哉！将为汝言其崖略。"（知北游）

老子曰："卫生之经①，能抱一乎？能勿失乎？能无卜筮而知吉凶乎？能止乎？能已乎？能舍诸人而求诸己乎？能翛然乎？能侗然乎？能儿子乎？儿子终日嗥而嗌不嗄②，和之至也；终日握而手不掜③，共其德也；终日视而目不瞚④，偏不在外也。行不知所之，居不知所为，与物委蛇，而同其波。是卫生之经已。"

南荣趎曰："然则是至人之德已乎？"

曰："非也。是乃所谓冰解冻释者，能乎？夫至人者，相与交食乎地而交乐乎天，不以人物利害相撄，不相与为怪，不相与为谋，不相与为事，翛然而往，侗然而来。是谓卫生之经已。"

曰："然则是至乎？"

曰："未也。吾固告汝曰：'能儿子乎？'儿子动不知所为，行不知所之，身若槁木之枝而心若死灰。若是者，祸亦不至，福亦不来。祸福无有，恶有人灾也！"

宇泰定者，发乎天光⑤。发乎天光者，人见其人，物见其物。人有修者，乃今有恒；有恒者，人舍之，天助之。人之所舍，谓之天民；天之所助，谓之天子。（庚桑楚）

---

① 卫生之经：护卫生命之道。
② 嗥（háo）：号。嗌（yì）：喉咙。嗄（shà）：哑。
③ 掜：拳曲。
④ 瞚：即"瞬"，眨眼。
⑤ 宇：心。天光：自然之光。

天地大美

昔者舜问于尧曰："天王之用心何如？"尧曰："吾不敖无告①，不废穷民，苦死者，嘉孺子而哀妇人。此吾所以用心已。"舜曰："美则美矣，而未大也。"尧曰："然则何如？"舜曰："天德而出宁，日月照而四时行，若昼夜之有经，云行而雨施矣。"尧曰："胶胶扰扰②乎！子，天之合也；我，人之合也。"夫天地者，古之所大也，而黄帝尧舜之所共美也。故古之王天下者，奚为哉？天地而已矣。（天道）

秋水时至，百川灌河。泾流之大，两涘渚崖之间不辩牛马。于是焉河伯欣然自喜，以天下之美为尽在己。顺流而东行，至于北海，东面而视，不见水端，于是焉河伯始旋其面目③，望洋向若而叹曰："野语有之曰'闻道百以为莫己若者'，我之谓也。且夫我尝闻少④仲尼之闻而轻伯夷之义者，始吾弗信；今我睹子之难穷也，吾非至于子之门则殆矣，吾长见笑于大方之家。"北海若曰："井蛙不可以语于海者，拘于虚也；夏虫不可以语于冰者，笃⑤于时也；曲士不可以语于道者，束于教也。今尔出于崖涘，观于大海，乃知尔丑，尔将可以语大理矣。"（秋水）

若夫不刻意而高，无仁义而修，无功名而治，无江海而闲，不道引而寿，无不忘也，无不有也，淡然无极而众美从之。此天地之

---

① 不敖无告：敖，怠慢、侮慢。无告者，所谓顽民也（郭象注）。
② 胶胶扰扰：自嫌扰乱多事，尧自谦语。
③ 始旋其面目：方转变自满之脸色。
④ 少：小看，轻视。
⑤ 笃：固，局限。

道，圣人之德也。

故曰，夫恬惔寂漠虚无无为，此天地之平而道德之质也。故曰，圣人休休焉①则平易矣，平易则恬惔矣。平易恬惔，则忧患不能入，邪气不能袭，故其德全而神不亏。

故曰，圣人之生也天行，其死也物化；静而与阴同德，动而与阳同波；不为福先，不为祸始；感而后应，迫而后动，不得已而后起。去知与故，循天之理。故无天灾，无物累，无人非，无鬼责。其生若浮，其死若休。不思虑，不豫谋。光矣而不耀，信矣而不期。其寝不梦，其觉无忧。其神纯粹，其魂不罢。虚无恬惔，乃合天德。

故曰，悲乐者，德之邪；喜怒者，道之过；好恶者，德之失。故心不忧乐，德之至也；一而不变，静之至也；无所于忤，虚之至也；不与物交，惔②之至也；无所于逆，粹之至也。（刻意）

天地有大美而不言，四时有明法而不议，万物有成理而不说。圣人者，原天地之美而达万物之理③。是故至人无为，大圣不作，观于天地之谓也。（知北游）

天下大乱，贤圣不明，道德不一，天下多得一察焉以自好。譬如耳目鼻口，皆有所明，不能相通。犹百家众技也，皆有所长，时有所用。虽然，不该不遍，一曲之士也。判天地之美，析万物之理，察古人之全，寡能备于天地之美，称神明之容。是故内圣外王之道，闇而不明，郁而不发，天下之人各为其所欲焉以自为方。悲夫，百家往而不反，必不合矣！后世之学者，不幸不见天地之纯，古人之

---

① 休休焉：止心、息心之意。
② 惔：淡泊。
③ 原、达皆不是逻辑思辨活动，是一种直觉式的推原、通达。

大体，道术将为天下裂。(天下)

人籁、地籁、天籁

南郭子綦隐机而坐，仰天而嘘，嗒焉①似丧其耦。颜成子游立侍乎前，曰："何居乎？形固可使如槁木，而心固可使如死灰乎？今之隐机者，非昔之隐机者也？"子綦曰："偃，不亦善乎，而问之也！今者吾丧我，汝知之乎？汝闻人籁而未闻地籁，汝闻地籁而未闻天籁夫②！"

子游曰："敢问其方。"子綦曰："夫大块噫气，其名为风。是唯无作，作则万窍怒呺。而独不闻之翏翏乎？山林之畏隹，大木百围之窍穴，似鼻，似口，似耳，似枅，似圈，似臼，似洼者，似污者。激者、謞者、叱者、吸者、叫者、譹者、宎者、咬者。前者唱于而随者唱喁，泠风则小和，飘风则大和，厉风济则众窍为虚。而独不见之调调之刁刁③乎？"

子游曰："地籁则众窍是已，人籁则比竹是已。敢问天籁。"子綦曰："夫天籁者，吹万不同，而使其自己也，咸其自取④，怒者其谁邪！"(齐物论)

---

① 嗒(tà)焉：相忘貌。

② 人籁：人吹箫管之声。地籁：风吹窍穴之声。天籁：一般把天籁注解为"万物因其自然而自鸣之声"。认为声音如果出自自然，皆可为天籁。编者认为"天籁"类同于老子的"大音希声"，为一种体道状态中聆听到的天道之声。故天籁当非自然界所发之声，应为一种本体性的声音。

③ 调调之刁刁：皆草木动摇之貌。

④ 使其自己也，咸其自取：意指使它们自己发出千差万别的声音，乃是各种窍孔的自然状态所致(陈鼓应注)。

天乐、至乐

天道运而无所积①，故万物成；帝道运而无所积，故天下归；圣道运而无所积，故海内服。明于天，通于圣，六通四辟②于帝王之德者，其自为也，昧然无不静者矣。圣人之静也，非曰静也善，故静也；万物无足以铙③心者，故静也。水静则明烛须眉，平中准，大匠取法焉。水静犹明，而况精神！圣人之心静乎！天地之鉴也，万物之镜也。夫虚静恬淡寂漠无为者，天地之平而道德之至，故帝王圣人休焉。休则虚，虚则实，实者伦④矣。虚则静，静则动，动则得矣。静则无为，无为也则任事者责矣。无为则俞俞⑤，俞俞者忧患不能处，年寿长矣。夫虚静恬淡寂漠无为者，万物之本也。明此以南乡，尧之为君也；明此以北面，舜之为臣也。以此处上，帝王天子之德也；以此处下，玄圣素王⑥之道也。以此退居而闲游，则江海山林之士服；以此进为而抚世，则功大名显而天下一也。静而圣，动而王，无为也而尊，朴素而天下莫能与之争美。

夫明白于天地之德者，此之谓大本大宗，与天和者也；所以均调天下，与人和者也。与人和者，谓之人乐；与天和者，谓之天乐。

庄子曰："吾师乎！吾师乎！齑⑦万物而不为义，泽及万世而不为仁，长于上古而不为寿，覆载天地刻雕众形而不为巧，此之为天

---

① 积：滞。
② 六通四辟：六合通达四时顺畅（陈鼓应注）。
③ 铙：通"挠"，扰乱。
④ 伦：自然之理。亦作"备"。
⑤ 俞俞：同"愉愉"。
⑥ 玄圣素王：有其道而无其爵者。
⑦ 齑：调和。

乐。故曰：'知天乐者，其生也天行①，其死也物化。静而与阴同德，动而与阳同波。'故知天乐者，无天怨，无人非，无物累，无鬼责。故曰：'其动也天，其静也地。一心定而王天下；其鬼不祟，其魂不疲，一心定而万物服。'言以虚静推于天地，通于万物，此之谓天乐。天乐者，圣人之心，以畜天下也。"（天道）

天下有至乐无有哉？有可以活身者无有哉？今奚为奚据？奚避奚处？奚就奚去？奚乐奚恶？

夫天下之所尊者，富贵寿善也；所乐者，身安厚味美服好色音声也；所下者，贫贱夭恶也；所苦者，身不得安逸，口不得厚味，形不得美服，目不得好色，耳不得音声。若不得者，则大忧以惧，其为形也亦愚哉！

夫富者，苦身疾作，多积财而不得尽用，其为形也亦外矣。夫贵者，夜以继日，思虑善否，其为形也亦疏矣。人之生也，与忧俱生，寿者惛惛，久忧不死，何苦也！其为形也亦远矣。烈士为天下见善矣，未足以活身。吾未知善之诚善邪，诚不善邪？若以为善矣，不足活身；以为不善矣，足以活人。故曰："忠谏不听，蹲循②勿争。"故夫子胥争之以残其形，不争，名亦不成。诚有善无有哉？

今俗之所为与其所乐，吾又未知乐之果乐邪，果不乐邪？吾观夫俗之所乐，举群趣③者，誙誙然④如将不得已，而皆曰乐者，吾未之乐也，亦未之不乐也。果有乐无有哉？吾以无为诚乐矣，又俗之所大苦也。故曰："至乐无乐，至誉无誉。"（至乐）

---

① 天行：与天同行，顺乎自然之运行。
② 蹲循：同"逡巡"，退却，退让。
③ 举群趣：举世群然而趋之。
④ 誙（kēng）誙然：一定要取得的样子。

孔子见老聃，老聃新沐，方将被发而干，慹然①似非人。孔子便而待之，少焉见，曰："丘也眩与，其信然与？向者先生形体掘若槁木，似遗物离人而立于独也。"

老聃曰："吾游心于物之初②。"孔子曰："何谓邪？"

曰："心困焉而不能知，口辟焉而不能言，尝为汝议乎其将。至阴肃肃，至阳赫赫；肃肃出乎天，赫赫发乎地；两者交通成和而物生焉，或为之纪而莫见其形。消息满虚，一晦一明，日改月化，日有所为，而莫见其功。生有所乎萌，死有所乎归，始终相反乎无端而莫知乎其所穷。非是也，且孰为之宗！"

孔子曰："请问游是。"

老聃曰："夫得是，至美至乐也，得至美而游乎至乐，谓之至人。"孔子曰："愿闻其方。"

曰："草食之兽不疾易薮，水生之虫不疾易水，行小变而不失其大常也，喜怒哀乐不入于胸次。夫天下也者，万物之所一也。得其所一而同焉，则四支百体将为尘垢，而死生终始将为昼夜而莫之能滑，而况得丧祸福之所介乎！弃隶者③若弃泥涂④，知身贵于隶也，贵在于我而不失于变。且万化而未始有极也，夫孰足以患心！已为道者解乎此。"

孔子曰："夫子德配天地，而犹假至言以修心，古之君子，孰能脱焉？"

老聃曰："不然。夫水之于汋⑤也，无为而才自然矣。至人之于德也，不修而物不能离焉，若天之自高，地之自厚，日月之自明，

---

① 慹(zhé)然：不动貌。
② 物之初：原朴之态，道也。
③ 隶者：身之得失祸福。
④ 泥涂：泥土。
⑤ 汋(zhuó)：涌流。

夫何修焉！"（田子方）

人之所美与美之所以美

以指喻指之非指，不若以非指喻指之非指也；以马喻马之非马，不若以非马喻马之非马也①。天地一指也，万物一马也。可乎可，不可乎不可。道行之而成，物谓之而然。恶乎然？然于然。恶乎不然？不然于不然。物固有所然，物固有所可。无物不然，无物不可。故为是举莛与楹②，厉与西施，恢诡谲怪，道通为一。其分也，成也；其成也，毁也③。凡物无成与毁，复通为一。

……

啮缺问乎王倪曰："子知物之所同是④乎？"曰："吾恶乎知之！""子知子之所不知邪？"曰："吾恶乎知之！""然则物无知邪？"曰："吾恶乎知之！虽然，尝试言之。庸讵知⑤吾所谓知之非不知邪？庸讵知吾所谓不知之非知邪？且吾尝试问乎汝：民湿寝则腰疾偏死，鳅然乎哉？木处则惴栗恂惧，猿猴然乎哉？三者孰知正处？民食刍豢，麋鹿食荐，蝍蛆甘带，鸱鸦嗜鼠，四者孰知正味？猿猵狙以为雌，麋与鹿交，鳅与鱼游。毛嫱丽姬，人之所美也；鱼见之深入，鸟见之高飞，麋鹿见之决骤。四者孰知天下之正色哉？自我观之，仁义之端，是非之涂，樊然殽乱，吾恶能知其辩！"啮缺曰："子不知利害，则

---

① 历来注家对此句的解说分歧很大。王叔岷《庄子校释》说："庄子盖借指、马以喻儒、墨之是非。其意盖谓以儒是喻是之非是，不若以所非之墨是还喻儒是亦非是也；或以墨是喻儒是之非是，不若以所非之儒是还喻墨是亦非是也。"此说可从。

② 莛(tíng)与楹：莛，草茎。楹，木柱。莛小楹大，小大之喻。

③ 其分也，成也；其成也，毁也：一物分散，一物生成；一物生成，一物毁灭。

④ 同是：共同的标准。

⑤ 庸讵知：安知。

至人固不知利害乎?"王倪曰:"至人神矣！大泽焚而不能热，河汉冱①而不能寒，疾雷破山飘风振海而不能惊。若然者，乘云气，骑日月，而游乎四海之外。死生无变于己，而况利害之端乎！"(齐物论)

今取猨狙而衣以周公之服，彼必龁啮挽裂，尽去而后慊。观古今之异，犹猨狙之异乎周公也。故西施病心而矉②其里，其里之丑人见之而美之，归亦捧心而矉其里。其里之富人见之，紧闭门而不出，贫人见之，挈妻子而去走。彼知矉美，而不知矉之所以美。(天运)

昔者海鸟止于鲁郊，鲁侯御而觞之于庙，奏九韶以为乐，具太牢以为膳。鸟乃眩视忧悲，不敢食一脔，不敢饮一杯，三日而死。此以己养养鸟也，非以鸟养养鸟也。夫以鸟养养鸟者，宜栖之深林，游之坛陆，浮之江湖，食之鳅鲦，随行列而止，委蛇③而处。彼唯人言之恶闻，奚以夫譊譊为乎！咸池九韶之乐，张之洞庭之野，鸟闻之而飞，兽闻之而走，鱼闻之而下入，人卒闻之，相与还而观之。鱼处水而生，人处水而死，彼必相与异，其好恶故异也。(至乐)

阳子之宋，宿于逆旅。逆旅人有妾二人，其一人美，其一人恶，恶者贵而美者贱。阳子问其故，逆旅小子对曰:"其美者自美，吾不知其美也；其恶者自恶，吾不知其恶也。"阳子曰:"弟子记之！行贤而去自贤之行，安往而不爱哉！"(山木)

---

① 冱(hù):冻。
② 矉:同"颦"。
③ 委蛇(yí):从容自得的样子。

生而美者，人与之鉴①，不告则不知其美于人也。若知之，若不知之，若闻之，若不闻之，其可喜也终无已，人之好之亦无已，性也。圣人之爱人也，人与之名，不告则不知其爱人也。若知之，若不知之，若闻之，若不闻之，其爱人也终无已，人之安之亦无已，性也。（则阳）

礼乐文章有失性命之情

骈于明者，乱五色，淫文章，青黄黼黻之煌煌非乎？而离朱是已。多于聪者，乱五声，淫六律，金石丝竹黄钟大吕之声非乎？而师旷是已。枝于仁者，擢德塞性②以收名声，使天下簧鼓以奉不及之法非乎？而曾、史是已。骈于辩者，累瓦结绳窜句，游心于坚白同异之间，而敝跬誉③无用之言非乎？而杨、墨是已。故此皆多骈旁枝之道，非天下之至正也。（骈拇）

故至德之世，其行填填，其视颠颠。④ 当是时也，山无蹊隧，泽无舟梁；万物群生，连属其乡；禽兽成群，草木遂长。是故禽兽可系羁而游，鸟鹊之巢可攀援而窥。夫至德之世，同与禽兽居，族与万物并，恶乎知君子小人哉！同乎无知，其德不离；同乎无欲，是谓素朴；素朴而民性得矣。及至圣人，蹩躠为仁，踶跂为义⑤，而天下始疑矣；澶漫为乐，摘僻为礼⑥，而天下始分矣。故纯朴不

---

① 鉴：鉴别。
② 擢德塞性：炫耀德行，闭塞本性。
③ 跬誉：一时的荣誉。
④ 填填：悠闲稳重的样子。颠颠：专一的样子。
⑤ 蹩躠(bié xiè)为仁，踶跂(zhì qǐ)为义：刻意用心为仁为义。
⑥ 澶(dàn)漫：纵逸。摘僻：拘泥或烦琐。

残，孰为牺樽！白玉不毁，孰为珪璋！道德不废，安取仁义！性情不离，安用礼乐！五色不乱，孰为文采！五声不乱，孰应六律！夫残朴以为器，工匠之罪也；毁道德以为仁义，圣人之过也。（马蹄）

故绝圣弃知，大盗乃止；摘玉毁珠，小盗不起；焚符破玺，而民朴鄙；掊斗折衡，而民不争；殚残天下之圣法，而民始可与论议。擢乱六律，铄绝竽瑟，塞瞽旷之耳，而天下始人含其聪矣；灭文章，散五采，胶离朱之目，而天下始人含其明矣；毁绝钩绳而弃规矩，攦①工倕之指，而天下始人有其巧矣。故曰："大巧若拙。"削曾、史之行，钳杨、墨之口，攘弃仁义，而天下之德始玄同矣。彼人含其明，则天下不铄矣；人含其聪，则天下不累矣；人含其知，则天下不惑矣；人含其德，则天下不僻矣。彼曾、史、杨、墨、师旷、工倕、离朱，皆外立其德而以爚乱②天下者也，法之所无用也。（胠箧）

且夫失性有五：一曰五色乱目，使目不明；二曰五声乱耳，使耳不聪；三曰五臭薰鼻，困惾中颡；四曰五味浊口，使口厉爽；五曰趣舍滑心，使性飞扬。此五者，皆生之害也。（天地）

孔子谓老聃曰："丘治《诗》、《书》、《礼》、《乐》、《易》、《春秋》六经，自以为久矣，孰知其故矣；以奸者③七十二君，论先王之道而明周、召之迹，一君无所钩用④。甚矣夫！人之难说也！道之难明邪？"

老子曰："幸矣子之不遇治世之君也！夫六经，先王之陈迹也，岂

---

① 攦：折断。
② 爚（yuè）乱：搅乱。
③ 奸者：陈鼓应注为"干诸"，意为"求之于"。
④ 钩用：取用。

其所以迹哉！今子之所言，犹迹也。夫迹，履之所出，而迹岂履哉！"（天运）

黄帝答北门成问《咸池》之乐

北门成问于黄帝曰："帝张《咸池》之乐于洞庭之野，吾始闻之惧，复闻之怠，卒闻之而惑，荡荡默默，乃不自得①。"

帝曰："汝殆②其然哉！吾奏之以人，徵之以天，行之以礼义，建之以大清。夫至乐者，先应之以人事，顺之以天理，行之以五德，应之以自然，然后调理四时，太和万物。四时迭起，万物循生；一盛一衰，文武伦经；一清一浊，阴阳调和，流光其声；蛰虫始作，吾惊之以雷霆；其卒无尾，其始无首；一死一生，一偾③一起；所常无穷，而一不可待。汝故惧也。

"吾又奏之以阴阳之和，烛之以日月之明；其声能短能长，能柔能刚；变化齐一，不主故常；在谷满谷，在阬满阬；涂郤④守神，以物为量。其声挥绰，其名高明。是故鬼神守其幽，日月星辰行其纪。吾止之于有穷，流之于无止。子欲虑之而不能知也，望之而不能见也，逐之而不能及也；傥然立于四虚之道，倚于槁梧而吟。目知穷乎所欲见，力屈乎所欲逐，吾既不及已夫！形充空虚，乃至委蛇。汝委蛇，故怠。

"吾又奏之以无怠之声，调之以自然之命，故若混逐丛生，林乐而无形；布挥而不曳，幽昏而无声。动于无方，居于窈冥；或谓之

---

① 荡荡默默，乃不自得：心神恍惚，不知所以然。
② 殆：大概。
③ 偾（fèn）：倒下。
④ 涂郤（xì）：郤，即"隙"，堵塞七窍。

死,或谓之生;或谓之实,或谓之荣;行流散徙,不主常声。世疑之,稽于圣人。圣人者,达于情而遂于命也。天机不张而五官皆备,此之谓天乐,无言而心说。故有焱氏为之颂曰:'听之不闻其声,视之不见其形,充满天地,苞裹六极。'汝欲听之而无接焉,而故惑也。

"乐也者,始于惧,惧故祟;吾又次之以怠,怠故遁;卒之于惑,惑故愚;愚故道,道可载而与之俱也。"(天运)

言与意

黄帝游乎赤水之北,登乎昆仑之丘而南望,还归遗其玄珠①。使知索之而不得,使离朱索之而不得,使吃诟索之而不得也②。乃使象罔③,象罔得之。黄帝曰:"异哉!象罔乃可以得之乎?"(天地)

世之所贵道者书也,书不过语,语有贵也。语之所贵者意也,意有所随。意之所随者,不可以言传也,而世因贵言传书。世虽贵之,我犹不足贵也,为其贵非其贵也。故视而可见者,形与色也;听而可闻者,名与声也。悲夫,世人以形色名声为足以得彼之情!夫形色名声果不足以得彼之情,则知者不言,言者不知,而世岂识之哉!

桓公读书于堂上。轮扁斫轮于堂下,释椎凿而上,问桓公曰:"敢问,公之所读者何言邪?"公曰:"圣人之言也。"曰:"圣人在乎?"公曰:"已死矣。"曰:"然则君之所读者,古人之糟魄已夫!"桓公曰:"寡人读书,轮人安得议乎!有说则可,无说则死。"

---

① 玄珠:道。
② 知:智者。离朱:眼明者。吃诟:善辩者。
③ 象罔:无心者、去智去言者。

轮扁曰："臣也以臣之事观之。斫轮，徐则甘而不固，疾则苦而不入①。不徐不疾，得之于手而应于心，口不能言，有数②存焉于其间。臣不能以喻臣之子，臣之子亦不能受之于臣，是以行年七十而老斫轮。古之人与其不可传也死矣，然则君之所读者，古人之糟魄已夫！"（天道）

北海若曰："夫自细视大者不尽，自大视细者不明。夫精，小之微也；垺③，大之殷也；故异便④。此势之有也。夫精粗者，期于有形者也；无形者，数之所不能分也；不可围者，数之所不能穷也。可以言论者，物之粗也；可以意致者，物之精也；言之所不能论，意之所不能致者，不期精粗焉。"（秋水）

知北游于玄水之上，登隐弅之丘而适遭无为谓焉。知谓无为谓曰："予欲有问乎若：何思何虑则知道？何处何服⑤则安道？何从何道则得道？"三问而无为谓不答也，非不答，不知答也。

知不得问，反于白水之南，登狐阕之上，而睹狂屈焉。知以之言也问乎狂屈。狂屈曰："唉！予知之，将语若，中欲言而忘其所欲言。"

知不得问，反于帝宫，见黄帝而问焉。黄帝曰："无思无虑始知道，无处无服始安道，无从无道始得道。"

知问黄帝曰："我与若知之，彼与彼不知也，其孰是邪？"黄帝

---

① 甘：滑。苦：涩。徐：宽。疾：紧。宽则甘滑易入而不坚，紧则涩而难入（陈鼓应注）。
② 数：术。
③ 垺（póu）：大中之大。
④ 异便：大小异，故所便不得同（郭象注）。
⑤ 服：行。

曰:"彼无为谓真是也,狂屈似之,我与汝终不近也。夫知者不言,言者不知,故圣人行不言之教。道不可致,德不可至。"

……

于是泰清问乎无穷曰:"子知道乎?"无穷曰:"吾不知。"又问乎无为,无为曰:"吾知道。"曰:"子之知道,亦有数乎?"曰:"有。"曰:"其数若何?"无为曰:"吾知道之可以贵,可以贱,可以约,可以散,此吾所以知道之数也。"泰清以之言也问乎无始曰:"若是,则无穷之弗知与无为之知,孰是而孰非乎?"无始曰:"不知深矣,知之浅矣;弗知内矣,知之外矣。"于是泰清中①而叹曰:"弗知乃知乎!知乃不知乎!孰知不知之知?"无始曰:"道不可闻,闻而非也;道不可见,见而非也;道不可言,言而非也。知形形之不形乎!道不当名。"无始曰:"有问道而应之者,不知道也。虽问道者,亦未闻道。道无问,问无应。无问问之,是问穷也;无应应之,是无内也。以无内待问穷,若是者,外不观乎宇宙,内不知乎大初。是以不过乎昆仑,不游乎太虚。"(知北游)

鸡鸣狗吠,是人之所知;虽有大知,不能以言读其所自化,又不能以意测其所将为。斯而析之,精至于无伦,大至于不可围,或之使,莫之为②,未免于物,而终以为过。或使则实,莫为则虚。有名有实,是物之居;无名无实,在物之虚。可言可意,言而愈疏。未生不可忌,已死不可徂③。死生非远也,理不可覩。或之使,莫之为,疑之所假。吾观之本,其往无穷;吾求之末,其来无止。无穷无止,言之无也,与物同理;或使莫为,言之本也,与物终始。道不可有,

---

① 中:亦作"仰"。
② 或之使,莫之为:断言或有所使,肯定莫有所为。
③ 忌:禁止。徂:阻止。

有不可无。道之为名，所假而行。或使莫为，在物一曲，夫胡为于大方①？言而足，则终日言而尽道；言而不足，则终日言而尽物。道物之极，言默不足以载；非言非默，议有所极②。(则阳)

荃者所以在鱼，得鱼而忘荃；蹄者所以在兔，得兔而忘蹄③；言者所以在意，得意而忘言。吾安得夫忘言之人而与之言哉！(外物)

寓言十九，重言十七，卮言④日出，和以天倪⑤。

寓言十九，藉外论之。亲父不为其子媒。亲父誉之，不若非其父者也；非吾之罪也，人之罪也。与己同则应，不与己同则反；同于己为是之，异于己为非之。

重言十七，所以已言⑥也，是为耆艾⑦。年先矣，而无经纬本末以期年耆⑧者，是非先也。人而无以先人，无人道也；人而无人道，是之谓陈人。

卮言日出，和以天倪，因以曼衍⑨，所以穷年。不言则齐，齐与言不齐，言与齐不齐也，故曰无言。言无言，终身言，未尝不言；

---

① 大方：即大道。
② 言默既可载道，亦不足载道，载与不载在于无心于言默。
③ 荃：通"筌"，捕鱼的工具。蹄：捕兔的工具。
④ 寓言，即用一种寄之他人或他物的故事的语言形式来使人悟解道境。重言，即通过人所尊重的历史人物之言来使人悟解道境。"寓言十九，重言十七"，说明"寓言中含有重言，重言中又含有寓言"。卮言，按成玄英疏，即无心之言，顺应自然之言。郭象注云："夫卮，满则倾，空则仰，非持故也。况之于言，因物随变，唯彼之从，故曰日出。日出，谓日新也，日新则尽其自然之分，自然之分尽则和也。"
⑤ 天倪：自然之道。
⑥ 已言：止言，终止争论。
⑦ 耆艾：年长者。六十为耆，五十为艾。
⑧ 以期年耆：徒称年长。
⑨ 曼衍：不拘常规，散漫流衍。

终身不言，未尝不言。有自也而可，有自也而不可；有自也而然，有自也而不然。恶乎然？然于然。恶乎不然，不然于不然。恶乎可？可于可。恶乎不可？不可于不可。物固有所然，物固有所可，无物不然，无物不可。非卮言日出，和以天倪，孰得其久！万物皆种也，以不同形相禅①，始卒若环，莫得其伦，是谓天均。天均者天倪也。（寓言）

道与技

庖丁为文惠君解牛，手之所触，肩之所倚，足之所履，膝之所踦，砉然响然，奏刀騞然②，莫不中音。合于《桑林》之舞，乃中《经首》③之会。

文惠君曰："嘻，善哉！技盖至此乎？"庖丁释刀对曰："臣之所好者道也，进乎技矣。始臣之解牛之时，所见无非全牛者。三年之后，未尝见全牛也。方今之时，臣以神遇而不以目视，官知止而神欲行④。依乎天理，批大郤，导大窾，因其固然⑤。技经肯綮⑥之未尝，而况大軱⑦乎！良庖岁更刀，割也；族庖月更刀，折也。今臣之刀十九年矣，所解数千牛矣，而刀刃若新发于硎⑧。彼节者有间，

---

① 万物皆种也，以不同形相禅：虽变化相代，原其气则一（郭象注）。
② 砉(huò)然：骨肉相离之声。騞然：騞，与"砉"同，刀砍物发出的声音。
③ 桑林：殷汤乐名。经首：咸池乐章名，尧乐。
④ 所见全牛、未见全牛、以神遇为庖丁解牛之技提升的三个阶段。第一阶段仅仅看到的是实物的牛，第二阶段始见其理，第三阶段从心所欲，顺理而行。
⑤ 依乎天理，批大郤，导大窾，因其固然：顺着牛的自然纹理，用刀劈开筋肉空隙，导引入骨节间隙，因顺牛本来的结构。
⑥ 肯綮(qìng)：骨肉相连的地方。
⑦ 軱(gū)：大骨。
⑧ 硎(xíng)：磨刀石。

而刀刃者无厚；以无厚入有间，恢恢乎其于游刃必有余地矣，是以十九年而刀刃若新发于硎。虽然，每至于族①，吾见其难为，怵然为戒，视为止，行为迟，动刀甚微，謋然②已解，如土委地。提刀而立，为之四顾，为之踌躇满志，善刀而藏之。"文惠君曰："善哉！吾闻庖丁之言，得养生焉。"（养生主）

通于天地者，德也；行于万物者，道也；上治人者，事③也；能有所艺者，技④也。技兼于事，事兼于义，义兼于德，德兼于道，道兼于天。

……

子贡南游于楚，反于晋，过汉阴，见一丈人方将为圃畦，凿隧而入井，抱瓮而出灌，搰搰然⑤用力甚多而见功寡。子贡曰："有械于此，一日浸百畦，用力甚寡而见功多，夫子不欲乎？"为圃者仰而视之曰："奈何？"曰："凿木为机，后重前轻，挈水若抽，数如泆汤⑥，其名为槔。"为圃者忿然作色而笑曰："吾闻之吾师，有机械者必有机事，有机事者必有机心。机心存于胸中，则纯白不备；纯白不备，则神生不定；神生不定者，道之所不载也。吾非不知，羞而不为也。"（天地）

北宫奢为卫灵公赋敛以为钟，为坛乎郭门之外，三月而成上下之县。王子庆忌见而问焉，曰："子何术之设？"奢曰："一之间，无敢设

---

① 族：交错聚结为族（郭象注）。
② 謋(huò)然：迅速分裂的声音。
③ 事：各得其事。
④ 技：率其本性，自有艺能，非假外为，故真技术也（成玄英疏）。
⑤ 搰(gǔ)搰然：用力状。
⑥ 数如泆汤：快速如汤之腾沸。

也。奢闻之：'既雕既琢，复归于朴。'侗乎其无识，傥乎其怠疑①；萃乎芒乎，其送往而迎来；来者勿禁，往者勿止；从其强梁，随其曲傅②，因其自穷，故朝夕赋敛而毫毛不挫，而况有大涂者乎！"（山木）

濠濮间

庄子钓于濮水，楚王使大夫二人往先焉，曰："愿以境内累矣！"

庄子持竿不顾，曰："吾闻楚有神龟，死已三千岁矣，王巾笥③而藏之庙堂之上。此龟者，宁其死为留骨而贵乎？宁其生而曳尾于涂中乎？"二大夫曰："宁生而曳尾涂中。"

庄子曰："往矣！吾将曳尾于涂中。"

惠子相梁，庄子往见之。或谓惠子曰："庄子来，欲代子相。"于是惠子恐，搜于国中三日三夜。

庄子往见之，曰："南方有鸟，其名曰鹓雏，子知之乎？夫鹓雏，发于南海而飞于北海，非梧桐不止，非练实不食，非醴泉不饮。于是鸱得腐鼠，鹓雏过之，仰而视之曰'嚇！'今子欲以子之梁国而嚇我邪？"

庄子与惠子游于濠梁之上。庄子曰："儵鱼出游从容，是鱼之乐也。"

惠子曰："子非鱼，安知鱼之乐？"庄子曰："子非我，安知我不知鱼之乐？"

惠子曰："我非子，固不知子矣；子固非鱼也，子之不知鱼之乐，全矣。"

---

① 侗(tóng)乎：无知状。傥(tǎng)乎：心无主也。
② 曲傅：顺从，依顺。傅，通"附"。
③ 巾笥(sì)：布巾竹箱。

庄子曰："请循其本。子曰'汝安知鱼乐'云者，既已知吾知之而问我，我知之濠上也。"（秋水）

《达生》寓言六则

痀偻者承蜩：仲尼适楚，出于林中，见痀偻者承蜩，犹掇之也。仲尼曰："子巧乎！有道邪？"曰："我有道也。五六月累丸二而不坠，则失者锱铢；累三而不坠，则失者十一；累五而不坠，犹掇之也。吾处身也，若厥株拘①；吾执臂也，若槁木之枝；虽天地之大，万物之多，而唯蜩翼之知。吾不反不侧，不以万物易蜩之翼，何为而不得？"孔子顾谓弟子曰："用志不分，乃凝于神，其痀偻丈人之谓乎！"

津人操舟：颜渊问仲尼曰："吾尝济乎觞深之渊，津人操舟若神。吾问焉，曰：'操舟可学邪？'曰：'可。善游者数能②。若乃夫没人③，则未尝见舟而便操之也。'吾问焉而不吾告，敢问何谓也？"仲尼曰："善游者数能，忘水也。若乃夫没人之未尝见舟而便操之也，彼视渊若陵，视舟之覆犹其车却也。覆却万方陈乎前而不得入其舍④，恶往而不暇！以瓦注者巧，以钩注者惮，以黄金注者殙。其巧一也，而有所矜，则重外也。凡外重者内拙。"

呆若木鸡：纪渻子为王养斗鸡。十日而问："鸡已乎？"曰："未也，方虚憍而恃气。"十日又问，曰："未也。犹应向景⑤。"十日又问，

---

① 拘：亦作"枸"，盘错的树根。
② 数能：速成。
③ 没人：潜水的人。
④ 舍：心舍。
⑤ 犹应向景：向，同"响"。景，同"影"。闻声睹影有所反应，指心犹为外物所动。

曰："未也。犹疾视而盛气。"十日又问，曰："几矣。鸡虽有鸣者，已无变矣，望之似木鸡矣，其德全矣，异鸡无敢应者，反走矣。"

吕梁丈人蹈水：孔子观于吕梁，县水三十仞，流沫四十里，鼋鼍①鱼鳖之所不能游也。见一丈夫游之，以为有苦而欲死也，使弟子并流而拯之。数百步而出，被发行歌而游于塘下。孔子从而问焉，曰："吾以子为鬼，察子则人也。请问，蹈水有道乎？"曰："亡，吾无道。吾始乎故②，长乎性，成乎命。与齐③俱入，与汩偕出，从水之道而不为私焉。此吾所以蹈之也。"孔子曰："何谓'始乎故，长乎性，成乎命'？"曰："吾生于陵而安于陵，故也；长于水而安于水，性也；不知吾所以然而然，命也。"

梓庆削木为鐻：梓庆削木为鐻④，鐻成，见者惊犹鬼神。鲁侯见而问焉，曰："子何术以为焉？"对曰："臣工人，何术之有！虽然，有一焉。臣将为鐻，未尝敢以耗气也，必齐⑤以静心。齐三日，而不敢怀庆赏爵禄；齐五日，不敢怀非誉巧拙；齐七日，辄然忘吾有四枝形体也。当是时也，无公朝，其巧专而外骨⑥消；然后入山林，观天性；形躯至矣，然后成见⑦鐻，然后加手焉；不然则已。则以天合天，器之所以疑神者，其是与！"

---

① 鼋鼍(yuán tuó)：巨鳖和扬子鳄。
② 故：故旧。
③ 齐：旋涡。
④ 鐻：一种乐器，似夹钟。
⑤ 齐：通"斋"。
⑥ 骨：亦作"滑"，乱也。
⑦ 见：同"现"。

工倕旋：工倕旋而盖规矩，指与物化而不以心稽，故其灵台①一而不桎。忘足，屦之适也；忘要，带之适也；知忘是非，心之适也；不内变，不外从，事会②之适也。始乎适③而未尝不适者，忘适之适也。

庄周之文

芴漠无形，变化无常，死与生与，天地并与，神明往与！芒乎何之，忽乎何适，万物毕罗，莫足以归，古之道术有在于是者。庄周闻其风而悦之，以谬悠之说，荒唐之言，无端崖之辞，时恣纵而不傥，不以觭见之也④。以天下为沈浊，不可与庄语⑤，以卮言为曼衍，以重言为真，以寓言为广。独与天地精神往来而不敖倪于万物，不谴是非，以与世俗处。其书虽瑰玮而连犿无伤⑥也。其辞虽参差而諔诡可观⑦。彼其充实不可以已，上与造物者游，而下与外死生无终始者为友。其于本也，弘大而辟，深闳而肆，其于宗也，可谓稠适而上遂⑧矣。虽然，其应于化而解于物也，其理不竭，其来不蜕⑨，芒乎昧乎，未之尽者。（天下）

---

① 灵台：灵府，心。
② 事会：与事的交会、交接。
③ 始乎适：始，本，本性常适。
④ 以谬悠之说，荒唐之言，无端崖之辞，时恣纵而不傥，不以觭见之也：以悠远的论说、广大的言语、无限的言辞论道，常放任而不拘泥，不持一端之见。
⑤ 庄语：庄重的话。
⑥ 瑰玮而连犿(fān)无伤：奇特却婉转，无伤大道。
⑦ 参差而諔(chù)诡可观：变化却特异，值得一看。
⑧ 稠适而上遂：稠，亦作"调"。和适而上达。
⑨ 不蜕：蜕，同"脱"，离。不蜕，有连绵不断之意。

列　子

今本《列子》一书，大部分学者认为非列子所著，为魏晋时伪托之作。不过，按照古代成书传统，也不排除是后人对先秦列子言论的集辑。其中虽然有后人发挥的思想，但应该也保存了不少先秦材料，其中包括了一些与《庄子》相似的寓言故事与文字内容。列子，即《庄子》一书中经常提到的列御寇。西汉刘向言"其学本于黄帝、老子"。从《庄子》一书看来，列子当与庄子在思想上比较接近，为道家人物无疑。就美学思想而言，《列子》对道家的道论、虚静观、修养功夫、人生价值等亦有发挥，特别是《杨朱》一篇提出的放逸享乐思想对后世思想影响深远。选文摘自叶蓓卿译注《列子》，中华书局2011年版。

天　瑞

子列子居郑圃，四十年人无识者。国君卿大夫视之，犹众庶也。国不足，将嫁①于卫。弟子曰："先生往无反期，弟子敢有所谒，先生将何以教？先生不闻壶丘子林之言乎？"

子列子笑曰："壶子何言哉？虽然，夫子尝语伯昏瞀人②，吾侧闻之，试以告女。其言曰：有生不生，有化不化。不生者能生生，不化者能化化。生者不能不生，化者不能不化，故常生常化。常生常化者，无时不生，无时不化，阴阳尔，四时尔。③ 不生者疑独，

---

① 嫁：往。
② 伯昏瞀(mào)人：即伯昏无人，列子道友，同受学于壶丘子林。
③ 不生不化者为道体，其产生生与化，是为阴阳、四时之变化者。

不化者往复。① 往复其际不可终，疑独其道不可穷。《黄帝书》曰：谷神不死，是谓玄牝。玄牝之门，是谓天地之根。绵绵若存，用之不勤。② 故生物者不生，化物者不化。自生自化，自形自色，自智自力，自消自息。谓之生化、形色、智力、消息者，非也。③"

子列子曰："昔者圣人因阴阳以统天地。夫有形者生于无形，则天地安从生？故曰：有太易，有太初，有太始，有太素。太易者，未见气也；太初者，气之始也；太始者，形之始也；太素者，质之始也。气形质具而未相离，故曰浑沦。浑沦者，言万物相浑沦而未相离也。视之不见，听之不闻，循之不得，故曰易也。易无形埒，易变而为一，一变而为七，七变而为九。九变者，究也；乃复变而为一。一者，形变之始也。清轻者上为天，浊重者下为地，冲和气者为人；故天地含精，万物化生。"④

子列子曰："天地无全功，圣人无全能，万物无全用。故天职生覆，地职形载，圣职教化，物职所宜。然则天有所短，地有所长，圣有所否，物有所通⑤。何则？生覆者不能形载，形载者不能教化，教化者不能违所宜，宜定者不出所位。故天地之道，非阴则阳；圣人之教，非仁则义；万物之宜，非柔则刚：此皆随所宜而不能出所位者也。故有生者，有生生者；有形者，有形形者；有声者，有声声者；有色者，有色色者；有味者，有味味者。生之所生者死矣，而生生者未尝终；形之所形者实矣，而形形者未尝有；声之所声者闻矣，而声声者未尝发；色之所色者彰矣，而色色者未尝显；味之

---

① 疑独：同"凝独"，与老子的"独立而不改"同，不变永恒之道。
② 亦出自《道德经·第六章》。
③ 生化、形色、智力、消息皆刻意而为，与道体之自成恰成比照。
④ 此段为《列子》一书的宇宙生成论，由本体之太易，至太初之元气萌动，经由太始之成形态、太素之定性，成就宇宙之浑沦，然后变化形成天地人与万物。
⑤ 否：阻塞，与"通"相对，言圣与物各有通塞，非全能全用。

所味者尝矣，而味味者未尝呈①：皆无为之职也。能阴能阳，能柔能刚，能短能长，能圆能方，能生能死，能暑能凉，能浮能沉，能宫能商，能出能没，能玄能黄，能甘能苦，能羶能香。无知也，无能也，而无不知也，而无不能也。"

子列子适卫，食于道，从者见百岁髑髅。攓蓬②而指，顾谓弟子百丰曰："唯予与彼知而未尝生未尝死也。此过养③乎？此过欢乎？种有几：若蛙为鹑，得水为继，得水土之际，则为蛙蠙之衣。生于陵屯，则为陵舃。陵舃得郁栖，则为乌足。乌足之根为蛴螬，其叶为蝴蝶。蝴蝶胥也化而为虫，生灶下，其状若脱，其名曰鸲掇。鸲掇千日化而为鸟，其名曰乾余骨。乾余骨之沫为斯弥，斯弥为食醯颐辂，食醯颐辂生乎食醯黄軦，食醯黄軦生乎九猷，九猷生乎瞀芮，瞀芮生乎腐蠸。羊肝化为地皋，马血之为转邻也，人血之为野火也。鹞之为鹯，鹯之为布谷，布谷久复为鹞也。燕之为蛤也，田鼠之为鹑也，朽瓜之为鱼也，老韭之为苋也，老羭之为猨也，鱼卵之为虫。亶爰之兽自孕而生曰类。河泽之鸟视而生曰鸰。纯雌其名大腰，纯雄其名稺蜂。思士不妻而感，思女不夫而孕。后稷生乎巨迹，伊尹生乎空桑。厥昭生乎湿，醯鸡生乎酒。羊奚比乎不笋，久竹生青宁，青宁生程，程生马，马生人，人久入于机。④ 万物皆出于机，皆入于机。⑤"

---

① 此长句具言万物有本原与现象层面，现象层面各有显性，而本原层面则只在无为自然。
② 攓蓬：拔掉蓬草。
③ 过养：同"果恙"，意为"果真悲伤"。
④ 此段文字怪诞奇异，非理性能解。列子借以寓言方式旨在说明万物之间的相互变化、相互影响。
⑤ 万物皆出于机，皆入于机：机，道也。万物由道而生，又复归于道，故列子说未尝生、未尝死。

《黄帝书》曰："形动不生形而生影，声动不生声而生响，无动不生无而生有。"形，必终者也；天地终乎？与我偕终。终进①乎？不知也。道终乎本无始，进乎本不久。有生则复于不生，有形则复于无形。不生者，非本不生者也；无形者，非本无形者也。生者，理之必终者也。终者不得不终，亦如生者之不得不生。而欲恒其生，画其终，惑于数②也。精神者，天之分；骨骸者，地之分。属天清而散，属地浊而聚。精神离形，各归其真，故谓之鬼。鬼，归也，归其真宅。黄帝曰："精神入其门，骨骸反其根，我尚我存？"

人自生至终，大化有四：婴孩也，少壮也，老耄也，死亡也。其在婴孩，气专志一，和之至也；物不伤焉，德莫加焉。其在少壮，则血气飘溢，欲虑充起；物所攻焉，德故衰焉。其在老耄，则欲虑柔焉；体将休焉，物莫先焉。虽未及婴孩之全，方于少壮，闲矣。其在死亡也，则之于息焉，反其极③矣。

孔子游于太山，见荣启期行乎郕之野，鹿裘带索④，鼓琴而歌。孔子问曰："先生所以乐，何也？"对曰："吾乐甚多：天生万物，唯人为贵，而吾得为人，是一乐也；男女之别，男尊女卑，故以男为贵，吾既得为男矣，是二乐也；人生有不见日月，不免襁褓者⑤，吾既已行年九十矣，是三乐也。贫者，士之常也；死者，人之终也。处常得终，当何忧哉？"孔子曰："善乎？能自宽者也。"

林类年且百岁，底春⑥被裘，拾遗穗于故畦，并歌并进。孔子适卫，望之于野。顾谓弟子曰："彼叟可与言者，试往讯之！"子贡请

---

① 进：通"尽"。
② 数：自然法则。
③ 极：本原。
④ 鹿裘带索：穿着粗陋冬衣，腰间捆着草绳。
⑤ 不见日月，不免襁褓者：皆为夭折短命者。
⑥ 底春：底，到。意谓到了春天。

行。逆之垄端，面之而叹曰："先生曾不悔乎，而行歌拾穗？"林类行不留，歌不辍。子贡叩之不已，乃仰而应曰："吾何悔邪？"子贡曰："先生少不勤行，长不竞时，老无妻子，死期将至；亦有何乐而拾穗行歌乎？"林类笑曰："吾之所以为乐，人皆有之，而反以为忧。少不勤行，长不竞时，故能寿若此。老无妻子，死期将至，故能乐若此。"子贡曰："寿者人之情，死者人之恶。子以死为乐，何也？"林类曰："死之与生，一往一反。故死于是者，安知不生于彼？故吾知其不相若矣，吾又安知营营而求生非惑乎？亦又安知吾今之死不愈昔之生乎？"子贡闻之，不喻其意，还以告夫子。夫子曰："吾知其可与言，果然；然彼得之而不尽者也。"

子贡倦于学，告仲尼曰："愿有所息。"仲尼曰："生无所息。"子贡曰："然则赐息无所乎？"仲尼曰："有焉耳。望其圹①，睪如也，宰如也，坟如也，鬲如②也，则知所息矣。"子贡曰："大哉死乎！君子息焉，小人伏焉③。"仲尼曰："赐！汝知之矣。人胥④知生之乐，未知生之苦；知老之惫，未知老之佚；知死之恶，未知死之息也。晏子曰：'善哉，古之有死也！仁者息焉，不仁者伏焉。'死也者，德之徼⑤也。古者谓死人为归人。夫言死人为归人，则生人为行人矣。行而不知归，失家者也。一人失家，一世非之；天下失家，莫知非焉。有人去乡土、离六亲、废家业、游于四方而不归者，何人哉？世必谓之为狂荡之人矣。又有人钟贤世，矜巧能，修名誉，夸张于世而不知已者，亦何人哉？世必以为智谋之士。此二者，胥失者也。

---

① 圹：墓穴。
② 睪如：即皋如，高高貌。宰如：大大貌。坟如：隆起貌。鬲如：空空貌。
③ 君子之死为息，小人之死为埋。
④ 胥：皆。
⑤ 徼：巡逻、巡回，引申为复归。

而世与一不与一①,唯圣人知所与,知所去。"

或谓子列子曰:"子奚贵虚?"列子曰:"虚者无贵也。"子列子曰:"非其名也,莫如静,莫如虚。静也虚也,得其居矣;取也与也,失其所矣。事之破毁而后有舞仁义者,弗能复也。"

粥熊②曰:"运转亡已,天地密移,畴③觉之哉?故物损于彼者盈于此,成于此者亏于彼。损盈成亏,随世随死。往来相接,间不可省,畴觉之哉?凡一气不顿进,一形不顿亏;亦不觉其成,亦不觉其亏。亦如人自世至老,貌色智态,亡日不异;皮肤爪发,随世随落,非婴孩时有停而不易也。间不可觉,俟至后知。"

杞国有人忧天地崩坠,身亡所寄,废寝食者。又有忧彼之所忧者,因往晓之,曰:"天,积气耳,亡处亡气。若屈伸呼吸,终日在天中行止,奈何忧崩坠乎?"其人曰:"天果积气,日月星宿,不当坠耶?"晓之者曰:"日月星宿,亦积气中之有光耀者,只使坠,亦不能有所中伤。"其人曰:"奈地坏何?"晓者曰:"地积块耳,充塞四虚,亡处亡块。若躇步跐蹈,终日在地上行止,奈何忧其坏?"其人舍然④大喜,晓之者亦舍然大喜。长庐子闻而笑曰:"虹蜺也,云雾也,风雨也,四时也,此积气之成乎天者也。山岳也,河海也,金石也,火木也,此积形之成乎地者也。知积气也,知积块也,奚谓不坏?夫天地,空中之一细物,有中之最巨者。难终难穷,此固然矣;难测难识,此固然矣。忧其坏者,诚为大远;言其不坏者,亦为未是。天地不得不坏,则会归于坏。遇其坏时,奚为不忧哉?"子列子闻而笑曰:"言天地坏者亦谬,言天地不坏者亦谬。坏与不坏,

---

① 与一不与一:世人往往称赞智谋之士而批评狂荡之人。在圣人看来,其实二者都一样有过错。
② 粥熊:即鬻熊,楚国先祖,曾为周文王之师。
③ 畴:谁。
④ 舍然:即释然。

吾所不能知也。虽然，彼一也，此一也。故生不知死，死不知生；来不知去，去不知来。坏与不坏，吾何容心哉？"

舜问乎丞曰："道可得而有乎？"曰："汝身非汝有也，汝何得有夫道？"舜曰："吾身非吾有，孰有之哉？"曰："是天地之委形也。生非汝有，是天地之委和也。性命非汝有，是天地之委顺也。孙子非汝有，是天地之委蜕也。故行不知所往，处不知所持，食不知所以。天地强阳，气也，又胡可得而有邪？"

齐之国氏大富，宋之向氏大贫。自宋之齐，请其术。国氏告之曰："吾善为盗。始吾为盗也，一年而给，二年而足，三年大穰。自此以往，施及州闾。"向氏大喜。喻其为盗之言，而不喻其为盗之道，遂逾垣凿室，手目所及，亡不探也。未及时，以赃获罪，没其先居之财。向氏以国氏之谬己也，往而怨之。国氏曰："若为盗若何？"向氏言其状。国氏曰："嘻！若失为盗之道至此乎？今将告若矣。吾闻天有时，地有利。吾盗天地之时利，云雨之滂润，山泽之产育，以生吾禾，殖吾稼，筑吾垣，建吾舍。陆盗禽兽，水盗鱼鳖，亡非盗也。夫禾稼、土木、禽兽、鱼鳖，皆天之所生，岂吾之所有？然吾盗天而亡殃①。夫金玉珍宝，谷帛财货，人之所聚，岂天之所与？若盗之而获罪，孰怨哉？"向氏大惑，以为国氏之重罔②己也，过东郭先生问焉。东郭先生曰："若一身庸非盗乎？盗阴阳之和以成若生，载若形；况外物而非盗哉？诚然，天地万物不相离也；仞而有之③，皆惑也。国氏之盗，公道也，故亡殃；若之盗，私心也，故得罪。有公私者，亦盗也；亡公私者，亦盗也。公公私私，天地之德。知天地之德者，孰为盗邪？孰为不盗邪？"

---

① 亡殃：没有灾祸。
② 重罔：再次欺骗。
③ 仞而有之：仞，通"认"，认为自己能私有之。

黄　帝

黄帝即位十有五年，喜天下戴己，养正命，娱耳目，供鼻口，焦然肌色皯黣①，昏然五情爽惑②。又十有五年，忧天下之不治，竭聪明，进智力，营百姓，焦然肌色皯黣，昏然五情爽惑。黄帝乃喟然赞曰："朕之过淫矣。养一己其患如此，治万物其患如此。"于是放万机，舍宫寝，去直侍③，彻钟悬，减厨膳，退而闲居大庭之馆，斋心服形，三月不亲政事。

昼寝而梦，游于华胥氏之国。华胥氏之国在弇州之西，台州之北，不知斯齐国几千万里；盖非舟车足力之所及，神游而已。其国无帅长，自然而已。其民无嗜欲，自然而已。不知乐生，不知恶死，故无夭殇；不知亲己，不知疏物，故无爱憎；不知背逆，不知向顺，故无利害：都无所爱惜，都无所畏忌。入水不溺，入火不热。斫挞无伤痛，指摘无痟痒④。乘空如履实，寝虚若处床。云雾不硋⑤其视，雷霆不乱其听，美恶不滑其心，山谷不踬其步，神行而已。

黄帝既寤，怡然自得，召天老、力牧、太山稽，告之，曰："朕闲居三月，斋心服形，思有以养身治物之道，弗获其术。疲而睡，所梦若此。今知至道不可以情求矣。朕知之矣！朕得之矣！而不能以告若矣。"

又二十有八年，天下大治，几若华胥氏之国，而帝登假⑥。百

---

① 皯黣（gǎn měi）：面色焦枯黝黑。
② 爽惑：迷乱失常。
③ 直侍：近侍。
④ 斫挞：砍打。指摘：用手指抓搔。
⑤ 硋：阻碍。
⑥ 登假：驾崩。

姓号之，二百余年不辍。

列姑射山①在海河洲中，山上有神人焉，吸风饮露，不食五谷；心如渊泉，形如处女；不偎②不爱，仙圣为之臣；不畏不怒，愿悫③为之使；不施不惠，而物自足；不聚不敛，而己无愆。阴阳常调，日月常明，四时常若，风雨常均，字④育常时，年谷常丰；而土无札伤⑤，人无夭恶，物无疵厉，鬼无灵响⑥焉。

列子师老商氏，友伯高子；进二子之道，乘风而归。尹生闻之，从列子居，数月不省舍⑦。因间请蕲⑧其术者，十反而十不告。尹生怼而请辞，列子又不命。尹生退。数月，意不已，又往从之。列子曰："汝何去来之频？"尹生曰："曩章戴⑨有请于子，子不我告，固有憾于子。今复脱然，是以又来。"列子曰："曩吾以汝为达，今汝之鄙至此乎。姬⑩！将告汝所学于夫子者矣。自吾之事夫子友若人也，三年之后，心不敢念是非，口不敢言利害，始得夫子一眄⑪而已。五年之后，心庚⑫念是非，口庚言利害，夫子始一解颜而笑。七年之后，从心之所念，庚无是非；从口之所言，庚无利害，夫子始一引吾并席而坐。九年之后，横心之所念，横口之所言，亦不知我之

---

① 列姑射山：古代神话中之山。
② 偎：同"畏"。
③ 愿悫：诚恳，诚实。
④ 字：生育。
⑤ 札伤：遭受瘟疫。
⑥ 灵响：灵验。
⑦ 省舍：回家探望。
⑧ 因间请蕲：趁机会请求。
⑨ 章戴：即尹生。
⑩ 姬：通"居"，坐下。
⑪ 眄：斜眼。
⑫ 庚：通"更"，更加。

是非利害欤,亦不知彼之是非利害欤;亦不知夫子之为我师,若人之为我友:内外进矣。而后眼如耳,耳如鼻,鼻如口,无不同也。心凝形释,骨肉都融;不觉形之所倚,足之所履,随风东西,犹木叶干壳。竟不知风乘我邪?我乘风乎?今女居先生之门,曾未浃时①,而怼憾者再三。女之片体将气所不受,汝之一节将地所不载。履虚乘风,其可几乎?"尹生甚怍,屏息良久,不敢复言。

列子问关尹曰:"至人潜行不空,蹈火不热,行乎万物之上而不栗。请问何以至于此?"关尹曰:"是纯气之守也,非智巧果敢之列。姬!鱼语女。凡有貌像声色者,皆物也。物与物何以相远也?夫奚足以至乎先②?是色而已。则物之造乎不形,而止乎无所化。夫得是而穷之者,焉得而正焉?彼将处乎不深之度,而藏乎无端之纪,游乎万物之所终始。壹其性,养其气,含其德,以通乎物之所造。夫若是者,其天守全,其神无郤,物奚自入焉?夫醉者之坠于车也,虽疾不死。骨节与人同,而犯害与人异,其神全也。乘亦弗知也,坠亦弗知也。死生惊惧不入乎其胸,是故遻③物而不慑。彼得全于酒而犹若是,而况得全于天乎?圣人藏于天,故物莫之能伤也。"

列御寇为伯昏无人射,引之盈贯,措杯水其肘上,发之,镝矢复沓,方矢复寓。当是时也,犹象人也。伯昏无人曰:"是射之射,非不射之射也。当与汝登高山,履危石,临百仞之渊,若能射乎?"于上无人遂登高山,履危石,临百仞之渊,背逡巡,足二分垂在外,揖御寇而进之。御寇伏地,汗流至踵。伯昏无人曰:"夫至人者,上窥青天,下潜黄泉,挥斥八极。神气不变。今汝怵然有恂目之志,尔于中也殆矣夫!"

---

① 未浃时:时间短暂。
② 先:未始有物也。
③ 遻:遇到。

范氏有子曰子华，善养私名①，举国服之；有宠于晋君，不仕而居三卿之右。目所偏视，晋国爵之；口所偏肥，晋国黜之。游其庭者侔于朝。子华使其侠客以智鄙相攻，彊弱相凌。虽伤破于前，不用介意。终日夜以此为戏乐，国殆成俗。禾生、子伯，范氏之上客，出行，经坰外，宿于田更商丘开之舍。中夜，禾生、子伯二人相与言子华之名势，能使存者亡，亡者存；富者贫，贫者富。商丘开先窘于饥寒，潜于牖北听之。因假粮荷畚②之子华之门。子华之门徒皆世族也，缟衣乘轩，缓步阔视。顾见商丘开年老力弱，面目黎黑，衣冠不检，莫不眲③之。既而狎侮欺诒，攩㧙挨抌，亡所不为。商丘开常无愠容，而诸客之技单，惫于戏笑。遂与商丘开俱乘高台，于众中漫言曰："有能自投下者赏百金。"众皆竞应。商丘开以为信然，遂先投下，形若飞鸟，扬于地，肌骨无毁。范氏之党以为偶然，未讵怪也。因复指河曲之淫隈④曰："彼中有宝珠，泳可得也。"商丘开复从而泳之。既出，果得珠焉。众昉同疑。子华昉令豫肉食衣帛之次。俄而范氏之藏大火。子华曰："若能入火取锦者，从所得多少赏若。"商丘开往无难色，入火往还，埃不漫，身不焦。范氏之党以为有道，乃共谢之曰："吾不知子之有道而诞⑤子，吾不知子之神人而辱子。子其愚我也，子其聋我也，子其盲我也，敢问其道。"商丘开曰："吾亡道。虽吾之心，亦不知所以。虽然，有一于此，试与子言之。曩子二客之宿吾舍也，闻誉范氏之势，能使存者亡，亡者存；富者贫，贫者富。吾诚之无二心，故不远而来。及来，以子党之言皆实也，唯恐诚之之不至，行之之不及，不知形体之所

---

① 私名：即私客。
② 假粮荷畚：借粮挑筐。
③ 眲：轻视。
④ 淫隈：深水潭。
⑤ 诞：欺骗。

措，利害之所存也。心一而已。物亡迕者，如斯而已。今昉知子党之诞我，我内藏猜虑，外矜观听，追幸昔日之不焦溺也，怛然内热，惕然震悸矣。水火岂复可近哉？"自此之后，范氏门徒路遇乞儿马医，弗敢辱也，必下车而揖之。宰我闻之，以告仲尼。仲尼曰："汝弗知乎？夫至信之人，可以感物也。动天地，感鬼神，横六合，而无逆者，岂但履危险，入水火而已哉？商丘开信伪物犹不逆，况彼我皆诚哉？小子识之！"

周宣王之牧正有役人梁鸯者，能养野禽兽，委食于园庭之内，虽虎狼雕鹗之类，无不柔驯者。雄雌在前，孳尾成群，异类杂居，不相搏噬也。王虑其术终于其身，令毛丘园传之。梁鸯曰："鸯，贱役也，何术以告尔？惧王之谓隐于尔也，且一言我养虎之法。凡顺之则喜，逆之则怒，此有血气者之性也。然喜怒岂妄发哉？皆逆之所犯也。夫食虎者，不敢以生物与之，为其杀之之怒也；不敢以全物与之，为其碎之之怒也。时其饥饱，达其怒心①。虎之与人异类，而媚养己者，顺也；故其杀之，逆也。然则吾岂敢逆之使怒哉？亦不顺之使喜也。夫喜之复也必怒，怒之复也常喜，皆不中也。今吾心无逆顺者也，则鸟兽之视吾，犹其侪也。故游吾园者，不思高林旷泽；寝吾庭者，不愿深山幽谷，理使然也。"

颜回问乎仲尼曰："吾尝济乎觞深之渊矣，津人操舟若神。吾问焉，曰：'操舟可学邪？'曰：'可。能游者可教也，善游者数能。乃若夫没人，则未尝见舟而谡操之者也。'吾问焉，而不告。敢问何谓也？"仲尼曰："噫！吾与若玩其文也久矣，而未达其实，而固且道与。能游者可教也，轻水也；善游者之数能也，忘水也。乃若夫没人之未尝见舟也而谡操之也，彼视渊若陵，视舟之覆犹其车却也。

---

① 时：顺其饥饱之时。达：顺其喜怒之情。

覆却万物方陈乎前而不得入其舍，恶往而不暇？以瓦抠者巧，以钩抠者惮，以黄金抠者惛。巧一也，而有所矜，则重外也。凡重外者拙内。"

孔子观于吕梁，悬水三十仞，流沫三十里，鼋鼍鱼鳖之所不能游也。见一丈夫游之，以为有苦而欲死者也，使弟子并流而承之。数百步而出，被发行歌而游于棠行①。孔子从而问之，曰："吕梁悬水三十仞，流沫三十里，鼋鼍鱼鳖所不能游，向吾见子道之，以为有苦而欲死者，使弟子并流将承子。子出而被发行歌，吾以子为鬼也。察子，则人也。请问蹈水有道乎？"曰："亡，吾无道。吾始乎故，长乎性，成乎命，与齎俱入，与汨偕出。从水之道而不为私焉，此吾所以道之也。"孔子曰："何谓始乎故，长乎性，成乎命也？"曰："吾生于陵而安于陵，故也；长于水而安于水，性也；不知吾所以然而然，命也。"

仲尼适楚，出于林中，见痀偻者承蜩，犹掇之也。仲尼曰："子巧乎！有道邪？"曰："我有道也。五六月，累垸二而不坠，则失者锱铢；累三而不坠，则失者十一；累五而不坠，犹掇之也。吾处也若橛株驹，吾执臂若槁木之枝。虽天地之大，万物之多，而唯蜩翼之知。吾不反不侧，不以万物易蜩之翼，何为而不得？"孔子顾谓弟子曰："用志不分，乃凝于神。其痀偻丈人之谓乎！"丈人曰："汝逢衣徒②也，亦何知问是乎？修汝所以，而后载言其上。"

海上之人有好沤鸟者，每旦之海上，从沤鸟游，沤鸟之至者百住而不止。其父曰："吾闻沤鸟皆从汝游，汝取来，吾玩之。"明日之海上，沤鸟舞而不下也。故曰：至言去言，至为无为。齐智之所知，则浅矣。

---

① 棠行：塘堤之下。
② 逢衣徒：读书人，指儒者。

赵襄子率徒十万，狩于中山，藉芿燔林①，扇赫百里。有一人从石壁中出，随烟烬上下，众谓鬼物。火过，徐行而出，若无所经涉者。襄子怪而留之，徐而察之：形色七窍，人也；气息音声，人也。问奚道而处石？奚道而入火？其人曰："奚物而谓石？奚物而谓火？"襄子曰："而向之所出者，石也；而向之所涉者，火也。"其人曰："不知也。"魏文侯闻之，问子夏曰："彼何人哉？"子夏曰："以商所闻夫子之言，和者大同于物，物无得伤阂者。游金石，蹈水火，皆可也。"文侯曰："吾子奚不为之？"子夏曰："刳心去智，商未之能。虽然，试语之有暇矣。"文侯曰："夫子奚不为之？"子夏曰："夫子能之而能不为者也。"文侯大说。

有神巫自齐来处于郑，命曰季咸，知人死生、存亡、祸福、寿夭，期以岁月旬日，如神。郑人见之，皆避而走。列子见之心醉，而归以告壶丘子，曰："始吾以夫子之道为至矣，则又有至焉者矣。"壶子曰："吾与汝无其文，未既其实，而固得道与？众雌而无雄，而又奚卵焉？而以道与世抗，必信矣，夫故使人得而相汝。尝试与来，以予示之。"明日，列子与之见壶子。出而谓列子曰："嘻！子之先生死矣，弗活矣，不可以旬数矣。吾见怪焉，见湿灰②焉。"列子入，涕泣沾襟，以告壶子。壶子曰："向吾示之以地文，罪③乎不誫不止，是殆见吾杜德几也。尝又与来！"明日，又与之见壶子。出而谓列子曰："幸矣，子之先生遇我也，有瘳矣。灰然有生矣，吾见杜权④矣。"列子入告壶子。壶子曰："向吾示之以天壤，名实不入，而机发于踵，此为杜权。是殆见吾善者几也。尝又与来！"明日，又与

---

① 藉芿燔林：践踏乱草，焚毁树林。
② 湿灰：湿灰难以复燃，意谓死亡之兆。
③ 罪：通"萌"。
④ 杜权：杜，闭塞。闭塞之中存点生机。

之见壶子。出而谓列子曰："子之先生坐不斋，吾无得而相焉。试斋，将且复相之。"列子入告壶子。壶子曰："向吾示之以太冲莫朕，是殆见吾衡气几也。鲵旋之潘①为渊，止水之潘为渊，流水之潘为渊，滥水之潘为渊，沃水之潘为渊，氿水之潘为渊，雍水之潘为渊，汧水之潘为渊，肥水之潘为渊，是为九渊焉。尝又与来！"明日，又与之见壶子。立未定，自失而走。壶子曰："追之！"列子追之而不及，反以报壶子，曰："已灭矣，已失矣，吾不及也。"壶子曰："向吾示之以未始出吾宗。吾与之虚而猗移，不知其谁何，因以为茅靡②，因以为波流，故逃也。"然后列子自以为未始学而归，三年不出，为其妻爨，食豕如食人，于事无亲，雕琢复朴，块然独以其形立；纷然而封戎，壹以是终。

子列子之齐，中道而反，遇伯昏瞀人。伯昏瞀人曰："奚方而反？"曰："吾惊焉。""恶乎惊？""吾食于十浆，而五浆先馈。"伯昏瞀人曰："若是，则汝何为惊已？"曰："夫内诚不解③，形谍④成光，以外镇人心，使人轻乎贵老，而虀其所患。夫浆人特为食羹之货，多余之赢；其为利也薄，其为权也轻，而犹若是。而况万乘之主，身劳于国，而智尽于事；彼将任我以事，而效我以功，吾是以惊。"伯昏瞀人曰："善哉观乎！汝处己，人将保汝矣。"无几何而往，则户外之履满矣。伯昏瞀人北面而立，敦杖蹙之乎颐。立有间，不言而出。宾者以告列子。列子提履徒跣而走，暨乎门，问曰："先生既来，曾不废药乎？"曰："已矣。吾固告汝曰，人将保汝，果保汝矣。非汝能使人保汝，而汝不能使人无汝保也，而焉用之感也？感豫出异⑤。

---

① 潘：回旋的深水。
② 茅靡：茅草顺风而飘动。
③ 解：悬解。
④ 谍：泄露。
⑤ 感豫出异：以异常的表现感染别人。

且必有感也，摇而本身，又无谓也。与汝游者，莫汝告也。彼所小言，尽人毒也。莫觉莫悟，何相孰①也！"

杨朱南之沛，老聃西游于秦，邀于郊。至梁而遇老子。老子中道仰天而叹曰："始以汝为可教，今不可教也。"杨朱不答。至舍，进涫漱巾栉②，脱履户外，膝行而前，曰："向者夫子仰天而叹曰：'始以汝为可教，今不可教。'弟子欲请夫子辞，行不间，是以不敢。今夫子间矣，请问其过。"老子曰："而睢睢，而盱盱③，而谁与居？大白若辱，盛德若不足。"杨朱蹴然变容曰："敬闻命矣！"其往也，舍者迎将家，公执席，妻执巾栉，舍者避席，炀者避灶。其反也，舍者与之争席矣。

杨朱过宋，东之于逆旅。逆旅人有妾二人，其一人美，其一人恶；恶者贵而美者贱。杨子问其故。逆旅小子对曰："其美者自美，吾不知其美也；其恶者自恶，吾不知其恶也。"杨子曰："弟子记之！行贤而去自贤之行，安往而不爱哉！"

天下有常胜之道，有不常胜之道。常胜之道曰柔，常不胜之道曰强。二者亦④知，而人未之知。故上古之言：强，先不己若者；柔，先出于己者。先不己若者，至于若己，则殆矣。先出于己者，亡所殆矣。以此胜一身若徒⑤，以此任天下若徒，谓不胜而自胜，不任而自任也。粥子曰："欲刚，必以柔守之；欲强，必以弱保之。积于柔必刚，积于弱必强。观其所积，以知祸福之乡。强胜不若己，至于若己者刚；柔胜出于己者，其力不可量。"老聃曰："兵强则灭，木强则折。柔弱者生之徒，坚强者死之徒。"

---

① 相孰：相互受益。
② 涫漱巾栉：盥洗漱口之类的用品。
③ 睢睢：张目傲视。盱盱：仰目傲视。
④ 亦：通"易"。
⑤ 若徒：像徒弟一样甘心为下。

状不必童①而智童，智不必童而状童。圣人取童智而遗童状，众人近童状而疏童智。状与我童者，近而爱之；状与我异者，疏而畏之。有七尺之骸，手足之异，戴发含齿，倚而趣②者，谓之人；而人未必无兽心。虽有兽心，以状而见亲矣。傅翼戴角，分牙布爪，仰飞伏走，谓之禽兽；而禽兽未必无人心。虽有人心，以状而见疏矣。庖牺氏、女娲氏、神农氏、夏后氏，蛇身人面，牛首虎鼻：此有非人之状，而有大圣之德。夏桀、殷纣、鲁桓、楚穆，状貌七窍，皆同于人，而有禽兽之心。而众人守一状以求至智，未可几也。黄帝与炎帝战于阪泉之野，帅熊、罴、狼、豹、貙、虎为前驱，雕、鹖、鹰、鸢为旗帜，此以力使禽兽者也。尧使夔典乐，击石拊石，百兽率舞；箫韶九成，凤皇来仪：此以声致禽兽者也。然则禽兽之心，奚为异人？形音与人异，而不知接之之道焉。圣人无所不知，无所不通，故得引而使之焉。禽兽之智有自然与人童者，其齐欲摄生，亦不假智于人也。牝牡相偶，母子相亲；避平依险，违寒就温；居则有群，行则有列；小者居内，壮者居外；饮则相携，食则鸣群。太古之时，则与人同处，与人并行。帝王之时，始惊骇散乱矣。逮于末世，隐伏逃窜，以避患害。今东方介氏之国，其国人数数③解六畜之语者，盖偏知之所得。太古神圣之人，备知万物情态，悉解异类音声。会而聚之，训而受之，同于人民。故先会鬼神魑魅，次达八方人民，末聚禽兽虫蛾。言血气之类心智不殊远也。神圣知其如此，故其所教训者无所遗逸焉。

宋有狙公者，爱狙，养之成群。能解狙之意，狙亦得公之心。损其家口，充狙之欲。俄而匮焉，将限其食。恐众狙之不驯于己也，

---

① 童：通"同"。
② 趣：通"趋"，快走。
③ 数数：急迫状。

先诳之曰:"与若芧,朝三而暮四,足乎?"众狙皆起而怒。俄而曰:"与若芧,朝四而暮三,足乎?"众狙皆伏而喜。物之以能鄙相笼①,皆犹此也。圣人以智笼群愚,亦犹狙公之以智笼众狙也。名实不亏,使其喜怒哉!

纪渻子为周宣王养斗鸡,十日而问:"鸡可斗已乎?"曰:"未也,方虚骄而恃气。"十日又问。曰:"未也,犹应影响。"十日又问。曰:"未也,犹疾视而盛气。"十日又问。曰:"几矣。鸡虽有鸣者,已无变矣。望之似木鸡矣。其德全矣。异鸡无敢应者,反走耳。"

惠盎见宋康王。康王蹀足謦咳②,疾言曰:"寡人之所说者,勇有力也,不说为仁义者也。客将何以教寡人?"惠盎对曰:"臣有道于此,使人虽勇,刺之不入;虽有力,击之弗中。大王独无意邪?"宋王曰:"善;此寡人之所欲闻也。"惠盎曰:"夫刺之不入,击之不中,此犹辱也。臣有道于此,使人虽有勇,弗敢刺;虽有力,弗敢击。夫弗敢,非无其志也。臣有道于此,使人本无其志也。夫无其志也,未有爱利之心也。臣有道于此,使天下丈夫女子莫不骦然③皆欲爱利之。此其贤于勇有力也,四累之上也。大王独无意邪?"宋王曰:"此寡人之所欲得也。"惠盎对曰:"孔、墨是已。孔丘、墨翟无地而为君,无官而为长;天下丈夫女子莫不延颈举踵而愿安利之。今大王,万乘之主也,诚有其志,则四竟之内皆得其利矣。其贤于孔、墨也远矣。"宋王无以应。惠盎趋而出。宋王谓左右曰:"辩矣,客之以说服寡人也!"

---

① 能鄙相笼:用智巧与鄙俗之法进行笼络。
② 蹀足謦咳(qǐng kài):顿足咳嗽。
③ 骦然:欢然。

仲 尼

仲尼闲居，子贡入待，而有忧色。子贡不敢问，出告颜回。颜回援琴而歌。孔子闻之，果召回入，问曰："若奚独乐？"回曰："夫子奚独忧？"孔子曰："先言尔志。"曰："吾昔闻之夫子曰：'乐天知命故不忧'，回所以乐也。"孔子愀然有间曰："有是言哉？汝之意失矣。此吾昔日之言尔，请以今言为正也。汝徒知乐天知命之无忧，未知乐天知命有忧之大也。今告若其实：修一身，任穷达，知去来之非我，亡变乱于心虑，尔之所谓乐天知命之无忧也。曩吾修《诗》、《书》，正礼乐，将以治天下，遗来世；非但修一身，治鲁国而已。而鲁之君臣日失其序，仁义益衰，情性益薄。此道不行一国与当年①，其如天下与来世矣？吾始知《诗》、《书》、礼乐无救于治乱，而未知所以革之之方。此乐天知命者之所忧。虽然，吾得之矣。夫乐而知者，非古人之所谓乐知也。无乐无知，是真乐真知；故无所不乐，无所不知，无所不忧，无所不为。《诗》、《书》、礼乐，何弃之有？革之何为？"颜回北面拜手曰："回亦得之矣。"出告子贡。子贡茫然自失，归家淫思七日，不寝不食，以至骨立。颜回重往喻之，乃反丘门，弦歌诵书，终身不辍。

陈大夫聘鲁，私见叔孙氏。叔孙氏曰："吾国有圣人。"曰："非孔丘邪？"曰："是也。""何以知其圣乎？"叔孙氏曰："吾常闻之颜回曰：'孔丘能废心而用形。'"陈大夫曰："吾国亦有圣人，子弗知乎？"曰："圣人孰谓？"曰："老聃之弟子有亢仓之者，得聃之道，能以耳视而目听。"鲁侯闻之大惊，使上卿厚礼而致之。亢仓子应聘而至。鲁侯卑辞请问之。亢仓子曰："传之者妄。我能视听不用耳目，不能

---

① 当年：毕生。

易耳目之用。"鲁侯曰："此增异矣。其道奈何？寡人终愿闻之。"亢仓子曰："我体合于心，心合于气，气合于神，神合于无。其有介然之有，唯然之音①，虽远在八荒之外，近在眉睫之内，来干②我者，我必知之。乃不知是我七孔四支之所觉，心腹六脏之知，其自知而已矣。"鲁侯大悦。他日以告仲尼，仲尼笑而不答。

商太宰见孔子曰："丘圣者欤？"孔子曰："圣则丘何敢，然则丘博学多识者也。"商太宰曰："三王圣者欤？"孔子曰："三王善任智勇者，圣则丘弗知。"曰："五帝圣者欤？"孔子曰："五帝善任仁义者，圣则丘弗知。"曰："三皇圣者欤？"孔子曰："三皇善任因时者，圣则丘弗知。"商太宰大骇，曰："然则孰者为圣？"孔子动容有间，曰："西方之人，有圣者焉，不治而不乱，不言而自信，不化而自行，荡荡乎民无能名焉。丘疑其为圣。弗知真为圣欤？真不圣欤？"商太宰嘿然心计③曰："孔丘欺我哉！"

子夏问孔子曰："颜回之为人奚若？"子曰："回之仁贤于丘也。"曰："子贡之为人奚若？"子曰："赐之辩贤于丘也。"曰："子路之为人奚若？"子曰："由之勇贤于丘也。"曰："子张之为人奚若？"子曰："师之庄贤于丘也。"子夏避席而问曰："然则四子者何为事夫子？"曰："居！吾语汝。夫回能仁而不能反，赐能辩而不能讷，由能勇而不能怯，师能庄而不能同④。兼四子之有以易吾，吾弗许也。此其所以事吾而不贰也。"

子列子既师壶丘子林，友伯昏瞀人，乃居南郭。从之处者，日数而不及。虽然，子列子亦微焉。朝朝相与辩，无不闻。而与南郭

---

① 介然：芥然，微小的。唯然：轻微的。
② 干：干扰。
③ 嘿然心计：默然心里盘算。
④ 同：随和。

子连墙二十年，不上谒请；相遇于道，目若不相见者。门之徒役以为子列子与南郭子有敌不疑。有自楚来者，问子列子曰："先生与南郭子奚敌？"子列子曰："南郭子貌充心虚，耳无闻，目无见，口无言，心无知，形无惕①。往将奚为？虽然，试与汝偕往。"阅弟子四十人同行。见南郭子，果若欺魄②焉，而不可与接。顾视子列子，形神不相偶，而不可与群。南郭子俄而指子列子之弟子末行者与言，衎衎然③若专直而在雄者。子列子之徒骇之。反舍，咸有疑色。子列子曰："得意者无言，进知者亦无言。用无言为言亦言，无知为知亦知。无言与不言，无知与不知，亦言亦知。亦无所不言，亦无所不知；亦无所言，亦无所知。如斯而已。汝奚妄骇哉？"

子列子学也，三年之后，心不敢念是非，口不敢言利害，始得老商一眄而已。五年之后，心更念是非，口更言利害，老商始一解颜而笑。七年之后，从心之所念，更无是非；从口之所言，更无利害。夫子始一引吾并席而坐。九年之后，横心之所念，横口之所言，亦不知我之是非利害欤，亦不知彼之是非利害欤，外内进矣。而后眼如耳，耳如鼻，鼻如口，无不同。心凝形释，骨肉都融；不觉形之所倚，足之所履，心之所念，言之所藏。如斯而已。则理无所隐矣。

初，子列子好游。壶丘子曰："御寇好游，游何所好？"列子曰："游之乐所玩无故。人之游也，观其所见；我之游也，观其所变。游乎游乎！未有能辨其游者。"壶丘子曰："御寇之游固与人同欤，而曰固与人异欤？凡所见，亦恒见其变。玩彼物之无故，不知我亦无故。务外游，不知务内观。外游者，求备于物；内观者，取足于身。取足于身，游之至也；求备于物，游之不至也。"于是列子终身不出，

---

① 惕：变易。
② 欺魄：用以祈雨的木偶。
③ 衎衎然：刚直貌。

自以为不知游。壶丘子曰:"游其至乎! 至游者,不知所适;至观者,不知所眂①。物物皆游矣,物物皆观矣,是我之所谓游,是我之所谓观也。故曰:游其至矣乎! 游其至矣乎!"

龙叔谓文挚曰:"子之术微矣。吾有疾,子能已乎?"文挚曰:"唯命所听。然先言子所病之证。"龙叔曰:"吾乡誉不以为荣,国毁不以为辱;得而不喜,失而弗忧;视生如死;视富如贫;视人如豕;视吾如人。处吾之家,如逆旅之舍;观吾之乡,如戎蛮之国。凡此众疾,爵赏不能劝,刑罚不能威,盛衰、利害不能易,哀乐不能移。固不可事国君,交亲友,御妻子,制仆隶。此奚疾哉?奚方能已之乎?"文挚乃命龙叔背明而立,文挚自后向明而望之。既而曰:"嘻! 吾见子之心矣:方寸之地虚矣。几圣人也! 子心六孔流通,一孔不达。今以圣智为疾者,或由此乎! 非吾浅术所能已也。"

无所由而常生者,道也。由生而生,故虽终而不亡,常也。由生而亡,不幸也。有所由而常死者,亦道也。由死而死,故虽未终而自亡者,亦常也。由死而生,幸也。故无用而生谓之道,用道得终谓之常;有所用而死者亦谓之道,用道而得死者亦谓之常。季梁之死,杨朱望其门而歌。随梧之死,杨朱抚其尸而哭。隶人②之生,隶人之死,众人且歌,众人且哭。

目将眇者,先睹秋毫;耳将聋者,先闻蚋飞;口将爽者,先辨淄渑;鼻将窒者,先觉焦朽;体将僵者,先亟奔佚;心将迷者,先识是非:故物不至者则不反。

郑之圃泽多贤,东里多才。圃泽之役有伯丰子者,行过东里,遇邓析。邓析顾其徒而笑曰:"为若舞③彼来者奚若?"其徒曰:"所

---

① 眂:视。

② 隶人:普通人。

③ 舞:嘲弄。

愿知也。"邓析谓伯丰子曰："汝知养养之义乎？受人养而不能自养者，犬豕之类也；养物而物为我用者，人之力也。使汝之徒食而饱，衣而息，执政之功也。长幼群聚而为牢藉庖厨之物，奚异犬豕之类乎？"伯丰子不应。伯丰子之从者越次而进曰："大夫不闻齐鲁之多机乎？有善治土木者，有善治金革者，有善治声乐者，有善治书数者，有善治军旅者，有善治宗庙者，群才备也。而无相位者，无能相使者。而位之者无知，使之者无能，而知之与能为之使焉。执政者，乃吾之所使，子奚矜焉？"邓析无以应，目其徒而退。

公仪伯以力闻诸侯，堂谿公言之于周宣王，王备礼以聘之。公仪伯至，观形，懦夫也。宣王心惑而疑曰："女之力何如？"公仪伯曰："臣之力能折春螽之股，堪秋蝉之翼。"王作色曰："吾之力能裂犀兕之革，曳九牛之尾，犹憾其弱。女折春螽之股，堪秋蝉之翼，而力闻天下，何也？"公仪伯长息退席，曰："善哉王之问也！臣敢以实对。臣之师有商丘子者，力无敌于天下，而六亲不知；以未尝用其力故也。臣以死事之。乃告臣曰：'人欲见其所不见，视人所不窥；欲得其所不得，修人所不为。故学眎者先见舆薪，学听者先闻撞钟。夫有易于内者无难于外。于外无难，故名不出其一家。'今臣之名闻于诸侯，是臣违师之教，显臣之能者也。然则臣之名不以负其力者也，以能用其力者也；不犹愈于负其力者乎？"

中山公子牟者，魏国之贤公子也。好与贤人游，不恤国事，而悦赵人公孙龙。乐正子舆之徒笑之。公子牟曰："子何笑牟之悦公孙龙也？"子舆曰："公孙龙之为人也，行无师，学无友，佞给①而不中，漫衍而无家，好怪而妄言。欲惑人之心，屈人之口，与韩檀等肄②之。"公子牟变容曰："何子状公孙龙之过欤？请闻其实。"子舆

---

① 佞给：巧言善辩。
② 肄：学习。

曰："吾笑龙之诒①孔穿，言'善射者能令后镞中前括，发发相及，矢矢相属；前矢造准而无绝落，后矢之括犹衔弦，视之若一焉。'孔穿骇之。龙曰：'此未其妙者。逢蒙之弟子曰鸿超，怒其妻而怖之。引乌号之弓，綦卫之箭，射其目。矢来注眸子而眶不睫，矢隧地而尘不扬。'是岂智者之言与？"公子牟曰："智者之言固非愚者之所晓。后镞中前括，钧后于前。矢注眸子而眶不睫，尽矢之势也。子何疑焉？"乐正子舆曰："子，龙之徒，焉得不饰其阙？吾又言其尤者。龙诳魏王曰：'有意不心。有指不至。有物不尽。有影不移。发引千钧。白马非马。孤犊未尝有母。'②其负类反伦，不可胜言也。"公子牟曰："子不谕至言而以为尤也，尤其在子矣。夫无意则心同。无指则皆至。尽物者常有。影不移者，说在改也。发引千钧，势至等也。白马非马，形名离也。孤犊未尝有母，非孤犊也。"乐正子舆曰："子以公孙龙之鸣皆条也。设令发于余窍③，子亦将承之。"公子牟默然良久，告退，曰："请待余日，更谒子论。"

尧治天下五十年，不知天下治欤，不治欤？不知亿兆之愿戴己欤？不愿戴己欤？顾问左右，左右不知。问外朝，外朝不知。问在野，在野不知。尧乃微服游于康衢，闻儿童谣曰："立我蒸民，莫匪尔极。不识不知，顺帝不则。"尧喜问曰："谁教尔为此言？"童儿曰："我闻之大夫。"问大夫，大夫曰："古诗也。"尧还宫，召舜，因禅以天下。舜不辞而受之。

---

① 诒：欺骗。

② 有意不心、有指不至、有物不尽、有影不移、发引千钧、白马非马、孤犊未尝有母：皆名家辩题。有意不心，意念与本心是不同的；有指不至，指称得不到本质；有物不尽，物体永分不尽；有影不移，影子不断运动，动之影已非前之影；发引千钧，如力均衡，发可悬重物；白马非马，白为色，马为形，故白马非马；孤犊未尝有母，孤犊生有母，但此时无母，有母非孤犊。

③ 余窍：肛门。

关尹喜曰："在己无居，形物其箸①。其动若水，其静若镜，其应若响。故其道若物者也。物自违道，道不违物。善若道者，亦不用耳，亦不用目，亦不用力，亦不用心。欲若道而用视听形智以求之，弗当矣。瞻之在前，忽焉在后；用之弥满六虚，废之莫知其所。亦非有心者所能得远，亦非无心者所能得近。唯默而得之而性成之者得之。知而亡情，能而不为，真知真能也。发无知，何能情？发不能，何能为？聚块也，积尘也，虽无为而非理也。②"

杨 朱

杨朱游于鲁，舍于孟氏。孟氏问曰："人而已矣，奚以名为？"曰："以名者为富。""既富矣，奚不已焉？"曰："为贵"。"既贵矣，奚不已焉？"曰："为死。""既死矣，奚为焉？"曰："为子孙。""名奚益于子孙？"曰："名乃苦其身，燋③其心。乘其名者，泽及宗族，利兼乡党；况子孙乎？""凡为名者必廉，廉斯贫；为名者必让，让斯贱。"曰："管仲之相齐也，君淫亦淫，君奢亦奢。志合言从，道行国霸。死之后，管氏而已。田氏之相齐也，君盈则己降，君敛则己施。民皆归之，因有齐国；子孙享之，至今不绝。""若实名贫，伪名富。"曰："实无名，名无实。名者，伪而已矣。昔者尧舜伪以天下让许由、善卷，而不失天下，享祚百年。伯夷、叔齐实以孤竹君让而终亡其国，饿死于首阳之山。实伪之辩，如此其省④也。"

杨朱曰："百年，寿之大齐。得百年者千无一焉。设有一者，孩

---

① 在己无居，形物其箸：箸，同"著"，显明。自己内心无偏执，外物自在显著。

② 聚块也，积尘也，虽无为而非理也：意谓道家讲无为无知，实是觉解后之无为无能，非无知无觉之无为无能。

③ 燋：烧灼。

④ 省：清晰明白。

抱以逮①昏老，几居其半矣。夜眠之所弭，昼觉之所遗，又几居其半矣。痛疾哀苦，亡失忧惧，又几居其半矣。量十数年之中，逌然②而自得亡介焉之虑者，亦亡一时之中尔。则人之生也奚为哉？奚乐哉？为美厚尔，为声色尔。而美厚复不可常厌足，声色不可常玩闻。乃复为刑赏之所禁劝，名法之所进退；遑遑尔竞一时之虚誉，规死后之余荣；偊偊③尔顺耳目之观听，惜身意之是非；徒失当年之至乐，不能自肆于一时。重囚累梏，何以异哉？太古之人知生之暂来，知死之暂往，故从心而动，不违自然所好；当身之娱非所去也，故不为名所劝。从性而游，不逆万物所好，死后之名非所取也，故不为刑所及。名誉先后，年命多少，非所量也。"

杨朱曰："万物所异者生也，所同者死也。生则有贤愚、贵贱，是所异也；死则有臭腐、消灭，是所同也。虽然，贤愚、贵贱，非所能也，臭腐、消灭，亦非所能也。故生非所生，死非所死，贤非所贤，愚非所愚，贵非所贵，贱非所贱。然而万物齐生齐死，齐贤齐愚，齐贵齐贱。十年亦死，百年亦死。仁圣亦死，凶愚亦死。生则尧、舜，死则腐骨；生则桀、纣，死则腐骨。腐骨一矣，孰知其异？且趣当生，奚遑死后？"

杨朱曰："伯夷非亡欲，矜清之邮④，以放⑤饿死。展季非亡情，矜贞之邮，以放寡宗。清贞之误善之若此！"

杨朱曰："原宪窭于鲁，子贡殖于卫。原宪之窭损生，子贡之殖累身。""然则窭亦不可，殖亦不可，其可焉在？"曰："可在乐生，可在逸身。故善乐生者不窭，善逸身者不殖。"

---

① 逮：到。
② 逌然：舒适自得貌。
③ 偊偊：独行貌。
④ 邮：通"尤"，过分。
⑤ 放：至。

杨朱曰："古语有之：'生相怜，死相捐①。'此语至矣。相怜之道，非唯情也；勤能使逸，饥能使饱，寒能使温，穷能使达也。相捐之道，非不相哀也；不含珠玉，不服文锦，不陈牺牲，不设明器也。晏平仲问养生于管夷吾。管夷吾曰：'肆之而已，勿壅勿阏②。'晏平仲曰：'其目奈何？'夷吾曰：'恣耳之所欲听，恣目之所欲视，恣鼻之所欲向，恣口之所欲言，恣体之所欲安，恣意之所欲行。夫耳之所欲闻者音声，而不得听，谓之阏聪；目之所欲见者美色，而不得视，谓之阏明；鼻之所欲向者椒兰，而不得嗅，谓之阏颤③；口之所欲道者是非，而不得言，谓之阏智；体之所欲安者美厚，而不得从，谓之阏适；意之所为者放逸，而不得行，谓之阏性。凡此诸阏，废虐之主。去废虐之主④，熙熙然以俟死，一日、一月、一年、十年，吾所谓养。拘此废虐之主，录而不舍⑤，戚戚然以至久生，百年、千年、万年，非吾所谓养。'管夷吾曰：'吾既告子养生矣，送死奈何？'晏平仲曰：'送死略矣，将何以告焉？'管夷吾曰：'吾固欲闻之。'平仲曰：'既死，岂在我哉？焚之亦可，沉之亦可，瘗之亦可，露之亦可，衣薪而弃诸沟壑亦可，衮衣绣裳而纳诸石椁亦可，唯所遇焉。'管夷吾顾谓鲍叔、黄子曰：'生死之道，吾二人进之矣。'"

子产相郑，专国之政；三年，善者服其化，恶者畏其禁，郑国以治。诸侯惮之。而有兄曰公孙朝，有弟曰公孙穆。朝好酒，穆好色。朝之室也聚酒千钟，积曲成封⑥，望门百步，糟浆之气逆于人

---

① 生相怜，死相捐：活着，相互怜惜；死了，相互捐弃。厚养薄葬是也。
② 肆之而已，勿壅勿阏：肆意放性而已，不要堵塞也不要遏制自己的欲望。
③ 颤（shān）：鼻通能辨气味。
④ 废虐之主：残害身体的主因。
⑤ 录而不舍：受约束而不知捐弃。
⑥ 积曲成封：酒曲堆积如山。

鼻。方其荒于酒也，不知世道之安危，人理之悔吝，室内之有亡，九族之亲疏，存亡之哀乐也。虽水火兵刃交于前，弗知也。穆之后庭比房数十，皆择稚齿婑媠者①以盈之。方其耽于色也，屏亲昵，绝交游，逃于后庭，以昼足夜；三月一出，意犹未惬。乡有处子之娥姣者，必贿而招之，媒而挑之，弗获而后已。子产日夜以为戚，密造邓析而谋之，曰："侨闻治身以及家，治家以及国，此言自于近至于远也。侨为国则治矣，而家则乱矣。其道逆邪？将奚方以救二子？子其诏之！"邓析曰："吾怪之久矣！未敢先言。子奚不时其治也，喻以性命之重，诱以礼义之尊乎？"子产用邓析之言，因间以谒其兄弟，而告之曰："人之所以贵于禽兽者，智虑。智虑之所将者，礼义。礼义成，则名位至矣。若触情而动，耽于嗜欲，则性命危矣。子纳侨之言，则朝自悔而夕食禄矣。"朝、穆曰："吾知之久矣，择之亦久矣，岂待若言而后识之哉？凡生之难遇而死之易及。以难遇之生，俟易及之死，可孰念哉？而欲尊礼义以夸人，矫情性以招名，吾以此为弗若死矣。为欲尽一生之欢，穷当年之乐。唯患腹溢而不得恣口之饮，力惫而不得肆情于色；不遑忧名声之丑，性命之危也。且若以治国之能夸物，欲以说辞乱我之心，荣禄喜我之意，不亦鄙而可怜哉？我又欲与若别之。夫善治外者，物未必治，而身交苦；善治内者，物未必乱，而性交逸。以若之治外，其法可暂行于一国，未合于人心；以我之治内，可推之于天下，君臣之道息矣。吾常欲以此术而喻之，若反以彼术而教我哉？"子产忙然无以应之。他日以告邓析。邓析曰："子与真人居而不知也，孰谓子智者乎？郑国之治偶耳，非子之功也。"

　　卫端木叔者，子贡之世也。藉其先赀，家累万金。不治世故，

---

① 稚齿婑媠（wǒ tuǒ）者：年少美貌者。

放意所好。其生民之所欲为，人意之所欲玩者，无不为也，无不玩也。墙屋台榭，园囿池沼，饮食车服，声乐嫔御，拟齐楚之君焉。至其情所欲好，耳所欲听，目所欲视，口所欲尝，虽殊方偏国，非齐土之所产育者，无不必致之；犹藩墙之物也。及其游也，虽山川阻险，途径修远，无不必之，犹人之行咫步也。宾客在庭者日百住，庖厨之下不绝烟火，堂庑之上不绝声乐。奉养之余，先散之宗族；宗族之余，次散之邑里；邑里之余，乃散之一国。行年六十，气干将衰，弃其家事，都散其库藏、珍宝、车服、妾媵。一年之中尽焉，不为子孙留财。及其病也，无药石之储；及其死也，无瘗埋之资。一国之人受其施者，相与赋而藏之，反其子孙之财焉。禽骨釐闻之，曰："端木叔，狂人也，辱其祖矣。"段干生闻之，曰："端木叔，达人也，德过其祖矣。其所行也，其所为也，众意所惊，而诚理所取。卫之君子多以礼教自持，固未足以得此人之心也。"

孟孙阳问杨朱曰："有人于此，贵生爱身，以蕲不死，可乎？"曰："理无不死。""以蕲久生，可乎？"曰："理无久生。生非贵之所能存，身非爱之所能厚。且久生奚为？五情好恶，古犹今也；四体安危，古犹今也；世事苦乐，古犹今也；变易治乱，古犹今也。既闻之矣，既见之矣，既更之矣，百年犹厌其多，况久生之苦也乎？"孟孙阳曰："若然，速亡愈于久生；则践锋刃，入汤火，得所志矣。"杨子曰："不然；既生，则废而任之，究其所欲，以俟于死。将死，则废而任之，究其所之，以放于尽。无不废，无不任，何遽①迟速于其间乎？"

杨朱曰："伯成子高不以一毫利物，舍国而隐耕。大禹不以一身自利，一体偏枯。古之人损一毫利天下不与也，悉天下奉一身不取

---

① 遽：担心，惶恐。

也。人人不损一毫，人人不利天下，天下治矣。"禽子问杨朱曰："去子体之一毛以济一世，汝为之乎？"杨子曰："世固非一毛之所济。"禽子曰："假济，为之乎？"杨子弗应。禽子出语孟孙阳。孟孙阳曰："子不达夫子之心，吾请言之。有侵若肌肤获万金者，若为之乎？"曰："为之。"孟孙阳曰："有断若一节①得一国，子为之乎？"禽子默然有间。孟孙阳曰："一毛微于肌肤，肌肤微于一节，省矣。然则积一毛以成肌肤，积肌肤以成一节。一毛固一体万分中之一物，奈何轻之乎？"禽子曰："吾不能所以答子。然则以子之言问老聃、关尹，则子言当矣；以吾言问大禹、墨翟，则吾言当矣。"孟孙阳因顾与其徒说他事。

杨朱曰："天下之美归之舜、禹、周、孔，天下之恶归之桀、纣。然而舜耕于河阳，陶于雷泽，四体不得暂安，口腹不得美厚；父母之所不爱，弟妹之所不亲。行年三十，不告而娶。乃受尧之禅，年已长，智已衰。商钧②不才，禅位于禹，戚戚然以至于死：此天人之穷毒者也。鲧治水土，绩用不就，殛③诸羽山。禹纂业事仇，惟荒土功，子产不字，过门不入；身体偏枯，手足胼胝。及受舜禅，卑宫室，美绂冕，戚戚然以至于死：此天人之忧苦者也。武王既终，成王幼弱，周公摄天子之政。邵公不悦，四国流言。居东三年，诛兄放弟，仅免其身，戚戚然以至于死：此天人之危惧者也。孔子明帝王之道，应时君之聘，伐树于宋，削迹于卫，穷于商周，围于陈、蔡，受屈于季氏，见辱于阳虎，戚戚然以至于死：此天民之遑遽④者也。凡彼四圣者，生无一日之欢，死有万世之名。名者，固非实

---

① 一节：一段肢体。
② 商钧：舜之子。
③ 殛：诛杀。
④ 遑遽：凄惨窘迫。

之所取也。虽称之弗知，虽赏之不知，与株块无以异矣。桀藉累世之资，居南面之尊，智足以距群下，威足以震海内；恣耳目之所误，穷意虑之所为，熙熙然以至于死：此天民之逸荡者也。纣亦藉累世之资，居南面之尊；威无不行，志无不从；肆情于倾宫，纵欲于长夜；不以礼义自苦，熙熙然以至于诛：此天民之放纵者也。彼二凶也，生有纵欲之欢，死被愚暴之名。实者，固非名之所与也。虽毁之不知，虽称之弗知，此与株块奚以异矣。彼四圣虽美之所归，苦以至终，同归于死矣。彼二凶虽恶之所归，乐以至终，亦同归于死矣。"

杨朱见梁王，言治天下如运诸掌。梁王曰："先生有一妻一妾而不能治，三亩之园而不能芸，而言治天下如运诸掌，何也？"对曰："君见其牧羊者乎？百羊而群，使五尺童子荷箠①而随之，欲东而东，欲西而西。使尧牵一羊，舜荷箠而随之，则不能前矣。且臣闻之：吞舟之鱼，不游枝流；鸿鹄高飞，不集洿池②。何则？其极远也。黄钟大吕，不可从烦奏之舞，何则？其音疏也。将治大者不治细，成大功者不成小，此之谓矣。"

杨朱曰："太古之事灭矣，孰志之哉？三皇之事，若存若亡；五帝之事，若觉若梦；三王之事，或隐或显，亿不识一；当身之事，或闻或见，万不识一；目前之事，或存或废，千不识一。太古至于今日，年数固不可胜纪。但伏羲已来三十余万岁，贤愚、好丑、成败、是非，无不消灭；但迟速之间耳。矜一时之毁誉，以焦苦其神形，要死后数百年中余名，岂足润枯骨？何生之乐哉？"

杨朱曰："人肖天地之类，怀五常之性，有生之最灵者也。人者，爪牙不足以供守卫，肌肤不足以自捍御，趋走不足以从利逃害，

---

① 箠：鞭子。
② 洿池：低洼的水池。

无毛羽以御寒暑，必将资物以为养，任智而不恃力。故智之所贵，存我为贵；力之所贱，侵物为贱。然身非我有也，既生，不得不全之；物非我有也，既有，不得而去之。身固生之主，物亦养之主。虽全生，不可有其身；虽不去物，不可有其物。有其物，有其身，是横私天下之身，横私天下之物。不横私天下之身，不横私天下物者，其唯圣人乎！公天下之身，公天下之物，其唯至人矣！此之谓至至者也。"

杨朱曰："生民之不得休息，为四事故：一为寿，二为名，三为位，四为货。有此四者，畏鬼，畏人，畏威，畏刑：此谓之遁民①也。可杀可活，制命在外。不逆命，何羡寿？不矜贵，何羡名？不要势，何羡位？不贪富，何羡货？此之谓顺民也。天下无对，制命在内。故语有之曰：'人不婚宦，情欲失半；人不衣食，君臣道息。'周谚曰：'田父可坐杀。'晨出夜入，自以性之恒；啜菽茹藿，自以味之极；肌肉粗厚，筋节腃急②，一朝处以柔毛绨幕，荐以粱肉兰橘，心㾛体烦，内热生病矣。商、鲁之君与田父侔地，则亦不盈一时而惫矣。故野人之所安，野人之所美，谓天下无过者。昔者宋国有田夫，常衣缊黂③，仅以过冬。暨春东作，自曝于日，不知天下之有广厦隩室，绵纩狐貉。顾谓其妻曰：'负日之暄④，人莫知者；以献吾君，将有重赏。'里之富室告之曰：'昔人有美戎菽，甘枲茎芹萍子⑤者，对乡豪称之。乡豪取而尝之，蜇于口，惨于腹，众哂而怨之，其人大惭。子，此类也。'"

---

① 遁民：违背本性之人。
② 腃急：蜷曲紧张。
③ 缊黂：麻絮冬衣。
④ 暄：暖和。
⑤ 甘枲茎芹萍子：枲，即麻。芹，小芹菜。萍子，蒿子，有青蒿、白蒿等。

杨朱曰："丰屋、美服、厚味、姣色，有此四者，何求于外？有此而求外者，无厌之性。无厌之性，阴阳之蠹也。忠不足以安君，适足以危身；义不足以利物，适足以害生。安上不由于忠，而忠名灭焉；利物不由于义，而义名绝焉。君臣皆安，物我兼利，古之道也。鬻子曰：'去名者无忧。'老子曰：'名者实之宾。'而悠悠者趋名不已。名固不可去？名固不可宾邪？今有名则尊荣，亡名则卑辱。尊荣则逸乐，卑辱则忧苦。忧苦，犯性者也；逸乐，顺性者也。斯实之所系矣。名胡可去？名胡可宾？但恶夫守名而累实。守名而累实，将恤危亡之不救，岂徒逸乐忧苦之间哉？"

管　子

《管子》是战国时各学派托名于管仲的言论汇编，其内容很庞杂，不是一人一时之笔，也不是一家一派之言，包括了法家、儒家、道家、阴阳家、名家、兵家和农家的观点。其主要内容可能出于战国中、后期的齐国稷下学宫。《管子》中的《心术》上、下，《内业》，《白心》四篇为稷下黄老道家思想的代表作，其源出老学，但结合了儒、形名、法术等思想，侧重现实社会层面的关注。其中"精气""全心""虚静"等观念都有着重要的美学意义。选文摘自陈鼓应著《管子四篇诠释》，商务印书馆2006年版。

心术上

经

心之在体，君之位也；九窍之有职，官之分也。心处其道，九窍循理。嗜欲充益,目不见色,耳不闻声。故曰:上离其道,下失其事。毋代马走,使尽其力;毋代鸟飞,使弊其羽翼;毋先物动,以观其则。动则失位,静乃自得。

道不远而难极也,与人并处而难得也。虚其欲,神将入舍;扫除不洁,神乃留处。人皆欲智,而莫索其所以智乎。智乎,智乎,投之海外无自夺。求之者,不及虚之者①,夫圣人无求之也,故能虚无。

虚无无形谓之道,化育万物谓之德。君臣父子人间之事谓之义。登降揖让、贵贱有等、亲疏之体谓之礼,简物小大一道②,杀僇禁诛谓之法。

大道可安而不可说。真人之言,不义不颇③。不出于口,不见于色,四海之人,又孰知其则。

天曰虚,地曰静,乃不伐。洁其宫,开其门,去私毋言,神明若存。纷乎其若乱,静之而自治。强不能遍立,智不能尽谋。物固有形,形固有名,名当,谓之圣人。故必知不言之言、无为之事,然后知道之纪。殊形异执④,而与万物异理,故可以为天下始。

人之可杀,以其恶死也;其可不利,以其好利也。是以君子不忧⑤乎好,不迫乎恶,恬愉无为,去知与故⑥。其应也,非所设也;其动也,非所取也。过在自用,罪在变化。是故有道之君,其处也,

---

① 求之者:客观知识的追求者。虚之者:智慧的体悟者。
② 简物小大一道:物,众多、杂多。无论简繁大小,都遵循道之原则。
③ 不义不颇:原文为不义不顾,从郭沫若《管子集校》改。义为倾斜之意,颇为偏颇。
④ 执:势。
⑤ 忧:诱惑。
⑥ 故:陈鼓应注为"诈伪"。

若无知;其应物也,若偶之,静因之道也①。

解

"心之在体,君之位也;九窍之有职,官之分也。"耳目者,视听之官也。心而无与视听之事,则官得守其分矣。夫心有欲者,物过而目不见,声至而耳不闻也,故曰:"上离其道,下失其事"。故曰心术②者,无为而制窍者也,故曰:"君"。"无代马走","无代鸟飞",此言不夺能,而不与下成也。"毋先物动"者,摇者不定,趮③者不静,言动之不可以观其则也。"位"者,谓其所立也。人主者,立于阴;阴者静,故曰"动则失位"。阴则能制阳矣,静则能制动矣,故曰"静乃自得"。

道在天地之间也,其大无外,其小无内,故曰"不远而难极也"。虚之与人也无间,唯圣人得虚道,故曰"并处而难得"。世人之所职④者精也,去欲则宣⑤,宣则静矣;静则精,精则独立矣;独则明,明则神矣。神者至贵也,故馆不辟除,则贵人不舍焉,故曰"不洁则神不处"。"人皆欲知,而莫索之"。其所以知,彼也;其所以知,此也⑥。不修之此,焉能知彼?修之此,莫能虚矣。虚者,无藏也,故曰去知则奚率求矣?无藏则奚设矣?无求无设则无虑,无虑则反覆虚矣。

天之道,"虚其无形"。虚则不屈,无形则无所抵忤;无所抵忤,

---

① 偶之:与物顺应一体,自然契合。静因之道:赵守正《管子通解》:"言排除主观的嗜欲成见,完全依照客观事物自身的规律行事。"
② 心术:心的功能。
③ 趮:同"躁"。
④ 职:同"识"。
⑤ 宣:通畅。
⑥ 其所以知,彼也;其所以知,此也:彼为认识的对象,此为认识的主体。疑应为"其所知,彼也;其所以知,此也"。

故遍流万物而不变。"德"者道之舍①，物得以生生，知得以职道之精。故德者，得也；得也者，谓得其所以然也。以无为之谓道，舍之之谓德，故道之与德无间，故言之者不别也。人间之理者，谓其所以舍也。"义"者，谓各处其宜也。"礼"者，因人之情，缘义之理，而为之节文者也。故礼者，谓有理也；理也者，明分以谕义之意也。故礼出乎义，义出乎理，理因乎宜者也。"法"者所以同出，不得不然者也，故杀僇禁诛以一之也。故事督乎法，法出乎权②，权出乎道。

道也者，动不见其形，施不见其德，万物皆以得，然莫知其极。故曰"可安而不可说"也。"真人"，言至也。"不宜"，言应也。应也者，非吾所设，故能无宜也。"不颇"，言因也。因也者，非吾所取，故无颇也。"不出于口，不见于色"，言无形也；"四海之人，孰知其则"，言深囿也。

天之道虚，地之道静。虚则不屈，静则不变，不变则无过，故曰"不伐"。"洁其宫，阙③其门"，宫者，谓心也，心也者，智之舍也，故曰"宫"；洁之者，去好恶也。门者，谓耳目也，耳目者，所以闻见也。"物固有形，形固有名"，此名不得过实，实不得延名④。姑形以形，以形务名⑤，督言正名，故曰"圣人"。"不言之言"，应也；应也者，以其为之人者也⑥。执其名，务其应，所以成之、应之道也。"无为之道"，因也，因也者，无益无损也。以其形，因为

---

① 舍：陈鼓应注为"施用"。笔者认为应为精舍、居舍，道之居于万物之中，即为德。
② 权：权衡。
③ 阙：开。
④ 延名：在名之外，超过名。
⑤ 以形务名：务，求。根据事物之形求得相应的名，形名一致。
⑥ 以其为之人者也：张舜徽《周秦道论发微》认为应为"以其出为之人者也"。出为事物之动出显现，入为主观之反应。可从。

之名，此因之术也。名者，圣人之所以纪①万物也。人者立于强，务于善，未②于能，动于故者也。圣人无之，无之则与物异矣。异则虚，虚者，万物之始也，故曰"可以为天下始"。

人迫于恶，则失其所好；怵于好，则忘其所恶；非道也。故曰："不怵乎好，不迫乎恶"。恶不失其理，欲不过其情，故曰"君子"。"恬愉无为，去智与故"，言虚素也。"其应非所设也，其动非所取也"，此言因也。因也者，舍己而以物为法者也。感而后应，非所设也；缘理而动，非所取也。"过在自用，罪在变化"，自用则不虚，不虚则仵③于物矣。变化则为生，为生则乱矣，故道贵因。因者，因其能者，言所用也。"君子之处也若无知"，言至虚也。"其应物也，若偶之"，言时适也，若影之象形，响之应声也。故物至则应，过则舍矣。舍矣者，言复返于虚也。

心术下

形不正者德不来，中不精者心不治。正形饰德，万物毕得。翼然④自来，神莫知其极。昭知天下，通于四极。是故曰无以物乱官，毋以官乱心，此之谓内德。是故意气定然后反正。气者身之充也，行者正之义也。充不美则心不得，行不正则民不服。是故圣人若天然，无私覆也；若地然，无私载也。私者，乱天下者也。凡物载名而来，圣人因而裁之而天下治。名实不伤，不乱于天下而天下治。

专于意，一于心，耳目端，知远之近⑤。能专乎，能一乎？能

---

① 纪：统领。
② 未：同"昧"，执迷。
③ 仵：抵忤。
④ 翼然：绵绵不绝貌。
⑤ 知远之近：知未来之事如在目前。

毋卜筮而知凶吉乎？能止乎？能已乎？能毋问于人而自得之于己乎？故曰思之思之，思之不得，鬼神教之。非鬼神之力也，其精气之极也。

一气能变曰精，一事能变曰智。慕选者，所以等事也①；极变者，所以应物也。慕选而不乱，极变而不烦。执一之君子，执一而不失，能君万物，日月之与同光，天地之与同理。圣人裁物，不为物使。心安是国安也，心治是国治也。治也者心也，安也者心也。治心在于中，治言出于口，治事加于民，故功作而民从，则百姓治矣。所以操②者非刑也，所以危者非怒也。民人操，百姓治。

道，其本至也，至不至无，非所人而乱。凡在有司执制者之利，非道也。圣人之道，若存若亡，援而用之，殁世不亡。与时变而不化，应物而不移，日用之而不亡。

人能正静者，筋肕而骨强。能载大圆者体乎大方，镜大清者视乎大明。正静不失，日新其德，昭知天下，通于四极。全心③在中不可匿，外见于形容，可知于颜色。善气迎人，亲如弟兄；恶气迎人，害于戈兵。不言之言，闻于雷鼓；全心之形，明于日月，察于父母。昔者明王之爱天下，故天下可附；暴王之恶天下，故天下可离。故赏之不足以为爱，刑之不足以为恶。赏者爱之末也，刑者恶之末也。

凡民之生也，必以正平。所以失之者，必以喜乐哀怒。节怒莫若乐，节乐莫若礼，守礼莫若敬。外敬而内静者，必反其性。岂无

---

① 慕选：疑为"恭逊"（张舜徽说）。等：等同，齐顺。

② 操：把控。

③ 全心：整全完善之心。"全心"是说整个生命状态因去除了经验之心而呈现为一种"彼心之心"之全。从气的角度而言，"全心"则是整个生命包括形体都处于一种精气灌注的最完美境地，故"心全"也意味着"形全"。在此，心、形、气已化为一体，都表现为精气之流行。

利事哉？我无利心；岂无安处哉？我无安心。心之中又有心①。意以先言，意然后形，形然后思，思然后知。凡心之形，过知失生。是故内聚以为泉原，泉之不竭，表里遂通；泉之不涸，四支坚固。能令用之，被服四固②。是故圣人一言解之，上察于天，下察于地。

白　心

建当立有，以靖为宗③，以时为宝，以政为仪，和则能久。非吾仪，虽利不为；非吾当，虽利不行；非吾道，虽利不取。上之随天，其次随人。人不倡不和，天不始不随。故其言也不废，其事也不堕。

原始计实④，本其所生。知其象则索其形，缘其理则知其情，索其端则知其名。故苞物众者莫大于天地，化物多者莫多于日月，民之所急莫急于水火。然而天不为一物枉其时，明君圣人亦不为一人枉其法。天行其所行，而万物被其利。圣人亦行其所行，而百姓被其利。是故万物均既夸众⑤矣。是以圣人之治也，静身以待之，物至而名自治之。正名自治之，奇名自废。名正法备，则圣人无事。

不可常居也，不可废舍也，随变断事也，知时以为度。大者宽，小者局，物有所余，有所不足。兵之出，出于人，其人入，入于身。兵之胜，从于适；德之来，从于身。故曰祥于鬼者义于人，兵不义不可。强而骄者损其强，弱而骄者亟死亡。强而卑义信其强，弱而

---

① 心之中又有心：陈鼓应云："在官能之心中还蕴藏着一颗更具根源性的'本心'。"
② 能令用之，被服四固：能令：如若。王念孙将后句校改为"被及四圉"。四圉即四围、四海。
③ 建当立有：陈鼓应注："'当'犹'道'，'有'犹'德'。"靖：通"静"。
④ 原始计实：推原本始考察落实。
⑤ 夸众：夸、众皆可指富庶。

卑义免于罪。是故骄之余卑，卑之余骄。

道者，一人用之，不闻有余；天下行之，不闻不足。此谓道矣。小取焉则小得福，大取焉则大得福，尽行之而天下服；殊无取焉，则民反，其身不免于贼。左者出者也，右者入者也；出者而不伤人，入者自伤也。不日不月，而事以从；不卜不筮，而谨知吉凶。是谓宽乎形，徒居而致名①。去善之言，为善之事，事成而顾反无名。能者无名，从事无事。审量出入，而观物所载。孰能法无法乎？始无始乎？终无终乎？弱无弱乎？故曰美哉弟弟②！故曰有中有中，庸能得夫中之衷③乎？故曰功成者隳，名成者亏。故曰，孰能弃名与功，而还与众人同？孰能弃功与名，而还反无成？无成有贵其成也，有成贵其无成也。日极则仄，月满则亏。极之徒仄，满之徒亏，巨之徒灭。孰能已无已乎？效夫天地之纪。人言善，亦勿听；人言恶，亦勿听。持而待之，空然勿两之④；淑然自清，无以旁言为事成。察而征之，无听辩；万物归之，美恶乃自见。

天或维之，地或载之。天莫之维，则天以坠矣；地莫之载，则地以沉矣。夫天不坠，地不沉，夫或维而载之也夫。又况于人？人有治之，辟之若夫雷鼓之动也。夫不能自摇者，夫或⑤摇之。夫或者何？若然者也。视则不见，听则不闻。洒乎天下满，不见其塞，集于颜色，知于肌肤。责其往来，莫知其时。薄乎其方也，淳乎其圜也，淳淳乎莫得其门⑥。故口为声也，耳为听也，目有视也，手有指也，足有履也，事物有所比也。当生者生，当死者死，言有西

---

① 徒居而致名：安然自处而还名于天下。
② 弟（fú）弟：昏昏之貌。
③ 内心得中之意。
④ 两之：与一相反，两之则不精一。
⑤ 或：道也。后文"若然者"也指道。
⑥ 薄：广大的样子。淳：混沌的样子。

有东，各死其向①。

置常立仪，能守贞乎？常事通道，能官人乎？故书其恶者，言其薄者。上圣之人，口无虚习也，指无虚指也，物至而命之耳。发于名声，凝于体色，此其可谕者也；不发于名声，不凝于体色，此其不可谕者也。及至于至者，教存可也，教亡可也。故曰济于舟者和于水矣，义于人者祥其神矣。事有适而无适，若有适；觿②解不可解，而后解。故善举事者，国人莫知其解。为善乎，毋提提③；为不善乎，将陷于刑。善不善，取信而止矣。若左若右，正中而已矣。悬乎日月无已也。愕愕者不以天下为忧，刺刺者不以万物为笑④。孰能弃刺刺而为愕愕乎？

难言宪术，须同⑤而出。无益言，无损言，近可以免。故曰知何知乎？谋何谋乎？审而出者，彼自来。自知曰稽，知人曰济⑥。知苟适可为天下周。内固之一，可为长久；论而用之，可为天下王。

天之视而精，四璧而知请⑦，壤土而与生。能若夫风与波乎？唯其所欲适。故子而代其父曰义也，臣而代其君曰篡也。篡何能歌？武王是也。故曰孰能去辩与巧，而还与众人同道？故曰思索精者明益衰，德行修者王道狭，卧名利者写生危，知周于六合之内者，吾知生之有为阻也。持而满之，乃其殆也。名满于天下，不若其已也。名进而身退，天之道也。满盛之国不可以仕任，满盛之家不可以嫁

---

① 言：疑为衍字。死：归。
② 觿（xī）：古代一种解结的锥子。用骨、玉等制成。也用作佩饰。
③ 提提：显扬。
④ 愕愕：落落（郭沫若说），落落无为。刺刺：陈鼓应认为应为棘棘，亟亟有为。笑：同"慼"。
⑤ 同：权衡。
⑥ 稽：明察。济：中正。
⑦ 璧：通"辟"。请：通"情"。

子，骄倨傲暴之人不可与交。

道之大如天，其广如地，其重如石，其轻如羽。民之所以知者寡。故曰何道之近，而莫之与能服也？弃近而求远，何以费力也？故曰欲爱吾身，先知吾情；君亲六合，以考内身，以此知象，乃知行情；既知行情，乃知养生。左右前后，周而复所。执仪服象，敬迎来者；今夫来者，必道其道，无迁无衍①，命乃长久。和以反中，形性相葆。一以无贰，是谓知道。将欲服之，必一其端而固其所守。责其往来，莫知其时；索之于天，与之为期，不失其期，乃能得之。故曰吾语若大明之极。大明之明，非爱人不予也，同则相从，反则相距也。吾察反则相距，吾以故知古从之同也。

内　业

凡物之精，此则为生②，下生五谷，上为列星。流于天地之间，谓之鬼神；藏于胸中，谓之圣人。是故此气，杲乎如登于天，杳乎如入于渊，淖乎如在于海，卒乎如在于己③。是故此气也，不可止以力，而可安以德；不可呼以声，而可迎以意。敬守勿失，是谓成德。德成而智出，万物毕得。

凡心之刑④，自充自盈，自生自成。其所以失之，必以忧乐喜怒欲利；能去忧乐喜怒欲利，心乃反济⑤。彼心之情，利安以宁，勿烦勿乱，和乃自成。折折乎如在于侧，忽忽乎如将不得，渺渺乎

---

① 迁：迁离。衍：泛滥。
② 此则为生：此，得此。得精气则为生命。
③ 杲：明亮。杳：幽暗。淖：同"绰"，宽舒。卒：同"萃"，萃集，聚集。
④ 刑：同"形"。
⑤ 反济：反本，复归。

如穷无极①。此稽②不远,日用其德。

夫道者,所以充形也,而人不能固,其往不复,其来不舍。谋③乎莫闻其音,卒乎乃在于心,冥冥乎不见其形,淫淫乎与我俱生。不见其形,不闻其声,而序其成,谓之道。

凡道无所,善心安处。心静气理,道乃可止。彼道不远,民得以产;彼道不离,民得以知。是故卒乎如可与索④,眇眇乎其如穷无所。彼道之情,恶音与声,修心静意,道乃可得。道也者,口之所不能言也,目之所不能视也,耳之所不能听也,所以修心而正形也。人之所失以死,所得以生也;事之所失以败,所得以成也。凡道,无根无茎,无叶无荣,万物以生,万物以成,命之曰道。

天主正,地主平,人主安静。春秋冬夏,天之时也;山陵川谷,地之材也;喜怒取予,人之谋也。是故圣人与时变而不化,从物而不移。能正能静,然后能定。定心在中,耳目聪明,四枝坚固,可以为精舍。精也者,气之精者也。气道⑤乃生,生乃思,思乃知,知乃止矣。凡心之形,过知失生。

一物能化谓之神,一事能变谓之智。化不易气,变不易智,惟执一之君子能为此乎。执一不失,能君万物。君子使物,不为物使,得一之理。治心在于中,治言出于口,治事加于人,然则天下治矣。一言得而天下服,一言定而天下听,公之谓也。

形不正,德不来;中不静,心不治。正形摄德,天仁地义,则淫然而自至。神明之极,照知万物,中守不忒。不以物乱官,不以官乱心,是谓中得。

---

① 陈鼓应注:"折折,昭明貌。忽忽,幽微貌。"
② 稽:道理,原理。
③ 谋:王念孙认为是"寂"字之讹。
④ 与索:求索。
⑤ 道:通"导"。

有神自在身，一往一来，莫之能思。失之必乱，得之必治。敬除其舍，精将自来。精想思之，宁念治之，严容畏敬，精将至定。得之而勿舍，耳目不淫，心无他图。正心在中，万物得度。

道满天下，普在民所，民不能知也。一言之解，上察于天，下极于地，蟠满九州。何谓解之？在于心安。我心治，官乃治；我心安，官乃安。治之者心也，安之者心也。心以藏心，心之中又有心焉。彼心之心①，意以先言，意然后形，形然后言，言然后使，使然后治。不治必乱，乱乃死。

精存自生，其外安荣。内藏以为泉原，浩然和平，以为气渊。渊之不涸，四体乃固；泉之不竭，九窍遂通。乃能穷天地，被四海，中无惑意，外无邪菑，心全于中，形全于外；不逢天菑，不遇人害，谓之圣人。

人能正静，皮肤裕宽，耳目聪明，筋信而骨强。乃能戴大圜而履大方，鉴于大清，视于大明。敬慎无忒，日新其德，遍知天下，穷于四极。敬发其充，是谓内得；然而不反，此生之忒。

凡道，必周必密，必宽必舒，必坚必固。守善勿舍，逐淫泽薄②。既知其极，反于道德。全心在中，不可蔽匿，知于形容，见于肤色。善气迎人，亲于弟兄；恶气迎人，害于戎兵。不言之声，疾于雷鼓；心气之形，明于日月，察于父母。赏不足以劝善，刑不足以惩过。气意得而天下服，心意定而天下听。

抟气如神，万物备存。能抟乎？能一乎？能无卜筮而知吉凶乎？能止乎？能已乎？能勿求诸人而得之己乎？思之，思之，又重思之，思之而不通，鬼神将通之，非鬼神之力也，精气之极也。四体既正，血气既静，一意抟心，耳目不淫，虽远若近。思索生知，慢易生忧，暴傲生怨，忧郁生疾，疾困乃死。思之而不舍，内困外薄，不蚤为图，

---

① 彼心之心：即本源之心。
② 泽薄：泽，舍去；薄，同"迫"。

生将巽舍①。食莫若无饱，思莫若勿致，节适之齐②，彼将自至。

凡人之生也，天出其精，地出其形，合此以为人。和乃生，不和不生。察和之道，其精不见，其征不丑③。平正擅匈④，论治在心，此以长寿。忿怒之失度，乃为之图。节其五欲，去其二凶。不喜不怒，平正擅匈。凡人之生也，必以平正。所以失之，必以喜怒忧患。是故止怒莫若诗，去忧莫若乐，节乐莫若礼，守礼莫若敬，守敬莫若静。内静外敬，能反其性，性将大定。

凡食之道，大充，伤而形不臧；大摄，骨枯而血冱⑤。充摄之间，此谓和成，精之所舍而知之所生。饥饱之失度，乃为之图。饱则疾动，饥则广思，老则长虑⑥。饱不疾动，气不通于四末；饥不广思，饱而不废⑦；老不长虑，困乃速竭。大心而敢，宽气而广，其形安而不移，能守一而弃万苛⑧。见利不诱，见害不惧。宽舒而仁，独乐其身，是谓云气⑨，意行似天。

凡人之生也，必以其欢。忧则失纪，怒则失端。忧悲喜怒，道乃无处。爱欲静之，遇乱正之。勿引勿推，福将自归。彼道自来，可藉与谋。静则得之，躁则失之。灵气在心，一来一逝，其细无内，其大无外。所以失之，以躁为害。心能执静，道将自定。得道之人，理丞而毛泄，胸中无败。节欲之道，万物不害。

---

① 巽舍：巽，通"逊"，退让。舍，居舍，人之身体。巽舍意味着生命死亡。
② 节适之齐：节制适度，达至和谐。
③ 其征不丑：征，验证。丑，比拟。
④ 擅匈：占据胸中。
⑤ 大充：过于饱食。大摄：过于节食。臧：好，如臧否人物。血冱，血气郁结。
⑥ 广思：缓慢思考。长虑：郭沫若作"忘虑"，陈鼓应作"畏虑"。作本字解亦可，长虑可为延长思虑、慢思，与"广思"一致。
⑦ 饱而不废：即食而不发，进食却难以消化。
⑧ 苛：通"疴"。
⑨ 云气：运气。

第四编 墨家、法家美学

本编导读

墨家和法家的美学属于一种功利主义美学。墨子站在普通百姓的立场对当时社会呈现的奢靡之风进行了批判，他从物质功利的角度反对过分的审美享受，代表了当时一些民众的立场，具有一定的合理性。

墨子并非没有认识到审美的作用。《非乐上》云："是故子墨子之所以非乐者，非以大钟鸣鼓、琴瑟竽笙之声以为不乐也，非以刻镂华文章之色以为不美也，非以犓豢煎炙之味以为不甘也，非以高台厚榭邃野之居以为不安也。"但墨子认为事有缓急，如果老百姓连基本的温饱问题还没有解决，就大量动用财力、物力和人力去追求审美享受这是一件极不人道的事情。《墨子·轶文》就说："食必常饱，然后求美；衣必常暖，然后求丽；居必常安，然后求乐。"正是出于这种功利先于审美的考虑，墨子提出了"非乐"的主张。

墨子看来，音乐不利于天下之大利，为"无用之费"。《墨子·非乐上》云："利人乎，即为，不利人乎，即止。且夫仁者之为天下度也，非为其目之所美，耳之所乐，口之所甘，身体之所安，以此亏夺民衣食之财，仁者弗为也。"由于音乐时刻要"亏夺民衣食之财"，"上考之不中圣王之事，下度之不中万民之利"，所以应该取消音乐。

墨子从制造乐器、演奏乐器、欣赏音乐三个层面对音乐进行了反对。为乐必须先制造乐器，而制造乐器"将必厚措敛乎万民，以为大钟鸣鼓琴瑟竽笙之声"。为乐还得找很多人演奏乐器："将必使当年，因其耳目之聪明，股肱之毕强，声之和调，眉之转朴。使丈夫为之，废丈夫耕稼树艺之时，使妇人为之，废妇人纺绩织纴之事。"为乐的目的是用于欣赏，而"与君子听之，废君子听治，与贱人听之，废贱人之从事"。正因为音乐有如此多劳民伤财的危害，所以墨子主张把音乐取消："今天下士君子，诚将欲求兴天下之利，除天下之害，当在乐之为物，将不可不禁而止也。"

墨子的"非乐"主张认识到了人的精神需要是建立在物质需要基础上的，但他没有认识到人的物质需要和精神需要是不可分割的。并且，墨子过于注重以功用性来衡量审美享受，因而对一些正常满足人的精神需要的艺术和文饰之美也进行了否定，具有"蔽于用而不知文"的偏颇性。

韩非子的美学思想也是建立在他的政治功用论基础上的。韩非子进一步发挥了荀子的人性恶哲学观念，把人与人之间的关系归结为赤裸裸的利益关系。《韩非子·备内》云："故舆人成舆，则欲人之富贵；匠人成棺，则欲人之夭死也。非舆人仁而匠人贼也，人不贵则舆不售，人不死则棺不买。情非憎人也，利在人之死也。"所以，韩非子认为为政者不要寄希望于通过人文教化来改变人的"欲利之心",而只能采用严刑峻法来实现统治。"文学者非所用,用之则乱法。"韩非子不但对礼乐、艺术的功用性进行了否定,而且还认为礼乐、艺术的存在是有害于实际功用的。因此,韩非子几乎对一切艺术活动和审美性事物都进行了否定,把墨子的功用主义美学推到了极致。

韩非子的美学思想多是通过其讲述的寓言故事体现出来的。在一些故事如"以象为楮叶""墨子为木鸢""画荚"中,韩非子不但描述了古代一些极为高明的能工巧匠的艺术创作活动,而且也给我们呈现了他们所创作对象叹为观止的艺术性。但在韩非子看来,这些费力费时的活动因为不能产生任何实际功用,所以是毫无意义的。这里鲜明地体现了韩非子对艺术活动本身的否定。同样,那些看起来具有审美性、艺术性的事物因毫无用处,甚至还有害于实际功用,也受到了韩非子的否定。如"千金之玉卮",极具美感但因其底是漏的,故都比不上至贱之瓦器。与儒家主张用具有审美性的礼乐来感化人的精神促使人向善不同,韩非子则认为用礼乐来教化性恶之人不但无济于事,反而有害于君主的统治。所以,韩非子把儒家宣扬的"五音""女乐"列在君主的"十过"之列,看作亡国之祸。

韩非子还对于一切多余的文饰进行了辛辣的揶揄,主张"好质而恶饰"。其著名的"秦伯嫁女""买椟还珠"等故事都旨在抨击儒家的文饰之害。韩非子的文质观主张疾伪主实具有一定合理性,但他连正常合理的文饰也予以反对就显得偏颇了。韩非子的对质的注重看似和道家美学相似,但二者不在同一层面。老庄的"主质"是要回归一种非功利的自然自由的审美态度,而韩非子的"主质"恰恰是功利性的。

本编主要选择《墨子》和《韩非子》中的重要哲学资料和美学性内容。《商君书》《战国策》和《史记》墨法家传记可以作为扩展阅读。

墨　子

　　《墨子》是先秦时期墨家学派的著作总集,《汉书·艺文志》著录七十一篇,现仅存十五卷,五十三篇,一般认为是由墨子的弟子及其后学在不同时期记述编纂而成。墨子,名翟,生卒年不详,春秋战国时期鲁国人,墨家学派创始人。墨子的思想主要体现在十项主张中:兼爱、非攻、尚贤、尚同、节用、节葬、非乐、天志、明鬼、非命。这十项主张都是墨子针对礼崩乐坏时代的弊端而提出来的。美学理论上,墨子立足于小生产者立场,主要对当时社会存在的美和艺术进行了否定,提出了"非乐"主张。他虽然认识到了人的精神需要是建立在物质需要基础上的,但他没有认识到人的物质需要和精神需要是不可分割的。选文摘自孙诒让撰《墨子间诂》,中华书局2001年版。

非　乐

　　子墨子言曰:仁之事者①,必务求兴天下之利,除天下之害,将以为法②乎天下。利人乎,即为;不利人乎,即止。且夫仁者之为天下度也,非为其目之所美,耳之所乐,口之所甘,身体之所安,以此亏夺③民衣食之财,仁者弗为也。

　　是故子墨子之所以非乐者,非以大钟鸣鼓、琴瑟竽笙之声以为

---

　　① 仁之事者:当为"仁者之事"。
　　② 法:准则,尺度。
　　③ 亏夺:损害夺取。

不乐也，非以刻镂华①文章之色以为不美也，非以犓豢煎炙之味以为不甘也，非以高台厚榭邃野之居以为不安也②。虽身知其安也，口知其甘也，目知其美也，耳知其乐也，然上考之不中圣王之事，下度之不中万民之利。是故子墨子曰：为乐非也。

今王公大人虽无造为乐器，以为事乎国家，非直掊潦水、折壤坦而为之也③，将必厚措敛乎万民，以为大钟鸣鼓、琴瑟竽笙之声。古者圣王亦尝厚措敛乎万民，以为舟车，既以成矣，曰："吾将恶许④用之？"曰："舟用之水，车用之陆，君子息其足焉，小人休其肩背焉。"故万民出财赍而予之，不敢以为慼恨者，何也？以其反中民之利也。然则乐器反中民之利亦若此，即我弗敢非也。然则当用乐器譬之若圣王之为舟车也，即我弗敢非也。

民有三患：饥者不得食，寒者不得衣，劳者不得息，三者民之巨患也。然即当为之撞巨钟、击鸣鼓、弹琴瑟、吹竽笙而扬干戚，民衣食之财将安可得乎？即我以为未必然也。意舍此，今有大国即攻小国，有大家即伐小家，强劫弱，众暴寡，诈欺愚，贵傲贱，寇乱盗贼并兴，不可禁止也。然即当为之撞巨钟、击鸣鼓、弹琴瑟、吹竽笙而扬干戚，天下之乱也，将安可得而治与？即我未必然也。是故子墨子曰：姑尝厚措敛乎万民，以为大钟鸣鼓、琴瑟竽笙之声，以求兴天下之利，除天下之害，而无补也。是故子墨子曰：为乐非也。

今王公大人唯毋处高台厚榭之上而视之，钟犹是延鼎也⑤，弗撞击将何乐得焉哉！其说将必撞击之。惟勿撞击，将必不使老与迟者。

---

① 华：此处"华"为衍字。
② 犓（chú）豢煎炙：泛指牛羊犬豕等牲畜。邃（suì）野：孙诒让《墨子间诂》引王引之曰："野，即'宇'字也，古读'野'如'宇'，故与'宇'通。"即深居。
③ 掊潦水、折壤坦：折、坦，疑为"拆""垣"。掊取路上的积水、拆毁土墙。
④ 许：所。
⑤ 延鼎：覆倒之鼎。

老与迟者耳目不聪明，股肱不毕强，声不和调，明不转朴①。将必使当年②，因其耳目之聪明，股肱之毕强，声之和调，眉之转朴。使丈夫为之，废丈夫耕稼树艺之时；使妇人为之，废妇人纺绩织纴之事。今王公大人唯毋为乐，亏夺民衣食之财以拊乐如此多也。是故子墨子曰：为乐非也。

今大钟鸣鼓、琴瑟竽笙之声既已具矣，大人肃然③奏而独听之，将何乐得焉哉？其说将必与贱人不与君子。与君子听之，废君子听治；与贱人听之，废贱人之从事。今王公大人惟毋为乐，亏夺民之衣食之财以拊乐如此多也。是故子墨子曰：为乐非也。

昔者齐康公兴乐万④，万人不可衣短褐，不可食糠糟，曰："食饮不美，面目颜色不足视也；衣服不美，身体从容丑羸，不足观也。"是以食必粱肉，衣必文绣。此掌⑤不从事乎衣食之财，而掌食乎人者也。是故子墨子曰：今王公大人惟毋为乐，亏夺民衣食之财以拊乐如此之也。是故子墨子曰：为乐非也。

今人固与禽兽麋鹿、蜚鸟、贞虫异者也⑥。今之禽兽麋鹿、蜚鸟、贞虫因其羽毛以为衣裘，因其蹄蚤以为绔屦⑦，因其水草以为饮食。故唯使雄不耕稼树艺，雌亦不纺绩织纴，衣食之财固已具矣。今人与此异者也，赖其力者生，不赖其力者不生。君子不强听治⑧，即刑政乱；贱人不强从事，即财用不足。今天下之士君子以吾言不然，然即

---

① 朴：孙诒让《墨子间诂》注："当作'拚'，亦以形似故误。拚者，变之假字。"眼神不灵敏。
② 当年：正当年的人，指壮年人，年轻力壮、耳目聪明之人。
③ 肃然：安静的样子。
④ 乐(lè)万：古代一种大规模的乐舞。
⑤ 掌：孙诒让《墨子间诂》云："诒让案：掌、常字通，下同。"
⑥ 蜚：通"飞"。贞：通"征"，贞虫即爬虫。
⑦ 蚤：即"爪"。绔：即"裤子"。
⑧ 听治：听狱治国。

姑尝数天下分事，而观乐之害。王公大人蚤朝晏退①，听狱治政，此其分事也；士君子竭股肱之力，亶②其思虑之智，内治官府，外收敛关市、山林、泽梁之利，以实仓廪府库，此其分事也；农夫蚤出暮入，耕稼树艺，多聚叔粟，此其分事也；妇人夙兴夜寐，纺绩织纴，多治麻丝葛绪，綑布縿③，此其分事也。今惟毋在乎王公大人说乐而听之，即必不能蚤朝晏退，听狱治政，是故国家乱而社稷危矣。今惟毋在乎士君子说乐而听之，即必不能竭股肱之力，亶其思虑之智，内治官府，外收敛关市、山林、泽梁之利，以实仓廪府库，是故仓廪府库不实。今惟毋在乎农夫说乐而听之，即必不能蚤出暮入，耕稼树艺，多聚叔粟，是故叔粟不足。今惟毋在乎妇人说乐而听之，即不必能夙兴夜寐，纺绩织纴，多治麻丝葛绪，綑布縿，是故布縿不兴。曰：孰为大人之听治而废国家之从事？曰乐也。是故子墨子曰：为乐非也。

何以知其然也？曰：先王之书汤之官刑④有之，曰："其恒舞于宫，是谓巫风。其刑，君子出丝二卫，小人否，似二伯黄径⑤。"乃言曰："呜乎！舞佯佯，黄⑥言孔章，上帝弗常，九有以亡，上帝不顺，降之百祥⑦，其家必坏丧。"察九有之所以亡者，徒从饰乐也。于武观曰："启乃淫溢康乐，野于饮食，将将铭，苋磬以力。湛浊于酒，渝食于野，万舞翼翼，章闻于天，天用弗式⑧。"故上者天鬼弗

---

① 蚤朝晏退：蚤，通"早"。晏：晚。清早去上朝，很晚才结束。形容古代一些帝王勤于政事。
② 亶：通"殚"。竭尽。
③ 绪：依毕沅说为"纻"之音借字。綑(kǔn)：织。縿(xiāo)：绢帛。
④ 官刑：传说是汤所制定的律令。
⑤ 卫：为"束"之音借字。否，通"倍"。似：通"以"。伯："帛"音借字。黄经：失考。
⑥ 黄：即"簧"，大竹。
⑦ 祥：同"殃"。
⑧ 武观：即《逸书·武观》。将将：即锵锵。铭：当为"铃"。苋：当为"筦"。翼翼：盛大貌。用：因此。

353

戒，下者万民弗利①。

是故子墨子曰：今天下士君子，请将欲求兴天下之利，除天下之害，当在乐之为物，将不可不禁而止也。（非乐上）

声乐害政

程繁问于子墨子曰："夫子曰'圣王不为乐'，昔诸侯倦于听治，息于钟鼓之乐；士大夫倦于听治，息于竽瑟之乐；农夫春耕夏耘，秋敛冬藏，息于聆缶之乐②。今夫子曰'圣王不为乐'，此譬之犹马驾而不税③，弓张而不弛，无乃非有血气者之所能至邪？"

子墨子曰："昔者尧舜有茅茨④者，且以为礼，且以为乐；汤放桀于大水，环天下自立以为王，事成功立，无大后患，因先王之乐，又自作乐，命曰护，又修九招；武王胜殷杀纣，环天下自立以为王，事成功立，无大后患，因先王之乐，又自作乐，命曰象；周成王因先王之乐，又自作乐，命曰驺虞。⑤周成王之治天下也，不若武王，武王之治天下也，不若成汤，成汤之治天下也，不若尧舜。故其乐逾繁者，其治逾寡。自此观之，乐非所以治天下也。"（三辩）

子墨子谓公孟子曰："丧礼，君与父母、妻、后子死，三年丧服。伯父、叔父、兄弟期，族人五月，姑、姊、舅、甥皆有数月之丧。或以不丧之间诵诗三百，弦诗三百，歌诗三百，舞诗三百。若

---

① 弗式：不以为常规。戒：当作"式"。
② 聆：通"铃"。
③ 税：通"脱"，卸下。
④ 茅茨：茅草盖的屋顶。亦指茅屋。
⑤ 护、九招、象、驺虞：皆为乐曲名。

用子之言，则君子何日以听治？庶人何日以从事？"公孟子曰："国乱则治之，国治则为礼乐。国治①则从事，国富则为礼乐。"子墨子曰："国之治，治之废，则国之治亦废。国之富也，从事，故富也。从事废，则国之富亦废。故虽治国，劝之无餍②，然后可也。今子曰'国治则为礼乐，乱则治之'，是譬犹噎而穿井也，死而求医也。古者三代暴王桀纣幽厉，蔼为声乐，不顾其民，是以身为刑僇，国为戾虚者，皆从此道也③。"（公孟）

行不在服

公孟子戴章甫，搢忽④，儒服，而以见子墨子，曰："君子服然后行乎？其行然后服乎？"子墨子曰："行不在服。"公孟子曰："何以知其然也？"子墨子曰："昔者齐桓公高冠博带，金剑木盾，以治其国，其国治。昔者晋文公大布之衣，牂羊⑤之裘，韦以带剑，以治其国，其国治。昔者楚庄王鲜冠组缨，绛衣博袍⑥，以治其国，其国治。昔者越王句践剪发文身，以治其国，其国治。此四君者，其服不同，其行犹一也。翟以是知行之不在服也。"公孟子曰："善！吾闻之曰'宿⑦善者不祥'，请舍忽、易章甫，复见夫子，可乎？"子墨子曰："请因以相见也。若必将舍忽、易章甫而后相见，然则行果在

---

① 治：应为"贫"，与下文国富相对应。
② 餍（yàn）：引申为止，终止。
③ 蔼（ěr）：盛大之意。僇：通"戮"。
④ 搢：插。忽：毕沅校注："忽即笏字。"古代官员的官服，没有口袋，于是将笏直接插在腰带上，叫"搢笏"。
⑤ 牂（zāng）羊：母羊。
⑥ 绛衣：义同"逢掖"，一种袖子宽大的衣服，古代儒生所穿。郑玄注："逢，犹大也，谓大掖之衣。""逢"亦作"绛""缝"。
⑦ 宿：停止。

服也。"(公孟)

不为观乐，不修文采

子墨子曰：古之民未知为宫室时，就陵阜①而居，穴而处，下润湿伤民，故圣王作为宫室。为宫室之法，曰："室高足以辟②润湿，边足以圉③风寒，上足以待雪霜雨露，宫墙之高足以别男女之礼。"谨④此则止，凡费财劳力，不加利者，不为也。修其城郭，则民劳而不伤；以其常正⑤，收其租税，则民费而不病。民所苦者非此也，苦于厚作敛于百姓。是故圣王作为宫室，便于生，不以为观乐也。作为衣服带履，便于身，不以为辟怪也。故节于身，诲于民，是以天下之民可得而治，财用可得而足。当今之主，其为宫室则与此异矣。必厚作敛于百姓，暴夺民衣食之财，以为宫室台榭曲直之望、青黄刻镂之饰。为宫室若此，故左右皆法象之。是以其财不足以待凶饥，振孤寡，故国贫而民难治也。君实欲天下之治而恶其乱也，当为宫室不可不节。

古之民未知为衣服时，衣皮带茭⑥，冬则不轻而温，夏则不轻而凊⑦。圣王以为不中人之情，故作诲妇人治丝麻、捆布绢，以为民衣。为衣服之法：冬则练帛之中，足以为轻且煖；夏则缔绤⑧之

---

① 陵阜(fù)：丘陵，此处指靠近丘陵，靠近山陵。
② 辟：通"避"，是避字假音。躲避。
③ 圉(yǔ)：防御，抵御。
④ 谨：通"仅"。
⑤ 正：通"征"。
⑥ 茭：用竹篾或芦苇编成的缆索。
⑦ 凊(qìng)：清凉，寒冷。
⑧ 缔绤(chī xì)：葛布的统称。葛之细者曰缔，粗者曰绤。引申为葛服。

中，足以为轻且清。谨此则止。故圣人之为衣服，适身体、和肌肤而足矣，非荣耳目而观愚民也。当是之时，坚车良马不知贵也，刻镂文采不知喜也。何则？其所道之然。故民衣食之财，家足以待旱水凶饥者，何也？得其所以自养之情，而不感于外也。是以其民俭而易治，其君用财节而易赡也。府库实满，足以待不然。兵革不顿，士民不劳，足以征不服。故霸王之业可行于天下矣。当今之主，其为衣服，则与此异矣。冬则轻煖①，夏则轻清，皆已具矣，必厚作敛于百姓，暴夺民衣食之财，以为锦绣文采靡曼之衣，铸金以为钩，珠玉以为珮，女工作文采，男工作刻镂，以为身服。此非云益煖之情也。单②财劳力，毕归之于无用也。以此观之，其为衣服，非为身体，皆为观好。是以其民淫僻而难治，其君奢侈而难谏也。夫以奢侈之君御好淫僻之民，欲国无乱，不可得也。君实欲天下之治而恶其乱，当为衣服不可不节。

古之民未知为饮食时，素食而分处。故圣人作诲男耕稼树藝，以为民食。其为食也，足以增气充虚，强体适腹而已矣。故其用财节，其自养俭，民富国治。今则不然，厚作敛于百姓，以为美食刍豢，蒸炙鱼鳖。大国累百器，小国累十器，前方丈，目不能遍视，手不能遍操，口不能遍味，冬则冻冰，夏则饰饐③。人君为饮食如此，故左右象之，是以富贵者奢侈，孤寡者冻馁，虽欲无乱，不可得也。君实欲天下治而恶其乱，当为食饮不可不节。

古之民未知为舟车时，重任不移④，远道不至，故圣王作为舟车，以便民之事。其为舟车也，全固轻利，可以任重致远。其为用

---

① 煖（nuǎn）：同"暖"。
② 单：通"殚"。耗尽，用尽。
③ 饰饐："饰饐"当作"餲饐（ài yì）"。餲：（食物）经久而变味。饐：（食物）腐败发臭。
④ 重任不移：重的东西搬不动。

财少而为利多，是以民乐而利之。故法令不急而行，民不劳而上足用，故民归之。当今之主，其为舟车与此异矣。全固轻利皆已具，必厚作敛于百姓，以饰舟车，饰车以文采，饰舟以刻镂。女子废其纺织而修文采，故民寒；男子离其耕稼而修刻镂，故民饥。人君为舟车若此，故左右象之。是以其民饥寒并至，故为姦衺①。姦衺多则刑罚深，刑罚深则国乱。君实欲天下之治而恶其乱，当为舟车不可不节。（辞过）

墨子佚文

乐者，圣王之所非也，而儒者为之，过②也。

孔子见景公，公曰："先生素不见晏子乎？"对曰："晏子事三君而得顺③焉，是有三心，所以不见也。"公告晏子，晏子曰："三君皆欲其国安，是以婴得顺也。闻君子独立不惭④于影，今孔子伐树削迹，不自以为辱，身穷陈、蔡，不自以为约⑤。始吾望儒贵之，今则疑之。"景公祭路寝，闻哭声，问梁丘据⑥。对曰："鲁孔子之徒也。其母死，服丧三年，哭泣甚哀。"公曰："岂不可哉？"晏子曰："古者圣人非不能也，而不为者，知其无补于死者，而深害生事故也。"

堂高三尺，土阶三等，茅茨不翦，采椽不刮，食土簋，啜土刑，

---

① 姦衺(jiān xié)：即奸邪。
② 过：错误。
③ 顺：顺从，顺应。
④ 惭(cán)：同"惭"，羞愧，惭愧。
⑤ 约：贫穷，贫困。
⑥ 梁丘据：齐国大夫，齐景公的大臣。

粝粱之食，藜藿之羹，夏日葛衣，冬日鹿裘①。其送死，桐棺三寸，举音不尽其哀。

年逾十五，则聪明心虑无不徇通矣。

禽滑釐②问于墨子曰："锦绣絺纻③，将安用之？"墨子曰："恶，是非吾用务也。古有无文者得之矣，夏禹是也。卑小宫室，损薄饮食，土阶三等，衣裳细布。当此之时，黼黻④无所用，而务在于完坚⑤。殷之盘庚，大其先王之室，而改迁于殷，茅茨不剪，采椽不斫⑥，以变天下之视。当此之时，文采之帛将安所施？夫品庶非有心也，以人主为心，苟上不为，下恶用之？二王者，以身先于天下，故化隆于其时，成名于今世。且夫锦绣絺纻，乱君之所造也。其本皆兴于齐景公喜奢而忘俭。幸有晏子以俭镌⑦之，然犹几不能胜。夫奢安可穷哉！纣为鹿台糟邱⑧，酒池肉林，宫墙文画，雕琢刻镂，锦绣被堂，金玉珍玮⑨，妇女优倡⑩，钟鼓管弦，流漫不禁，而天下愈竭，故卒身死国亡，为天下戮。非惟锦绣絺纻之用邪？今当凶年，有欲予子随侯之珠者，不得卖也，珍宝而以为饰。又欲予子一钟粟

---

① 堂：《说文》："堂，殿也。"段注："古曰堂，汉以后曰殿。古上下皆称堂，汉上下皆称殿。至唐以后，人臣无有称殿者矣。"三等：三层，三级。采椽：栎木或柞木椽子，言俭朴。《汉书·艺文志》："茅屋采椽，是以贵俭。"藜藿：指粗劣的饭菜。

② 禽滑(gǔ)釐(lí)：字慎子，春秋时期魏国人，传说是墨子的首席弟子。禽滑釐曾是儒门弟子，学于子夏，自转投墨子后，便一直潜心墨学。

③ 锦绣絺(chī)纻(zhù)：麻织物，细葛布。泛指华丽的服饰。

④ 黼(fǔ)黻(fú)：泛指礼服上所绣的华美花纹或绣有华美花纹的礼服。

⑤ 完坚：完好坚固。

⑥ 斫(zhuó)：砍，削。

⑦ 镌(juān)：规劝。

⑧ 鹿台：商纣王所建之宫苑建筑，地点应在商都附近。糟邱：酿酒后的糟粕堆成的山丘。

⑨ 珍玮(wěi)：珍宝。亦作"珍玮"。

⑩ 优倡：古代表演歌舞杂戏的艺人。

者。得珠者不得粟，得粟者不得珠，子将何择?"禽滑釐曰："吾取粟耳，可以救穷。"墨子曰："诚然，则恶在事夫奢也。长无用好末淫①，非圣人之所急也。故食必常饱，然后求美；衣必常暖，然后求丽；居必常安，然后求乐。为可长，行可久，先质而后文，此圣人之务。"禽滑釐曰："善。"

……

神机阴开，剞劂②无迹，人巧之妙也。而治世不以为民业。工人下漆而上丹则可，下丹而上漆则不可。万事由此也。神明钩绳者，乃巧之具也，而非所以为巧。神明之事不可以智巧为也，不可以功力致也。天地所包，阴阳所呕，雨露所濡，以生万殊③。翡翠玳瑁碧玉珠，文采明朗，泽若濡，摩而不玩，久而不渝，奚仲不能放，鲁般弗能造④，此之大巧。夫至巧不用剑，大匠大不斫。夫物有以自然，而后人事有治也。故大匠不能斫金，巧冶不能铄木，金之势不可斫，而木之性不可铄也。埏埴⑤以为器，刳木而为舟，烁铁而为刃，铸金而为钟，因其可也。

---

① 长：以……为长，尊贵。尊贵无用之物、赞美淫巧末技。
② 剞(jī)劂(jì)：人工雕琢的痕迹。
③ 万殊：指各种不同的现象、事物。
④ 奚仲：造车鼻祖，鲁国人，故里在今山东省枣庄市薛城区，是奚姓、任姓、薛姓的祖先，也是古薛国的祖先。因造车有功，被夏王禹封为"车服大夫"亦称"车王"。鲁般：姓公输，名盘(bān)。鲁国公族之后。又称公输子、公输盘(bān)、班输、鲁班。"般"和"班"同音，古时通用，故人们常称他为鲁班。建筑工匠一直把他尊为"祖师"。
⑤ 埏(shān)埴(zhí)：埏，以土和泥，揉、和。埴，黏土。埏埴，用水和黏土，揉成可制器皿的泥坯。

韩非子

《韩非子》是法家学派的代表著作，二十卷，韩非撰。韩非（约前280—前233），战国时期韩国人，喜好刑名法术之学，为法家学派代表人物。韩非子以封建帝王的权势为中心，把先秦的"法、术、势"理论综合为一个整体。《韩非子》五十五篇，目前学术界普遍认为，除明确可以断定为不属于韩非作品的《初见秦》以及《存韩》一文的最后两段外，其他都应是韩非思想的主要体现。韩非子不但对礼乐、艺术的功用性进行了否定，而且还认为礼乐、艺术的存在是有害于实际功用的。因此，韩非子几乎对一切艺术活动和审美性事物都进行了否定，把墨子的功用主义美学推到了极致。选文摘自高华平、王齐洲、张三夕译注《韩非子》，中华书局2010年版。

韩非子论人性

人主之患在于信人。信人，则制于人。人臣之于其君，非有骨肉之亲也，缚①于势而不得不事也。故为人臣者，窥觇其君心也无须臾之休，而人主怠傲处其上，此世所以有劫君弑主也。为人主而大信其子，则奸臣得乘②于子以成其私，故李兑傅赵王而饿主父③。为人主而大信其妻，则奸臣得乘于妻以成其私，故优施傅丽姬杀申生而立奚齐④。夫以妻之近与子之亲而犹不可信，则其余无可信

---

① 缚：同"薄"，迫也。
② 乘：利用。
③ 李兑傅赵王而饿主父：李兑辅助赵惠文王时而将主父赵武灵王饿死。
④ 优施傅丽姬杀申生而立奚齐：晋献公时，优施教唆献公妾丽姬杀死太子申生而立自己的儿子奚齐。

者矣。

且万乘之主，千乘之君，后妃、夫人适子①为太子者，或有欲其君之蚤死者。何以知其然？夫妻者，非有骨肉之恩也，爱则亲，不爱则疏。语曰："其母好者其子抱。"然则其为之反也，其母恶者其子释②。丈夫年五十而好色未解也，妇人年三十而美色衰矣。以衰美之妇人事好色之丈夫，则身见疏贱，而子疑不为后，此后妃、夫人之所以冀其君之死者也。唯母为后而子为主，则令无不行，禁无不止，男女之乐不减于先君，而擅万乘不疑，此鸩毒扼昧③之所以用也。故《桃左春秋》④曰："人主之疾死者不能处半。"人主弗知，则乱多资。故曰：利君死者众，则人主危。故王良爱马，越王勾践爱人，为战与驰。医善吮人之伤，含人之血，非骨肉之亲也，利所加也。故舆人成舆，则欲人之富贵；匠人成棺，则欲人之夭死也。非舆人仁而匠人贼也，人不贵则舆不售，人不死则棺不买。情非憎人也，利在人之死也。故后妃、夫人太子之党成而欲君之死也，君之死则势不重。情非憎君也，利在君之死也。故人主不可以不加心于利己死者。故日月晕围于外，其贼在内，备其所憎，祸在所爱。是故明王不举不参之事，不食非常之食；远听而近视，以审内外之失；省同异之言，以知朋党之分；偶参伍之验，以责陈言之实。执后以应前，按法以治众，众端以参观。士无幸赏，无逾行。杀必当，罪不赦，则奸邪无所容其私矣。（备内）

人为婴儿也，父母养之简，子长人怨；子盛壮成人，其供养薄，

---

① 适子：即嫡子，亲生儿子。
② 释：放开、疏远之意。
③ 鸩毒扼昧：毒酒致死、暗中绞杀。
④ 先秦史书，已佚。

父母怒而谯之。子、父，至亲也，而或谯①或怨者，皆挟相为而不周于为己也。夫买庸而播耕者，主人费家而美食，调布而求易钱者，非爱庸客也，曰：如是，耕者且深，耨者熟耘也。庸客致力而疾耘耕者，尽巧而正畦陌者，非爱主人也，曰：如是，羹且美，钱布且易云也。此其养功力，有父子之泽矣，而心调于用者，皆挟自为心也。故人行事施予，以利之为心，则越人易和；以害之为心，则父子离且怨。（外储说左上）

今上下之接，无子父之泽，而欲以行义禁下，则交必有郄矣。且父母之于子也，产男则相贺，产女则杀之。此俱出父母之怀衽，然男子受贺，女子杀之者，虑其后便，计之长利也。故父母之于子也，犹用计算之心以相待也，而况无父子之泽乎？（六反）

难　言

臣非非难言也，所以难言者：言顺比滑泽，洋洋纚纚②然，则见以为华而不实；敦祗恭厚，鲠固慎完，则见以为掘而不伦③；多言繁称，连类比物，则见以为虚而无用；总微说约，径省而不饰，则见以为刿而不辩④；激急亲近，探知人情，则见以为谮而不让⑤；闳大广博，妙远不测，则见以为夸而无用；家计小谈，以具数言，则见以为陋；言而近世，辞不悖逆，则见以为贪生而谀上；言而远

---

① 谯：责备。
② 纚(shǎi)纚：有条理貌。
③ 敦祗恭厚：敦厚恭敬。鲠固慎完：耿直周密。掘而不伦：掘，同"拙"，笨拙而无条理。
④ 刿(guì)而不辩：刿，刺伤。锋芒锐利但缺乏辩说。
⑤ 谮而不让：中伤而不谦让。

俗，诡躁人间，则见以为诞；捷敏辩给，繁于文采，则见以为史；殊释文学①，以质性言，则见以为鄙；时称诗书，道法往古，则见以为诵②。此臣非之所以难言而重患也。（难言）

好五音、耽于女乐，则亡国之祸也

奚谓好音？昔者卫灵公将之晋，至濮水之上，税③车而放马，设舍以宿。夜分，而闻鼓新声者而说之。使人问左右，尽报弗闻。乃召师涓而告之曰："有鼓新声者，使人问左右，尽报弗闻。其状似鬼神，子为我听而写之。"师涓曰："诺。"因静坐抚琴而写之。师涓明日报曰："臣得之矣，而未习也，请复一宿习之。"灵公曰："诺。"因复留宿。明日，而习之，遂去之晋。晋平公觞之于施夷之台。酒酣，灵公起。公曰："有新声，愿请以示。"平公曰："善。"乃召师涓，令坐师旷之旁，援琴鼓之。未终，师旷抚止之，曰："此亡国之声，不可遂④也。"平公曰："此道奚出？"师旷曰："此师延⑤之所作，与纣为靡靡之乐也。及武王伐纣，师延东走，至于濮水而自投。故闻此声者，必于濮水之上。先闻此声者，其国必削，不可遂。"平公曰："寡人所好者，音也，子其使遂之。"师涓鼓究之。平公问师旷曰："此所谓何声也？"师旷曰："此所谓清商也。"公曰："清商固最悲乎？"师旷曰："不如清徵。"公曰："清徵可得而闻乎？"师旷曰："不可。古之听清徵者，皆有德义之君也。今吾君德薄，不足以听。"平公曰："寡人之所好者，音也，愿试听之。"师旷不得已，援琴而鼓。一奏之，有

---

① 殊释文学：弃绝文献。
② 诵：背诵。
③ 税：释放，解脱。《孟子·告子下》："不税冕而行。"
④ 遂：完成。
⑤ 师延：商纣王时的乐师。

玄鹤二八，道南方来，集于郎门之垝①；再奏之，而列；三奏之，延颈而鸣，舒翼而舞，音中宫商之声，声闻于天。平公大说，坐者皆喜。平公提觞而起为师旷寿，反坐而问曰："音莫悲于清徵乎？"师旷曰："不如清角。"平公曰："清角可得而闻乎？"师旷曰："不可。昔者黄帝合鬼神于泰山之上，驾象车而六蛟龙，毕方并辖②，蚩尤居前，风伯进扫，雨师洒道，虎狼在前，鬼神在后，腾蛇伏地，凤皇覆上，大合鬼神，作为清角。今主君德薄，不足听之。听之，将恐有败。"平公曰："寡人老矣，所好者音也，愿遂听之。"师旷不得已而鼓之。一奏之，有玄云从西北方起；再奏之，大风至，大雨随之，裂帷幕，破俎豆，隳廊瓦。坐者散走，平公恐惧，伏于廊室之间。晋国大旱，赤地三年。平公之身遂癃病③。故曰：不务听治，而好五音不已，则穷身之事也。

……

奚谓耽于女乐？昔者戎王使由余④聘于秦，穆公问之曰："寡人尝闻道而未得目见之也，愿闻古之明主得国失国何常以？"由余对曰："臣尝得闻之矣，常以俭得之，以奢失之。"穆公曰："寡人不辱而问道于子，子以俭对寡人，何也？"由余对曰："臣闻昔者尧有天下，饭于土簋，饮于土铏⑤。其地南至交趾⑥，北至幽都，东西至日月之所出入者，莫不宾服。尧禅天下，虞舜受之，作为食器，斩山木而

---

① 垝（guǐ）：高而危险的地方。
② 毕方并辖：毕方，木神，传说为黄帝战车护卫。辖，车轴头上的小铜键或铁键，用以防止车轮脱落。
③ 癃病：瘫痪病。
④ 由余：先仕于戎，后为秦穆公大夫。
⑤ 土簋（guǐ）：古代盛食物的器具，圆口，两耳。土铏（xíng）：食器。
⑥ 交趾：古地区名，泛指五岭以南。

财①之，削锯修之迹，流漆墨其上，输之于宫以为食器。诸侯以为益侈，国之不服者十三。舜禅天下而传之于禹，禹作为祭器，墨染其外，而朱画其内，缦帛为茵，蒋席颇缘②，觞酌有采，而樽俎有饰。此弥侈矣，而国之不服者三十三。夏后氏没，殷人受之，作为大路，而建九旒，食器雕琢，觞酌刻镂，四壁垩墀③，茵席雕文。此弥侈矣，而国之不服者五十三。君子皆知文章矣，而欲服者弥少。臣故曰'俭其道也'。"由余出，公乃召内史廖而告之曰："寡人闻邻国有圣人，敌国之忧也。今由余，圣人也，寡人患之，吾将奈何？"内史廖曰："臣闻戎王之居，僻陋而道远，未闻中国之声。君其遗之女乐以乱其政，而后为由余请期④，以疏其谏。彼君臣有间而后可图也。"君曰："诺。"乃使内史廖以女乐二八遗戎王，因为由余请期。戎王许诺，见其女乐而说之，设酒张饮，日以听乐，终几不迁，牛马半死。由余归，因谏戎王，戎王弗听，由余遂去之秦。秦穆公迎而拜之上卿，问其兵势与其地形。既以得之，举兵而伐之，兼国十二，开地千里。故曰：耽于女乐，不顾国政，则亡国之祸也。（十过）

好质而恶饰

礼为情貌者也，文为质饰者也。夫君子取情而去貌，好质而恶饰。夫恃貌而论情者，其情恶也；须饰而论质者，其质衰也。何以

---

① 财：通"裁"，制作。
② 缦(màn)帛：没有彩色花纹的丝绸。茵：车座的垫席。蒋：一种草的名称。颇缘：斜纹的边缘。
③ 垩墀(è chí)：以白灰涂地面。
④ 请期：请求延长期限。

论之？和氏之璧，不饰以五采；隋侯之珠，不饰以银黄①。其质至美，物不足以饰之。夫物之待饰而后行者，其质不美也。（解老）

宋人以象为楮叶

夫物有常容，因乘以导之。因随物之容，故静则建乎德，动则顺乎道。宋人有为其君以象为楮叶②者，三年而成。丰杀茎柯③，毫芒繁泽④，乱之楮叶之中而不可别也。此人遂以功食禄于宋邦。列子闻之曰："使天地三年而成一叶，则物之有叶者寡矣。"故不乘天地之资而载一人之身，不随道理之数而学一人之智，此皆一叶之行也。故冬耕之稼，后稷不能羡也；丰年大禾，臧获⑤不能恶也。以一人力，则后稷不足；随自然，则臧获有余。故曰："恃万物之自然而不敢为也。"（喻老）

滥竽充数

齐宣王使人吹竽，必三百人。南郭处士请为王吹竽，宣王说之，廪食以数百人。宣王死，湣王立，好一一听之，处士逃。（内储说上）

---

① 和氏之璧：传为卞和献给楚王的美玉。隋侯之珠：传隋侯救治大蛇后，蛇于江中衔大珠以报之，因曰隋侯之珠。
② 楮（chǔ）叶：落叶乔木。
③ 丰：茎柯粗壮。杀：原义为衰减，此指茎柯细小。茎柯：叶片上的筋脉。
④ 繁泽：丰富的色泽。
⑤ 臧获：古时对奴婢的贱称。

秦伯嫁女、买椟还珠

楚王谓田鸠曰："墨子者，显学也。其身体则可，其言多而不辩，何也？"曰："昔秦伯嫁其女于晋公子，令晋为之饰装，从衣文①之媵七十人。至晋，晋人爱其妾而贱公女。此可谓善嫁妾，而未可谓善嫁女也。楚人有卖其珠于郑者，为木兰之椟，薰以桂椒，缀以珠玉，饰以玫瑰②，辑以翡翠。郑人买其椟而还其珠。此可谓善卖椟矣，未可谓善鬻珠也。今世之谈也，皆道辩说文辞之言，人主览其文而忘有用。墨子之说，传先王之道，论圣人之言，以宣告人。若辩其辞，则恐人怀其文忘其直③，以文害用也。此与楚人鬻珠、秦伯嫁女同类，故其言多不辩。"（外储说左上）

大巧者巧为𫐓，拙为鸢

墨子为木鸢，三年而成，蜚④一日而败。弟子曰："先生之巧，至能使木鸢飞。"墨子曰："吾不如为车𫐓⑤者巧也。用咫尺之木，不费一朝之事，而引三十石之任，致远力多，久于岁数。今我为鸢，三年成，蜚一日而败。"惠子闻之曰："墨子大巧，巧为𫐓，拙为鸢。"（外储说左上）

---

① 衣文：穿着华丽的服装。
② 玫瑰：玫瑰色的玉石。
③ 直：通"值"，实际价值。
④ 蜚：通"飞"。
⑤ 车𫐓(ní)：连接车辕和车衡的一个部件。

射稽之讴

宋王与齐仇也，筑武宫。讴癸倡，行者止观，筑者不倦。王闻，召而赐之。对曰："臣师射稽之讴又贤于癸。"王召射稽使之讴，行者不止，筑者知倦。王曰："行者不止，筑者知倦，其讴不胜如癸美，何也？"对曰："王试度其功。"癸四板①，射稽八板；擿②其坚，癸五寸，射稽二寸。（外储说左上）

客有为周君画策者

客有为周君画策③者，三年而成。君观之，与髹④策者同状。周君大怒。画策者曰："筑十版之墙，凿八尺之牖，而以日始出时加之其上而观。"周君为之，望见其状，尽成龙蛇禽兽车马，万物之状备具。周君大悦。此策之功非不微难⑤也，然其用与素髹策同。（外储说左上）

画犬马难，画鬼魅易

客有为齐王画者，齐王问曰："画孰最难者？"曰："犬马最难。""孰易者？"曰："鬼魅最易。"夫犬马，人所知也，旦暮罄⑥于前，不可类之，故难。鬼魅，无形者，不罄于前，故易之也。（外储说左上）

---

① 板：木板夹土筑墙。
② 擿：同"掷"，戳捣。
③ 策：竹简。或作"荚"。
④ 髹（xiū）：油漆。
⑤ 微难：微妙难能。
⑥ 罄：呈现。

千金之玉卮，漏不可盛水

堂谿公谓昭侯曰："今有千金之玉卮，通而无当①，可以盛水乎？"昭侯曰："不可。""有瓦器而不漏，可以盛酒乎？"昭侯曰："可。"对曰："夫瓦器，至贱也，不漏，可以盛酒。虽有乎千金之玉卮，至贵而无当，漏不可盛水，则人孰注浆哉？"（外储说右上）

教　歌

夫教歌者，使先呼而诎②之，其声反清徵者乃教之。一曰：教歌者，先揆以法，疾呼中宫，徐呼中徵。疾不中宫，徐不中徵，不可谓教。（外储说右上）

儒以文乱法

儒以文乱法，侠以武犯禁，而人主兼礼之，此所以乱也。夫离法③者罪，而诸先生以文学取；犯禁者诛，而群侠以私剑养。故法之所非，君之所取；吏之所诛，上之所养也。法、趣④、上、下，四相反也，而无所定，虽有十黄帝不能治也。故行仁义者非所誉，誉之则害功；文学者非所用，用之则乱法。（五蠹）

---

① 通而无当：直通而没有底。
② 诎：弯曲，引申为婉转之意。
③ 离法：离，通"罹"。离法即犯法。
④ 趣：通"取"。

短褐不完者不待文绣

故糟糠不饱者不务粱肉,短褐不完者不待文绣。夫治世之事,急者不得,则缓者非所务也。(五蠹)

第五编　其他美学思想

本编导读

　　本编涉及的资料包括先秦文献中关于巫术文化，神话故事，艺术（舞乐、建筑、工艺、文学），人的姿容等方面的美学性内容。有些建筑和工艺类的资料是和第一编朝廷礼乐文化相关的，属于礼乐文化的物质体系，放在此处能更集中地呈现先秦艺术美学的特色。

　　在周代礼乐文化之前的远古和夏、商时期，巫术文化对中国艺术审美意识影响深远。可以说，如何达成人神合一是早期中国艺术和审美的核心问题。从出土或传世的中国早期艺术品来看，原始岩画、彩陶纹饰、玉器、青铜器等都有着神性的象征功能，都是原始人想象的神灵巫术世界在艺术上的反映。当我们面对着早期那些神秘而抽象的艺术符号时，往往生发出一种敬畏之感。这种敬畏既源于那古老艺术的线条和造型，又源于这种古老艺术所呈现出的一种神秘意蕴，如青铜器的饕餮纹往往就有着通神的象征功能。同时，一些神话故事中蕴含的宇宙观念对后世文学创作和艺术空间观念亦有影响。

先秦舞乐方面的资料集中在战国末的《吕氏春秋》中。《吕氏春秋》不但保存了一些关于古乐的早期史料，还对音乐"以和为美"的观点予以继承和发展，提出了"以适为美"的观点。在《吕氏春秋》那里，"适"是对"和"的更基础性的说明。"适"的美学概念的提出体现了《吕氏春秋》对道家贵生、养生思想的吸收。《吕氏春秋》的"适"则以利生为本，有着尊重个人自然生命的朴素认识。同时，《列子·汤问》《战国策》《楚辞》中保存了一些先秦时期舞乐史料，从中可以窥见先秦舞乐的精湛技艺。新声、俗乐、器乐、舞蹈、铜器、雕刻、建筑、漆画、帛画等多种艺术形态的大量出现，以耳目一新的观赏性传达了一种世俗生活之美。与庄重典雅、繁缛肃穆的礼乐艺术相比，这些艺术往往在形式上活泼清新，给人强烈的感官愉悦。

先秦建筑美学主要指周代的营国制度和明堂制度，主要保留在《考工记》《大戴礼记》和《逸周书》等书中。在《诗经》《国语》《战国策》《晏子春秋》中还零星散落着一些建筑美学资料。《考工记》不但记载了当时手工业部门的技术分工、器物形状、具体制作等内容，而且还蕴含着一些工艺造物方面的美学思想。《考工记》的工艺美学主要包含了中国传统工艺造物两大思想：一是审美性和实用性的统一；二是工艺制作和宇宙观念的统一。

文学方面，先秦时期出现了对中国诗歌影响深远的两部不同风格的作品《诗经》和《楚辞》，二者也显现了先秦时期文学艺术方面的审美意识。《诗经》在美学上最大的特色是奠定了中国文学艺术独特的表现手法。中国文学艺术中的"赋""比""兴"美学原则就是源于《诗经》的艺术表现手法。宋代朱熹在《诗经集传》中有精简的概括："赋者，敷陈其事而直言之者也。""比者，以彼物比此物也。""兴者，先言他物以引起所咏之词也。"不管是"赋"对事物的铺陈描绘，还是"比"对事物的相关性类比，还是"兴"的借物起情，三者都涉及了如何处理"物"来表现情意的问题。在描写的事物与抒发的情感之间建立一种独特的内在关联成为《诗经》中最鲜明的艺术成就，从而开创了中国文化注重情景关系的诗学路径。在此方面，《诗经》关于"兴"的艺术手法的运用最为典型。《诗经》的"兴"的运用往往是把物象或景象作为诗句开头，然后通过这种物象或景象带出一种主观情感。这种情景、心物的内在性关系往往有多种关联方式：有的出于一种习惯性隐喻，如《邶风·燕燕》之"燕燕于飞，差池其羽"；有的出于一种情感氛围的营造，如《秦风·蒹葭》之"蒹葭苍苍，白露为霜"；有的出于对情感推进的需要，如《召南·摽有梅》之"其实七兮""其实三兮""顷筐塈之"。可以说，《诗经》正是通过"赋""比""兴"手法的交相运用，虚实相生，从而在一唱三叹、回环往复的张弛美感中构筑了中国诗学的含蓄和谐之美。

屈原开创的"楚辞体"或"骚体诗"则以其瑰丽奔放的想象、发愤抒怨的情感、诡异华美的文辞、比德规讽的修辞开创了中国浪漫式的诗风。瑰丽谲怪的想象和比德手法的大量运用构成了《楚辞》艺术最为鲜明的特点。在《离骚》中，屈原驱龙驾凤，远眺四极，遨游天际，揭露着黑暗，超越了时序，构筑了一个高蹈浪漫的精神世界。在艺术手法上，"《离骚》之文，依诗取兴，引类譬喻，故善鸟香草，以配忠贞；恶禽臭物，以比谗佞；灵修美人，以媲于君；宓妃佚女，以譬贤臣；虬龙鸾凤，以托君子；飘风云霓，以为小人"（王逸《楚辞章句·离骚序》）。屈原把《诗经》中单个诗句的比兴手法发展为更具体的一系列美的形象的创造，从而让人在对美的形象的想象中去感受诗人坚毅、孤傲、怨艾、自怜的复杂心绪。

由于本编涉及的文献比较杂，故不以文献为章而以美学类型为章，并不再对选文所出文献进行简介。本编所选文字除了前面介绍的文献外，还有《诗经》《山海经》《吕氏春秋》《越绝书》《列子》《战国策》《楚辞》《逸周书》等。这些文献的全文皆作为本编的扩展阅读书目。

巫术、神话美学

绝地天通

惟吕命，王享国百年，耄，荒度①作刑，以诘四方。王曰：若古有训，蚩尤惟始作乱，延及于平民，罔不寇贼，鸱义奸宄，夺攘矫虔②。苗民弗用灵③，制以刑，惟作五虐之刑④曰法。杀戮无辜，爰始淫为劓、刵、椓、黥。越兹丽刑并制，罔差有辞。民兴胥渐，泯泯棼棼，罔中于信，以覆诅盟⑤。虐威庶戮，方告无辜于上。上帝监民，罔有馨香德，刑发闻惟腥。皇帝哀矜庶戮之不辜，报虐以威，遏绝苗民，无世在下。乃命重、黎，绝地天通，罔有降格。群后之逮在下，明明棐常⑥，鳏寡无盖。（尚书·周书·吕刑）

昭王问于观射父，曰："《周书》所谓重、黎使天地不通者，何也？若无然，民将能登天乎？"

对曰："非此之谓也。古者民神不杂。民之精爽不携贰者，而又能齐肃衷正，其智能上下比义，其圣能光远宣朗，其明能光照之，其聪能听彻之，如是则明神降之，在男曰觋，在女曰巫。是使制神

---

① 荒度：宏观考量。
② 鸱（chī）义奸宄（guǐ）：丧失天良，奸邪作乱。夺攘矫虔：诈取强夺。
③ 灵：当作"令"。
④ 五虐之刑：上古五刑，即劓（yì，割鼻）、刖（断足）、刵（èr，割耳）、椓（zhuó，宫刑）、黥（qíng，刺字，又称墨刑）。
⑤ 民兴胥渐，泯泯棼棼，罔中于信，以覆诅盟：苗民兴起相互欺诈之风，世道混乱，没有了忠信，违背了信誓旦旦的盟约。
⑥ 棐（fěi）常：棐，辅助。辅行常法，矫正民神杂糅的风气，复归常道。

之处位次主，而为之牲器时服，而后使先圣之后之有光烈，而能知山川之号、高祖之主、宗庙之事、昭穆之世、齐敬之勤、礼节之宜、威仪之则、容貌之崇、忠信之质、禋洁①之服，而敬恭明神者，以为之祝②。使名姓之后，能知四时之生、牺牲之物、玉帛之类、采服之仪、彝器之量、次主之度、屏摄之位、坛场之所、上下之神、氏姓之出，而心率旧典者，为之宗。于是乎有天地神民类物之官，是谓五官，各司其序，不相乱也。民是以能有忠信，神是以能有明德，民神异业，敬而不渎，故神降之嘉生，民以物享，祸灾不至，求用不匮。

及少皞之衰也，九黎乱德，民神杂糅，不可方物。夫人作享，家为巫史，无有要质③。民匮于祀，而不知其福。烝享无度，民神同位。民渎齐盟，无有严威。神狎民则，不蠲④其为。嘉生不降，无物以享。祸灾荐臻⑤，莫尽其气。颛顼受之，乃命南正重司天以属神，命火正黎司地以属民，使复旧常，无相侵渎，是谓绝地天通。"（国语·楚语下）

大荒之中，有山名曰日月山，天枢也。吴姖天门，日月所入。有神，人面无臂，两足反属于头山，名曰嘘。颛顼生老童，老童生重及黎。帝令重献上天，令黎邛下地。下地是生噎，处于西极，以行日月星辰之行次。（山海经·大荒西经）

---

① 禋洁：韦昭注："洁祀曰禋。"
② 祝：太祝，后文的宗为宗伯。二者掌祈福祭祀之礼。
③ 质：诚也。
④ 蠲（juān）：洁。
⑤ 荐臻：一再来到。《诗经·大雅·云汉》："天降丧乱，饥馑荐臻。"

铸鼎象物

楚子伐陆浑之戎，遂至于洛，观兵①于周疆。定王使王孙满劳楚子。楚子问鼎之大小、轻重焉。对曰："在德不在鼎。昔夏之方有德也，远方图物，贡金九牧②，铸鼎象物，百物而为之备，使民知神、奸③。故民入川泽、山林，不逢不若。螭魅罔两，莫能逢之。用能协于上下，以承天休④。桀有昏德，鼎迁于商，载祀六百。商纣暴虐，鼎迁于周。德之休明⑤，虽小，重也。其奸回昏乱，虽大，轻也。天祚明德，有所厎止⑥。成王定鼎于郏鄏，卜世三十，卜年七百，天所命也。周德虽衰，天命未改。鼎之轻重，未可问也。"（左传·宣公三年）

周鼎著饕餮，有首无身，食人未咽。（吕氏春秋·先识览）

司巫、男巫、女巫

司巫掌群巫之政令。若国大旱，则帅巫而舞雩；国有大灾，则帅巫而造巫恒⑦；祭祀，则共匰⑧主及道布，及蒩馆⑨。凡祭事，守

---

① 观兵：陈兵示威。
② 远方图物：使远方各种物象图之于画。贡金九牧：使九州之牧进贡铜。
③ 神为夏及其方国图腾，奸为未臣服或被消灭之部落的图腾。
④ 休：赐也。
⑤ 休明：美善光明。
⑥ 厎(zhǐ)止：固定，终止。
⑦ 造巫恒：郑玄注："恒，久也。巫久者，先巫之故事。"先巫之故事皆书之于册，可前往查看，以备时用。
⑧ 匰(dān)：古代宗庙里安放神主的器具。
⑨ 蒩(zū)馆：盛垫草用的筐。

瘗。凡丧事，掌巫降之礼。

男巫掌望祀、望衍授号，旁招以茅。冬堂赠，无方无算；春招弭，以除疾病。王吊，则与祝前。

女巫掌岁时祓除、衅浴。旱暵，则舞雩。若王后吊，则与祝前。凡邦之大灾，歌哭而请。（周礼·春官宗伯）

巫、帝嫔天

巫咸国在女丑北，右手操青蛇，左手操赤蛇。在登葆山，群巫所从上下也。（山海经·海外西经）

大荒之中，有山名曰丰沮玉门，日月所入。有灵山，巫咸、巫即、巫盼、巫彭、巫姑、巫真、巫礼、巫抵、巫谢、巫罗十巫，从此升降。（山海经·大荒西经）

有木，青叶紫茎，玄华黄实，名曰建木，百仞无枝，上有九欘，下有九枸①，其实如麻，其叶如芒，大皞爰过，黄帝所为。（山海经·海内经）

西南海之外，赤水之南，流沙之西，有人珥两青蛇，乘两龙，名曰夏后开。开上三嫔于天，得《九辩》与《九歌》以下。此天穆之野，高二千仞，开焉得始歌《九招》。（山海经·大荒西经）

---

① 欘（zhú）：弯曲的枝条。枸：盘曲的树根。

四方神

东方句芒，鸟身人面，乘两龙。（山海经·海外东经）

南方祝融，兽身人面，乘两龙。（山海经·海外南经）

西方蓐收，左耳有蛇，乘两龙。（山海经·海外西经）

北方禺彊，人面鸟身，珥两青蛇，践两青蛇。（山海经·海外北经）

臣闻炎帝有天下，以传黄帝。黄帝于是上事天，下治地。故少昊治西方，蚩尤佐之，使主金。玄冥治北方，白辨佐之，使主水。太皞治东方，袁何佐之，使主木。祝融治南方，仆程佐之，使主火。后土治中央，后稷佐之，使主土。并有五方，以为纲纪。是以易地而辅，万物之常。（越绝书·越绝计倪内经）

女娲补天

殷汤问于夏革曰："古初有物乎？"夏革曰："古初无物，今恶得物？后之人将谓今之无物，可乎？"殷汤曰："然则物无先后乎？"夏革曰："物之终始，初无极已。始或为终，终或为始，恶知其纪？然自物之外，自事之先，朕所不知也。"殷汤曰："然则上下八方有极尽乎？"革曰："不知也。"汤固问。革曰："无则无极，有则有尽；朕何以知之？然无极之外复无无极，无尽之中复无无尽。无极复无无极，无尽复无无尽。朕以是知其无极无尽也，而不知其有极有尽也。"汤又问曰："四海之外奚有？"革曰："犹齐州也。"汤曰："汝奚以实之？"革曰："朕东行至营，人民犹是也。问营之东，复犹营也。西行至豳，人民犹是也。问豳之西，复犹豳也。朕以是知四海、四荒、四极之不异是也。故大小相含，无穷极也。含万物者，亦如含天地。含万物也故不穷，含天地也故无极。朕亦焉知天地之表不有大天地者乎？亦吾所不知也。然则天地亦物也。物有不足，故昔者女娲氏炼五色石以补其阙；断鳌之足以立四极。其后共工氏与颛顼争为帝，怒而触不周之山，折天柱，绝地维；故天倾西北，日月星辰就焉；地不满东南，故百川水潦归焉。"（列子·汤问）

龙伯钓鳌

渤海之东不知几亿万里，有大壑焉，实惟无底之谷，其下无底，名曰归墟。八纮九野①之水，天汉之流，莫不注之，而无增无减焉。其中有五山焉：一曰岱舆，二曰员峤，三曰方壶，四曰瀛洲，五曰蓬莱。其山高下周旋三万里，其顶平处九千里。山之中间相去七万里，以为邻居焉。其上台观皆金玉，其上禽兽皆纯缟。珠玕之树皆丛生，华实皆有滋味，食之皆不老不死。所居之人皆仙圣之种；一日一夕飞相往来者，不可数焉。而五山之根无所连箸②，常随潮波上下往还，不得暂峙③焉。仙圣毒之，诉之于帝。帝恐流于西极，失群仙圣之居，乃命禺彊使巨鳌十五举首而戴之。迭为三番，六万岁一交焉。五山始峙而不动。而龙伯之国有大人，举足不盈数步而

---

① 八纮九野：八极与八方中央。
② 箸：同"著"，着落。
③ 暂峙：短暂停留。

暨五山之所，一钓而连六鳌，合负而趣①，归其国，灼其骨以数②焉。于是岱舆、员峤二山流于北极，沉于大海，仙圣之播迁者巨亿计。帝凭怒，侵减龙伯之国使阨③，侵小龙伯之民使短。至伏羲神农时，其国人犹数十丈。（列子·汤问）

愚公移山

太形、王屋二山，方七百里，高万仞。本在冀州之南，河阳之北。北山愚公者，年且九十，面山而居。惩④山北之塞，出入之迂也，聚室而谋，曰："吾与汝毕力平险，指通豫南，达于汉阴，可乎？"杂然相许。其妻献疑曰："以君之力，曾不能损魁父之丘，如太形、王屋何？且焉置土石？"杂曰："投诸渤海之尾，隐土之北。"遂率子孙荷担者三夫，叩石垦壤，箕畚运于渤海之尾。邻人京城氏之孀妻有遗男，始龀⑤，跳往助之。寒暑易节，始一反焉。河曲智叟笑止之，曰："甚矣汝之不惠！以残年余力，曾不能毁山之一毛，其如土石何？"北山愚公长息曰："汝心之固，固不可彻，曾不若孀妻弱子。虽我之死，有子存焉。子又生孙，孙又生子；子又有子，子又有孙；子子孙孙，无穷匮也，而山不加增，何苦而不平？"河曲智叟亡以应。操蛇之神闻之，惧其不已也，告之于帝。帝感其诚，命夸蛾氏二子负二山，一厝朔东，一厝雍南。自此，冀之南、汉之阴无陇断焉。（列子·汤问）

---

① 趣：通"趋"，赶路。
② 数：占卜。
③ 阨：狭小。
④ 惩：苦于。
⑤ 始龀：刚换牙。

夸父追日

夸父不量力，欲追日影，逐之于隅谷之际。渴欲得饮，赴饮河、渭。河渭不足，将走北饮大泽。未至，道渴而死。弃其杖，尸膏肉所浸，生邓林①。邓林弥广数千里焉。（列子·汤问）

玄鸟生商

天命玄鸟，降而生商。②（诗经·玄鸟）

舞乐美学

简 兮

简兮简兮，方将万舞。日之方中，在前上处。
硕人俣俣，公庭万舞。有力如虎，执辔如组。
左手执龠，右手秉翟，赫如渥赭，公言锡爵。
山有榛，隰有苓。云谁之思？西方美人。彼美人兮，西方之人兮！（诗经·邶风）

---

① 邓林：桃林。
② 本则材料在《史记·殷本纪》记载较为详细。殷契母曰简狄，有娀氏之女，为帝喾次妃。三人行浴，见玄鸟堕其卵，简狄取吞之，因孕生契。契长而佐禹治水有功。帝舜乃命契曰："百姓不亲，五品不训，汝为司徒而敬敷五教，五教在宽。"封于商，赐姓子氏。

那

猗与那与！置我鞉鼓。奏鼓简简，衎我烈祖。汤孙奏假，绥我思成。鞉鼓渊渊，嘒嘒管声。既和且平，依我磬声。于赫汤孙！穆穆厥声。庸鼓有斁，万舞有奕。我有嘉客，亦不夷怿。自古在昔，先民有作。温恭朝夕，执事有恪，顾予烝尝，汤孙之将。（诗经·商颂）

有瞽

有瞽有瞽，在周之庭。设业设虡，崇牙树羽。应田县鼓，鞉磬柷圉。既备乃奏，箫管备举。喤喤厥声，肃雝和鸣，先祖是听。我客戾止，永观厥成。（诗经·周颂）

桑林之舞

宋公享晋侯于楚丘，请以《桑林》。荀罃辞。荀偃、士匄曰："诸侯宋、鲁，于是观礼。鲁有禘乐，宾祭用之。宋以《桑林》享君，不亦可乎？"舞，师题以旌夏①，晋侯惧而退入于房。去旌，卒享而还。及著雍，疾。卜，桑林见②。荀偃、士匄欲奔请祷焉，荀罃不可，曰："我辞礼矣，彼则以之。犹有鬼神，于彼加之。"（左传·襄公十年）

---

① 师题以旌夏：旌夏为旌旗之一种。乐师举旌旗带领乐人进入。题，额也。乐师为帅，犹人之额也。

② 卜，桑林见：占卜疾病，兆中显现桑林之神。

声色养性

始生之者，天也；养成之者，人也。能养天之所生而勿撄之，谓之天子。天子之动也，以全天为故①者也。此官之所自立②也，立官者以全生也。今世之惑主，多官而反以害生，则失所为立之矣。譬之若修兵者，以备寇也。今修兵而反以自攻，则亦失所为修之矣。

夫水之性清，土者抇③之，故不得清。人之性寿，物者抇之，故不得寿。物也者，所以养性也，非所以性养也④。今世之人，惑者多以性养物，则不知轻重也。不知轻重，则重者为轻，轻者为重矣。若此，则每动无不败。以此为君悖，以此为臣乱，以此为子狂。三者国有一焉，无幸必亡。

今有声于此，耳听之必慊⑤已，听之则使人聋，必弗听。有色于此，目视之必慊已，视之则使人盲，必弗视。有味于此，口食之必慊已，食之则使人瘖⑥，必弗食。是故圣人之于声色滋味也，利于性则取之，害于性则舍之，此全性之道也。

世之贵富者，其于声色滋味也多惑者，日夜求，幸而得之则遁⑦焉。遁焉，性恶得不伤？万人操弓，共射其一招，招无不中。万物章章，以害一生，生无不伤；以便一生，生无不长。故圣人之制万物也，以全其天也。天全则神和矣，目明矣，耳聪矣，鼻臭矣，

---

① 故：事也。
② 自：从也。
③ 抇：通"淈"，混浊。
④ 养性：性为主，物为轻，以物从性。性养：性为轻，物为主，以性从物。
⑤ 慊：快。
⑥ 瘖：同"喑"，口伤。
⑦ 遁：沉迷。

口敏矣，三百六十节皆通利矣。若此人者，不言而信，不谋而当，不虑而得，精通乎天地，神覆乎宇宙；其于物无不受也，无不裹也，若天地然；上为天子而不骄，下为匹夫而不惛，此之谓全德之人。

贵富而不知道，适足以为患，不如贫贱。贫贱之致物也难，虽欲过之，奚由？出则以车，入则以辇，务以自佚，命之曰"招蹶之机①"。肥肉厚酒，务以自强，命之曰"烂肠之食"。靡曼皓齿，郑卫之音，务以自乐，命之曰"伐性之斧"。三患者，贵富之所致也，故古之人有不肯贵富者矣，由重生故也。非夸以名也，为其实也，则此论之不可不察也。

……

倕至巧也，人不爱倕之指，而爱己之指，有之利故也。人不爱昆山之玉、江汉之珠，而爱己之一苍璧小玑，有之利故也。今吾生之为我有，而利我亦大矣。论其贵贱，爵为天子，不足以比焉。论其轻重，富有天下，不可以易之。论其安危，一曙失之，终身不复得。此三者，有道者之所慎也。

有慎之而反害之者，不达乎性命之情也。不达乎性命之情，慎之何益？是师②者之爱子也，不免乎枕之以糠；是聋者之养婴儿也，方雷而窥之于堂，有殊弗知慎者。夫弗知慎者，是死生存亡可不可未始有别也。未始有别者，其所谓是未尝是，其所谓非未尝非，是其所谓非，非其所谓是，此之谓大惑。若此人者，天之所祸也。以此治身，必死必殃；以此治国，必残必亡。夫死殃残亡非自至也，惑召之也。寿长至常亦然。故有道者不察所召，而察其召之者，则其至不可禁矣。此论不可不熟。

----

① 蹶者，痿蹶，过佚则血脉不周通，骨干不坚利，故为招蹶之机。
② 师：瞽师，盲者。

使乌获①疾引牛尾，尾绝力勤②而牛不可行，逆也。使五尺竖子引其棬，而牛恣所以之，顺也。世之人主、贵人，无贤不肖，莫不欲长生久视，而日逆其生，欲之何益？凡生之长也顺之也，使生不顺者欲也，故圣人必先适欲③。

室大则多阴，台高则多阳，多阴则蹶，多阳则痿，此阴阳不适之患也，是故先王不处大室，不为高台。味不众珍，衣不燀热，燀热则理塞，理塞则气不达，味众珍则胃充，胃充则中大鞔④，中大鞔而气不达，以此长生可得乎？昔先圣王之为苑囿园池也，足以观望劳形而已矣。其为宫室台榭也，足以辟燥湿而已矣。其为舆马衣裘也，足以逸身暖骸而已矣。其为饮食酏醴⑤也，足以适味充虚而已矣。其为声色音乐也，足以安性自娱而已矣。五者，圣王之所以养性也，非好俭而恶费也，节乎性也。（吕氏春秋·孟春纪）

大　乐

音乐之所由来者远矣，生于度量，本于太一。太一出两仪⑥，两仪出阴阳。阴阳变化，一上一下，合而成章。浑浑沌沌，离则复合，合则复离，是谓天常。天地车轮，终则复始，极则复反，莫不咸当。日月星辰，或疾或徐。日月不同，以尽其行。四时代兴，或暑或寒，或短或长，或柔或刚。万物所出，造于太一，化于阴阳。萌芽始震，凝寒以形。形体有处，莫不有声。声出于和，和出于适。

---

① 乌获：秦武王大力士，能举千钧。
② 勤(dān)：尽。
③ 适欲：节欲。
④ 鞔(mèn)：闷胀。
⑤ 酏醴(yí lǐ)：甜酒。
⑥ 两仪：天地。

和适，先王定乐，由此而生。

天下太平，万物安宁。皆化其上①，乐乃可成。成乐有具，必节嗜欲。嗜欲不辟②，乐乃可务。务乐有术，必由平出。平出于公，公出于道，故惟得道之人，其可与言乐乎！亡国戮民，非无乐也，其乐不乐。溺者非不笑也，罪人非不歌也，狂者非不武也，乱世之乐，有似于此。君臣失位，父子失处，夫妇失宜，民人呻吟，其以为乐也，若之何哉？

凡乐，天地之和，阴阳之调也。始生人者天也，人无事焉。天使人有欲，人弗得不求。天使人有恶，人弗得不辟。欲与恶所受于天也，人不得与焉，不可变，不可易。世之学者有非乐者矣，安由出哉？

大乐，君臣、父子、长少之所欢欣而说也。欢欣生于平，平生于道。道也者，视之不见，听之不闻，不可为状。有知不见之见、不闻之闻、无状之状者，则几于知之矣。道也者，至精也，不可为形，不可为名，强为之谓之太一。故一也者制令，两也者从听。先圣择两法一③，是以知万物之情。故能以一听政者，乐君臣，和远近，说黔首，合宗亲；能以一治其身者，免于灾，终其寿，全其天；能以一治其国者，奸邪去，贤者至，成大化；能以一治天下者，寒暑适，风雨时，为圣人。故知一则明，明两则狂。（吕氏春秋·仲夏纪）

---

① 上：许维遹先生认为当为"正"。
② 辟：开。
③ 择两法一：弃两用一。

侈　乐

人莫不以其生生，而不知其所以生。人莫不以其知知，而不知其所以知。知其所以知之谓知道，不知其所以知之谓弃宝，弃宝者必离其咎。世之人主多以珠玉戈剑为宝，愈多而民愈怨，国人愈危，身愈危累，则失宝之情矣。乱世之乐与此同，为木革之声则若雷，为金石之声则若霆，为丝竹歌舞之声则若噪。以此骇心气、动耳目、摇荡生①则可矣，以此为乐则不乐。故乐愈侈而民愈郁，国愈乱，主愈卑，则亦失乐之情矣。

凡古圣王之所为贵乐者，为其乐也。夏桀、殷纣作为侈乐，大鼓、钟、磬、管、箫之音，以巨为美，以众为观，俶诡殊瑰，耳所未尝闻，目所未尝见，务以相过，不用度量。宋之衰也作为千钟，齐之衰也作为大吕，楚之衰也作为巫音。侈则侈矣，自有道者观之则失乐之情。失乐之情，其乐不乐。乐不乐者，其民必怨，其生必伤。其生之与乐也，若冰之于炎日，反以自兵②。此生乎不知乐之情，而以侈为务故也。

乐之有情，譬之若肌肤形体之有情性也，有情性则必有性养矣。寒、温、劳、逸、饥、饱，此六者非适也。凡养也者，瞻非适而以之适者也。能以久处其适，则生长矣。生也者，其身固静，感而后知，或使之也。遂而不返，制乎嗜欲，制乎嗜欲无穷，则必失其天矣。且夫嗜欲无穷则必有贪鄙悖乱之心、淫佚奸诈之事矣。故强者劫弱，众者暴寡，勇者凌怯，壮者傲幼，从此生矣。（吕氏春秋·仲夏纪）

---

① 生：同"性"。
② 兵：灾祸。

适 音

耳之情欲声，心不乐，五音在前弗听；目之情欲色，心弗乐，五色在前弗视；鼻之情欲芬香，心弗乐，芬香在前弗嗅；口之情欲滋味，心弗乐，五味在前弗食。欲之者，耳目鼻口也。乐之弗乐者，心也。心必和平然后乐。心必乐，然后耳目鼻口有以欲之。故乐之务在于和心，和心在于行适。

夫乐有适，心亦有适。人之情，欲寿而恶夭，欲安而恶危，欲荣而恶辱，欲逸而恶劳。四欲得，四恶除，则心适矣。四欲之得也，在于胜理。胜理以治身则生全以①，生全则寿长矣；胜理以治国则法立，法立则天下服矣。故适心之务在于胜理。

夫音亦有适。太巨则志荡，以荡听巨则耳不容，不容则横塞，横塞则振②；太小则志嫌③，以嫌听小则耳不充，不充则不詹，不詹则窕④；太清则志危，以危听清则耳谿极⑤，谿极则不鉴，不鉴则竭；太浊则志下，以下听浊则耳不收，不收则不抟⑥，不抟则怒。故太巨、太小、太清、太浊皆非适也。

何谓适？衷，音之适也。何谓衷？大不出钧，重不过石⑦，小大轻重之衷也。黄钟之宫，音之本也，清浊之衷也。衷也者适也，

---

① 胜：任也。生全以，王念孙认为作"生全矣"，疑为衍字。
② 振：振动。
③ 嫌：通"慊"，小也，少也。
④ 詹：足也。窕：空。
⑤ 谿极：高诱注："谿，虚。极，病也。不闻和声之故也。"
⑥ 抟：专一。
⑦ 钧：三十斤。石：一百二十斤。

以适听适则和矣。乐无太①，平和者是也。故治世之音安以乐，其政平也；乱世之音怨以怒，其政乖也；亡国之音悲以哀，其政险也。凡音乐通乎政而移风平俗者也。俗定而音乐化之矣。故有道之世，观其音而知其俗矣，观其政而知其主矣。故先王必托于音乐以论其教。清庙之瑟，朱弦而疏越，一唱而三叹，有进乎音者矣。大飨之礼，上玄尊而俎生鱼，大羹不和，有进乎味者也。故先王之制礼乐也，非特以欢耳目、极口腹之欲也，将以教民平好恶、行理义也。（吕氏春秋·仲夏纪）

古　乐

乐所由来者尚也，必不可废。有节有侈，有正有淫矣。贤者以昌，不肖者以亡。

昔古朱襄氏之治天下也，多风而阳气畜积，万物散解，果实不成，故士达②作为五弦瑟，以来阴气，以定群生。

昔葛天氏之乐，三人操牛尾投足以歌八阕③：一曰《载民》，二曰《玄鸟》，三曰《遂草木》，四曰《奋五谷》，五曰《敬天常》，六曰《建帝功》，七曰《依地德》，八曰《总禽兽之极》。

昔陶唐氏之始，阴多滞伏而湛积，水道壅塞，不行其原，民气郁阏而滞著，筋骨瑟缩不达，故作为舞以宣导之。

昔黄帝令伶伦作为律。伶伦自大夏之西，乃之阮隃之阴，取竹于嶰谿之谷，以生空窍厚钧者，断两节间，其长三寸九分，而吹之

---

① 太：太巨、太小、太清、太浊。
② 士达：朱襄氏之臣。
③ 操牛尾投足：手持牛尾顿足而歌舞。阕：一首歌为一阕。

以为黄钟之宫，吹曰舍少①。次制十二筒，以之阮隃之下，听凤皇之鸣，以别十二律。其雄鸣为六，雌鸣亦六，以比黄钟之宫适合。黄钟之宫皆可以生之，故曰"黄钟之宫，律吕之本"。黄帝又命伶伦与荣将铸十二钟，以和五音，以施《英韶》②，以仲春之月乙卯之日日在奎始奏之，命之曰《咸池》。

帝颛顼生自若水，实处空桑，乃登为帝。惟天之合，正风乃行，其音若熙熙凄凄锵锵。帝颛顼好其音，乃令飞龙作效八风之音，命之曰《承云》，以祭上帝。乃令鱓先为乐倡③，鱓乃偃寝，以其尾鼓其腹，其音英英。

帝喾命咸黑作为声歌，《九招》、《六列》、《六英》。有倕作为鼙、鼓、钟、磬、吹苓、管、埙、箎、鞀、椎钟。帝喾乃令人抃④，或鼓鼙，击钟磬、吹苓、展管箎。因令凤鸟、天翟舞之。帝喾大喜，乃以康⑤帝德。

帝尧立，乃命质为乐。质乃效山林溪谷之音以歌，乃以麋𩣡置缶而鼓之，乃拊石击石，以象上帝玉磬之音，以致舞百兽。瞽叟乃拌五弦之瑟，作以为十五弦之瑟，命之曰《大章》，以祭上帝。

舜立，命延乃拌瞽叟之所为瑟，益之八弦，以为二十三弦之瑟。帝舜乃令质修《九招》、《六列》、《六英》，以明帝德。

禹立，勤劳天下，日夜不懈，通大川，决壅塞，凿龙门，降通漻水以导河，疏三江五湖，注之东海，以利黔首。于是命皋陶作为《夏籥》九成，以昭其功。

殷汤即位，夏为无道，暴虐万民，侵削诸侯，不用轨度，天下

---

① 吹曰舍少：吹出来的声音叫"舍少"。
② 《英韶》：古乐《五英》《韶》的并称。
③ 乐倡：乐师。
④ 抃：双手相击。
⑤ 康：安也。

患之。汤于是率六州以讨桀罪，功名大成，黔首安宁。汤乃命伊尹作为《大护》①，歌《晨露》，修《九招》、《六列》，以见其善。

周文王处岐，诸侯去殷三淫而翼文王。散宜生曰："殷可伐也。"文王弗许。周公旦乃作诗曰："文王在上，于昭于天。周虽旧邦，其命维新。"以绳文王之德。

武王即位，以六师伐殷。六师未至，以锐兵克之于牧野。归，乃荐俘馘②于京太室，乃命周公为作《大武》。

成王立，殷民反，王命周公践伐之。商人服象，为虐于东夷。周公遂以师逐之，至于江南。乃为《三象》，以嘉其德。

故乐之所由来者尚矣，非独为一世之所造也。（吕氏春秋·仲夏纪）

音　律

黄钟生林钟，林钟生太蔟，太蔟生南吕，南吕生姑洗，姑洗生应钟，应钟生蕤宾，蕤宾生大吕，大吕生夷则，夷则生夹钟，夹钟生无射，无射生仲吕。三分所生，益之一分以上生。三分所生，去其一分以下生。黄钟、大吕、太蔟、夹钟、姑洗、仲吕、蕤宾为上，林钟、夷则、南吕、无射、应钟为下。

大圣至理之世，天地之气，合而生风，日至则月钟其风，以生十二律。仲冬日短至则生黄钟，季冬生大吕，孟春生太蔟，仲春生夹钟，季春生姑洗，孟夏生仲吕；仲夏日长至则生蕤宾，季夏生林钟，孟秋生夷则，仲秋生南吕，季秋生无射，孟冬生应钟。天地之风气正，则十二律定矣。

黄钟之月，土事无作，慎无发盖，以固天闭地，阳气且泄。大

---

① 大护："护"繁体为"護"，应为大濩。《大濩》为商汤乐名。
② 俘馘（guó）：俘，俘虏。馘，被杀敌人之左耳。可泛指俘虏。

吕之月，数将几终，岁且更起，而农民无有所使。太蔟之月，阳气始生，草木繁动，令农发土，无或失时。夹钟之月，宽裕和平，行德去刑，无或作事，以害群生。姑洗之月，达道通路，沟渎修利，申之此令，嘉气趣至。仲吕之月，无聚大众，巡劝农事，草木方长，无携民心。蕤宾之月，阳气在上，安壮养侠，本朝不静，草木早槁。林钟之月，草木盛满，阴将始刑，无发大事，以将阳气。夷则之月，修法饬刑，选士厉兵，诘诛不义，以怀远方。南吕之月，蛰虫入穴，趣农收聚，无敢懈怠，以多为务。无射之月，疾断有罪，当法勿赦，无留狱讼，以亟以故。应钟之月，阴阳不通，闭而为冬，修别丧纪，审民所终。（吕氏春秋·季夏纪）

音　初

夏后氏孔甲田于东阳萯山，天大风晦盲，孔甲迷惑，入于民室。主人方乳，或曰："后来，是良日也，之子是必大吉。"或曰："不胜也，之子是必有殃。"后乃取其子以归，曰："以为余子，谁敢殃之！"子长成人，幕动坼橑①，斧斫斩其足，遂为守门者。孔甲曰："呜呼！有疾，命矣夫！"乃作为《破斧》之歌，实始为东音。

禹行功，见涂山之女，禹未之遇②而巡省南土。涂山氏之女乃令其妾候禹于涂山之阳，女乃作歌，歌曰："候人兮猗③。"实始作为南音。周公及召公取风焉，以为《周南》、《召南》。

周昭王亲将征荆，辛余靡长且多力，为王右。还反涉汉，梁败④，

---

① 坼橑：屋椽裂开。
② 遇：礼也。
③ 猗（yī）：语助词。
④ 梁败：桥梁坏。

王及蔡公抎①于汉中。辛余靡振王北济，又反振蔡公。周公乃侯之于西翟，实为长公。殷整甲徙宅西河，犹思故处，实始作为西音。长公继是音以处西山，秦缪公取风焉，实始作为秦音。

有娀氏有二佚女，为之九成②之台，饮食必以鼓。帝令燕往视之，鸣若谧隘。二女爱而争搏之，覆以玉筐。少选，发而视之，燕遗二卵，北飞，遂不反。二女作歌，一终曰："燕燕往飞。"实始作为北音。

凡音者，产乎人心者也。感于心则荡乎音，音成于外而化乎内，是故闻其声而知其风，察其风而知其志，观其志而知其德。盛衰、贤不肖、君子小人皆形于乐，不可隐匿，故曰乐之为观也深矣。土弊则草木不长，水烦则鱼鳖不大，世浊则礼烦而乐淫。郑卫之声、桑间之音，此乱国之所好，衰德之所说。流辟誂越慆滥之音出，则滔荡之气、邪慢之心感矣，感则百奸众辟从此产矣。故君子反道以修德，正德以出乐，和乐以成顺。乐和而民乡方矣。（吕氏春秋·季夏纪）

锺子期夜闻击磬者而悲

锺子期夜闻击磬者而悲，使人召而问之曰："子何击磬之悲也？"答曰："臣之父不幸而杀人，不得生；臣之母得生，而为公家为酒；臣之身得生，而为公家击磬。臣不覩臣之母三年矣。昔为舍氏覩臣之母，量所以赎之则无有，而身固公家之财也，是故悲也。"锺子期叹嗟曰："悲夫！悲夫！心非臂也，臂非椎非石也。悲存乎心而木石应之，故君子诚乎此而谕乎彼，感乎己而发乎人，岂必强说乎哉！"

---

① 抎：坠落。
② 九成：九重。

周有申喜者，亡其母，闻乞人歌于门下而悲之，动于颜色，谓门者内乞人之歌者，自觉而问焉，曰："何故而乞?"与之语，盖其母也。故父母之于子也，子之于父母也，一体而两分，同气而异息。若草莽之有华实也，若树木之有根心也，虽异处而相通，隐志相及，痛疾相救，忧思相感，生则相欢，死则相哀，此之谓骨肉之亲。神出于忠而应乎心，两精相得，岂待言哉！（吕氏春秋·季秋纪·精通）

伯牙摔琴谢知音

伯牙鼓琴，锺子期听之。方鼓琴而志在太山，锺子期曰："善哉乎鼓琴！巍巍乎若太山。"少选之间，而志在流水，锺子期又曰："善哉乎鼓琴！汤汤乎若流水。"锺子期死，伯牙破琴绝弦，终身不复鼓琴，以为世无足复为鼓琴者。（吕氏春秋·孝行览·本味）

舆謣之歌

今举大木者，前呼舆謣①，后亦应之，此其于举大木者善矣。岂无郑、卫之音哉，然不若此其宜也。夫国亦木之大者也。（吕氏春秋·审应览·淫辞）

师文鼓琴

匏巴鼓琴而鸟舞鱼跃，郑师文闻之，弃家从师襄游。柱指钧弦②，三年不成章。师襄曰："子可以归矣。"师文舍其琴，叹曰：

---

① 高诱注："'舆謣'或作'邪謣'。前人倡，后人和，举重劝力之歌声也。"
② 柱指钧弦：用手指在琴之柱弦上定音位调琴弦。

"文非弦之不能钩，非章之不能成。文所存者不在弦，所志者不在声。内不得于心，外不应于器，故不敢发手而动弦。且小假之，以观其后。"无几何，复见师襄。师襄曰："子之琴何如？"师文曰："得之矣。请尝试之。"于是当春而叩商弦以召①南吕，凉风忽至，草木成实。及秋而叩角弦以激夹钟，温风徐回，草木发荣。当夏而叩羽弦以召黄钟，霜雪交下，川池暴冱②。及冬而叩徵弦以激蕤宾，阳光炽烈，坚冰立散。将终，命宫而总四弦，则景风翔，庆云浮，甘露降，澧泉涌。师襄乃抚心高蹈曰："微矣子之弹也！虽师旷之清角，邹衍之吹律，亡以加之。彼将挟琴执管而从子之后耳。"（列子·汤问）

薛谭学讴

薛谭学讴于秦青，未穷青之技，自谓尽之，遂辞归。秦青弗止，饯于郊衢。抚节悲歌，声振林木，响遏行云。薛谭乃谢求反，终身不敢言归。秦青顾谓其友曰："昔韩娥东之齐，匮粮，过雍门，鬻歌假食。既去而余音绕梁欐，三日不绝，左右以其人弗去。过逆旅，逆旅人辱之。韩娥因曼声哀哭，一里老幼悲愁，垂涕相对，三日不食。遽而追之。娥还，复为曼声长歌，一里老幼喜跃抃舞，弗能自禁，忘向之悲也。乃厚赂发之。故雍门之人至今善歌哭，放娥之遗声。"（列子·汤问）

---

① 召：呼应。
② 冱：冰冻。

伯牙善鼓琴，锺子期善听

伯牙善鼓琴，锺子期善听。伯牙鼓琴，志在登高山。锺子期曰："善哉！峨峨兮若泰山！"志在流水。锺子期曰："善哉！洋洋兮若江河！"伯牙所念，锺子期必得之。伯牙游于泰山之阴，卒逢暴雨，止于岩下；心悲，乃援琴而鼓之。初为霖雨之操，更造崩山之音。曲每奏，锺子期辄穷其趣。伯牙乃舍琴而叹曰："善哉，善哉，子之听夫！志想象犹吾心也。吾于何逃声哉？"（列子·汤问）

偃师献技

周穆王西巡狩，越昆仑，下至弇山。反还，未及中国，道有献工人名偃师，穆王荐①之，问曰："若有何能？"偃师曰："臣唯命所试。然臣已有所造，愿王先观之。"穆王曰："日以俱来，吾与若俱观之。"越日偃师谒见王。王荐之，曰："若与偕来者何人邪？"对曰："臣之所造能倡者。"穆王惊视之，趣步俯仰，信人也。巧夫镊②其颐，则歌合律；捧其手，则舞应节。千变万化，惟意所适。王以为实人也，与盛姬内御并观之。技将终，倡者瞬其目而招王之左右侍妾③。王大怒，立欲诛偃师。偃师大慑，立剖散倡者以示王，皆傅会革、木、胶、漆、白、黑、丹、青之所为。王谛料④之，内则肝、胆、心、肺、脾、肾、肠、胃，外则筋骨、支节、皮毛、齿发，皆假物也，而无不毕具者。合会复如初见。王试废其心，则口不能言；

---

① 荐：接见。
② 镊（qīn）：抑下。
③ 瞬其目：眨眼睛，抛媚眼。招：勾引。
④ 谛料：仔细检查。

废其肝，则目不能视；废其肾，则足不能步。穆王始悦而叹曰："人之巧乃可与造化者同功乎？"诏贰车①载之以归。（列子·汤问）

荆轲和歌

太子及宾客知其事者，皆白衣冠以送之，至易水上。既祖②，取道。高渐离击筑，荆轲和而歌，为变徵之声，士皆垂泪涕泣。又前而为歌曰："风萧萧兮易水寒，壮士一去兮不复还！"复为慷慨羽声，士皆瞋目，发尽上指冠。于是荆轲遂就车而去，终已不顾。（战国策·燕策三）

景公夜听新乐而不朝晏子谏

晏子朝，杜肩望羊③待于朝。晏子曰："君奚故不朝？"对曰："君夜发④不可以朝。"晏子曰："何故？"对曰："梁丘据入歌人虞，变齐音⑤。"晏子退朝，命宗祝修礼而拘虞。公闻之而怒曰："何故而拘虞？"晏子曰："以新乐淫君。"公曰："诸侯之事，百官之政，寡人愿以请子。酒醴之味，金石之声，愿夫子无与焉。夫乐，何必夫故哉？"对曰："夫乐亡而礼从之，礼亡而政从之，政亡而国从之。国衰，臣惧君之逆政之行。有歌，纣作北里⑥，幽、厉之声，顾⑦夫淫

---

① 贰车：随从车驾。
② 祖：古代远行要饮酒祭神，称为祖。
③ 望羊：仰视貌、远视貌。
④ 夜发：夜起，意为夜里没睡觉。
⑤ 变齐音：改变了齐国传统音乐，演奏了新乐。
⑥ 北里：商纣时新乐。
⑦ 顾：只是。

以鄙而偕亡。君奚轻变夫故哉?"公曰:"不幸有社稷之业,不择言而出之,请受命矣。"(晏子春秋·内篇谏上)

招　魂

　　肴羞未通①,女乐罗些②。

　　陈钟按鼓,造新歌些。

　　《涉江》、《采菱》③,发扬《荷些》。

　　美人既醉,硃颜酡些。

　　娭光眇视,目曾波些④。

　　被文服纤,丽而不奇些⑤。

　　长发曼鬋⑥,艳陆离些。

　　二八齐容,起郑舞些⑦。

　　衽若交竿,抚案下些⑧。

　　竽瑟狂会⑨,搷鸣鼓些⑩。

---

① 肴:鱼肉也。羞,进也。此句意为,佳肴已备,而宾主之礼,殷勤未通。

② 女乐:唱诵舞蹈之美女。罗:罗列。

③ 《涉江》、《采菱》:皆楚国歌曲名。

④ 娭(xī):嬉戏。眇:眯着眼睛看。此句是指,美女酣乐嬉戏,目光盼然,眼如水波而光华流转。

⑤ 被:通"披"。文,有花纹的绮绣衣裳。纤,细软的丝织上衣。不奇,奇也。此句是指,美女身披华服,面容靡丽,诚足怪也。

⑥ 曼:泽。鬋(jiǎn):鬓发。

⑦ 齐:同。郑舞:郑国之舞也。此句是指,二八美女,其容饰整齐,一同跳起郑地的舞蹈。

⑧ 竿,竹竿也。抚,抑。衽(rèn):衣襟。形容舞者急速旋转,前后衣襟飘起,其情状如同交竹竿,以手按抑桌案,徐徐来下。

⑨ 竽、瑟:两种乐器。狂会:猛烈地合奏。

⑩ 搷(tián):急击。

宫庭震惊，发《激楚》些①。

吴歈蔡讴②，奏大吕些③。

士女杂坐，乱而不分些。

放陈组缨，班其相纷些④。

郑、卫妖玩⑤，来杂陈些。

《激楚》之结，独秀先些⑥。（昭明文选·卷三十三）

宋玉《对楚王问》⑦

楚襄王问于宋玉曰："先生其有遗行与⑧？何士民众庶不誉之甚也⑨！"

宋玉对曰："唯，然，有之！愿大王宽其罪，使得毕其辞⑩。客有歌于郢中者，其始曰《下里》、《巴人》，国中属而和者数千人⑪。

---

① 《激楚》：楚国舞曲名，节奏急促，音调激昂，故名。
② 吴、蔡：国名。歈、讴：歌曲的别名，名称各异。
③ 大吕：乐调名，六律之一。
④ 班：次序。纷：杂乱。此句是指，男女混坐，比肩齐膝，互相调戏，乱而不分。
⑤ 郑、卫：国名。妖玩：妖艳的美女。
⑥ 结：头髻。秀：出众。此句是指，郑、卫的美女，服饰美丽，头髻异形，楚人奇异之而使之先进也。
⑦ 楚王：指楚襄王。宋玉：战国楚国鄢人，辞赋家，著有《九辩》等，叙述他在政治上抑郁不得志的苦闷。
⑧ 其：大概。遗行：可遗弃的行为，即失德行为。与：同"欤"，句末疑问语气助词。
⑨ 何：用于句首，与句末之"也"配合，表示反问或感叹语气。士民众庶：即众庶民，士民众多之意。众庶，众多。誉：称赞。甚：很，极。
⑩ 愿：希望。毕：完毕，结束。
⑪ 客：外来的人。歌：唱。郢（yǐng）：楚国的国都，在今湖北江陵县西北。《下里》、《巴人》：楚国的民间歌曲，较通俗低级。下里，乡里。巴人，指巴蜀的人民。国：国都，京城。属（zhǔ）：跟着。和（hè）：音声相应和。

其为《阳阿》、《薤露》，国中属而和者数百人①。其为《阳春》、《白雪》②，国中有属而和者，不过数十人。引商刻羽，杂以流徵，国中属而和者，不过数人而已③。是其曲弥高，其和弥寡。

故鸟有凤而鱼有鲲。凤皇上击九千里，绝云霓，负苍天，足乱浮云，翱翔乎杳冥之上④。夫蕃篱之鷃，岂能与之料天地之高哉⑤？鲲鱼朝发昆仑之墟，暴鬐于碣石，暮宿于孟诸⑥。夫尺泽之鲵，岂能与之量江海之大哉⑦？故非独鸟有凤而鱼有鲲，士亦有之。夫圣人瑰意琦行⑧，超然独处，世俗之民，又安知臣之所为哉？"（昭明文选·卷四十五）

建筑美学

周营洛邑

惟太保先周公相宅，越若来三月，惟丙午朏⑨。越三日戊申，太保朝至于洛，卜宅。厥既得卜，则经营。越三日庚戌，太保乃以

---

① 《阳阿(ē)》、《薤露(xiè)》：两种比《下里》《巴人》稍高雅的歌曲。

② 《阳春》、《白雪》：楚国高雅的歌曲。

③ 引：引用。刻：刻画。商、羽、徵：古代五音宫、商、角、徵(zhǐ)、羽中的三个。商音较高，故称"引商"；羽音慷慨有力，故称"刻羽"；徵音流畅，故称"流徵"。

④ 绝：穿越而过。云霓：指高空的云雾。杳冥：极远之地。

⑤ 蕃篱：篱笆。鷃(yàn)：小鸟名字。

⑥ 昆仑：我国西北部的著名大山。墟(xū)：土丘。鬐(qí)：鱼脊。碣石(jié)：渤海边上的一座山。孟诸：古代大泽名，在今河南商丘东北、虞城西北。

⑦ 尺泽：尺许小池。鲵(ní)：小鱼。量：计量。

⑧ 瑰意琦行：奇特的思想、奇特的操行。瑰与琦，互文见义，意思均为奇异。

⑨ 朏(fěi)：阴历每月初三的代称。

庶殷攻位于洛汭①。越五日甲寅，位成。

若翼日乙卯，周公朝至于洛，则达观于新邑营。越三日丁巳，用牲于郊，牛二。越翼日戊午，乃社于新邑，牛一，羊一，豕一。
（尚书·周书·召诰）

及将致政，乃作大邑成周于土中②。城方千七百二十丈，郛方七百里。南系于洛水，北因于郏山，以为天下之大凑③。制郊甸方六百里，国西土为方千里。分以百县，县有四郡，郡有四鄙④。大县城，方王城三之一；小县立城，方王城九之一。郡鄙不过百室，以便野事。农居鄙，得以庶士，士居国家，得以诸公、大夫。凡工贾胥市臣仆，州里俾无交为⑤。

乃设丘兆于南郊，以祀上帝，配以后稷，日月星辰先王皆与食。诸侯受命于周，乃建大社于国中，其墠⑥东青土，南赤土，西白土，北骊土，中央亹⑦以黄土。将建诸侯，凿取其方一面之土，苞以黄土，苴以白茅，以为土封，故曰受则土于周室。乃位五宫：大庙、宗宫、考宫、路寝、明堂，咸有四阿，反坫⑧。重亢，重郎，常累，复格，藻棁，设移，旅楹，蠡常，画⑨。内阶、玄阶、堤唐、山廧，

---

① 位：指宗庙宫殿诸建筑。《逸周书·作雒解》有言："乃位五宫：太庙、宗宫、考宫、路寝、明堂。"洛汭（ruì）：洛水汇入黄河之处。
② 洛邑位于天地之中，故为土中。
③ 凑：聚合。
④ 鄙：周代地方组织单位之一，五百家为一鄙。
⑤ 俾无交为：不相杂居之意。
⑥ 墠：祭坛四周的矮墙。
⑦ 亹：遍覆盖之。
⑧ 反坫：屋角反向如飞翼。
⑨ 有重梁、两庑、栏杆、双斗、绘彩短柱，大堂旁有小屋，有排柱，藻井画有日月，门上横梁也绘彩。

应门、库台玄阃①。(逸周书·作雒解)

斯 干

秩秩斯干②,幽幽南山。如竹苞③矣,如松茂矣。兄及弟矣,式相好矣,无相犹矣。

似续妣祖④,筑室百堵,西南其户。爰居爰处,爰笑爰语。

约之阁阁,椓之橐橐⑤。风雨攸除,鸟鼠攸去,君子攸芋⑥。

如跂斯翼⑦,如矢斯棘,如鸟斯革,如翚⑧斯飞,君子攸跻。

殖殖⑨其庭,有觉其楹。哙哙⑩其正,哕哕其冥⑪,君子攸宁。

下莞上簟⑫,乃安斯寝。乃寝乃兴,乃占我梦。吉梦维何?维熊维罴⑬,维虺⑭维蛇。

大人占之:维熊维罴,男子之祥;维虺维蛇,女子之祥。

乃生男子,载寝之床,载衣之裳,载弄之璋⑮。其泣喤喤,朱

---

① 堤唐:中庭路面高起。廧:同"墙"。阃(kǔn):门槛。
② 秩秩斯干:秩秩,水流动的样子。干,溪涧。
③ 苞:竹木稠密丛生的样子。
④ 似续妣祖:似,通"嗣",嗣续,继承。妣祖,先祖。
⑤ 椓(zhuó)之橐(tuó)橐:椓,夯打。橐橐,捣土的声音。
⑥ 芋:通"宇",居。
⑦ 如跂(qǐ)斯翼:跂,通"企",踮起脚跟站立。翼,如鸟张翼。
⑧ 翚(huī):野鸡的五彩羽毛。
⑨ 殖殖:平正貌。
⑩ 哙(kuài)哙其正:宽敞明亮的样子。正,白天。
⑪ 哕(huì)哕其冥:哕哕,深暗的样子。冥,夜晚。
⑫ 下莞(guān)上簟(diàn):莞,蒲草,可用来编席,此指蒲席。簟,竹席。
⑬ 罴(pí):一种野兽,似熊而比熊更凶猛。
⑭ 虺(huǐ):小蛇。
⑮ 璋:玉器。

芾①斯皇，室家君王。

乃生女子，载寝之地，载衣之裼②，载弄之瓦。无非无仪，唯酒食是议，无父母诒罹③。（诗经·小雅）

绵

绵绵瓜瓞④。民之初生，自土⑤沮漆。古公亶父⑥，陶复陶穴⑦，未有家室。

古公亶父，来朝走马。率西水浒，至于岐下。爰及⑧姜女，聿来胥宇⑨。

周原膴膴⑩，堇荼如饴⑪。爰始爰谋，爰契我龟⑫。曰止曰时⑬，筑室于兹。

乃慰乃止，乃左乃右⑭。乃疆乃理⑮，乃宣乃亩⑯。自西徂东，周爰执事。

---

① 朱芾(fú)：古代一种服饰，用来蔽膝的。
② 裼(tì)：婴孩的包被。
③ 诒(yí)罹(lí)：诒，通"贻"，给予。罹，忧愁。
④ 瓜瓞(dié)：大瓜称瓜，小瓜称瓞。
⑤ 土：从《齐诗》读为"杜"，水名。
⑥ 古公亶父：文王的祖父。武王伐纣安定天下后，追尊他为太王。古公为号，亶父为名。
⑦ 陶复陶穴：陶，窑灶。复，地室。穴，土室。陶复陶穴，说复、穴形状皆如窑灶。
⑧ 爰及：爰，于是。及，与。
⑨ 聿(yù)来胥宇：聿，发语词。胥，相、视。宇，居、住所。胥宇，察看居处。
⑩ 膴(wǔ)膴：美好。
⑪ 堇(jǐn)荼如饴：堇，堇葵，味苦。荼，苦菜。饴，淀粉制成的糖。
⑫ 爰契我龟：爰，于是。契龟，刻灼龟甲以卜吉凶。
⑬ 曰止曰时：止，犹居。时，与止同义，也是居住之意。
⑭ 乃左乃右：使人们或居于左，或居于右。
⑮ 乃疆乃理：划定疆界和治理。
⑯ 乃宣乃亩：宣，及时开垦。亩，耕治田亩。

乃召司空①，乃召司徒，俾立室家。其绳则直，缩版以载②，作庙翼翼。

捄之陾陾③，度之薨薨④。筑之登登⑤，削屡冯冯⑥。百堵皆兴，鼛⑦鼓弗胜。

乃立皋门，皋门有伉⑧。乃立应门，应门将将⑨。乃立冢土⑩，戎丑攸行⑪。

肆不殄厥愠⑫，亦不陨厥问。柞棫⑬拔矣，行道兑⑭矣。混夷駾⑮矣，维其喙⑯矣。

虞芮质厥成⑰，文王蹶厥生⑱。予曰有疏附，予曰有先后。予曰有奔奏，予曰有御侮⑲。（诗经·大雅）

----

① 司空：管建筑工程的官。
② 缩版以载：缩板，用绳子捆模板，为两层，中间实土为墙。载，版上去。
③ 捄(jiū)之陾(réng)陾：捄，用器物盛土。陾陾，铲土的声音。
④ 薨(hōng)薨：填土的声音。
⑤ 登登：用力捣土声。
⑥ 削屡(lóu)冯(píng)冯：削屡，削去墙上隆起的泥土。冯冯，削土的声音。
⑦ 鼛(gāo)：大鼓。
⑧ 皋门有伉(kàng)：皋门，郭门。伉，高高的样子。
⑨ 应门将(qiāng)将：应门，王宫正门。将将，严整貌。
⑩ 冢土：大社，祀灶神的地方。
⑪ 戎丑攸行：戎，大。丑，众。戎丑，大众。攸，所。
⑫ 肆不殄(tiǎn)厥愠：肆，遂。殄，断绝。愠，怨怒。
⑬ 柞(zuò)棫(yù)：柞，柞树。棫，白桵，一种小树。
⑭ 兑：通达。
⑮ 駾(tuì)：逃窜。
⑯ 喙(huì)：气短病困之貌。
⑰ 虞芮质厥成：虞、芮，皆国名。质厥成，成其和平。二国争田而求正于周，见周人相让，遂趋和平。
⑱ 文王蹶(guì)厥生：蹶，感动。生，同"性"，善良的天性。
⑲ 予曰四句：疏附，团结上下。先后，前后引导以辅佐之。奔奏，奔走效力之臣。御侮，折冲御侮之臣。

灵　台

经始灵台①，经之营之。庶民攻②之，不日成之。经始勿亟，庶民子来。

王在灵囿，麀③鹿攸伏。麀鹿濯濯④，白鸟翯翯⑤。王在灵沼，于牣⑥鱼跃。

虡业维枞⑦，贲鼓维镛⑧。于论⑨鼓钟，于乐辟廱⑩。

于论鼓钟，于乐辟廱。鼍鼓逢逢⑪。蒙瞍奏公⑫。（诗经·大雅）

赵文子为室

赵文子为室，斫其椽而砻之⑬，张老夕焉而见之，不谒而归。文子闻之，驾而往，曰："吾不善，子亦告我，何其速也？"对曰："天子

---

① 经始灵台：经始，开始计划营建。灵台，台名，故址在今陕西省西安市西北。
② 攻：建造。
③ 麀（yōu）：雌鹿。
④ 濯（zhuó）濯：肥美的样子。
⑤ 翯（hè）翯：洁白貌。
⑥ 牣（rèn）：满。
⑦ 虡（jù）业维枞（cōng）：挂着钟磬的直柱横梁上的木板，上面有崇牙用来悬钟。虡，直柱。业，装在虡上的横板。枞，崇牙，用以悬钟。
⑧ 贲（fén）鼓维镛（yōng）：贲鼓，大鼓。镛，大钟。
⑨ 论：通"抡"，敲击。
⑩ 辟廱（bì yōng）：文王离宫名。辟，即璧，廱指水泽池沼。
⑪ 鼍（tuó）鼓逢（péng）逢：鼍鼓，鳄鱼皮制的鼓。逢逢，鼓声。
⑫ 蒙瞍（méng sǒu）奏公：矇瞍，古代对盲人的两种称呼。公，通"功"。奏公，奏乐立功。
⑬ 椽（chuán）：放在檩上架着屋顶的木条。砻（lóng）：磨。

410

之室，斫其椽而砻之，加密石焉；诸侯砻之；大夫斫之；士首之①。备其物，义也；从其等，礼也。今子贵而忘义，富而忘礼，吾惧不免，何敢以告。"文子归，令之勿砻也。匠人请皆斫之，文子曰："止。为后世之见之也。其斫者，仁者之为也；其砻者，不仁者之为也。"（国语·晋语八）

智襄子为室美

智襄子为室美，士茁②夕焉。智伯曰："室美夫！"对曰："美则美矣，抑臣亦有惧也。"智伯曰："何惧？"对曰："臣以秉笔事君。《志》有之曰：'高山峻原，不生草木。松柏之地，其土不肥。'今土木胜，臣惧其不安人也。"室成，三年而智氏亡。（国语·晋语九）

美轮美奂

晋献文子成室③。晋大夫发焉。张老曰："美哉轮焉，美哉奂焉④！歌于斯，哭于斯，聚国族于斯。"文子曰："武也得歌于斯，哭于斯，聚国族于斯，是全要领以从先大夫于九京也⑤。"北面再拜稽首。君子谓之善颂善祷。（礼记·檀弓下）

---

① 天子的宫殿，砍削房椽后要粗磨，然后再用密纹石细磨；诸侯宫室的房椽只需粗磨；大夫家的房椽只需砍削；士的房子砍掉椽头即可。
② 士茁：智伯家臣。
③ 文子：赵武。献：贺也。文子作室成，晋君献贺，诸大夫则发礼以往。
④ 轮：言高大貌。奂：言众多貌。
⑤ 要：同"腰"。领：颈也。全要领意味着没受刑诛。从先大夫于九京：九京当为九原，为晋大夫之墓地。先大夫指赵武先人赵朔等人。赵武之意在于表明自己虽然室非常奢华，但并无异心，只愿以大夫而终老。故后面说张老善颂，赵武善祷。

明　堂

明堂者，古有之也。凡九室，一室而有四户八牖，三十六户、七十二牖。以茅盖屋，上圆下方。

明堂者，所以明诸侯尊卑。外水曰辟雍①。南蛮、东夷、北狄、西戎。明堂月令，赤缀户也，白缀牖也。二九四七五三六一八②。堂高三尺，东西九筵③，南北七筵，上圆下方。九室十二堂，室四户，户二牖，其宫方三百步。在近郊，近郊三十里。

或以为明堂者，文王之庙也。朱草日生一叶，至十五日，生十五叶，十六日一叶落，终而复始也。周时德泽洽和，蒿茂大以为宫柱，名蒿宫也。此天子之路寝也。不齐不居其屋。待朝在南宫，揖朝出其南门。（大戴礼记·明堂）

周公摄政君天下，弭乱六年而天下大治。乃会方国诸侯于宗周，大朝诸侯明堂之位。天子之位，负斧扆④南面立，率公卿士侍于左右。三公之位，中阶之前，北面东上。诸侯之位，阼阶之东，西面北上。诸伯之位，西阶之西，东面北上。诸子之位，门内之东，北面东上。诸男之位，门内之西，北面东上。九夷之国，东门之外，西面北上。八蛮之国，南门之外，北面东上。六戎之国，西门之外，东面南上，五狄之国，北门之外，南面东上。四塞九采之国⑤，世告至者，应门之外，北面东上。宗周明堂之位也。

明堂，明诸侯之尊卑也，故周公建焉，而明诸侯于明堂之位。制

---

① 辟雍：圆水，水阔二十四丈，象二十四节气。
② 此为五行生成九宫之数。
③ 筵：竹席，长九尺。
④ 斧扆（yǐ）：门窗之间画有斧形的屏风。
⑤ 九州之外者。

礼作乐，颁度量，而天下大服，万国各致其方贿①。七年，致政成王。

明堂，方百一十二尺，高四尺，阶广六尺三寸，室居中方百尺，室中方六十尺，户高八尺，广四尺，东应门、南库门、西皋门、北雉门。东方曰青阳，南方曰明堂，西方曰总章，北方曰玄堂，中央曰太庙，左为左介，右为右介。②（逸周书·明堂解）

昔者周公朝诸侯于明堂之位：天子负斧依南乡而立；三公，中阶之前，北面东上；诸侯之位，阼阶之东，西面北上；诸伯之国，西阶之西，东面北上；诸子之国，门东，北面东上；诸男之国，门西，北面东上；九夷之国，东门之外，西面北上；八蛮之国，南门之外，北面东上；六戎之国，西门之外，东面南上；五狄之国，北门之外，南面东上；九采之国，应门之外，北面东上。四塞，世告至。此周公明堂之位也。明堂也者，明诸侯之尊卑也。（礼记·明堂位）

匠人营国

匠人建国，水地以县，置槷以县，视以景③。为规，识日出之景与日入之景，昼参诸日中之景，夜考之极星，以正朝夕。

匠人营国，方九里，旁三门④。国中九经九纬，经涂九轨⑤。左

---

① 方贿：各类贡品。
② 此段为后人据《太平御览》增补。
③ 水地以县：郑玄注："于四角立植（柱），而县（悬）以水，望其高下，高下既定，乃为位而平地。"此法类似如今用水平仪测地平。槷(niè)：测日影的木柱。视以景：用以观察日影。
④ 王都规模四方，每方九里，每方开三门。
⑤ 九经九纬，经涂九轨：都城内南北大道九条，东西大道九条，每条路之宽可供九辆马车并行。

祖，右社。面朝，后市。市、朝一夫①。

夏后氏世室，堂修二七，广四修一。五室，三四步，四三尺。九阶。四旁两夹窗。白盛。门堂三之二，室三之一。②

殷人重屋，堂修七寻，堂崇三尺，四阿，重屋。

周人明堂，度九尺之筵，东西九筵，南北七筵，堂崇一筵，五室，凡室二筵。

室中度以几③，堂上度以筵，宫中度以寻，野度以步，涂度以轨。

庙门容大扃④七个，闱门容小扃三个，路门不容乘车之五个，应门二彻三个。

内有九室，九嫔居之。外有九室，九卿朝焉。九分其国，以为九分，九卿治之。

王宫门阿之制五雉，宫隅之制七雉，城隅之制九雉，经涂九轨，环涂七轨，野涂五轨。门阿之制，以为都城之制。宫隅之制，以为诸侯之城制。环涂以为诸侯经涂，野涂以为都经涂。（周礼·考工记）

景公筑长庲台晏子舞而谏

景公筑长庲之台，晏子侍坐。觞三行⑤，晏子起舞曰："岁已暮

---

① 面朝，后市：前面是三朝（外朝、治朝、燕朝），后面是三市（大市、朝市、夕市）。夫：一百亩。

② 修：南北进深。"二"为衍字。堂之进深为七步。夏以步为度量，一步六尺。广为长度，广四修一指的是长为进深的四倍。三四步即三个四步，四三尺即四个三尺。白盛指把墙饰成白色。

③ 几：度量单位。马融认为几长三尺。

④ 扃：抬鼎之杠，长三尺。

⑤ 三行：三遍。

矣，而禾不获，忽忽矣若之何！岁已寒矣，而役不罢，惙惙矣如之何！①"舞三，而涕下沾襟。景公惭焉，为之罢长庲之役。（晏子春秋·外篇）

工艺美学②

审曲面势，以饬五材，以辨民器，谓之百工

国有六职③，百工与居一焉。或坐而论道，或作而行之，或审曲面势④，以饬五材，以辨民器。或通四方之珍异以资之，或饬力以长地财，或治丝麻以成之。坐而论道，谓之王公；作而行之，谓之士大夫；审曲面势，以饬五材，以辨民器，谓之百工；通四方之珍异以资之，谓之商旅；饬力以长地财，谓之农夫；治丝麻以成之，谓之妇功。

粤无镈，燕无函，秦无庐，胡无弓、车⑤。粤之无镈也，非无镈也，夫人而能为镈也；燕之无函也，非无函也，夫人而能为函也；秦之无庐也，非无庐也，夫人而能为庐也；胡之无弓、车也，非无、弓车也，夫人而能为弓、车也。

知者创物，巧者述之，守之世⑥，谓之工。百工之事，皆圣人之作也。烁金以为刃，凝土以为器，作车以行陆，作舟以行水，此皆圣人之所作也。

---

① 忽忽、惙惙：皆为忧愁貌。
② 以下各条均出自《考工记》。
③ 六职：即后文的王公、士大夫、百工、商旅、农夫、妇功。
④ 审曲面势：审其曲直，视其方圆。
⑤ 粤：同"越"。镈：农具。函：铠甲。庐：矛、戟等长兵器。
⑥ 巧者述之，守之世，谓之工：手巧之人循其法式，世代守此职业者，称作工。

天有时，地有气，材有美，工有巧，合此四者，然后可以为良。材美工巧，然而不良，则不时、不得地气也。橘逾淮而北为枳，鸜鹆①不逾济，貉逾汶则死，此地气然也；郑之刀，宋之斤，鲁之削，吴、粤之剑，迁乎其地而弗能为良，地气然也。燕之角，荆之干，妢胡之笴②，吴、粤之金锡，此材之美者也。天有时以生，有时以杀；草木有时以生，有时以死；石有时以泐③；水有时以凝，有时以泽，此天时也。

车之象物

轸④之方也，以象地也；盖之圜也，以象天也；轮之辐三十，以象日月也。盖弓二十有八，以象星也；龙旂九斿，以象大火也；鸟旟七斿，以象鹑火也；熊旗六斿，以象伐也；龟蛇四斿，以象营室也；弧旌枉矢，以象弧也⑤。

画缋之事

画缋之事⑥，杂五色。东方谓之青，南方谓之赤，西方谓之白，北方谓之黑，天谓之玄，地谓之黄。青与白相次⑦也，赤与黑相次也，玄与黄相次也。青与赤谓之文，赤与白谓之章，白与黑谓之黼，黑与青谓之黻，五采备谓之绣。

---

① 鸜鹆：八哥。
② 妢(fén)胡之笴：妢胡，古国名。笴：箭杆。
③ 泐(lè)：石头依其纹理而裂开。
④ 轸(zhěn)：车厢底部四周的横木。
⑤ 大火、鹑火、伐、营室、弧：皆为星名。
⑥ 缋：通"绘"。
⑦ 次：顺次。

土以黄，其象方。天时变。火以圜，山以章，水以龙，鸟、兽、蛇①。杂四时五色之位以章②之，谓之巧。凡画缋之事，后素功③。

梓人为笋虡

梓人为笋虡④。天下之大兽五：脂者、膏者、赢者、羽者、鳞者⑤。宗庙之事，脂者、膏者以为牲，赢者、羽者、鳞者以为笋虡。外骨，内骨，却行，仄行，连行，纡行⑥，以脰鸣者，以注鸣者，以旁鸣者⑦，以翼鸣者，以股鸣者，以胸鸣者，谓之小虫之属，以为雕琢。

厚唇，弇口，出目，短耳，大胸，燿后⑧，大体，短脰，若是者谓之赢属，恒有力而不能走，其声大而宏。有力而不能走，则于任重宜；大声而宏，则于钟宜。若是者以为钟虡，是故击其所县，而由其虡鸣。

锐喙，决吻，数目，顅脰，小体，骞腹⑨，若是者谓之羽属，恒无力而轻，其声清阳而远闻。无力而轻，则于任轻宜；其声清阳而远闻，于磬宜。若是者以为磬虡，故击其所县，而由其虡鸣。

---

① 土以黄，其象方。天时变。火以圜，山以章，水以龙，鸟、兽、蛇：画土以黄色，其形象为方形。画天则随四季变化着色。画火以圆形作象征，画山以獐作象征，画水以龙作象征，还画有鸟、兽、蛇等。

② 章：明。

③ 后素功：最后着白色。

④ 笋虡(sǔn jù)：古代悬挂钟磬的木架，其木横牵者为笋，直立者为虡。

⑤ 脂者、膏者、赢者、羽者、鳞者：牛羊类、豕类、虎豹猛兽类、鸟类、鱼类。

⑥ 却行，仄行，连行，纡行：退行，侧行，连贯而行，曲折而行。

⑦ 以脰鸣者，以注鸣者，以旁鸣者：用脖子发声的，以嘴发声的，以翅膀发声的。

⑧ 燿后：后身渐小。

⑨ 决吻：嘴唇张开。数目：细目。顅脰：脖子长。骞腹：腹部低陷。

小首而长，抟身而鸿①，若是者谓之鳞属，以为筍。凡攫杀援噬之类，必深其爪，出其目，作其鳞之而。深其爪，出其目，作其鳞之而，则于视必拨尔而怒。苟拨尔而怒，则于任重宜，且其匪色②，必似鸣矣。爪不深，目不出，鳞之而不作，则必颓尔如委矣。苟颓尔如委，则加任焉，则必如将废措，其匪色必似不鸣矣。

姿容美

淇奥③

瞻彼淇奥，绿竹猗猗④。有匪君子，如切如磋⑤，如琢如磨⑥。瑟兮僩⑦兮，赫兮咺⑧兮。有匪君子，终不可谖⑨兮。

瞻彼淇奥，绿竹青青。有匪君子，充耳琇⑩莹，会弁⑪如星。瑟兮僩兮，赫兮咺兮。有匪君子，终不可谖兮。

瞻彼淇奥，绿竹如箦⑫。有匪君子，如金如锡，如圭如璧。宽

---

① 抟身而鸿：抟其身体而显得肥大。
② 匪色：文采。
③ 淇奥(qí yù)：淇，水名。奥，水流弯曲处。
④ 猗(yī)猗：美而茂盛的样子。
⑤ 如切如磋：治骨曰切，治象牙曰磋。
⑥ 如琢如磨：治玉曰琢，治石曰磨。
⑦ 僩(xiàn)：威武的样子。
⑧ 咺(xuān)："宣"之假借字，坦白的样子。
⑨ 谖(xuān)：忘记。
⑩ 琇：宝石。
⑪ 会弁(kuài biàn)：帽子缝合处。弁：皮帽。
⑫ 箦(zé)：聚集，形容巨多。

兮绰兮，猗重较兮①。善戏谑兮，不为虐兮。（诗经·卫风）

硕　人②

硕人其颀，衣锦褧③衣。齐侯之子，卫侯之妻。东宫之妹，邢侯之姨，谭公维私④。

手如柔荑⑤，肤如凝脂，领如蝤蛴⑥，齿如瓠犀⑦。螓首蛾眉，巧笑倩兮，美目盼兮。

硕人敖敖⑧，说于农郊。四牡有骄，朱幩镳镳⑨，翟茀⑩以朝。大夫夙退，无使君劳。

河水洋洋，北流活活⑪。施罛⑫濊濊⑬，鳣鲔发发⑭，葭菼揭揭⑮。庶姜孽孽⑯，庶士有朅⑰。（诗经·卫风）

---

① 猗(yǐ)重较兮：猗，通"倚"。重较，古代车厢中的横木。
② 硕人：高大的美人。这里指庄姜。
③ 褧(jiǒng)：细麻布做的套在外面的罩衣。
④ 私：中国古代女子称姐妹之夫为私。
⑤ 荑：茅草芽。
⑥ 蝤蛴(qiú qí)：天牛幼虫，色白身长。
⑦ 瓠(hù)犀：瓠瓜的子，整齐洁白。
⑧ 敖敖：身材高大的样子。
⑨ 朱幩(fén)镳(biāo)镳：幩，缠在马口两旁上的绸子。镳镳：盛美的样子。
⑩ 翟茀(dí fú)：翟，雉羽。茀，遮蔽女车的竹席。
⑪ 活(guō)活：水流的声音。
⑫ 罛(gū)：大渔网。
⑬ 濊(huò)濊：撒网入水的声音。
⑭ 鳣(zhān)鲔(wěi)发(bō)发：鳣，鳇鱼。鲔，鲟鱼。发发，鱼跳跃的声音。
⑮ 葭(jiā)菼(tǎn)揭揭：葭菼，初生的芦苇和荻草。揭揭，长长的样子。
⑯ 孽(niè)孽：女子高挑美丽的样子。
⑰ 朅(qiè)：勇武的样子。

邹忌修八尺有余

邹忌修八尺①有余，身体昳丽②。朝服衣冠，窥镜，谓其妻曰："我孰与城北徐公美？"其妻曰："君美甚。徐公何能及公也！"城北徐公，齐国之美丽者也。忌不自信，而复问其妾曰："吾孰与徐公美？"妾曰："徐公何能及君也！"旦日，客从外来，与坐谈，问之客曰："吾与徐公孰美？"客曰："徐公不若君之美也！"明日，徐公来，孰视之，自以为不如；窥镜而自视，又弗如远甚。暮寝而思之，曰："吾妻之美我者，私我也；妾之美我者，畏我也；客之美我者，欲有求于我也。"（战国策·齐策一）

登徒子好色赋（并序）

大夫登徒子③侍于楚王，短④宋玉曰："玉为人体貌闲丽⑤，口多微辞⑥，又性好色。愿王勿与出入后宫。"

王以登徒子之言问宋玉。玉曰："体貌闲丽，所受于天也；口多微辞，所学于师也；至于好色，臣无有也。"王曰："子不好色，亦有说乎？有说则止⑦，无说则退。"玉曰："天下之佳人莫若楚国，楚国之丽者莫若臣里，臣里之美者莫若臣东家之子⑧。东家之子，增之

---

① 尺：周尺，一尺约为20厘米。
② 昳丽：光艳美丽。
③ 登徒子：楚大夫。"登徒"是复姓，"子"是用于姓氏后面对人的敬称。
④ 短：说别人的短处。
⑤ 闲丽：文雅英俊。
⑥ 微辞：婉转而巧妙的言辞。
⑦ 止：与下文"退"相对，指留下。
⑧ 东家之子：东边邻家的女儿。

一分则太长，减之一分则太短；著粉则太白①，施朱则太赤；眉如翠羽②，肌如白雪；腰如束素③，齿如含贝；嫣然一笑，惑阳城，迷下蔡④。然此女登墙窥臣三年，至今未许也。登徒子则不然：其妻蓬头挛耳⑤，齞唇历齿⑥，旁行踽偻⑦，又疥且痔⑧。登徒子悦之，使有五子。王孰察之⑨，谁为好色者矣。"

是时，秦章华大夫在侧⑩，因进而称曰："今夫宋玉盛称邻之女，以为美色，愚乱之邪⑪；臣自以为守德，谓不如彼矣。且夫南楚穷巷之妾⑫，焉足为大王言乎？若臣之陋，目所曾睹者，未敢云也。"王曰："试为寡人说之。"大夫曰："唯唯⑬。臣少曾远游，周览九土⑭，足历五都⑮。出咸阳、熙邯郸，从容郑、卫、溱、洧之间⑯。是时向春之末⑰，迎夏

① 著：搽。
② 翠羽：翡翠鸟的羽毛，青黑色。
③ 此句形容东家之子腰肢纤细。束：束缚。素：白色生绢。
④ 惑阳城，迷下蔡：使阳城、下蔡两地的男子着迷。阳城、下蔡是楚国贵族封地。
⑤ 挛(luán)耳：蜷曲的耳朵。
⑥ 齞(yàn)唇历齿：稀疏又不整齐的牙齿露在外面。齞：牙齿外露的样子。历齿：形容牙齿稀疏不整齐。
⑦ 旁行踽(jǔ)偻(lǚ)：弯腰驼背，走路摇摇晃晃。踽偻：驼背。
⑧ 又疥且痔：长满了疥疮和痔疮。
⑨ 孰察：孰，同"熟"。仔细端详。
⑩ 秦章华大夫在侧：当时秦国的章华大夫正在楚国。章华：楚地名。这里是以地望代称。
⑪ 愚乱之邪：美色能使人乱性，产生邪念。
⑫ 南楚穷巷之妾：指楚国偏远之地的女子，也即"东邻之子"。
⑬ 唯唯：表示应答之词。
⑭ 周览九土：足迹踏遍九州。九土：九州。
⑮ 五都：五方都会，泛指繁盛的都市。
⑯ 从容郑、卫溱(zhēn)、洧(wěi)之间：在郑卫两国的溱水和洧水边停留。从容：逗留，停留。郑、卫：春秋时的两个国名，故址在今河南省新郑市到滑县、濮阳一带。溱、洧：郑国境内的两条河。
⑰ 向春之末：接近春末。向：接近，临近。

之阳①，鸧鹒喈喈②，群女出桑③。此郊之姝④，华色含光，体美容冶⑤，不待饰装。臣观其丽者，因称诗曰⑥：'遵大路兮揽子袪⑦，赠以芳华辞甚妙。'于是处子悦若有望而不来⑧，忽若有来而不见⑨。意密体疏⑩，俯仰异观⑪；含喜微笑，窃视流眄⑫。复称诗曰：'寐春风兮发鲜荣⑬，洁斋俟兮惠音声⑭，赠我如此兮不如无生⑮。'因迁延而辞避⑯。盖徒以微辞相感动，精神相依凭；目欲其颜，心顾其义⑰，扬《诗》守礼，终不过差⑱，故足称也。"

于是楚王称善，宋玉遂不退。（昭明文选·卷十九）

---

① 迎夏之阳：将有夏天温暖的阳光。迎：迎接，将要出现。
② 鸧(cāng)鹒(gēng)喈(jiē)喈：鸧鹒鸟喈喈鸣叫。
③ 群女出桑：众美女在桑间采桑叶。
④ 此郊之姝(shū)：意指郑、卫郊野的美女。
⑤ 体美容冶：体态优美，容貌艳丽。冶：艳丽。
⑥ 称诗：称引《诗经》里的话。
⑦ 遵大路兮揽子袪(qū)：沿着大路与心上人携手同行。袪：衣袖。《诗经·郑风·遵大路》："遵大路兮，掺执子之袪兮。"
⑧ 悦：同"恍"，心意恍惚，神思不定。有望：有所期望。
⑨ 有来：指前来。而不见：却又不敢抬头看人。此句谓女子好像要来又不肯相见。这里形容美女的羞怯之态。
⑩ 意密体疏：尽管情意密切，但形迹却又很疏远。
⑪ 俯仰异观：那美人的一举一动都与众不同。
⑫ 窃视流眄(miǎn)：偷偷地看看她，她正含情脉脉，暗送秋波。
⑬ 寐春风兮发鲜荣：万物在春风的吹拂下苏醒过来，一派新鲜茂密。寐：苏醒。
⑭ 洁斋俟兮惠音声：那美人心地纯洁，举止庄重，正等待我惠赠佳音。斋：举止庄重。
⑮ 赠我如此：指送《遵大路》诗。不如无生：不如死去。
⑯ 因迁延而辞避：她引身后退，婉言谢绝。
⑰ 心顾其义：心里想着道德规范，男女之大防。
⑱ 扬《诗》守礼，终不过差：口诵《诗经》古语，遵守礼仪，也终于没有什么越轨的举动。过差：过失，差错。

第五编　其他美学思想

神女赋（并序）

楚襄王与宋玉游于云梦之浦①，使玉赋高唐之事。其夜玉寝，果梦与神女遇，其状甚丽，玉异之。明日，以白王。王曰："其梦若何？"玉对曰："晡夕②之后，精神恍忽，若有所喜，纷纷扰扰，未知何意？目色仿佛③，乍若有记④：见一妇人，状甚奇异。寐而梦之，寤不自识；罔兮不乐⑤，怅然失志。于是抚心定气，复见所梦。"王曰："状何如也？"玉曰："茂矣美矣，诸好备矣。盛矣丽矣，难测究矣。上古既无，世所未见，瑰姿玮态⑥，不可胜赞。其始来也，耀乎若白日初出照屋梁；其少进也，皎若明月舒其光。须臾之间，美貌横生：晔兮如华⑦，温乎如莹。五色并驰，不可殚形⑧。详而视之，夺人目精。其盛饰也，则罗纨绮缋盛文章⑨，极服妙采照四方。振绣衣，被袿裳，襛不短，纤不长⑩，步裔裔兮曜殿堂⑪，忽兮改

---

① 浦（pǔ）：水滨。
② 晡（bū）夕：傍晚，黄昏。
③ 目色：视力。仿佛：朦胧，见不真切。
④ 乍若有记：最初好像有些印象。乍：刚，初。
⑤ 罔：通"惘"，怅然若有所失之态。
⑥ 瑰姿：美丽的姿容。玮（wěi）态：姣美的姿态。
⑦ 晔（yè）：盛貌。
⑧ 殚（dān）形：穷尽其形貌。殚，穷尽。
⑨ 罗：质地轻软，经纬组织显现有规则孔眼的丝织品。纨（wán）：白色细绢。绮：平纹起花的丝织品。文章：文采，错综华美的色彩或花纹。
⑩ 襛（nóng）不短，纤不长：襛，衣厚貌。穿厚衣服不显短小，穿薄衣服不显瘦长。形容神女身材匀称。
⑪ 裔（yì）裔：步伐轻盈的样子。曜（yào）：照耀。

423

容,婉若游龙乘云翔。媠披服①,倪薄装②,沐兰泽③,含若芳。性合适,宜侍旁,顺序卑,调心肠。"王曰:"若此盛矣,试为寡人赋之。"玉曰:"唯唯。"

夫何神女之姣丽兮,含阴阳之渥饰④。披华藻之可好兮,若翡翠之奋翼⑤。其象无双,其美无极;毛嫱鄣袂⑥,不足程式;西施掩面,比之无色。近之既妖,远之有望,骨法多奇,应君之相,视之盈目,孰者克尚⑦。私心独悦,乐之无量;交希恩疏⑧,不可尽畅。他人莫睹,王览其状。其状峨峨⑨,何可极言。貌丰盈以庄姝兮⑩,苞湿润之玉颜。眸子炯其精朗兮,瞭多美而可视⑪。眉联娟以蛾扬兮⑫,朱唇地其若丹。素质干之实兮,志解泰而体闲⑬。既姽嫿于幽静兮,又婆娑乎人间⑭。宜高殿以广意兮,翼故纵而绰宽⑮。动雾以

---

① 媠(tuǒ):美也。披服:罩在外面的衣服。
② 倪(tuì):可也,恰好。言薄装正合适。
③ 沐:洗。沐兰泽:用含有兰香的润发油涂头。
④ 渥(wò)饰:渥,丰厚。《文选》李善注:"言神女得阴阳厚美之饰。"
⑤ 这两句说:神女身披华服,宛若翡翠鸟振翅飞动。极言其服饰之美,以及体态之娇。华藻:文采华丽的衣服。翡翠:一种鸟,又称翠雀。
⑥ 毛嫱(qiáng):古之美女。鄣:遮蔽。袂(mèi):衣袖。
⑦ 孰:谁。克:能。尚:超过。谁者能尚,即是说,没有。
⑧ 交希恩疏:交往稀,恩情淡薄。希,同"稀",稀少。
⑨ 峨峨:指仪容盛美端庄。
⑩ 丰盈:肥满。庄:庄重。姝:美好。
⑪ 瞭:双目明亮。
⑫ 联娟:微曲的样子。蛾扬:蛾眉上扬。
⑬ 志:志操。解泰:闲适安宁。体闲:体态娴雅。
⑭ 姽(guǐ):静好貌。嫿(huà):美好。姽嫿:娴静美好的样子。婆娑:蹁跹也。
⑮ 这两句说:宜使神女于高大的殿堂之上舒心展意,如同鸟儿展翅飞翔在高空之中。广意:舒展心意。绰:宽广。

徐步兮，拂声之珊珊①。望余帷而延视兮，若流波之将澜②。奋长袖以正衽兮③，立踯躅而不安。澹清静其兮，性沉详而不烦。时容与以微动兮④，志未可乎得原。意似近而既远兮，若将来而复旋。褰余而请御兮⑤，愿尽心之。怀贞亮之清兮，卒与我兮相难⑥。陈嘉辞而云对兮，吐芬芳其若兰。精交接以来往兮⑦，心凯康以乐欢。神独享而未结兮，魂茕茕以无端。含然诺其不分兮⑧，扬音而哀叹！薄怒以自持兮，曾不可乎犯干⑨。

于是摇佩饰，鸣玉鸾；衾衣服，敛容颜；顾女师，命太傅⑩。欢情未接，将辞而去；迁延引身，不可亲附。似逝未行，中若相首⑪；目略微眄⑫，精采相授。志态横出⑬，不可胜记。意离未绝，神心怖覆⑭；礼不遑讫，辞不及究；愿假须臾，神女称遽。徊肠伤

---

① 珊珊：衣裙擦过台阶之声。
② 延视：久久注视。流波：眼睛注视的样子。若流波之将澜：举目延视，如同流水将成澜。
③ 正衽：整理衣襟。形容神女兀自矜严的样子。
④ 容与：闲适之态。
⑤ 褰(qiān)：撩起，掀起。
⑥ 难(nàn)：拒绝。
⑦ 精交接以来往：精神感情的交相往来。
⑧ 然诺：许诺。不分(fèn)：不甘愿。言神女之意，虽然许诺，仍旧不当其意。
⑨ 曾：竟，乃。犯干：冒犯。
⑩ 顾：问。女师：女子之师。命：吩咐，传令。太傅：本意为辅导太子的官，此处代指神女侍从。
⑪ 似逝未行，中若相首：指神女似去而未去，面对面相视，心中思慕满溢。相首，相向。
⑫ 微眄(miǎn)：略微斜视。眄：斜视。
⑬ 志态：意态，指依恋不舍的心神意态。
⑭ 意离未绝，神心怖覆：感情上依恋，理智上矜持。怖，惶惑。覆，颠倒。

气，颠倒失据①，黯然而瞑，忽不知处②。情独私怀，谁者可语？惆怅垂涕，求之至曙。（昭明文选·卷十九）

文学审美意识

情景关系

关雎

关关雎鸠③，在河之洲。窈窕淑女，君子好逑④。
参差荇菜，左右流之。窈窕淑女，寤寐⑤求之。
求之不得，寤寐思服。悠哉悠哉，辗转反侧。
参差荇菜，左右采之。窈窕淑女，琴瑟友之。
参差荇菜，左右芼⑥之。窈窕淑女，钟鼓乐之。（诗经·周南）

摽有梅

摽⑦有梅，其实七兮。求我庶士，迨其吉兮。
摽有梅，其实三兮。求我庶士，迨其今兮。
摽有梅，顷筐⑧塈⑨之。求我庶士，迨其谓之。（诗经·召南）

---

① 这两句说：神女离去后，楚襄王愁肠百结，神思颠倒，精神游离恍惚。
② 这两句说：神女走后，楚襄王忽感天色昏黑，不知身在何处。瞑，同"冥"，日暮，昏黑。
③ 关关：雌雄二鸟和鸣之声。雎鸠(jū jiū)：水鸟的一种。
④ 逑(qiú)：配偶。
⑤ 寤寐(wù mèi)：日夜。睡醒为"寤"，睡着为"寐"。
⑥ 芼(mào)：选择。
⑦ 摽(biào)：《毛传》："摽，落也。"
⑧ 顷筐：如同今日的畚箕。
⑨ 塈(xì)："摡"的借字，取。

蒹葭

蒹葭苍苍，白露为霜。所谓伊人，在水一方。溯洄①从之，道阻且长。溯游②从之，宛在水中央。

蒹葭萋萋，白露未晞③。所谓伊人，在水之湄④。溯洄从之，道阻且跻⑤。溯游从之，宛在水中坻⑥。

蒹葭采采，白露未已。所谓伊人，在水之涘。溯洄从之，道阻且右⑦。溯游从之，宛在水中沚⑧。（诗经·秦风）

虚实相生

卷耳

采采卷耳，不盈顷筐。嗟我怀人，置彼周行⑨。

陟⑩彼崔嵬⑪，我马虺隤⑫。我姑酌彼金罍⑬，维以不永怀。

陟彼高冈，我马玄黄⑭。我姑酌彼兕觥⑮，维以不永伤。

---

① 溯洄：逆流而上。
② 溯游：顺流而下。
③ 萋萋：茂盛的样子。晞：干。
④ 湄：水草交界处，即岸边。
⑤ 跻(jī)：高起。
⑥ 坻(chí)：水中小沙洲。
⑦ 右：右转弯。
⑧ 沚(zhǐ)：水中小陆地。
⑨ 周行(háng)：大道。
⑩ 陟(zhì)：登上。
⑪ 崔嵬：高低不平的土石山。
⑫ 虺隤(huī tuí)：疲惫至极而腿软，显病态。
⑬ 罍(léi)：酒器，口小肚大。
⑭ 玄黄：马病而变色。
⑮ 兕觥(sì gōng)：犀角制的大型酒器。

陟彼砠①矣，我马瘏②矣。我仆痡③矣，云何吁矣。（诗经·周南）

汉广

南有乔木，不可休思④。汉有游女⑤，不可求思。汉之广矣，不可泳思。江之永矣⑥，不可方⑦思。

翘翘错薪⑧，言刈其楚⑨。之子于归，言秣⑩其马。汉之广矣，不可泳思。江之永矣，不可方思。

翘翘错薪，言刈其蒌⑪。之子于归。言秣其驹。汉之广矣，不可泳思。江之永矣，不可方思。（诗经·周南）

草虫

喓喓⑫草虫，趯趯阜螽⑬。未见君子，忧心忡忡。亦既见止，亦既觏⑭止，我心则降。

---

① 砠（jū）：上面有土的石山。
② 瘏（tú）：极度劳累致病。
③ 痡（pū）：疲劳致病。
④ 休思：《毛诗》作"休息"，据《韩诗》而改。思，语气助词。下同。
⑤ 汉：水名。源于陕西西南，向东至湖北武汉流入长江。游女：水中潜行的女子。
⑥ 江：长江。永：长。
⑦ 方：同"舫"，桴，筏，这里用作动词。
⑧ 错薪：薪柴错杂。
⑨ 楚：植物名，即牡荆。
⑩ 秣（mò）：喂马。
⑪ 蒌（lóu）：蒌蒿。
⑫ 喓（yāo）喓：虫声。
⑬ 趯（tì）趯：虫跳跃的样子。阜螽：蚱蜢。
⑭ 觏（gòu）：相会之意。

陟彼南山，言采其蕨。未见君子，忧心惙惙①。亦既见止，亦既觏止，我心则说。

陟彼南山，言采其薇。未见君子，我心伤悲。亦既见止，亦既觏止，我心则夷②。（诗经·召南）

戏谑语言的运用

狡童
彼狡童③兮，不与我言兮；维④子之故，使我不能餐兮！

彼狡童兮，不与我食兮；维子之故，使我不能息兮。（诗经·郑风）

山有扶苏
山有扶苏⑤，隰⑥有荷华。不见子都⑦，乃见狂且⑧。

山有桥松，隰有游龙。不见子充⑨，乃见狡童。（诗经·郑风）

褰⑩裳
子惠⑪思我，褰裳涉溱⑫。子不我思，岂无他人？狂童之狂

---

① 惙(chuò)惙：内心惶恐疑惑的样子。
② 夷：平静，这里指心安。
③ 狡童：姣好的少年。
④ 维：因为。
⑤ 扶苏：树木名。一说桑树。
⑥ 隰(xí)：低湿的地方。
⑦ 子都：古代有名的美男子。
⑧ 狂且(jū)：癫狂愚蠢之人。闻一多注"且"为"者"，意为"狂者"。
⑨ 子充：古代良人名。
⑩ 褰(qiān)：揭起。
⑪ 惠：真心实意。
⑫ 溱(zhēn)：水名，出于河南密县，下与洧水合流。

429

也且①！

子惠思我，褰裳涉洧②。子不我思，岂无他士？狂童之狂也且！（诗经·郑风）

戏剧化对白与联句

鸡鸣

鸡既鸣矣，朝③既盈矣！匪鸡则鸣，苍蝇之声。

东方明矣，朝既昌④矣！匪东方则明，月出之光！

虫飞薨薨⑤，甘与子同梦；会且归矣，无庶予子憎⑥！（诗经·齐风）

女曰鸡鸣

女曰鸡鸣，士曰昧旦⑦。子兴视夜，明星有烂。将翱将翔，弋⑧凫与雁。

弋言加之，与子宜⑨之。宜言饮酒，与子偕老。琴瑟在御⑩，莫不静好。

---

① 且：语气助词。
② 洧(wěi)：水名，自登封出，东流至新郑。
③ 朝：朝廷，朝堂。
④ 昌：盛多的样子。
⑤ 薨(hōng)薨：虫群飞动的声音。
⑥ 无庶予子憎：庶，庶几，带有希望之意。无庶，同"庶无"，但愿没有因为我而厌憎你。
⑦ 昧旦：昧，黑。旦，亮。天快亮未亮。
⑧ 弋(yì)：把绳子系在箭上射。
⑨ 宜："肴"，烹饪。
⑩ 御：弹奏。

知子之来之，杂佩以赠之。知子之顺之，杂佩以问之。知子之好之，杂佩以报之。（诗经·郑风）

想象与抒情

离骚

帝高阳之苗裔①兮，朕皇考曰伯庸②；

摄提贞于孟陬兮③，惟庚寅吾以降；

皇览揆余于初度兮④，肇锡余以嘉名⑤；

名余曰正则兮，字余曰灵均⑥；

纷⑦吾既有此内美兮，又重之以修能⑧；

扈江离与辟芷兮⑨，纫秋兰以为佩；

汨余若将不及兮，恐年岁之不吾与⑩；

---

① 高阳：高阳氏，古帝颛顼之号。《帝系》曰："颛顼娶于滕隍氏女而生老僮，是为楚先。其后，熊绎事周成王，封为楚子。居于丹阳。周幽王时生若敖，奄征南海，北至江汉。其孙武王求尊爵于周，周不与。遂僭号称王。始都于郢。是时生子瑕，受屈为客卿，因以为氏。"屈原自称是颛顼之远末子孙。苗裔：远末子孙。

② 朕：我。皇考：太祖。伯庸：屈氏始封君，西周末年楚君熊渠的长子，被封为句亶王，在甲水边上。屈氏即甲氏。屈原言我父伯庸，体有美德，以忠辅楚，世有令名，以及于己。

③ 摄提：太岁在寅曰摄提。贞：正当。孟：始。孟陬（mèng zōu）：农历正月。

④ 皇：皇考。览：观察。揆：度，揣测。嘉：善。这句话是说，我的父亲伯庸察我出生的年时，观日月，都合于天地正中，所以赐我以美善之名。

⑤ 肇（zhào）：始。锡：赐。

⑥ 屈原名平，字原。正，平也。则，法也。灵，神也。均，调也。世间法之正，莫过于天，养物均调之神，莫过于地。高平曰原，故屈原名为平，以法天；字为原，以法地。

⑦ 纷：盛多貌。

⑧ 重（chóng）：加。修：美好。

⑨ 扈：披。江离、辟芷：均为香草名。辟：幽，言芷之幽香芬芳。

⑩ 与：等待。

朝搴阰之木兰兮①，夕揽洲之宿莽②；
日月忽其不淹兮③，春与秋其代序④；
惟草木之零落兮，恐美人之迟暮⑤；
不抚壮而弃秽兮⑥，何不改乎此度？
乘骐骥以驰骋兮，来吾导夫先路⑦。
昔三后之纯粹兮⑧，固众芳之所在；
杂申椒与菌桂兮，岂维纫夫蕙茝⑨；
彼尧舜之耿介兮⑩，既遵道而得路；
何桀纣之猖披兮⑪，夫唯捷径以窘；
惟夫党人之偷乐兮，路幽昧以险隘；
岂余身之惮殃兮，恐皇舆之败绩⑫；
忽奔走以先后兮，及前王之踵武；

---

① 搴(qiān)：取。阰(pí)：山坡。
② 揽：采。宿莽：一种叶含香气、可杀虫的植物。木兰去皮不死，宿莽遇冬不枯。屈原以木兰和宿莽自比，喻谗人虽欲困己，己受天命，终不可变易。
③ 淹：久也。
④ 代：更也。序：次也。代序：四季交替更迭，忽然不久。此处言天时易过，人年易老。
⑤ 美人：这里指楚怀王。
⑥ 抚：持。壮：年盛曰壮。"抚壮"即趁着盛壮之年。秽：指罪恶的品德。
⑦ 来：表号召的语气。道：通"导"。先路：前路。
⑧ 三后：谓禹、汤、文王。至美为纯，齐同为粹。
⑨ 维：仅，只。纫：索也。蕙、茝(chǎi)：皆香草名，比喻贤者。
⑩ 彼：指三后。耿，光也。介，大也。
⑪ 猖披：也作"昌批"，放纵妄行的样子。
⑫ 皇舆：君王的舆輂，这里比喻国家。绩：功也。这句话是说，我之所以直言进谏，非难身之被殃咎也，只恐君国倾危，败坏了先王之功绩。

第五编　其他美学思想

荃①不察余之中情兮，反信馋而齌怒②；
余固知謇謇之为患兮③，忍而不能舍也；
指九天以为正兮，夫唯灵修之故也④；
初既与余成言兮⑤，后悔遁而有他；
余既不难夫离别兮，伤灵修之数化⑥。
余既兹兰之九畹兮⑦，又树蕙之百亩；
畦留夷与揭车兮⑧，杂杜衡与方芷；
冀枝叶之峻茂兮，愿竢时乎吾将刈⑨；
虽萎绝其亦何伤兮，哀众芳之芜秽；
众皆竞进以贪婪兮，凭不厌乎求索⑩；
羌内恕己以量人兮⑪，各兴心而嫉妒；
忽驰骛以追逐兮⑫，非余心之所急；
老冉冉其将至兮，恐修名之不立；
朝饮木兰之坠露兮，夕餐秋菊之落英；

---

① 荃(quán)：香草名，喻君。
② 齌(jì)：疾也。齌怒，暴怒。
③ 固：本来。謇(jiǎn)謇：忠贞的样子。
④ 灵，神也。修，远也。能神明远见者，君德也。故用以比喻君王。
⑤ 成言：彼此约定。
⑥ 数：屡次。化，变也。
⑦ 畹(wǎn)：楚人地亩单位，十二亩为一畹。
⑧ 畦(qí)：治地成畦，分畦栽种。夷、揭车：皆香草名。
⑨ 竢(sì)：等待。
⑩ 凭：饱满，楚方言。猒(yàn)：同"厌"，满足。
⑪ 羌：楚人发语词，表反问和转折语气。恕，以心揆心。量，度也。
⑫ 驰骛(wù)：本指马乱跑，此处喻众人为权势财利奔走钻营。

433

苟余情其信姱以练要兮①，长顑颔亦何伤②；

揽木根以结茞兮，贯薜荔之落蕊③；

矫菌桂以纫蕙兮，索胡绳之纚纚④；

謇吾法夫前修兮⑤，非世俗之所服；

虽不周于今之人兮⑥，愿依彭咸之遗则⑦！

长太息以掩涕兮，哀民生之多艰；

余虽好修姱以鞿羁兮⑧，謇朝谇而夕替⑨；

既替余以蕙纕兮⑩，又申之以揽茞⑪；

亦余心之所善兮，虽九死其犹未悔；

怨灵修之浩荡兮⑫，终不察夫民心。

众女疾余之蛾眉兮，谣诼谓余以善淫⑬；

固时俗之工巧兮，偭规矩而改错⑭；

---

① 苟：诚也。姱(kuā)：美。练：简。
② 顑颔(kǎn hàn)：食不饱而面黄肌瘦的样子。
③ 贯：累也。薜荔：一种蔓生香草。蕊，实也。此句是说，自己据持根本，又累香草之实，执持忠信，不为华饰之行。
④ 索：搓为绳。胡绳：即结缕，一种状如绳索的香草。纚(xǐ)纚：索好貌。
⑤ 謇：发语词。法：效法。
⑥ 周：合。
⑦ 彭咸：殷之贤大夫，因谏其君不听，自投水而死。此句是说，自己所行的忠信，虽然不合于今之众人，但是愿依凭古之贤人彭咸的余法来约束自己。
⑧ 鞿羁(jī jī)：自我约束。
⑨ 谇(suì)：进谏。替：废也。此句是说，我虽有绝远的智慧，却为谗言所累，以致朝谏于君，夕暮而身废弃也。
⑩ 纕(xiāng)：佩带。
⑪ 申：重，加上。
⑫ 浩荡：浩犹浩浩，荡犹荡荡，指不假思虑，肆意放纵的样子。
⑬ 谣诼(zhuó)：谣谓毁也，诼犹谗也。
⑭ 偭(miǎn)：背也。圆为规，方为矩。改，更改。错，放置。

434

背绳墨以追曲兮①，竞周容以为度②；
忳郁邑余侘傺兮③，吾独穷困乎此时也；
宁溘死以流亡兮，余不忍为此态；
鸷鸟之不群兮④，自前世而固然；
何方圜之能周兮，夫孰异道而相安；
屈心而抑志兮，忍尤而攘诟；
伏清白以死直兮⑤，固前圣之所厚。
悔相道之不察兮⑥，延伫乎吾将反；
回朕车以复路兮，及行迷之未远；
步余马于兰皋兮，驰椒丘且焉止息；
进不入以离尤兮⑦，退将复修吾初服；
制芰荷以为衣兮，集芙蓉以为裳；
不吾知其亦已兮，苟余情其信芳⑧；
高余冠之岌岌兮⑨，长余佩之陆离⑩；
芳与泽其杂糅兮，唯昭质其犹未亏⑪；
忽反顾以游目兮，将往观乎四荒；

---

① 绳墨：准绳与墨斗，正曲直之物。
② 周，合也；度，法也。这句话是说，百工不依循绳墨之直，而依曲木，则屋必倾塌。同样，人臣不行仁义之道而随从妄佞，则身必倾危。
③ 忳(tún)：忧虑貌。侘傺(chà chì)：失神而立。
④ 鸷(zhì)：执也，此谓能执服众鸟，鹰、雕、枭之类，以喻忠正也。
⑤ 伏：通"服"，引申为保持。死直：为正直而死。
⑥ 相(xiàng)：察看。察：仔细看。
⑦ 进：指进入朝廷。不入：未能进去。离：通"罹"，遭受。
⑧ 苟：诚，果真。信：确实。
⑨ 岌(jí)岌：高耸的样子。
⑩ 陆离：参差且多的样子。
⑪ 昭质：纯洁光明的品质。

佩缤纷其繁饰兮，芳菲菲其弥章①；
民生各有所乐兮，余独好修以为常；
虽体解吾犹未变兮，岂余心之可惩。
女媭之婵媛兮②，申申其詈予③。
曰："鲧婞直以亡身兮④，终然夭乎羽之野；
汝何博謇而好修兮⑤，纷独有此姱节；
薋菉葹以盈室兮⑥，判独离而不服⑦；
众不可户说兮，孰云察余之中情；
世并举而好朋兮⑧，夫何茕独而不予听。"
依前圣以节中兮⑨，喟凭心而历兹⑩；
济沅湘以南征兮，就重华而陈词⑪：
"启《九辩》与《九歌》兮，夏康娱以自纵⑫；
不顾难以图后兮，五子用乎家巷⑬；

---

① 芳菲菲：香气很盛的样子。章：同"彰"，明显、突出。此句是指，我虽然要去四方荒远之地，仍旧是犹整饰仪容，终究不会因路远而改其志。
② 女媭(xū)：传说为屈原的姊。婵媛(chán yuán)：犹牵引也。
③ 申申：反复地。詈(lì)：骂。
④ 鲧(gǔn)：同"鲦"，远古传说中人物，尧臣，禹父。婞(xìng)直：刚直。
⑤ 博謇(jiǎn)：在各种事上都说实话。
⑥ 薋(cí)：聚积。菉葹(lù shī)：菉，生刍；葹，莫耳。皆普通的草。
⑦ 判：判然，分得清清楚楚。离：弃去。服：佩戴。
⑧ 举：起。朋：朋党。
⑨ 节，度也。
⑩ 凭心：愤懑。历：数。兹，此也。历兹，历数前世成败之道。
⑪ 重华：舜的名。
⑫ 夏康：启之子太康。娱：乐也。纵：放纵。
⑬ 五子：启的五个儿子。此句是说，夏王太康不遵循禹和启之乐而更作淫声，放情纵欲以自娱乐，不顾百姓患难，不为后世谋划，终至失国。兄弟五人，皆居于闾巷，失其尊位也。

羿淫游以佚畋兮①，又好射夫封狐②；
固乱流其鲜终兮，浞又贪夫厥家③；
浇身被服强圉兮④，纵欲而不忍；
日康娱而自忘兮，厥首用夫颠陨；
夏桀之常违兮，乃遂焉而逢殃；
后辛之菹醢兮⑤，殷宗用之不长；
汤禹俨而祗敬兮⑥，周论道而莫差；
举贤才而授能兮，循绳墨而不颇；
皇天无私阿兮，揽民德焉错辅⑦；
夫维圣哲以茂行兮，苟得用此下土；
瞻前而顾后兮，相观民之计极⑧；
夫孰非义而可用兮，孰非善而可服⑨；
阽余身而危死兮⑩，揽余初其犹未悔；
不量凿而正枘兮⑪，固前修以菹醢。"

----

① 羿：诸侯也。淫：过甚。佚：放纵。
② 封狐：大狐。
③ 浞(zhuó)：寒浞，羿相，怂恿羿放纵游乐畋猎，后杀了后羿。贪：强取。家：妻室。
④ 浇(ào)：寒浞之子，很有武力。强圉(yǔ)：多力也。
⑤ 后辛：殷纣王辛，商朝最后一王。菹醢(zū hǎi)：剁成肉酱。
⑥ 俨(yǎn)：畏也。祗(zhī)：敬也。
⑦ 错：通"措"，置也。辅，佐也。这句是说，皇天神明无所私阿，选取外民之中有道德者，置以为君。使贤能辅佐，以成其志。
⑧ 观：观察。计：谋虑。极：穷。
⑨ 服：服事也。这句话意思是说，世上人臣，哪里有不行仁义而可以任用，不行信善而可以服事呢？
⑩ 阽(diàn)：危也。危死：几乎死。
⑪ 量：度量。正，方也。枘(ruì)：榫头，用以插入另一部分的榫眼，使两部分连接起来，如方枘圆凿。

曾歔欷余郁邑兮，哀朕时之不当；
揽茹蕙以掩涕兮，霑余襟之浪浪①。
跪敷衽以陈词兮②，耿吾既得中正；
驷玉虬以乘鹥兮③，溘埃风余上征④；
朝发轫于苍梧兮⑤，夕余至乎县圃⑥；
欲少留此灵琐兮⑦，日忽忽其将暮；
吾令羲和弭节兮⑧，望崦嵫而勿迫⑨；
路曼曼其修远兮，吾将上下而求索；
饮余马于咸池兮，总余辔乎扶桑；
折若木以拂日兮，聊逍遥以相羊⑩；
前望舒⑪使先驱兮，后飞廉使奔属⑫；
鸾皇为余先戒兮，雷师告余以未具；
吾令凤鸟飞腾夕，继之以日夜；

---

① 霑：浸湿。浪（láng）浪：流动的样子。
② 敷：布也。衽（rèn）：衣襟。
③ 驷：驾车的四匹马。这里用为动词。虬：有角曰龙，无角曰虬。鹥（yī）：凤凰别名，身五彩。
④ 溘（kè）：犹掩也。埃风：卷着尘埃的风。掩尘埃而上征去，比喻离世俗而远群小。
⑤ 轫（rèn）：停车时抵住车轮的木头，发车时将它撤去叫发轫。苍梧：即九疑山，在今湖南宁远，舜葬此。
⑥ 县（xuán）圃：神话中的地名，在昆仑之上。
⑦ 灵：君王。琐：门镂也。
⑧ 羲和：神话中给太阳驾车者。弭节：按节徐步。节，以竹竿和羽毛制成的信节，路途通信之用。
⑨ 崦嵫（yān zī）：神话中山名，日入之处。迫：近。
⑩ 相羊：徜徉，随意徘徊。
⑪ 望舒：为月神驾车者。
⑫ 飞廉：风神。属（zhǔ）：跟随。

第五编 其他美学思想

飘风屯其相离兮①，帅云霓而来御②；
纷总总其离合兮③，斑陆离其上下；
吾令帝阍开关兮，倚阊阖而望予④；
时暧暧其将罢兮，结幽兰而延伫；
世溷浊而不分兮⑤，好蔽美而嫉妒。
朝吾将济于白水兮，登阆风而緤马⑥；
忽反顾以流涕兮，哀高丘之无女；
溘吾游此春宫兮，折琼枝以继佩；
及荣华之未落兮，相下女之可诒⑦；
吾令丰隆乘云兮，求宓妃之所在⑧；
解佩纕以结言兮，吾令蹇修以为理⑨；
纷总总其离合兮，忽纬繣其难迁⑩；
夕归次于穷石兮，朝濯发乎洧盘⑪；
保厥美以骄傲兮，日康娱以淫游；
虽信美而无礼兮，来违弃而改求；
览相观于四极兮，周流乎天余乃下；

---

① 屯：聚合。屯其相离，指不与自己和合。
② 御(yà)：通"迓"，迎接。
③ 纷总总：多而纷乱的样子。
④ 阊阖(chāng hé)：天门。
⑤ 溷(hùn)：乱也。浊：贪也。指混乱污浊。
⑥ 阆(làng)风：神话中地名，在昆仑山上。緤(xiè)：系住。
⑦ 诒(yí)：通"贻"，赠送。
⑧ 宓(fú)妃：神话中的人名，伏羲氏之女，洛水之神。这里是指，我命雷师丰隆乘云周行，求清洁若宓妃者的隐士，欲与其齐心协力。
⑨ 蹇修：传说是伏羲氏之臣，乐师。理：媒理。
⑩ 纬繣(huà)：本义为乖戾，此训执拗。难迁：难以说动。
⑪ 洧盘：神话中水名。

439

望瑶台之偃蹇兮，见有娀之佚女①；
吾令鸩为媒兮，鸩告余以不好；
雄鸠之鸣逝兮，余犹恶其佻巧；
心犹豫而狐疑兮，欲自适而不可；
凤皇既受诒兮，恐高辛之先我；
欲远集而无所适兮②，聊浮游以逍遥；
及少康之未家兮③，留有虞之二姚；
理弱而媒拙兮，恐导言之不固；
世溷浊而嫉贤兮，好蔽美而称恶；
闺中既已邃远兮，哲王又不寤；
怀朕情而不发兮，余焉能忍此终古④。
索藑茅以筳篿兮⑤，命灵氛为余占之；
曰：两美其必合兮，孰信修而慕之；
思九州之博大兮，岂惟是其有女？
曰：勉远逝而无狐疑兮，孰求美而释女？
何所独无芳草兮，尔何怀乎故宇；
世幽昧以眩曜兮⑥，孰云察余之善恶；
民好恶其不同兮，惟此党人其独异；

---

① 有娀（sōng）：传说中古部族名。有娀氏美女简狄住在高台上，为帝喾之妃，吞玄鸟之卵而生契，为商人之祖。
② 集：栖止。
③ 少康：夏后相之子。太康失国，少康逃到有虞，娶了国君的两个女儿，借助有虞的力量恢复了夏朝。
④ 终古：永久。
⑤ 索：讨取。藑（qióng）茅：一种可用来占卜的草。筳篿（tíng zhuān）：用来占卜的竹片。
⑥ 眩曜：惑乱的样子。

户服艾以盈要兮①，谓幽兰其不可佩；
览察草木其犹未得兮，岂珵美之能当②？
苏粪壤以充帏兮③，谓申椒其不芳。
欲从灵氛之吉占兮，心犹豫而狐疑；
巫咸将夕降兮，怀椒糈而要之④；
百神翳其备降兮⑤，九疑缤其并迎；
皇剡剡其扬灵兮⑥，告余以吉故；
曰：勉升降以上下兮，求矩矱之所同⑦；
汤禹严而求合兮，挚咎繇而能调⑧；
苟中情其好修兮，又何必用夫行媒；
说操筑于傅岩兮，武丁用而不疑；
吕望之鼓刀兮，遭周文而得举；
宁戚之讴歌兮，齐桓闻以该辅；
及年岁之未晏兮，时亦犹其未央；
恐鹈鴂之先鸣兮⑨，使夫百草为之不芳；
何琼佩之偃蹇兮⑩，众薆然而蔽之⑪；
惟此党人之不谅兮，恐嫉妒而折之；

---

① 服：佩。艾：白蒿也。盈：满也。
② 珵（chéng）：美玉。
③ 苏：取。壤：土。充：满。
④ 糈（xǔ）：精米。要（yāo）：拦截，这里是迎候之意。
⑤ 翳（yì）：遮蔽。备：都。
⑥ 剡（yǎn）：闪光的样子。
⑦ 矩矱：喻准则、法度。
⑧ 挚：伊尹名，商汤的贤相。咎繇（gāo yáo）：即皋陶，夏禹的贤臣。
⑨ 鹈鴂（tí jué）：即今杜鹃。
⑩ 琼佩：琼玉的佩饰。偃蹇：多而盛的样子。
⑪ 薆（ài）：隐蔽的样子。

时缤纷其变易兮，又何可以淹留；
兰芷变而不芳兮，荃蕙化而为茅；
何昔日之芳草兮，今直为此萧艾也；
岂其有他故兮，莫好修之害也；
余既以兰为可侍兮，羌无实而容长①；
委厥美以从俗兮，苟得列乎众芳；
椒专佞以慢慆兮②，樧又欲充夫佩帏③；
既干进而务入兮，又何芳之能祗④；
固时俗之流从兮，又孰能无变化；
览椒兰其若兹兮，又况揭车与江离；
惟兹佩之可贵兮，委厥美而历兹；
芳菲菲而难亏兮，芬至今犹未沫；
和调度以自娱兮，聊浮游而求女；
及余饰之方壮兮，周流观乎上下。
灵芬既告余以吉占兮，历吉日乎吾将行；
折琼枝以为羞兮⑤，精琼爢以为粻⑥；
为余驾飞龙兮，杂瑶象以为车；
何离心之可同兮，吾将远逝以自疏；
遭吾道夫昆仑兮⑦，路修远以周流；

---

① 羌：想不到。实：诚也。容：外表。长：好。
② 椒，楚大夫子椒。慆(tāo)：淫邪。
③ 樧(shā)：茱萸。似椒而非椒。此处喻子椒似贤而非贤。佩帏：香囊。
④ 干进、务入：钻营求进。祗(zhī)：振。
⑤ 羞：美味的事物。
⑥ 精：凿。爢(mí)：细末。粻(zhāng)：粮。
⑦ 遭(zhān)：转。

第五编 其他美学思想

扬云霓之晻蔼兮①，鸣玉鸾之啾啾；

朝发轫于天津兮，夕余至乎西极；

凤皇翼其承旗兮，高翱翔之翼翼；

乎吾行此流沙兮，遵赤水而容与②；

麾蛟龙使梁津兮③，诏西皇使涉予；

路修远以多艰兮，腾众车使径待；

路不周以左转兮，指西海以为期；

屯余车其千乘兮，齐玉轪而并驰④；

驾八龙之蜿蜿兮⑤，载云旗之委蛇；

抑志而弭节兮，神高驰之邈邈；

奏《九歌》而舞《韶》兮，聊假日以偷乐；

陟升皇之赫戏兮⑥，忽临睨夫旧乡⑦；

仆夫悲余马怀兮，蜷局顾而不行⑧。

乱曰：已矣哉，国无人莫我知兮，又何怀乎故都；

既莫足为美政兮，吾将从彭咸之所居。（昭明文选·卷三十二）

---

① 云霓：云霓作的旗，即下文的"云旗"。晻蔼(yǎn ǎi)：因云霓之旗的阻蔽而光线晦暗的样子。

② 遵：循着。赤水：神话中水名，源于昆仑山东南。容与：游戏的样子。

③ 麾(huī)：举手指挥。梁：架桥。津：渡口。

④ 玉轪(dài)：以玉为饰的车轮。

⑤ 蜿蜿：同"蜿蜒"，蛟龙飞舞状。

⑥ 陟升：升起。赫戏：光明灿烂的样子。

⑦ 临：居高临下。睨(nì)：斜视。旧乡：指鄢郢。

⑧ 蜷局：屈曲，此处形容马回转身子。顾：回头看。

443

第六编 ◎ 天下观念

本编导读

先秦美学资料中的天下观念部分主要是给美学理论研究提供一种新的认知视角。以前的美学理论由于对天下观念的忽视，使得中国美学史实际上成了华夏民族美学史。基于此，这里选择的几篇关于先秦天下观念的材料虽本身并没有很多美学性内容，但却提供了一种先秦大地理观念视角。特别是在华夷关系上，先秦已经出现了民族之间的融合，这种融合初步形成了华夏民族与各少数民族之间双向的文化艺术交流。

先秦天下观念主要体现在九州说、五服和九服说、华夷说等。先秦九州说在《尚书·禹贡》《周礼·职方氏》和阴阳家邹衍那里都有表述。《禹贡》中的九州指的是冀州、兖州、青州、徐州、扬州、荆州、豫州、梁州和雍州。

《禹贡》对各州的地理环境和物产都做了详细描述，为一种天下统一观念。《职方氏》中的九州说法稍异，为扬州、荆州、豫州、青州、兖州、雍州、幽州、冀州和并州。邹衍则提出了大小九州说。《史记·孟子荀卿列传》载邹衍说："所谓中国者，于天下乃八十一分居其一分耳。中国名曰赤县神州。赤县神州内自有九州，禹之序九州是也，不得为州数。中国外如赤县神州者九，乃所谓九州也。于是有裨海环之，人民禽兽莫能相通者，如一区中者，乃为一州。如此者九，乃有大瀛海环其外，天地之际焉。"邹衍的大九州说可谓体现了一种超越狭隘华夏视野的全球性观念，实为难得。

五服和九服说则体现了以王畿为中心向外层层扩展的地理观念。《禹贡》记载，王畿外围，以五百里为一区划，由近及远分为甸服、侯服、绥服、要服、荒服。《职方氏》则有侯服、甸服、男服、采服、卫服、蛮服、夷服、镇服、藩服九服记载。五服和九服都体现了华夏中国的文教武卫所及范围是非常广的，呈现了华夏文化向外的辐射状态，所谓"东渐于海，西被于流沙，朔、南暨声教，讫于四海"。

华夷说更是较具体地说明了华夏民族和少数民族之间的关系。《职方氏》里有四夷、八蛮、七闽、九貉、五戎、六狄的说法，这表明周代与很多少数民族已经交往甚密。《礼记·王制》载："中国戎夷，五方之民，皆有性也，不可推移……中国、夷、蛮、戎、狄，皆有安居、和味、宜服、利用、备器。"这种说法更是体现了一种对其他民族的尊重和文化认同。

周室东迁洛邑后，中国历史迎来了剧烈变革的春秋战国时期。春秋时期，鲁、齐、晋、秦、楚、宋、卫、陈、蔡、曹、郑、燕、吴、越等诸侯各自坐大，在相互之间的战乱兼并中，遂成齐桓公、宋襄公、晋文公、秦穆公、楚庄王相继称霸的局面。在这种逐鹿中原、争夺霸权的过程中，众多的戎狄蛮夷部落陆续被兼并臣服，如晋对附近戎狄部落的吞并、齐对莱夷等国的征服、秦对西戎攻伐、楚对东夷诸国的统一等。战国时期，秦、楚、齐、燕、赵、魏、韩战国七雄更是纵横捭阖，征战不绝，多元中的统一迹象渐为明晰。在华夏民族不断壮大的同时也使得华夷之间的互动交流不断增强，华夏文化对四夷的辐射力不断增强。经过春秋战国500余年的战乱、迁徙、杂居，一方面大量的四夷民族融入华夏民族，成为华夏民族多元共同体的组成部分；另一方面华夷之间的文化交流也日益增强，特别是四夷民族对华夏文化的接受使得诸子思想得到了广泛的传播和接受。孔子的"道不行，乘桴浮于海"的感叹即表明了"四海"之地对华夏文化的接受。而赵武灵王的"胡服骑射"改革也表明了四夷文化对中原文化的影响。

在这种民族融合大潮下，诸子百家与时俱进，对天下和大一统政治观念予以了进一步弘扬。《论语》中的"四海之内皆兄弟"、孟子的"定于一"、荀子的"四海之内若一家"、韩非子的"一匡天下"等都反映了春秋战国时期大一统思想的发展，为秦汉大一统多民族国家的形成奠定了思想基础。

本编选文为体现先秦天下观念较为完整的资料，其他比较零散的资料没有收录。另外，《大戴礼记·夏小正》，《管子》中的《幼官》《四时》《五行》，《越绝书》和《史记·孟子荀卿列传》等可作为扩展阅读书目。

尚 书

禹 贡

禹敷土，随山刊木，奠高山大川。

冀州：既载壶口，治梁及岐。既修太原，至于岳阳①。覃怀底绩②，至于衡漳。厥土惟白壤，厥赋惟上上，错③，厥田惟中中。恒、卫既从，大陆既作。岛夷皮服，夹右碣石入于河。

济、河惟兖州：九河既道，雷夏既泽，灉、沮会同。桑土既蚕，是降丘宅土。厥土黑坟④，厥草惟繇，厥木惟条。厥田惟中下，厥赋贞⑤，作十有三载乃同。厥贡漆丝，厥篚织文。浮于济、漯，达于河。

海岱惟青州：嵎夷既略，潍、淄其道。厥土白坟，海滨广斥⑥。厥田惟上下，厥赋中上。厥贡盐絺，海物惟错。岱畎丝枲，铅松怪石。莱夷作牧。厥篚檿⑦丝。浮于汶，达于济。

海岱及淮惟徐州：淮、沂其乂，蒙羽其艺，大野既猪⑧，东原底平。厥土赤埴坟，草木渐包。厥田惟上中，厥赋中中。厥贡惟土五色，羽畎夏翟，峄阳孤桐，泗滨浮磬，淮夷蠙珠暨鱼。厥篚玄纤缟。

---

① 岳阳：太岳山之南。
② 厎（zhǐ）绩：厎，获得。获得功绩。
③ 错：杂，指夹杂着与上上赋税不同的第二等赋税。
④ 坟：土地肥沃。
⑤ 厥赋贞：《孔传》："贞，正也。州第九，赋正与九相当。"
⑥ 广斥：广大的盐卤地。
⑦ 檿（yǎn）：柞树，叶可养蚕。
⑧ 猪：即"潴"，水聚集。

浮于淮、泗，达于河。

淮海惟扬州：彭蠡既猪，阳鸟攸居。三江既入，震泽底定。筱簜既敷，厥草惟夭，厥木惟乔。厥土惟涂泥，厥田唯下下，厥赋下上上，错。厥贡惟金三品，瑶、琨、筱、簜、齿、革、羽、毛惟木。鸟夷卉服。厥篚织贝，厥包桔柚，锡贡。沿于江、海，达于淮、泗。

荆及衡阳惟荆州：江、汉朝宗于海，九江孔殷①，沱、潜既道，云土梦作乂。厥土惟涂泥，厥田惟下中，厥赋上下。厥贡羽、毛、齿、革，惟金三品，杶、干、栝、柏，砺、砥、砮、丹，惟箘簵楛②，三邦底贡厥名，包匦菁茅，厥篚玄纁玑组，九江纳锡大龟。浮于江、沱、潜、汉，逾于洛，至于南河。

荆河惟豫州：伊、洛、瀍、涧既入于河，荥波既猪。导菏泽，被孟猪。厥土惟壤，下土坟垆。厥田惟中上，厥赋错上中。厥贡漆、枲、绨、纻，厥篚纤、纩③，锡贡磬错。浮于洛，达于河。

华阳、黑水惟梁州：岷、嶓既艺，沱、潜既道，蔡、蒙旅平，和夷底绩。厥土青黎，厥田惟下上，厥赋下中三错。厥贡璆④、铁、银、镂、砮、磬，熊、罴、狐、狸、织皮。西倾因桓是来，浮于潜，逾于沔，入于渭，乱于河。

黑水、西河惟雍州：弱水既西，泾属渭汭，漆、沮既从，沣水攸同。荆、岐既旅，终南、惇物，至于鸟鼠。原隰底绩，至于猪野。三危既宅，三苗丕叙。厥土惟黄壤，厥田惟上上，厥赋中下。厥贡惟球、琳、琅玕。浮于积石，至于龙门西河，会于渭汭。织皮昆仑、析支、渠搜，西戎即叙。

---

① 孔殷：终水汇集，其流盛大。
② 杶(chūn)、干、栝(guā)、柏，砺、砥、砮(nǔ)、丹，惟箘(jùn)簵(lù)楛(hù)：椿树、柘木、桧树、柏树、粗石、精石、做箭头之石、丹砂、竹笋、箭竹、楛树。
③ 纩(kuàng)：细绵。
④ 璆(qiú)：即黄金。

导岍及岐，至于荆山，逾于河。壶口、雷首，至于太岳。厎柱、析城，至于王屋。太行、恒山，至于碣石，入于海。

西倾、朱圉、鸟鼠，至于太华；熊耳、外方、桐柏，至于陪尾。

导嶓冢至于荆山；内方，至于大别。

岷山之阳，至于衡山，过九江，至于敷浅原。

导弱水，至于合黎，余波入于流沙。

导黑水，至于三危，入于南海。

导河积石，至于龙门；南至于华阴；东至于厎柱；又东至于孟津，东过洛汭，至于大伾；北过降水，至于大陆；又北播为九河，同为逆河，入于海。

嶓冢导漾，东流为汉，又东为沧浪之水；过三澨，至于大别；南入于江。东汇泽为彭蠡；东为北江，入于海。

岷山导江，东别为沱；又东至于澧，过九江，至于东陵，东迤北会于汇；东为中江，入于海。

导沇水，东流为济，入于河，溢为荥；东出于陶丘北，又东至于菏；又东北会于汶，又北东入于海。

导淮自桐柏，东会于泗、沂，东入于海。

导渭自鸟鼠同穴，东会于沣，又东会于泾；又东过漆、沮，入于河。

导洛自熊耳，东北会于涧、瀍；又东会于伊，又东北入于河。

九州攸同，四隩既宅①，九山刊旅，九川涤源，九泽既陂，四海会同。六府孔修②，庶土交正，厎慎财赋，咸则三壤成赋中邦。

---

① 四隩(yù)既宅：四方都宜居。
② 六府孔修：六府，即掌握天下各行业税收的。《礼记·曲礼》："天子之六府，曰司土、司木、司水、司革、司器、司货，典司六职。"孔修，意味得到了很好的修治。

锡土姓①，祗台②德先，不距朕行。

五百里甸服③：百里赋纳总，二百里纳铚，三百里纳秸服④，四百里粟，五百里米。

五百里侯服：百里采，二百里男邦，三百里诸侯⑤。

五百里绥服：三百里揆文教，二百里奋武卫。⑥

五百里要服：三百里夷，二百里蔡⑦。

五百里荒服：三百里蛮，二百里流⑧。

东渐于海，西被于流沙，朔、南暨声教⑨，讫于四海。禹锡玄圭，告厥成功。

周　礼

夏官司马·职方氏

职方氏掌天下之图，以掌天下之地，辨其邦国、都鄙、四夷、

---

① 锡土姓：因土赐姓，即以生地、居处或封地的地名为姓。

② 祗台：敬悦。祗，敬。台，通"怡"。

③ 甸服：离王城五百里的区域。侯服：甸服之外五百里范围。绥服：侯服之外五百里范围。要服：绥服之外五百里范围。荒服：要服之外五百里范围。

④ 纳总、纳铚、纳秸服：把庄稼完整入贡、把庄稼穗头入贡、把带壳的谷物入贡。

⑤ 百里采，二百里男邦，三百里诸侯：最靠近甸服的一百里是封王朝卿大夫的地方，其次的百里是封男爵的领域，其余三百里是封大国诸侯的领域。

⑥ 三百里揆文教，二百里奋武卫：靠近侯服的三百里，设立官员来施行文教。其余二百里则振兴武力以显示保卫力量。

⑦ 三百里夷，二百里蔡：靠近绥服的三百里约定和平相处，其余二百里约定遵守刑法。

⑧ 三百里蛮，二百里流：靠近要服的三百里是蛮荒地带，其余二百里也是流放罪人的地方。

⑨ 朔、南暨声教：南北皆为天子德教所化。

八蛮、七闽、九貉、五戎、六狄之人民，与其财用、九谷、六畜之数要，周知其利害。

乃辨九州之国，使同贯利①。东南曰扬州，其山镇曰会稽，其泽薮曰具区，其川三江，其浸②五湖，其利金、锡、竹箭，其民二男五女，其畜宜鸟、兽，其谷宜稻。

正南曰荆州，其山镇曰衡山，其泽薮曰云瞢，其川江、汉，其浸颍、湛，其利丹、银、齿、革，其民一男二女，其畜宜鸟、兽，其谷宜稻。

河南曰豫州，其山镇曰华山，其泽薮曰圃田，其川荥、雒，其浸波、溠，其利林、漆、丝、枲，其民二男三女，其畜宜六扰，其谷宜五种③。

正东曰青州，其山镇曰沂山，其泽薮曰望诸，其川淮、泗，其浸沂、沭，其利蒲、鱼，其民二男二女，其畜宜鸡、狗，其谷宜稻、麦。

河东曰兖州，其山镇曰岱山，其泽薮曰大野，其川河、泲，其浸卢、维，其利蒲、鱼，其民二男三女，其畜宜六扰，其谷宜四种④。

正西曰雍州，其山镇曰岳山，其泽薮曰弦蒲，其川泾、汭，其浸渭、洛，其利玉石，其民三男二女，其畜宜牛、马，其谷宜黍、稷。

东北曰幽州，其山镇曰医无闾，其泽曰貕养，其川河、泲，其浸菑、时，其利鱼、盐，其民一男三女，其畜宜四扰，其谷宜

---

① 贯利：贯，事也。事业与利益。
② 浸：可提供灌溉的湖与河流。
③ 枲(xǐ)：麻类植物。六扰：马、牛、羊、猪、犬、鸡。五种：黍、稷、菽、麦、稻。
④ 四种：黍、稷、麦、稻。

三种①。

河内曰冀州，其山镇曰霍山，其泽薮曰杨纡，其川漳，其浸汾、潞，其利松、柏，其民五男三女，其畜宜牛、羊，其谷宜黍、稷。

正北曰并州，其山镇曰恒山，其泽薮曰昭余祁，其川虖池，呕夷，其浸涞、易，其利布、帛，其民二男三女，其畜宜五扰②，其谷宜五种。

乃辨九服之邦国。方千里曰王畿，其外方五百里曰侯服，又其外方五百里曰甸服，又其外方五百里曰男服，又其外方五百里曰采服，又其外方五百里曰卫服，又其外方五百里曰蛮服，又其外方五百里曰夷服，又其外方五百里曰镇服，又其外方五百里曰藩服。

凡邦国千里，封公以方五百里，则四公；方四百里，则六侯，方三百里，则七伯；方二百里，则二十五子；方百里，则百男，以周知天下。

凡邦国，小大相维，王设其牧，制其职，各以其所能；制其贡，各以其所有。

王将巡守，则戒于四方，曰："各修平乃守，考乃职事，无敢不敬戒，国有大刑。"及王之所行，先道，帅其属而巡戒令。王殷国亦如之③。

---

① 四扰：马、牛、羊、猪。三种：黍、稷、稻。
② 五扰：马、牛、羊、猪、犬。
③ 修平乃守，考乃职事：治理安定好各自的守地，检查好各自的职守之事。殷国：与天子巡守同年，但只在王畿附近，各地诸侯来此地朝拜。

455

礼 记

王 制

王者之制禄爵，公、侯、伯、子、男，凡五等。诸侯之上大夫卿、下大夫、上士、中士、下士，凡五等。

天子之田方千里，公侯田方百里，伯七十里，子男五十里。不能五十里者，不合①于天子，附于诸侯，曰附庸。

天子之三公之田视②公侯，天子之卿视伯，天子之大夫视子男，天子之元士视附庸。

制农田百亩，百亩之分，上农夫食③九人，其次食八人，其次食七人，其次食六人，下农夫食五人。庶人在官者，其禄以是为差也。

诸侯之下士视上农夫，禄足以代其耕也。中士倍下士，上士倍中士，下大夫倍上士。卿四大夫禄，君十卿禄。次国④之卿，三大夫禄，君十卿禄。小国之卿，倍大夫禄，君十卿禄。

次国之上卿，位当大国之中，中当其下，下当其上大夫。小国之上卿，位当大国之下卿，中当其上大夫，下当其下大夫。其有中士下士者，数各居其上之三分⑤。

凡四海之内九州。州方千里，州建百里之国三十，七十里之国六十，五十里之国百有二十，凡二百一十国。名山、大泽不以封，

---

① 不合：不朝会。
② 视：比照，类似。
③ 食(sì)：养。
④ 次国：伯爵。后文小国指的是子、男爵。
⑤ 三分：士二十七人，三分为上九、中九、下九。

其余以为附庸、间田。八州，州二百一十国。

天子之县内①，方百里之国九，七十里之国二十有一，五十里之国六十有三，凡九十三国。名山、大泽不以盼，其余以禄士，以为间田。

凡九州千七百七十三国，天子之元士、诸侯之附庸不与。

天子百里之内以共官，千里之内以为御②。

千里之外设方伯。五国以为属，属有长；十国以为连，连有帅；三十国以为卒，卒有正；二百一十国以为州，州有伯。八州八伯，五十六正，百六十八帅，三百三十六长。八伯各以其属属于天子之老二人，分天下以为左右，曰二伯。

千里之内曰甸，千里之外，曰采，曰流。

天子三公，九卿，二十七大夫，八十一元士。

大国三卿，皆命于天子，下大夫五人，上士二十七人。次国三卿，二卿命于天子，一卿命于其君，下大夫五人，上士二十七人。小国二卿，皆命于其君，下大夫五人，上士二十七人。

天子使其大夫为三监，监于方伯之国，国三人。

天子之县内诸侯，禄也；外诸侯，嗣也③。

制④：三公一命卷⑤，若有加，则赐也，不过九命；次国之君不过七命；小国之君不过五命。大国之卿不过三命，下卿再命；小国之卿与下大夫一命。

凡官民材⑥，必先论之，论辨然后使之，任事然后爵之，位定

---

① 县内：夏时天子所居州界名，殷曰畿，周亦曰畿。九州去除王畿，则余八州。
② 共：通"供"。共官：给官府提供文书财用。御：衣食。
③ 王畿内诸侯，选贤任能，不得世袭；王畿外诸侯有功而封，可以世袭。
④ 制：命数之制。
⑤ 卷：郑玄注："卷，俗读也，其通则曰衮。"三公八命，再加一命，则服衮冕。
⑥ 官民材：给有才之庶人授予官职。

然后禄之。

爵人于朝，与士共之；刑人于市，与众弃之。是故公家不畜刑人，大夫弗养，士遇之涂弗与言也。屏之四方，唯其所之，不及以政，示弗故生也。

诸侯之于天子也，比年①一小聘，三年一大聘，五年一朝。

天子五年一巡守。

岁二月，东巡守，至于岱宗，柴而望祀山川，觐诸侯，问百年者就见之。命大师陈诗，以观民风；命市纳贾②，以观民之所好恶，志淫好辟；命典礼考时、月，定日，同律、礼、乐、制度、衣服，正之。山川神祇有不举者为不敬，不敬者君削以地；宗庙有不顺者为不孝，不孝者君绌以爵；变礼易乐者为不从，不从者君流；革制度衣服者为畔，畔者君讨；有功德于民者，加地进律③。

五月，南巡守，至于南岳，如东巡守之礼。

八月，西巡守，至于西岳，如南巡守之礼。

十有一月，北巡守，至于北岳，如西巡守之礼。归假④于祖、祢，用特。

天子将出，类乎上帝，宜乎社，造乎祢。诸侯将出，宜乎社，造乎祢。⑤

天子无事与诸侯相见曰朝，考礼、正刑、一德，以尊于天子。天子赐诸侯乐，则以柷将⑥之；赐伯子男乐，则以鼗将之。

---

① 比年：每年。
② 贾：郑玄注："贾，谓物贵贱厚薄也。"
③ 进律：律，法度。进律意味着允许有功德于民者使用高于其身份地位的礼仪器物等级。
④ 假：至也。天子巡守归来，应于祖庙祷告之。
⑤ 类、宜、造：皆祭祀之名。
⑥ 将：孔颖达疏："凡与人之物，置其大者于地，执其小者以致命于人。"

诸侯赐弓矢，然后征；赐铁钺，然后杀；赐圭瓒，然后为鬯。未赐圭瓒，则资鬯于天子。

天子命之教，然后为学。小学在公宫南之左，大学在郊。天子曰辟雍，诸侯曰頖宫。

天子将出征，类乎上帝，宜乎社，造乎祢，祃①于所征之地，受命于祖，受成于学。出征执有罪，反，释奠于学，以讯馘②告。

天子诸侯无事，则岁三田。一为乾豆③，二为宾客，三为充君之庖。无事而不田，曰不敬；田不以礼，曰暴天物。天子不合围，诸侯不掩群。天子杀则下大绥④，诸侯杀则下小绥，大夫杀则止佐车⑤。佐车止，则百姓田猎。獭祭鱼，然后虞人入泽梁；豺祭兽，然后田猎；鸠化为鹰，然后设罻罗。草木零落，然后入山林。昆虫未蛰，不以火田，不麑，不卵，不杀胎，不殀夭，不覆巢。

冢宰制国用，必于岁之杪⑥。五谷皆入，然后制国用。用地小大，视年之丰耗。以三十年之通制国用，量入以为出。

祭用数之仂⑦。丧，三年不祭，唯祭天地社稷，为越绋⑧而行事。丧用三年之仂。丧祭，用不足曰暴，有余曰浩。祭，丰年不奢，凶年不俭。

国无九年之蓄曰不足，无六年之蓄曰急，无三年之蓄曰非其国也。三年耕，必有一年之食，九年耕，必有三年之食。以三十年之

---

① 祃(mà)：古代行军在军队驻扎的地方举行的祭礼。
② 讯馘(guó)：讯，生擒者。馘，断左耳者。
③ 乾豆：干肉放于豆中。
④ 绥：田猎所建之旌旗，用以指挥。
⑤ 佐车：驱赶猎物的车。
⑥ 杪：末。
⑦ 言祭祀支出占全年计划的十分之一。
⑧ 越绋：放下拉棺材用的绳索。

通，虽凶旱水溢，民无菜色，然后天子食，日举以乐。

天子七日而殡，七月而葬；诸侯五日而殡，五月而葬；大夫、士、庶人三日而殡，三月而葬。三年之丧，自天子达。庶人县封①，葬不为雨止，不封不树。丧不贰事，自天子达于庶人。丧从死者，祭从生者，支子不祭。

天子七庙，三昭三穆②，与大祖之庙而七。诸侯五庙，二昭二穆，与大祖之庙而五。大夫三庙，一昭一穆，与大祖之庙而三。士一庙。庶人祭于寝。

天子诸侯宗庙之祭，春曰礿，夏曰禘，秋曰尝，冬曰烝。天子祭天地，诸侯祭社稷，大夫祭五祀。天子祭天下名山大川：五岳视三公，四渎视诸侯。诸侯祭名山大川之在其地者。天子诸侯祭因国之在其地而无主后者。

天子犆礿，祫禘，祫尝，祫烝③。诸侯礿则不禘，禘则不尝，尝则不烝，烝则不礿。诸侯礿犆，禘一犆一祫，尝祫，烝祫。

天子社稷皆大牢，诸侯社稷皆少牢。大夫士宗庙之祭，有田则祭，无田则荐。庶人春荐韭，夏荐麦，秋荐黍，冬荐稻。韭以卵，麦以鱼，黍以豚，稻以雁。祭天地之牛角茧栗，宗庙之牛角握，宾客之牛角尺。诸侯无故不杀牛，大夫无故不杀羊，士无故不杀犬豕，庶人无故不食珍。庶羞不逾牲，燕衣不逾祭服，寝不逾庙。

古者公田藉而不税，市廛而不税，关讥而不征。林、麓、川、泽以时入而不禁，夫圭田无征，用民之力，岁不过三日。田里不粥，

---

① 县封：庶人死后，以绳束棺下穴覆土埋葬。

② 昭、穆：昭穆所以别世次也，父为昭则子为穆，父为穆则子为昭。一般左昭右穆。

③ 犆：特，特祭一庙，或祖或祢。祫：合，合群庙之主而祭。

墓地不请①。

司空执度，度地居民，山川沮泽，时四时，量地远近，兴事任力。凡使民，任老者之事，食壮者之食。

凡居民材，必因天地寒煖燥湿。广谷大川异制，民生其间者异俗，刚柔、轻重、迟速异齐，五味异和，器械异制，衣服异宜。修其教，不易其俗；齐其政，不易其宜。

中国戎夷，五方之民，皆有性也，不可推移。东方曰夷，被发文皮，有不火食者矣。南方曰蛮，雕题交趾，有不火食者矣。西方曰戎，被发衣皮，有不粒食者矣。北方曰狄，衣羽毛穴居，有不粒食者矣。中国、夷、蛮、戎、狄，皆有安居、和味、宜服、利用、备器。五方之民，言语不通，嗜欲不同。达其志，通其欲，东方曰寄，南方曰象，西方曰狄鞮，北方曰译。

凡居民，量地以制邑，度地以居民。地、邑、民居，必参相得也。无旷土，无游民，食节事时，民咸安其居，乐事劝功，尊君亲上，然后兴学。

司徒修六礼以节民性，明七教以兴民德，齐八政以防淫，一道德以同俗，养耆老以致孝，恤孤独以逮不足，上贤以崇德，简②不肖以绌恶。

命乡简不帅教者以告，耆老皆朝于庠，元日习射上功，习乡上齿③。大司徒帅国之俊士与执事焉。不变，命国之右乡简不帅教者移之左，命国之左乡简不帅教者移之右，如初礼。不变，移之郊，如初礼。不变，移之遂，如初礼。不变，屏之远方，终身不齿。

---

① 藉：借民力治公田。廛：市集，交易场所。讥：盘查外来者。圭田：古代卿、大夫、士供祭祀用的田地。粥：买卖。请：请求作为他用。

② 简：选择。

③ 习射上功，习乡上齿：行射礼，以中者居上；又习乡饮酒礼，以尊老年。

命乡论秀士，升之司徒，曰选士。司徒论选士之秀者而升之学，曰俊士。升于司徒者不征于乡，升于学者不征于司徒，曰造士。

乐正崇四术，立四教，顺先王《诗》、《书》、《礼》、《乐》以造士。春秋教以《礼》、《乐》，冬夏教以《诗》、《书》。王大子，王子，群后之大子，卿、大夫、元士之适子，国之俊选，皆造焉。凡入学以齿。

将出学，小胥、大胥、小乐正简不帅教者，以告于大乐正，大乐正告于王，王命三公、九卿、大夫、元士皆入学。不变，王亲视学。不变，王三日不举①，屏之远方，西方曰棘，东方曰寄，终身不齿。大乐正论造士之秀者，以告于王，而升诸司马，曰进士。

司马辨论官材，论进士之贤者，以告于王，而定其论。论定然后官之，任官然后爵之，位定然后禄之。

大夫废其事，终身不仕，死以士礼葬之。有发，则命大司徒教士以车甲②。

凡执技论力，适四方，臝股肱，决射御。凡执技以事上者，祝、史、射、御、医、卜及百工。凡执技以事上者，不贰事，不移官，出乡不与士齿。仕于家者，出乡不与士齿。

司寇正刑明辟，以听狱讼，必三刺③。有旨无简不听，附从轻，赦从重④。凡制五刑，必即天论，邮罚丽于事⑤。凡听五刑之讼，必原父子之亲，立君臣之义，以权之；意论轻重之序，慎测浅深之量，以别之。悉其聪明，致其忠爱，以尽之。疑狱，氾与众共之，众疑赦之。必察小大之比以成之。

---

① 不举：去食乐。
② 有发：有军旅，发士卒。车甲：指行车衣甲之仪。
③ 三刺：郑玄注："以求民情，断其狱讼之中：一曰讯群臣，二曰讯群吏，三曰讯万民。"
④ 有旨无简：有动机无事实。附：施刑。
⑤ 邮罚丽于事：邮，过也。丽，附丽。论人之过与处罚人要以事实为依据。

成狱辞，史以狱成告于正，正听之。正以狱成告于大司寇，大司寇听之棘木之下。大司寇以狱之成告于王，王命三公参听之。三公以狱之成告于王，王三又①，然后制刑。凡作刑罚，轻无赦。刑者侀也，侀者成也，一成而不可变，故君子尽心焉。

析言破律，乱名改作，执左道以乱政，杀。作淫声、异服、奇技、奇器以疑众，杀。行伪而坚，言伪而辩，学非而博，顺非而泽②，以疑众，杀。假于鬼神、时日、卜筮以疑众，杀。此四诛者，不以听。凡执禁以齐众，不赦过。

有圭璧、金璋不粥于市。命服、命车不粥于市。宗庙之器不粥于市。牺牲不粥于市。戎器不粥于市。用器不中度，不粥于市。兵车不中度，不粥于市。布帛精麤不中数，幅广狭不中量，不粥于市。奸色乱正色，不粥于市。锦文、珠玉成器，不粥于市。衣服饮食，不粥于市。五谷不时，果实未孰，不粥于市。木不中伐，不粥于市。禽兽鱼鳖不中杀，不粥于市。

关执禁以讥，禁异服，识异言。

大史典礼，执简记，奉讳恶③，天子齐戒受谏。

司会以岁之成质④于天子，冢宰齐戒受质。大乐正、大司寇、市，三官以其成从质于天子，大司徒、大司马、大司空齐戒受质。百官各以其成质于三官，大司徒、大司马、大司空，以百官之成质于天子，百官齐戒受质。然后休老劳农，成岁事，制国用。

凡养老，有虞氏以燕礼，夏后氏以飨礼，殷人以食礼，周人修而兼用之。五十养于乡，六十养于国，七十养于学，达于诸侯。八

---

① 三又：又，通"宥"，一宥曰不识，再宥曰过失，三宥曰遗忘。王以此三事以示宽宥，如不在此三事中，则断其刑。

② 泽：文饰光泽。

③ 奉讳恶：进告先王名讳与忌日。

④ 质：评断。

十拜君命，一坐再至，瞽亦如之。九十使人受。五十异粻，六十宿肉，七十贰膳，八十常珍，九十饮食不离寝，膳饮从于游可也。六十岁制，七十时制，八十月制①，九十日修。唯绞、紟、衾、冒，死而后制。五十始衰，六十非肉不饱，七十非帛不煖，八十非人不煖，九十虽得人不煖矣。五十杖于家，六十杖于乡，七十杖于国，八十杖于朝，九十者，天子欲有问焉，则就其室，以珍从。七十不俟朝，八十月告存，九十日有秩。五十不从力政，六十不与服戎，七十不与宾客之事，八十齐丧之事弗及也。五十而爵，六十不亲学，七十致政。唯衰麻为丧②。

有虞氏养国老于上庠，养庶老于下庠。夏后氏养国老于东序，养庶老于西序。殷人养国老于右学，养庶老于左学。周人养国老于东胶，养庶老于虞庠。虞庠在国之西郊。有虞氏皇而祭，深衣而养老。夏后氏收而祭，燕衣而养老。殷人冔而祭，缟衣而养老。周人冕而祭，玄衣而养老。凡三王养老，皆引年③。

八十者，一子不从政；九十者，其家不从政；废疾非人不养者，一人不从政。父母之丧，三年不从政；齐衰、大功之丧，三月不从政；将徙于诸侯，三月不从政；自诸侯来徙家，期不从政。

少而无父者谓之孤，老而无子者谓之独，老而无妻者谓之矜，老而无夫者谓之寡。此四者，天民之穷而无告者也，皆有常饩④。瘖、聋、跛躃、断者、侏儒、百工，各以其器食之。

道路，男子由右，妇人由左，车从中央。父之齿随行，兄之齿雁行，朋友不相逾。轻任并，重任分，斑白不提挈。君子耆老不徒

---

① 岁制：制棺。时制：衣物难得者。月制：衣物易得者。
② 致政：还政于君。唯衰麻为丧：服斩衰、齐衰的丧服。
③ 引年：至其户而考效其年龄。
④ 常饩：给以廪食。

行，庶人耆老不徒食①。大夫祭器不假。祭器未成，不造燕器。

方一里者，为田九百亩。方十里者，为方一里者百，为田九万亩。方百里者，为方十里者百，为田九十亿亩。方千里者，为方百里者百，为田九万亿亩。自恒山至于南河，千里而近。自南河至于江，千里而近。自江至于衡山，千里而遥。自东河至于东海，千里而遥。自东河至于西河，千里而近。自西河至于流沙，千里而遥。西不尽流沙，南不尽衡山，东不近东海，北不尽恒山，凡四海之内，断长补短，方三千里，为田八十万亿一万亿亩。方百里者，为田九十亿亩，山陵、林麓、川泽、沟渎、城郭、宫室、涂巷三分去一，其余六十亿亩。

古者以周尺八尺为步，今以周尺六尺四寸为步。古者百亩，当今东田百四十六亩三十步。古者百里，当今百二十一里六十步四尺二寸二分。

方千里者，为方百里者百，封方百里者三十国，其余方百里者七十。又封方七十里者六十，为方百里者二十九，方十里者四十，其余方百里者四十，方十里者六十。又封方五十里者百二十，为方百里者三十，其余方百里者十，方十里者六十。名山大泽不以封。其余以为附庸闲田。诸侯之有功者，取于闲田以禄之。其有削地者，归之闲田。

天之之县内，方千里者，为方百里者百，封方百里者九，其余方百里者九十一。又封方七十里者二十一，为方百里者十，方十里者二十九，其余方百里者八十，方十里者七十一。又封方五十里者六十三，为方百里者十五，方十里者七十五，其余方百里者六十四，方十里者九十六。

---

① 徒：空。不徒行：非车不行。不徒食：非肉不食。

诸侯之下士，禄食九人，中士食十八人，上士食三十六人，下大夫食七十二人，卿食二百八十八人，君食二千八百八十人。次国之卿，食二百一十六人，君食二千一百六十人。小国之卿，食百四十四人，君食千四百四十人。次国之卿命于其君者，如小国之卿。

天子之大夫为三监，监于诸侯之国者，其禄视诸侯之卿，其爵视次国之君，其禄取之于方伯之地。方伯为朝天子，皆有汤沐之邑于天子之县内，视元士。诸侯世子世国，大夫不世爵。使以德，爵以功。未赐爵，视天子之元士，以君其国。诸侯之大夫不世爵、禄。

六礼：冠、昏、丧、祭、乡、相见。七教：父子、兄弟、夫妇、君臣、长幼、朋友、宾客。八政：饮食、衣服、事为、异别、度、量、数、制①。

吕氏春秋

有始览

天地有始，天微以成，地塞以形②。天地合和，生之大经③也，以寒暑日月昼夜知之，以殊形殊能异宜说之④。夫物合而成，离而

---

① 制：布帛宽狭与长短。
② 天微以成，地塞以形：高诱注："天，阳也，虚而能施，故微以生万物。地，阴也，实而能受，故塞以成形兆也。"阳气以成天，阴气以成地。
③ 大经：道也。
④ 殊形殊能异宜说之：万物不同的形体、不同的性能、不同的应用可以解释这个道理。

生①。知合知成，知离知生，则天地平②矣。平也者，皆当察其情，处其形。

天有九野，地有九州，土有九山，山有九塞，泽有九薮③，风有八等，水有六川。

何谓九野？中央曰钧天，其星角、亢、氐；东方曰苍天，其星房、心、尾；东北曰变天，其星箕、斗、牵牛；北方曰玄天，其星婺女、虚、危、营室；西北曰幽天，其星东壁、奎、娄；西方曰颢天，其星胃、昴、毕；西南曰朱天，其星觜巂、参、东井；南方曰炎天，其星舆鬼、柳、七星；东南曰阳天，其星张、翼、轸。

何谓九州？河、汉之间为豫州，周也；两河之间为冀州，晋也；河、济之间为兖州，卫也；东方为青州，齐也；泗上为徐州，鲁也；东南为扬州，越也；南方为荆州，楚也；西方为雍州，秦也；北方为幽州，燕也。

何谓九山？会稽、太山、王屋、首山、太华、岐山、太行、羊肠、孟门。

何谓九塞？大汾、冥阨、荆阮、方城、殽、井陉、令疵、句注、居庸。

何谓九薮？吴之具区，楚之云梦，秦之阳华，晋之大陆，梁之圃田，宋之孟诸，齐之海隅，赵之钜鹿，燕之大昭。

何谓八风？东北曰炎风，东方曰滔风，东南曰熏风，南方曰巨风，西南曰凄风，西方曰飂风，西北曰厉风，北方曰寒风。

何谓六川？河水、赤水、辽水、黑水、江水、淮水。

凡四海之内，东西二万八千里，南北二万六千里，水道八千里，

---

① 合而成，离而生：交合而成，分离而生。指万物皆由合离不断生成。
② 平：形成。
③ 险阻为塞，有水为泽，无水为薮。

受水者亦八千里，通谷六，名川六百，陆注三千，小水万数。

凡四极之内，东西五亿有①九万七千里，南北亦五亿有九万七千里。极星②与天俱游，而天极不移。

冬至日行远道，周行四极，命曰玄明。夏至日行近道，乃参于上③。当枢之下无昼夜。白民④之南，建木之下，日中无影，呼而无响，盖天地之中也。

天地万物，一人之身也⑤，此之谓大同。众耳目鼻口也，众五谷寒暑也，此之谓众异，则万物备也。天斟⑥万物，圣人览焉，以观其类。解在乎天地之所以形，雷电之所以生，阴阳材物之精⑦，人民禽兽之所安平。

战国策

武灵王平昼闲居

武灵王平昼闲居，肥义侍坐曰："王虑世事之变，权甲兵之用，念简、襄之迹，计胡狄之利乎？"王曰："嗣不忘先德，君之道也；错质⑧务明主之长，臣之论也。是以贤君静而有道民便事之教，动有

---

① 有：通"又"。
② 极星：北辰星。
③ 参于上：日正处于人的上方。
④ 白民：白民之国。
⑤ 天地万物，如同一个人的身体。
⑥ 斟：会集。
⑦ 阴阳材物之精：阴阳变化生成万物。材：使物成材。精：精妙变化。
⑧ 错质：委质，献身给君主。

明古先世之功。为人臣者，穷有弟长辞让之节，通有补民益主之业。此两者，君臣之分也。今吾欲继襄主之业，启胡、翟之乡，而卒世不见也。敌弱者，用力少而功多，可以无尽百姓之劳，而享往古之勋。夫有高世之功者，必负遗俗之累；有独知之虑者，必被庶人之恐。今吾将胡服骑射以教百姓，而世必议寡人矣。"

肥义曰："臣闻之，疑事无功，疑行无名。今王即定负遗俗之虑，殆毋顾天下之议矣。夫论至德者不和于俗，成大功者不谋于众。昔舜舞有苗，而禹袒入裸国①，非以养欲而乐志也，欲以论德而要功也！愚者暗于成事，智者见于未萌，王其遂行之。"

王曰："寡人非疑胡服也，吾恐天下笑之。狂夫之乐，知者哀焉；愚者之笑，贤者戚焉。世有顺我者，则胡服之功未可知也。虽驱世②以笑我，胡地、中山吾必有之。"

王遂胡服。使王孙绁告公子成曰："寡人胡服且将以朝，亦欲叔之服之也。家听于亲，国听于君，古今之公行也；子不反亲，臣不逆主，先王之通谊也。今寡人作教易服而叔不服，吾恐天下议之也。夫制国有常，而利民为本，从政有经，而令行为上。故明德在于论贱，行政在于信贵。今胡服之意，非以养欲而乐志也。事有所出，功有所止，事成功立，然后德且见也。今寡人恐叔逆从政之经，以辅公叔之议。且寡人闻之：'事利国者行无邪，因贵戚者名不累。'故寡人愿慕公叔之义，以成胡服之功。使绁谒之叔，请服焉。"

公子成再拜曰："臣固闻王之胡服也，不佞寝疾，不能趋走，是以不先进。王今命之，臣固敢竭其愚忠。臣闻之：'中国者，聪明睿知之所居也，万物财用之所聚也，贤圣之所教也，仁义之所施也，诗、书、礼、乐之所用也，异敏技艺之所试也，远方之所观赴也，

---

① 舜舞有苗，而禹袒入裸国：舜舞干戚，苗人归服；禹赤身入裸国，裸国归服。
② 驱世：举世。

蛮夷之所义行也。'今王释此而袭远方之服，变古之教，易古之道，逆人之心，畔①学者，离中国，臣愿大王图之。"

使者报王。王曰："吾固闻叔之病也。"即之公叔成家自请之曰："夫服者，所以便用也；礼者，所以便事也。是以圣人观其乡而顺宜，因其事而制礼，所以利其民而厚其国也。祝发文身，错臂左衽②，瓯越之民也。黑齿雕题，鳀冠秫缝③，大吴之国也。礼服不同，其便一也。

"是以乡异而用变，事异而礼易。是故圣人苟可以利其民，不一其用；果可以便其事，不同其礼。儒者一师而礼异，中国同俗而教离，又况山谷之便乎！故去就之变，知者不能一；远近之服，贤圣不能同。穷乡多异，曲学多辩。不知而不疑，异于己而不非者，公于求善也。

"今卿之所言者，俗也；吾之所言者，所以制俗也。今吾国东有河、薄洛之水，与齐、中山同之，而无舟楫之用。自常山以至代、上党，东有燕、东胡之境，西有楼烦、秦、韩之边，而无骑射之备。故寡人且聚舟楫之用，求水居之民，以守河、薄洛之水；变服骑射，以备其燕、东胡、楼烦、秦、韩之边。且昔者简主不塞晋阳以及上党，而襄王兼戎取代，以攘诸胡。此愚知之所明也。

"先时中山负齐之强兵，侵掠吾地，系累吾民，引水围鄗，非社稷之神灵，即鄗几不守。先王忿之，其怨未能报也。今骑射之服，近可以备上党之形，远可以报中山之怨。而叔也顺中国之俗以逆简、襄之意，恶变服之名，而忘国事之耻，非寡人所望于子！"

---

① 畔：背叛。
② 祝发文身，错臂左衽：祝发，断发；错臂，刻画手臂，即文身；左衽，衣襟左开。
③ 黑齿雕题，鳀冠秫缝：雕题，刻画额头；鳀冠，用鳀鱼皮做帽子；秫缝，用长针缝制。

公子成再拜稽首曰:"臣愚不达于王之议,敢道世俗之间。今欲继简、襄之意,以顺先王之志,臣敢不听今。"再拜,乃赐胡服。

赵文进谏曰:"农夫劳而君子养焉,政之经也;愚者陈意而知者论焉,教之道也;臣无隐忠,君无蔽言,国之禄也。臣虽愚,愿竭其忠。"王曰:"虑无恶扰,忠无过罪,子其言乎!"赵文曰:"当世辅俗,古之道也;衣服有常,礼之制也;修法无愆,民之职也。三者,先圣之所以教。今君释此,而袭远方之服,变古之教,易古之道,故臣愿王之图之。"

王曰:"子言世俗之间。常民溺于习俗,学者沉于所闻。此两者,所以成官而顺政也,非所以观远而论始也。且夫三代不同服而王,五伯不同教而政。知者作教,而愚者制焉。贤者议俗,不肖者拘焉。夫制于服之民,不足与论心;拘于俗之众,不足与致意。故势与俗化,而礼与变俱,圣人之道也。承教而动,循法无私,民之职也。知学之人,能与闻迁,达于礼之变,能与时化,故为己者不待人,制今者不法古,子其释之。"

赵造谏曰:"隐忠不竭,奸之属也。以私误国,贱之类也。犯奸者身死,贱国者族宗①。此两者,先圣之明刑,臣下之大罪也。臣虽愚,愿尽其忠,无遁其死。"王曰:"竭意不讳,忠也;上无蔽言,明也。忠不辟危,明不距人,子其言乎!"

赵造曰:"臣闻之:'圣人不易民而教,知者不变俗而动。'因民而教者,不劳而成功;据俗而动者,虑径而易见也。今王易初不循俗,胡服不顾世,非所以教民而成礼也。且服奇者志淫,俗辟者乱民。是以莅国者不袭奇辟之服,中国不近蛮夷之行,所以教民而成礼者也。且循法无过,修礼无邪,臣愿王之图之。"

---

① 族宗:灭族。

王曰："古今不同俗，何古之法？帝王不相袭，何礼之循？宓戏①、神农教而不诛，黄帝、尧、舜诛而不怒。及至三王，观时而制法，因事而制礼，法度制令，各顺其宜，衣服器械，各便其用。故治世不必一道，便国不必法古。圣人之兴也，不相袭而王；夏、殷之衰也，不易礼而灭。然则反古未可非，而循礼未足多也。且服奇而志淫，是邹、鲁无奇行也；俗辟而民易，是吴、越无俊民也。是以圣人利身之谓服，便事之谓教。进退之谓节，衣服之制，所以齐常民，非所以论贤者也。故圣与俗流，贤与变俱。谚曰：'以书为御者，不尽于马之情；以古制今者，不达于事之变。'故循法之功不足以高世，法古之学不足以制今，子其勿反也。"（战国策·赵策二）

---

① 宓戏：伏羲。

后　记

　　在中国美学资料的选编上，对先秦美学资料的把握应该是最具特殊性的。这种特殊性主要体现在资料的选择与语义注释两个方面。从资料选择而言，由于先秦美学还尚未出现现代意义上的艺术的自觉，故其在美学资料内容的丰富性上远远比不上后来的朝代，缺乏一些专门性的文论、诗论、书论、画论、建筑美学理论等材料，因此必须更多地从哲学文本中去选取一些与美学相关的内容。从语义注释而言，因先秦资料艰涩，思想深邃，故在注释的时候也相对困难一些，如在一些出土文献字词的辨认与语义上就有很大争议。

　　基于此，编者一方面按照自己对先秦哲学美学的理解，侧重选取了一些能与美学发生直接关联或间接关联的材料进行编撰。读者可以通过对一些直接关联材料的阅读去感受其美学思想，如诸子哲学著作中蕴含的论诗、论乐、论山水、论工艺、论审美心胸、论美丑等内容；同时也可以通过对一些间接关联材料的阅读去更深入地理解先秦美学，如天道论、人性论、境界论、礼论、巫术文化等。另一方面，编者在资料编注时，尽量采用一些学界较为通行的比较经典的文本与注解。对个别有争议的文字在参照其他注本基础上择善而从，对个别不好权衡的多种注释则采用并行方式予以罗列，以供读者自己取舍。同时，有个别引文的断句也有所调整。

感谢我的研究生郑乾、贾娟、周宇薇、李采月，他们帮助我核校了部分文献。感谢北京师范大学出版社的编辑，他们核查了资料中的一些错误。由于不同的人对先秦美学思想的理解存在差异，加上本人学力有限，资料的编注难免出现顾此失彼的现象与一些讹误，敬请各位专家、读者批评指正。

图书在版编目(CIP)数据

中国美学经典. 先秦卷/张法丛书主编；余开亮本卷主编. —北京：北京师范大学出版社，2017.8
 ISBN 978-7-303-21147-0

Ⅰ.①中… Ⅱ.①余… Ⅲ.①美学史－中国－先秦时代 Ⅳ.①B83-092

中国版本图书馆 CIP 数据核字(2016)第 179075 号

营 销 中 心 电 话 010-58805072 58807651
北师大出版社高等教育与学术著作分社 http://xueda.bnup.com

ZHONGGUO MEIXUE JINGDIAN XIANQIN JUAN

出版发行：	北京师范大学出版社 www.bnup.com
	北京市海淀区新街口外大街 19 号
	邮政编码：100875
印　　刷：	鸿博昊天科技有限公司
经　　销：	全国新华书店
开　　本：	787 mm×1092 mm 1/16
印　　张：	31.75
字　　数：	380 千字
版　　次：	2017 年 8 月第 1 版
印　　次：	2017 年 8 月第 1 次印刷
定　　价：	160.00 元

策划编辑：周 粟 贾 静	责任编辑：齐 琳 王一夫
美术编辑：王齐云	装帧设计：王齐云
责任校对：陈 民	责任印制：马 洁

版权所有　侵权必究
反盗版、侵权举报电话：010-58800697
北京读者服务部电话：010-58808104
外埠邮购电话：010-58808083
本书如有印装质量问题，请与印制管理部联系调换。
印制管理部电话：010-58805079